Martin Korte

Wir sind Gedächtnis

Wie unsere Erinnerungen bestimmen, wer wir sind

Pantheon

Sollte diese Publikation Links auf Webseiten Dritter enthalten, so übernehmen wir für deren Inhalte keine Haftung, da wir uns diese nicht zu eigen machen, sondern lediglich auf deren Stand zum Zeitpunkt der Erstveröffentlichung verweisen.

Penguin Random House Verlagsgruppe FSC® N001967

4. Auflage
Copyright © 2017 by Deutsche Verlags-Anstalt, München,
Copyright © dieser Ausgabe 2019 by Pantheon Verlag
in der Penguin Random House Verlagsgruppe GmbH,
Neumarkter Straße 28, 81673 München
Umschlaggestaltung: Büro Jorge Schmidt, München
Umschlagmotiv: Lightspring/Shutterstock.com
Satz: Vornehm Mediengestaltung GmbH, München
Druck und Bindung: CPI books GmbH, Leck
Printed in Germany
ISBN 978-3-570-55402-9

www.pantheon-verlag.de

»Eine große Kraft,
ist das Gedächtnis,
mein Gott, voll unergründlicher,
unzähliger Fälle,
und so ist meine Seele
und so bin ich selbst.«
Augustinus, Bekenntnisse

Meinen Eltern,
die mir weit mehr für
das Leben mitgegeben haben
als schöne Erinnerungen
an die Kindheit!

Inhaltsverzeichnis

Einleitung
Im Kopf die ganze Welt 13

Kapitel I
Wie wir werden, wer wir glauben zu sein –
über das autobiographische Gedächtnis 25

  Wie wir wurden, wer wir sind 25
  256 Gedächtnissysteme und keine singuläre
  Festplatte 28
  Hirnorganische Grundlagen des autobiographischen
  Gedächtnisses 33
    Alice im Hippocampus-Land 38
    Gedächtnis ist ein Vorgang, kein Ort 40
  So entsteht aus einer Abfolge von Erinnerungen
  ein autobiographisches Erlebnis 42
    Tief ist der Brunnen der Vergangenheit:
    Kindliche Amnesie 45
    Ich-Erzähler im Kopf 48
  Die Schöpfung: Erinnerungen als Produkt
  der Gedächtniswerkstätten 50
  Jetztzeit und vergangene Zeit sind voneinander
  untrennbar 54
    Auf der Suche nach den Erinnerungen 57
    Die Tugenden der Gedächtnissünden 60
  Realität, Wirklichkeit und Gedächtnisprozesse 64

Kapitel 2
Gewohnheiten, Routinen und Süchte 67

Die Macht des Unbewussten, ganz Freud-los erzählt 67
   Gewohnheiten aufdecken 69
   Einteilung des impliziten Gedächtnisses 72
   Unser motorisches Gedächtnis 73
   Priming: Der Autofokus des Gedächtnisses 77
   Wahrnehmungsgedächtnis 79
Neurobiologie der Gewohnheit 85
   Neuronale Entzauberung der Gewohnheitsbildung
   im Gehirn 87
   Symphonie der Gewohnheit:
   Zusammenspiel der Gehirnareale 93
   Intuition: Das Gute im schnellen Gedächtnis 96
     Mustererkennung als Erinnerungsprozess 97
   Vorurteile: Das Verheerende im schnellen Gedächtnis 99
     Wie kann man Vorurteile in ihrer
     Macht einschränken? 103
   Sucht: Das perfekte Gedächtnis zum schlechten Grund .. 105
     Drogensucht: Wenn Synapsen nicht vergessen
     können 106
     Adipositas: Angelernte Sucht unmäßig zu essen 108
     Heimtückische Gewohnheiten überlisten 111
Fast alles fängt im Kopf an und hört im Kopf auf 113

Kapitel 3
Neuronale Paläste der Erinnerung 117

Neurone als Gedächtnisagenten 121
Kontaktbörsen als zelluläre Lernorte 125
Vom Kurz- zum Langzeitgedächtnis 130
Der Speicher wächst mit seiner Fülle 133
Neuronales GPS als Matrize für das autobiographische
Gedächtnis 135

Déjà-vu neuronal beleuchtet 138
Re-Konsolidierung: Erinnern heißt auch
neu abspeichern 139
Zelluläre Grundlagen einer Sucht – oder
von Synapsen in Beton 142

Kapitel 4
Ein Traum wird wahr: Lernen im Schlaf 147

Warum wir schlafen 147
Schlafen in Phasen: Der Schlafrhythmus 151
Im Schlaf lernen 156
   Lernen, schlafen, besser lernen 158
   Speedtraining im Schlaf 159
   Der Schlaf als Lerncoach 161
   So lernen Musiker 162
   Nächtliche Umbauprozesse 164
Luzide Träume als Lernräume 167
   Vorurteile im Schlaf verändern 170
   Tagträume 171
Warum wir träumen 174
   Schattenbilder des Gedächtnisses 176
Gesunder Schlaf steigert die Gedächtniskraft 178

Kapitel 5
Kreativität und Wissen:
Geschwister, nicht Feinde! 183

Brüder im Geiste 183
Was ist Kreativität? 186
   Experte ist man nicht, Experte wird man 188
   Können alte Menschen noch kreativ sein? 190
Rechts versus links: Hirnkunde der Kreativität 191
   Kreativität steckt im Zusammenspiel
   der Netzwerke des Gehirns 194
   Drei kreative Netzwerke 196

Neuronale Anspannung und Lockerung ... 201
Kreativität und Plastizität ... 203
Aha-Moment in der neuronalen Momentaufnahme ... 205
Vorwissen ist notwendig, aber nicht hinreichend ... 206
Heureka-Rufe im Gehirn! ... 209
Nicht nur Not, auch Dopamin macht erfinderisch ... 211
Kreative Menschen haben unordentliche Gehirne und komplexe Persönlichkeiten ... 213
Gefühle beeinflussen Kreativität ... 215
Schule und Kreativität ... 216
Was tun? Ihr persönliches Training, um kreativ zu werden ... 220
Dreizehn Strategien zum kreativen Denken ... 223

Kapitel 6
Müssen wir noch wissen?
Von myMemory zu iMemory ... 237

Neuronale Zerwürfnisse in digitalen Zeiten ... 237
Was macht das World Wide Web mit dem Gehirn? ... 240
Wie viel Multitasking verträgt unser Gedächtnis? ... 242
Denken dank neuronaler Melodien ... 244
Die Leiden des jungen Arbeitsgedächtnisses ... 247
Machen uns digitale Medien klüger? ... 248
Wozu (noch) wissen müssen? ... 250
Wissen selbst erarbeiten ... 256
Informationelle Selbstbestimmung ... 258
Filterblasen und Hallräume des Wissens ... 261
Wider die kollektive Gedächtnisverformung ... 264
Externe Gedächtnisspeicher ... 265
Werden wir je einen Backup unseres Gedächtnisses machen können? ... 267

Kapitel 7
Unzeitgemäße Betrachtungen
über die Kunst des Vergessens 271

Entschlüpftes Vergessen 271
Wenn man nicht vergessen kann: Hyperthymesie 275
Vergessen als Spamfilter 279
Über die Schrecken des Gedächtnismachens 281
   Ein Gedächtnisgefängnis ohne Vergessen:
   Posttraumatische Belastungsstörung (PTBS) 285
   Therapien der Gedächtniskrankheit: Erinnerung,
   lass nach! 289
   Gewolltes Vergessen durch Re-Konsolidierung? 291
   Eine Pille gegen das Traumagedächtnis? 293
Narben der Erinnerung 297

Kapitel 8
Gedächtnisdiebe 301

Wie von Motten zerfressen 301
Diebstahl am kollektiven Gedächtnis 303
   Geschichten als Gedächtnisspeicher 305
   Phantasie und Gedächtnis –
   ein ineinander verflochtenes Band 308
Alzheimer-Erkrankung 311
   Täterprofil: Wer sind auf molekularer Ebene
   die Gedächtnisdiebe? 315
   Meine Sicht auf eine
   persönlichkeitsraubende Erkrankung 322
   Risikofaktoren 325
   Existiert eine Gedächtnis-Diebstahlversicherung? 330
   Hat selbst die Alzheimer-Demenz ein
   romantisches Herz? 333

Kapitel 9
Training, Tricks, Techniken: So bleibt das Gedächtnis agil ... 341

Der Beginn der Gedächtniskunst ... 341
  Wie man Gedächtnis-Weltmeister wird ... 344
Neues aus Lerntopia: Büffeln geht anders! ... 346
  Wechselspiel zwischen Anspannung und Entspannung ... 347
  Schlaf und Lern-Pausen-Nickerchen ... 350
  Lernroutinen auch immer wieder ändern ... 351
  Lernen mit Unterbrechungen ... 353
  Man kann nur, was man auch tut ... 354
  Ein gutes Gedächtnis muss auch selektiv sein ... 357
  Motivation ... 359
Neuro-Enhancement: Doping fürs Gedächtnis ... 360
Essen statt Büffeln: Warum gesundes Essen allein nicht schlau macht – aber hilft ... 364

Literaturhinweise ... 369
Rechtenachweis ... 377

EINLEITUNG

Im Kopf die ganze Welt

»Wenn eine unserer Gaben noch großartiger als die anderen genannt werden kann, dann ist es, finde ich, das Gedächtnis. Es liegt etwas Verräterisches darin, dass die Stärke, das Versagen, die Unzuverlässigkeit des Gedächtnisses so viel unbegreiflicher sind als die all unserer anderen Geisteskräfte. Das Gedächtnis ist manchmal so verlässlich, so nützlich, so gehorsam und manchmal so verwirrt und so schwach und dann wieder so tyrannisch, so unkontrollierbar! Wir sind zwar in jeder Hinsicht ein Wunder, aber unsere Fähigkeit, zu erinnern oder zu vergessen, erscheint mir ganz besonders unerklärlich.«
Jane Austen, Mansfield Park

Genau 1440 Minuten hat ein Tag, das sind 86 400 Sekunden, und in jeder Minute, in jeder Sekunde eines solchen Tages verarbeitet unser Gehirn eine Unmenge an Sinnesinformationen. Wir reden, lachen, weinen; unterhalten uns mit dem Bäcker, mit unseren Kindern oder mit Freunden, wir treiben Sport oder wir denken an Vergangenes und planen die Zukunft. Hierbei machen wir immerzu neue Erfahrungen und lernen auch immer wieder etwas Neues. Selbst wenn wir schlafen, wird am Tage Gelerntes abgespeichert. Von der Schwierigkeit dieser Prozesse merken wir meist nichts. Dabei muss das Gehirn nicht nur einen kontinuierlichen Fluss an Sinneseindrücken verarbeiten, sondern auch gleichzeitig Neues speichern und Altes erinnern, ohne dabei von der Informationsflut der uns umgebenden Welt überwältigt zu werden. Dass uns dies gelingt, verdanken wir einer Meisterleistung unseres Gehirns: unserem Gedächtnis.

Weitere Zahlen helfen, zu belegen, wie riesig die Aufgabe ist, die das Gehirn zu bewältigen hat: Statistisch fahren Menschen 58-mal in ihrem Leben in den Urlaub und lernen 1700 Menschen näher kennen, sie lesen 2100 Bücher und sehen 5800 Filme; wir lernen sprechen, gehen, Auto und Rad fahren, kochen, waschen, neue Sprachen, einen Computer zu bedienen, Kinder zu erziehen und vieles mehr. Hinzu kommen Schul- und Ausbildungswissen sowie Berufserfahrung. All das und noch viel mehr will gespeichert und erinnert werden in unserem Gehirn, das gerade einmal 1350 Gramm wiegt und über eine Energieleistung von 30 Watt verfügt – das entspricht der einer schwach dimmenden alten Glühbirne.

Was wir an unserem Gedächtnis haben, merken wir erst, wenn es uns im Stich lässt. Tatsächlich muss man sich die Fähigkeit des Erinnerns nur einmal ganz konsequent wegdenken, um sich darüber klar zu werden, dass wir, wie Dieter E. Zimmer einmal geschrieben hat, ohne diese magische Fähigkeit des Gehirns, ohne unsere Fähigkeit, das, was gewesen ist und nicht mehr ist, in uns festzuschreiben, nichts anderes wären als Steine.

Immanuel Kant hat den Raum und die Zeit als die Grundsätze des Denkens festgelegt, ohne sie können wir uns unser Dasein nicht denken. Beide sind vor allem Domänen unseres Gedächtnisses: Sich im Raum zu orientieren, überhaupt räumliche Bezüge herstellen zu können, ist eines der ersten Charakteristika unseres Gedächtnisses. Und auch die Fähigkeit, Dinge aus der Vergangenheit in die Gegenwart zu holen, macht uns aus. Denn nur so können wir die Zukunft planen.

An irgendeinem Punkt unserer evolutiven Geschichte haben wir die Fertigkeit entwickelt, ein Ereignis zeitlich zu markieren. Sie ermöglicht es uns, zwischen Aktion und Reaktion zu unterscheiden und kausale Bezüge herzustellen. Erst dieser Schritt der kognitiven Entwicklung erlaubte es uns, rückwärts in der Zeit zu reisen ebenso wie Vorhersagen über die Zukunft zu wagen. Fortan vermochte unsere Spezies kulturelle Artefakte zu schaffen, etwa in Form von Höhlenmalereien, die in Spanien, Italien, Frankreich und auch in Deutschland zu finden sind. Sie sind bis zu 40 000 Jahre alt. Es sind Zeugnisse, die die Zeit überdauern sollten und die versuchten, die Welt verstehbar zu machen. Ohne Zeitempfinden (dessen Voraussetzung unser Gedächtnis ist) würden wir in einer bedeutungslosen Gegenwart leben. Wir wären Gefangene der Gegenwart und würden eine der zentralen Säulen unserer intellektuellen Orientierung verlieren, die Augustinus so beschrieben hat:

> »Das ist nun wohl klar und einleuchtend, dass weder das Zukünftige noch das Vergangene ist. Eigentlich kann man gar nicht sagen: Es gibt drei Zeiten, die Vergangenheit, Gegenwart und Zukunft, genau würde man vielleicht sagen müssen: Es gibt drei Zeiten, eine Gegenwart in Hinsicht auf die Gegenwart, eine Gegenwart in Hinsicht auf die Vergangenheit und eine Gegenwart in Hinsicht auf die Zukunft. In unserem Geiste sind sie wohl in dieser Dreizahl vorhanden, anderswo aber nehme ich sie nicht wahr. Gegenwärtig ist hinsichtlich des Vergangenen die Erinnerung, gegenwärtig hinsichtlich der Gegenwart die Anschauung und gegenwärtig hinsichtlich der Zukunft die Erwartung. Wenn es uns gestattet ist, so zu sagen, so sehe ich allerdings drei Zeitunterschiede und gestehe, dass es wirklich drei gibt.«

Unser Gedächtnis: Der Stoff, aus dem unser Selbst gemacht ist

Unsere Erinnerungen sind nicht nur eine Akkumulation von Fakten und Schulwissen, nicht nur Datenpunkte auf unserer Lebenslinie oder Einzelheiten unserer Autobiographie. Sie sind viel mehr: Sie sind der Stoff, aus dem unser Selbst gestrickt ist, in dem unsere Erlebnisse und Erfahrungen ebenso verwoben sind wie unsere Gewohnheiten und Gefühle. Das gesunde Gedächtnis ist ein Meister im Spinnen, Weben und Vernetzen. Erst das Gedächtnis stattet uns mit einer individuellen Persönlichkeit und mit einer Ich-Perspektive aus und lässt uns dadurch zu kulturellen Wesen werden mit einer Identität in der Welt, in der wir leben. Anders gesagt: Wir Menschen sind unser Gedächtnis – und unser Gedächtnis sind wir.

Unser Gedächtnis arbeitet dabei meist wie ein verdeckter Ermittler – sozusagen undercover: Es verrichtet seine Arbeit im Verborgenen. Vieles von dem, was wir abspeichern, wie Erinnerungen unsere aktuellen Wahrnehmungen beeinflussen und wie sehr die Gedächtnisprozesse unsere Zukunftsplanung bestimmen, wird uns nicht bewusst. Wir bemerken unser Gedächtnis immer nur dann, wenn es mal nicht funktioniert, und das ist in einem gesunden Gehirn erstaunlich selten der Fall.

Verborgen bleibt auf ewig auch der Beginn unseres eigenen Lebens, denn die ersten dreieinhalb Jahre unseres Lebens gehen uns verloren, wir erinnern sie einfach nicht. Und dies kann ebenso für die letzten Jahre des Lebens gelten, wenn Menschen an Erkrankungen des Gedächtnisses leiden, wie z. B. der Alzheimer-Demenz.

Auch für den Schriftsteller Vladimir Nabokov ist die Erinnerung, unser Gedächtnis, zentral, er macht sie zum Titel seiner Autobiographie: *Erinnerung, sprich.* Sie beginnt mit den Worten: »Die Wiege schaukelt über einem Abgrund.« Nabokov fährt mit allgemeinen Überlegungen fort, von denen er weiß, dass sie von älteren Menschen gerne ausgeblendet werden: »... und der platte Menschenverstand sagt uns, dass unser Leben nur ein kurzer Lichtspalt zwischen zwei Ewigkeiten des Dunkels ist. Obschon die beiden eineiige Zwillinge sind, betrachtet man in der Regel den Abgrund vor der Geburt mit größerer Gelassenheit als jenen anderen, dem man (mit etwa viereinhalbtausend Herzschlägen in der Stunde) entgegeneilt.«

Durch die Grenzen des menschlichen Lebens werden die individuellen Augenblicke nicht besonders kostbar, sondern entwertet: »Die Natur erwartet vom erwachsenen Menschen, dass er die schwarze Leere vor sich und hinter sich genauso ungerührt hinnimmt wie die außerordentlichen Visionen dazwischen. Die Vorstellungskraft, die höchste Wonne des Unsterblichen und Unreifen, soll ihre Grenzen haben. Um das Leben zu genießen, dürfen wir es nicht zu sehr genießen.«

Nabokov wird die Erinnerung zum Akt der Auflehnung, zum Streik wider die Natur. Die Vorstellungskraft, auch die Triebfeder aller Künste, wird erst durch die Erinnerung ermöglicht. Nabokov beschreibt diese vorgestellte, erinnerte Welt als einen unschätzbaren Wert – und damit stimme ich vollständig überein.

Anders als bei Nabokov werde ich im Weiteren schildern, dass diese Gedächtnisfähigkeiten des Gehirns nicht wider unsere Natur sind, sondern unser Wesen ausmachen. Vergangenes erinnern zu können ist keine Auflehnung gegen die Natur, sondern es ist ein integraler Bestandteil unserer menschlichen Natur – und gleichzeitig ein Wunderwerk der Evolution: Wo doch der Zeitpfeil der physikalischen Welt nur in eine Richtung zeigt, nämlich in die Zukunft, und der Zeitpfeil für Lebewesen nur in Richtung Vergänglichkeit, können wir mit unserem Gedächtnis in jede beliebige Richtung Zeitreisen unternehmen. Wir brauchen nur die Augen zu schließen, um uns an gestern zu erinnern oder an Erlebnisse, die lange vorüber sind und sich tief in unseren Gedächtnisgräben versteckt haben.

Jetzige Zeit und vergangene Zeit
Sind vielleicht gegenwärtig in künftiger Zeit
Und die künftige Zeit enthalten in der vergangenen.
Ist alle Zeit auf ewig gegenwärtig
Wird alle Zeit unerlösbar.
Was hätte sein können ist eine Abstraktion
Und bleibt als unentwegte Möglichkeiten bestehn
Nur in einer Welt spekulativen Denkens.
T. S. Eliot, »Vier Quartette«

Wir wären nicht wir ohne unser Gedächtnis. Erinnerungen bestimmen, wer und was wir sind, und auch was wir mit anderen teilen. Ohne unser Gedächtnis bleibt nichts von uns als Person übrig – sogar unsere sozialen Bezüge gehen verloren. Entsprechend ist das Gedächtnis ein Schatz, den man hegen und pflegen sollte, und das können wir, je besser wir das Gedächtnis verstehen. Das Problem dabei ist: Das Gedächtnis hat keinen festen Sitz, keinen ihm zugewiesenen Platz im Gehirn. Vielmehr ist unser Gehirn in seiner Gesamtheit ein Gedächtnisspeicher, ein Aufbewahrungsort, der sowohl für den Erwerb von Wissen – und somit

Lernen – als auch für den Abruf zuständig ist und dessen Datenprozessierung maßgeblich durch die Erfahrung geprägt ist. Um es in einem Bild zu sagen: Unser Gehirn ist der Acker, um Neues zu lernen, und die Ernte, die es einfährt, ist der Gedächtnisvorrat (Erinnerungen). Dieser Speicher wiederum nährt unser erworbenes Wissen über die Welt, über Abläufe und Wahrnehmungen sowie zukünftige Handlungen – es erwirbt, speichert und ruft ab mit denselben Gehirnstrukturen. Gedächtnis und Gehirn sind untrennbar miteinander verwoben.

Den neuronalen Gedächtnisdschungel durchdringen

Versucht man wissenschaftlich zu verstehen, was in unseren Gehirnen passiert, wenn wir etwas abspeichern oder erinnern, wird es schnell komplex. Selbst für Fachleute ist es schwierig, den neuronalen Dschungel des Gedächtnisses und des Erinnerungsvermögens zu durchdringen. Und doch haben Neurowissenschaftler in den letzten Jahrzehnten hier Ungeheures geleistet. Um diese Fortschritte der Erkenntnis – die eben auch Erkenntnisse über uns als Menschen sind – soll es in diesem Buch gehen.

In dem Bemühen, das Gehirn zu verstehen, zeigt sich: Weder wir als Personen noch die Funktionalität des Gehirns lassen sich ohne das Gedächtnis verstehen – in dem Sinne, dass unsere Erinnerungen mit den neuronalen Prozessen in unseren Gehirnen verwoben sind. Das eine ist ohne das andere nicht denkbar. In der Computersprache würde man sagen, dass man die Hardware von der Software nicht unterscheiden kann, da sich das, was wir erleben und lernen, von den ersten Verschaltungsebenen bis zur höchsten Exekutivebene des Gehirns auswirkt auf die Art, wie das Gehirn mit neuen, alten und zukünftigen Informationen umgeht. *Das* Gehirn gibt es somit gar nicht, da sich das neuronale Substrat durch Gedächtnisprozesse ständig verändert. Ein individuelles menschliches Gehirn lässt sich nur verstehen, wenn man neben seiner genetischen Veranlagung auch seine individuelle (ontogenetische) Entwicklung berücksichtigt, also all unsere individuellen Erfahrungen und Erlebnisse.

Wenn man einen Computer bauen müsste, der über eine Speicherkapazität verfügt, die dem entspricht, was Menschen über eine Zeitspanne von achtzig oder neunzig Lebensjahren in ihrem Gedächtnis ablegen, so müsste dieser mindestens ein Datenvolumen von einem Petabyte (= 1000 Terabyte bzw. 1 000 000 Gigabyte, respektive fast 2,5 Millionen CDs) haben, wie Wissenschaftler um den Neuroinformatiker Terry Sejnowsky vom Salk Institute in Kalifornien aktuell im Jahre 2016 errechnet haben.

Dabei ist unser Gedächtnis keineswegs genial, selbst wenn es mächtig ist und mehr kann, als wir gemeinhin merken. Es ist nämlich auch fehleranfällig und fragil. Schon kleinste Ausfälle können dramatische Folgen haben. So jedenfalls zeigt es das Beispiel von David, einem Patienten des berühmten amerikanischen Neurologen Vilayanur Ramachandran. David litt an dem sogenannten Capgras-Syndrom: Normalerweise erkennen wir einen vertrauten Menschen, etwa die Ehefrau oder den Ehemann, in all seinen Wesenszügen und können ihn eindeutig als denjenigen Menschen bestimmen, den wir kennen. Ist aber – etwa infolge eines Schlaganfalls oder einer Viruserkrankung – ein kleines Areal im limbischen System, das Gefühle verarbeitet und generiert, zerstört, verbindet sich die Erinnerung an eine Person nicht mehr mit dem Gefühl des Vertrautseins. So glaubt David, dass seine Frau ein CIA-Agent ist, der sich verkleidet hat wie sie und sie perfekt imitiert. Die Tatsache, dass die Räderwerke des Gedächtnisses nicht perfekt ineinandergreifen, trifft die Betroffenen mit voller Wucht. Eine winzige Stellschraube ist anders – und schon wird uns ein Teil des Lebens wie ein Teppich unter den Füßen weggezogen.

Der Homo sapiens: Keine Tabula rasa, aber durch und durch ein Kulturwesen

Wir sind weder rein biologisch verstehbare Wesen noch sind wir reine Kulturwesen. Wir sind weder genetisch determiniert noch werden wir als unbeschriebenes Blatt (Tabula rasa) geboren. Die Forschung der letzten Jahre zeigt, dass wir viel stärker durch das geprägt werden, was wir erleben, erlernen und abspeichern, als das, was uns die genetische Ausstattung mitgibt. Natürlich gibt es in Form unserer genetischen Ausstattung als Spezies Mensch schon einige »Gedächtniseinträge« im Buch des Lebens. Wer aber die Frage »Was ist der Mensch?« (Ecce homo?) beantworten will, der muss unsere Gedächtnisfähigkeit verstehen, denn es ist das Gedächtnis, welches die Biologie mit der Kultur verknüpft, wenn man so will *nature* (Natur) mit *nurture* (Erfahrungen) verkittet. Es ist unser Gedächtnis, das uns als Individuen ausmacht, uns mit anderen Menschen verbindet, Kulturen entstehen lässt, persönliches und kollektives Gedächtnis zu einem Band verwebt, das die Menschheit – und auch ihre Geschichte – darstellt.

Auch der Anthropologe David Bidney stellt unsere Fähigkeit, zu lernen und als Kulturwesen ein überragendes Gedächtnis zu haben, in den Mittelpunkt seiner Überlegungen: »Der Mensch ist von Natur aus ein kulturelles Tier, welches sich selbst kultiviert, reflektiert und sich selbst konditioniert, welches sein volles natürliches Potential nur im kulturellen Kontext entwickelt. Im Unterschied zu anderen Tieren, deren Entwicklung vor allem durch ihre biologische Veranlagung limitiert ist, ist der Mensch ein zu einem großen Teil sich selbst formendes Tier, welches dadurch das größte Spektrum an Fähigkeiten besitzt!«

Eine Reise in die weite Gedächtniswelt

Wie könnte man eine Forschungsreise in die Welt des Gedächtnisses besser beginnen als bei uns selbst. In Kapitel 1 geht es entsprechend um unser autobiographisches Gedächtnis. Wir sind das geworden, was wir sind, durch das, was wir erlebt, erfahren und gelernt haben. Allerdings rufen wir dabei nicht einen Film aus unserer Gedächtnisbibliothek ab, sondern re-konstruieren, was wir einst erlebt haben in dem Moment, in dem wir es erinnern. Das ist extrem effizient, aber auch fehleranfällig – zum einen sind wir viel weniger Herr im Haus, als wir denken, und als »Architekten« unterlaufen uns hier immer wieder Konstruktionsfehler. Können wir unseren Erinnerungen wirklich trauen?

In Kapitel 2 tauchen wir in die Unterwelt unseres unbewussten Gedächtnisses ein, denn auch unsere Gewohnheiten, Routinen, ja auch unsere Bauchgefühle (Intuitionen) gehören in die Gedächtnissphäre, die ebenso Teil von uns ist wie Vorurteile und Süchte. Dieses Kapitel will vor allem die unsichtbare Seite unseres Gedächtnisses ins Licht rücken. Wir sind in einem viel stärkeren Maß in unseren Handlungen, Entscheidungen und in der Art, was wir wahrnehmen und erleben, durch das geprägt, was wir im Gewohnheitsgedächtnis abgelegt haben.

Im 3. Kapitel geht es um das Verbindende zwischen den beiden Welten des unbewussten und des bewussten Gedächtnisses: Es ist die Arbeitsweise der Neurone, die auf wundersame Weise in der Lage sind, Vergangenes festzuhalten, indem die Signalübertragung zwischen Nervenzellen verändert werden kann. Lernen führt zu strukturellen Anpassungen, die den Schaltplan des Gehirns verändern. Lernen bedeutet ein weit größeres Maß an Baumaßnahmen im Gehirn, als man dies bisher vermutet hat, und das Kapitel möchte aufzeigen, nach welchen Mechanismen diese plastischen Veränderungen im Gehirn vonstattengehen.

Und noch etwas verbindet die verschiedenen Gedächtnissysteme, und darum soll es in Kapitel 4 gehen: Wir lernen im Schlaf. Tageserlebnisse und Fakten werden des Nachts dauerhaft gespeichert, ebenso wie Routinen und Gewohnheiten weiter geübt werden. Dieses Kapitel ist nicht zuletzt ein großes Plädoyer für die bisher verkannte und vernachlässigte Seite unseres nächtlichen Lebens: Schlaf ist kein Luxus, sondern essentieller Bestandteil unseres Lebens, und vor allem im Hinblick auf das Gedächtnis sollten wir ihn viel besser pflegen, als wir dies gemeinhin tun.

Oft werden Wissen und Kreativität als Feinde gesehen. Neues kann nur entstehen, wenn man sich von der Last alten Wissens befreit, so ein weit verbreitetes Vorurteil. Das 5. Kapitel wird argumentieren, dass es sich bei Wissen und Kreativität eher um

Partner als um Gegner handelt. Keine Kreativität ohne Gedächtnis. Das Kapitel möchte auch zeigen, wie wir mit Hilfe unseres Gedächtnisses unsere Kreativität steigern können.

Was machen die digitalen Medien mit unserem Gedächtnis? Kapitel 6 geht der Frage nach, wie wir digitale Medien optimal nutzen können, um aus ihnen Gewinn zu ziehen. Und das Kapitel beschäftigt sich auch damit, ob wir überhaupt noch etwas »wissen« müssen in Zeiten gigantischer Datenanhäufungen in den unendlichen Welten des Internets. Oder führen die Müllberge an Information eher zu einer globalen Amnesie – Gedächtnisverlust durch eine Informationsüberlast?

Vergessen ist lästig, aber doch ein integraler Bestandteil unseres Gedächtnisses und damit unseres Denkens, ja möglicherweise sogar unserer Kultur. Was ist, wenn man nicht vergessen kann, was man vergessen möchte, vor allem hinsichtlich traumatischer Erfahrungen? Denn auch Traumata sind eine Krankheit des Gedächtnisses, in dem Fall das Nicht-vergessen-Können. Dieses und andere Themen, auch im Zusammenhang mit posttraumatischen Stresssyndromen, werden in Kapitel 7 behandelt.

Noch dramatischer geht es in Kapitel 8 zu: Es versucht aufzuzeigen, was mit einem Menschen passiert, dem »molekulare Diebe« sein Gedächtnis rauben, wie dies bei der Alzheimer-Erkrankung der Fall ist. Das Kapitel versucht auch Antworten auf die Frage zu geben, was wir unternehmen können, um unser Gedächtnis in jeder Lebensphase fit und flexibel zu halten, und die Risikofaktoren für einen »Einbruch« von Gedächtnisdieben in unseren Kopf zu benennen.

Zu guter Letzt soll es eher heiter zugehen. Was kann man tun, um seinem Gedächtnis auf die Sprünge zu helfen? Wie müsste man richtig und effektiv lernen? Überraschende Einsichten der neuen Lernforschung könnte man das nennen, die in Kapitel 9 zeigen, warum es sinnvoll sein kann, erst eine Prüfung abzulegen und dann zu lernen, warum man immer an einem anderen Ort lernen und das Lernen abbrechen sollte, bevor es beendet ist. Es geht darum, vom »Lern-Absurdistan« zu einem »Lerntopia« zu gelangen, und das Kapitel hat den Anspruch, hier konkrete Anregungen zu geben.

»Wir leben nicht, um zu glauben, sondern um zu lernen«, lautet eine Weisheit des Dalai Lama. In diesem Sinne freue ich mich, dass Sie mich auf der Reise durch dieses Buch, welches dann auch ein Bestandteil Ihres Gedächtnisses wird, begleiten.

KAPITEL I

Wie wir werden, wer wir glauben zu sein – über das autobiographische Gedächtnis

»Glück ist, wenn dich die Erinnerung gräsergleich an den Schläfen streift.«
Durs Grünbein, Die Jahre im Zoo

Wie wir wurden, wer wir sind

Der Kirschbaum wurde von meinem Großvater 25 Jahre vor dem hier zu berichtenden Ereignis gepflanzt. Jedes Jahr im Frühsommer gab es in meiner Kinder- und Jugendzeit den gleichen Ärger: Ich wollte die leicht rötlichen, bei weitem noch nicht reifen Früchte pflücken. Natürlich musste ich dafür in den Baum steigen, natürlich fielen Blätter und kleine Äste zu Boden, und natürlich hatte dies eine gewisse Unordnung auf dem Rasen zur Folge. Jedes Mal gab es großes Gezeter von Seiten meines Großvaters, der aus Angst um seinen Enkel, in Fürsorge um den Baum und in Erinnerung daran, dass dieser Baum eines seiner wenigen verbliebenen Besitztümer war, diesen vorzeitigen Kirschenraub unterbinden wollte. Eines Tages, ich war gerade zehn Jahre alt geworden, war der Moment des frühsommerlichen Showdowns einmal mehr gekommen. Meine Eltern waren außer Haus, auch meine drei Geschwister schienen sich nicht auf dem Grundstuck aufzuhalten, die Obhut lag allein bei meinem Opa. Einen Moment der Unaufmerksamkeit nutzend, kletterte ich in den Baum, genoss das verbotene Tun und den Geschmack frühreifer Kirschen, bis das laute Gebrüll des baustellenerfahrenen Großvaters mich fast aus dem Baum wehte. Damit des Ärgers nicht genug. Er drohte eine Anzeige des Vorganges bei den Eltern an, die ob der Empfindlichkeit des Opas ein Erklettern des Baumes streng verboten hatten. Ich verließ den Baum, resignierte aber keineswegs: Als mein Opa kurze Zeit später in seinen Hühnerstall ging, wurde er flugs von dem kleinen Martin dort eingesperrt, die Tür von außen verschlossen, der Schlüssel weggeschleudert und der Kirschbaum unter lautem, aber ohnmächtigem Gebrüll des Opas wieder bestiegen. Dies schützte vor Strafe nicht, füllte aber den Bauch und erzeugte ein Gefühl von Gerechtigkeit in mir – bis die Eltern heimkamen. Der Großvater wurde aus seinem Hühnergefängnis befreit, ich musste an diesem Abend sehr früh ins Bett, tags drauf habe ich mich bei meinem Opa anständig entschuldigt und eigentümlicherweise hat er mir den Vorfall nie wieder vorgehalten.

Diese Geschichte aus meiner Kindheit ist mir im Laufe meines Lebens oft durch den Kopf gegangen, zum einen als Beleg für eine Ungerechtigkeit, die mir widerfahren ist (warum sollte man die leckeren Kirschen nicht essen?), zum anderen aber bestärkte sie mein Selbstbild als jemand, der sich gegen Autoritäten auflehnt und seinen eigenen Weg geht. Und doch beschlich mich jedes Mal, wenn ich an sie dachte, ein gewisses Unwohlsein, denn ich hatte immer ein gutes Verhältnis zu meinem Großvater, der mir vom Lesen der Uhr bis zum richtigen Hinfallen (mit Abrollen und allem, was dazugehört) viel beigebracht hat, und da erschien es mir im Nachhinein etwas despektierlich, ihn in einen Hühnerstall eingesperrt zu haben.

Während ich dies schreibe, bin ich vor allem verwundert über die menschliche Fähigkeit, eine Zeitreise in die eigene Kindheit vollführen zu können. Es ist ein Prozess, bei dem einiges an Faktenwissen aktiviert werden muss, also wann, wo und wie habe ich die Kirschbaumgeschichte erlebt? Und zugleich ruft er Gefühle aus längst vergangener Zeit wach (bis dahin, dass mir der Geruch von Sommer und der Geschmack frühreifer Kirschen in den Sinn kommen).

Jeder Mensch hat Kindheitserlebnisse, die einem immer wieder bewusst werden, ob man will oder nicht. Kindheitserinnerungen können nostalgisch schön oder beklemmend bis traumatisierend sein. Wann und warum sie in bestimmten Momenten wieder hochkommen, möchte ich in diesem Kapitel erklären. Es sind nämlich genau diese Splitter aus dem großen Erinnerungsgefüge des Erwachsenwerdens, des Ich-Werdens, die unser Wesen und unsere Psychostruktur ausmachen. Unser Gedächtnis bestimmt, wer wir sind. Deshalb ist es so essentiell, wie auch Gabriel García Márquez in seinem Roman *Hundert Jahre Einsamkeit* eindringlich vor Augen führt. Er beschreibt darin, was passiert, wenn nicht nur ein einzelner Mensch, sondern eine ganze kulturelle Gemeinschaft ihr Gedächtnis verliert: Die Bewohner des Dorfes Macondo werden von einer seltsamen Krankheit befallen, die ihnen sowohl das Faktengedächtnis als auch jegliche autobiographische Erinnerung raubt. Die unheimliche Gedächtniskrankheit verläuft in Schüben: Zunächst kommen den Bürgern ihre Kindheitserinnerungen abhanden, dann können sie Namen und Bezeichnungen von Gegenständen nicht mehr erinnern, bis sie irgendwann nicht mehr in der Lage sind, andere Menschen mit Namen anzureden und vergessen haben, wer diese sind. In seiner Angst, ebenfalls von dieser seltsamen Infektionskrankheit heimgesucht zu werden, beginnt der Silberschmied José Acadio Buendia jeden Gegenstand in seiner Werkstatt mit einem Zettel zu versehen, auf dem er dessen Namen notiert hat. Schließlich beschriftet er geradezu manisch das gesamte Dorf mit all seinen Objekten und Tieren. Als er an sich selbst den Beginn der Gedächtniskrankheit beobachtet, hält er nicht mehr nur die Namen der Gegenstände fest, sondern fängt an, sie ausführlich zu beschreiben (»Dies ist eine Kuh. Sie muss jeden Morgen gemolken werden, damit sie

»Da war sie, inmitten des weiten Raumes jener Kathedrale, welche die Kindheit war. Dort war sie von Beginn an. Meine erste Erinnerung ist ihr Schoß ... Dann sehe ich sie in ihrem weißen Morgenrock auf dem Balkon ... Es ist vollkommen richtig, dass ich bis zu meinem 44. Lebensjahr von ihr besessen war, obwohl sie starb, als ich 13 war ... Diese Erinnerungen ... Wie könnten sie Jahr für Jahr unbeschadet überstehen, wären sie nicht aus etwas relativ Beständigem gemacht?«
Virginia Woolf

»*Weißt du, ... das ganze Leben ist nichts als Erinnerung, bis auf den jeweils letzten Augenblick, der so schnell an dir vorbeigeht, dass du ihn kaum mitkriegst. Wirklich, alles ist Erinnerung ... bis auf den jeweils letzten Augenblick.*«
Tennessee Williams, *Der Milchzug hält hier nicht mehr*

Milch produziert. Die Milch muss dann gekocht werden, damit diese dann mit Kaffee zubereitet werden kann ...«). Schließlich entwickelt er eine »Gedächtnismaschine«, die alle Erlebnisse, schriftlichen Dokumente und Erfahrungen des Dorfes abspeichert. Er hat bereits 14 000 Einträge vorbereitet, als ihn ein Fremder von der Infektion heilt – erst dann erkennt er, dass es sich bei dem vermeintlich Unbekannten um einen alten Freund handelt.

Der Roman zeigt, dass unser Gedächtnis unser Leben ist. Das Gedächtnis ist für uns individuell von essentieller Wichtigkeit, aber es manifestiert sich erst im sozialen Kontext: Es ist Voraussetzung und Mittel zur Kommunikation – mit uns selbst, mit anderen und über die Zeiten hinweg als Kultur.

256 Gedächtnissysteme und keine singuläre Festplatte

Im Folgenden möchte ich mit Ihnen durch die Paläste des menschlichen Gedächtnisses wandern und Ihnen dabei einen mächtigen Teil der Wirkmechanismen unseres Gedächtnisses vorstellen. Ich werde mich dabei vor allem auf das autobiographische Gedächtnis konzentrieren, ein Subsystem unseres Gedächtnisses. Der Kanadier Endel Tulving, einer der Gründerväter der modernen Gedächtnisforschung, kam im Laufe seiner Karriere auf 256 verschiedene Gedächtnisbegriffe. Dies erscheint übertrieben, stärkt aber den Aspekt, dass das menschliche Gedächtnis kein einheitlicher Speicher ist, sondern aus mehreren Subsystemen besteht, die auf unterschiedliche Gehirnareale verteilt sind und verschiedene Fähigkeiten und Funktionen haben.

Eine abstrakte und systematische Gedächtnisaufteilung in

greifbare Untersysteme wird am deutlichsten, wenn man sich anschaut, was passiert, wenn bei einem Menschen eine Gedächtnisfakultät ausfällt. Wie zum Beispiel bei Clive Wearing, einem britischen Musiker und BBC-Reporter, den 1985, auf dem Höhepunkt seines Schaffens – er hatte gerade einen Auftritt mit seinem Londoner Chor vor dem Papst gehabt – eine Herpes-Simplex-Infektion ereilte, die in seltenen Fällen die Blut-Hirn-Schranke überwindet und dann zu massiven, lebensbedrohenden Entzündungen im Gehirn führen kann. Herr Wearing verfiel dabei in ein Koma, und als er aus diesem wieder erwachte, war er nicht mehr imstande, autobiographische Erinnerungen abzuspeichern und Erlebnisse aus der Vergangenheit abzurufen. Sein Hippocampus (Abbildung 1), eine zentrale Schaltstation des expliziten Gedächtnisses in jeder der Hemisphären des Gehirns, war hoch selektiv, aber eben komplett beidseitig zerstört worden, was zu einem totalen Verlust des autobiographischen Gedächtnisses führte.

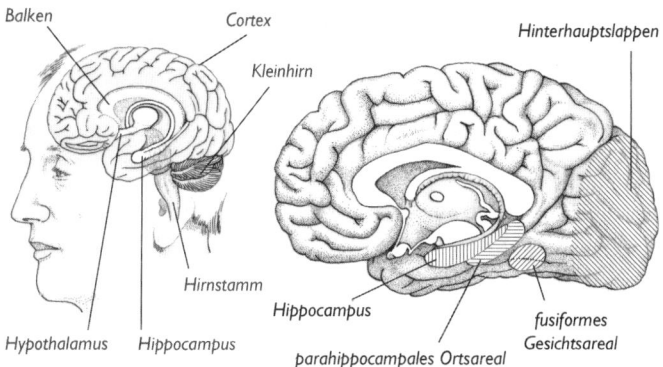

Abbildung I: Zwischenspeicher Hippocampus
Das kleine Areal, eingerollt im Schläfenlappen, gehört zu einem ganzen Netzwerk an Gehirnarealen, die uns beim Abspeichern von Erinnerungen helfen. Der Hippocampus fungiert nur als Zwischenspeicher: Ortsinformationen etwa lagert er in den parahippocampalen Bereich aus, Gesichter in das fusiforme Gesichtsareal des Schläfenlappens.

Er glaubte im Abstand von Minuten und jedes Mal, wenn ihn jemand besuchen kam, gerade erst aus dem Koma erwacht zu sein und just sein Bewusstsein wiedererlangt zu haben. Er wusste aber, wer er war, und konnte sich noch gut daran erinnern, dass er in Cambridge studiert und den *Messias* von Händel aufgeführt hatte. Der Rest seines Lebens war mehr oder weniger verschüttet – verursacht durch ein winziges Viruspartikel. Jedes Mal, wenn seine Frau zu ihm ins Krankenhaus kam, begrüßte er sie mit großer Freude – ohne sich daran zu erinnern, dass er sie bereits vor einigen Jahren geheiratet hatte. Er konnte kein Buch mehr lesen und auch keinen Film ansehen, da ihm schon nach wenigen Momenten die Handlung entfallen war. Er war eingesperrt in der Gegenwart, einen Zustand, den er selbst als »die Hölle auf Erden« bezeichnete. Lediglich sein musikalisches Erinnerungsvermögen war immer noch enorm gut: Als sein ehemaliger Chor bei ihm war und ein Lied für ihn sang, konnte er problemlos einstimmen und mitsingen, inklusive aller Strophen sowie der richtigen Intonierung. Außerdem hatte er noch eine enorme Menge an Fakten über die Welt abrufbereit.

Gerade solche neurologischen Fälle sind für die Wissenschaft ein entscheidender Beleg dafür, dass Verletzungen des Gehirns spezifische Aspekte des menschlichen Gedächtnisses zerstören können – ohne andere Erinnerungskategorien zu beeinträchtigen. Und sie zeigen, »das« Gedächtnis existiert nicht, weder als Ort noch als singuläre Erscheinung.

Beginnen wir unsere Reise in das Epizentrum unseres Ich-Bewusstseins mit einer Betrachtung der verschiedenen Erinnerungssysteme in unserem Gehirn: Man unterteilt sie in Arbeitsgedächtnis, implizites (oder auch prozedurales) und explizites (oder auch deklaratives) Gedächtnis. Oder, wenn man sie nach zeitlichen Gesichtspunkten gliedert, in Kurzzeit- und Langzeitgedächtnis. Ein bestimmter Teil des Kurzzeitgedächtnisses wird heute meist als Arbeitsgedächtnis bezeichnet. Wir benutzen es etwa, um bei komplizierten Rechnungen Zwischensummen abzuspeichern oder um am Ende eines Satzes noch zu wissen, wie er anfing. Sein Speicher kann nicht mehr als sechs bis acht Elemente gleichzeitig aufnehmen und befindet sich im Wesentlichen im vorderen Teil des Stirnlappens (im präfrontalen Cortex). Das Arbeitsgedächtnis fungiert in vielerlei Hinsicht als entscheidendes Nadelöhr unserer Gedächtnisleistungen: Es bestimmt, wie lange wir uns auf eine Aufgabe konzentrieren, d. h., wie viele Gedankenschritte wir im Voraus planen und wie lange wir mit ganzer Kraft ein Ziel verfolgen können. Seine Leistungsfähigkeit wirkt sich auf alle Gedächtnisleistungen aus. Dabei gilt: Je besser wir uns konzentrieren können, je mehr Fakten wir im Kopf hin und her jonglieren, umso besser ist die Erinnerungsfähigkeit.

Während das Arbeitsgedächtnis nur eine geringe Speicherfähigkeit besitzt, verfügt das Langzeitgedächtnis über fast unerschöpfliche Kapazitäten. Es speichert Informationen dauerhaft in unserem Gehirn. Innerhalb des Langzeitgedächtnisses unterscheidet man zwischen deklarativem und implizitem (prozeduralem) Gedächtnis (Abbildung 2). Das deklarative Gedächtnis speichert Fakten, Erlebnisse, Episoden und Ereignisse, je nach Gedächtnisinhalt in einem anderen Untersystem:

- Im autobiographischen Gedächtnis bewahren wir Episoden aus unserem Leben in der Ich-Perspektive auf, also Informationen darüber, wann etwas mit wem und wo geschah. In diese Domäne gehört auch unser (eher schlechtes) Quellengedächtnis (die Erinnerung an den Ursprung einer Erinnerung).
- Das episodische Gedächtnis kann sowohl Geschichten aus Büchern, Erzählungen oder Filmen beinhalten.
- Das semantische Gedächtnis enthält unser Wissen über die Welt. Hierhin gehören die Bezeichnungen für Dinge, Orte, Tiere, Pflanzen, aber auch unser klassisches Schulwissen und unsere semantisch-grammatikalischen Kenntnisse.

Das prozedurale, nichtdeklarative oder auch implizite Gedächtnis beinhaltet alle unbewussten Erinnerungen, die sich nur schwer in eine sprachliche Form fassen lassen. Hierzu zählen das Gedächtnis für Bewegungsabläufe (motorisches Lernen), Gewohnheiten

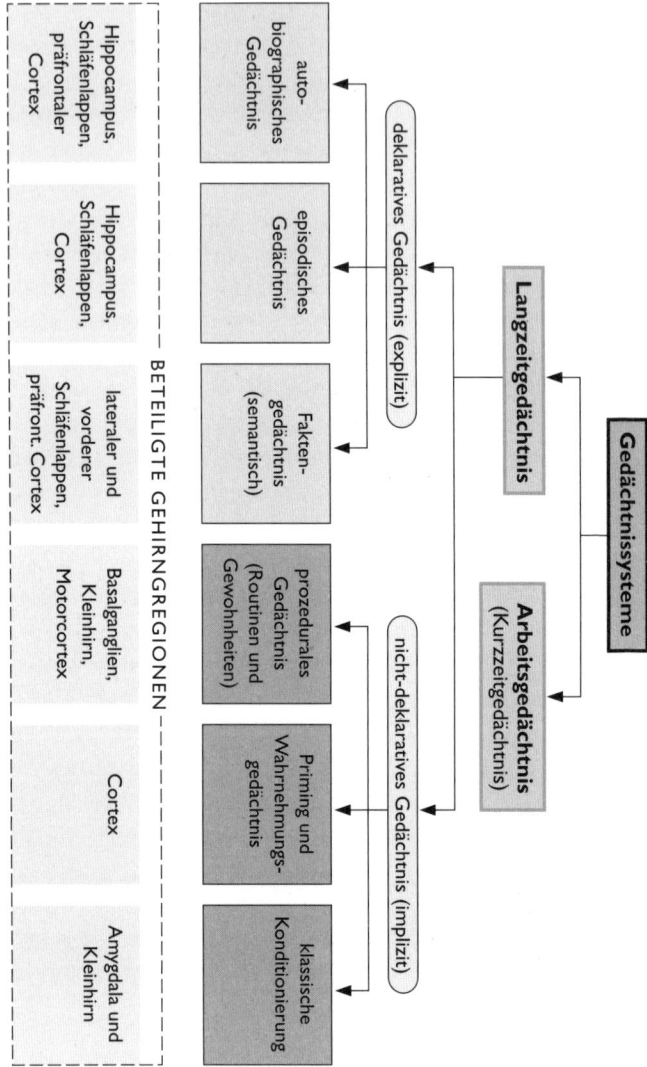

Abbildung 2: Gedächtnissysteme
Unser Gehirn beherbergt nicht *das* Gedächtnis. Die grandiose Speicher- und Abruftätigkeit wird von verschiedenen Gehirnarealen erledigt.

und Routinen sowie das Wahrnehmungsgedächtnis und ein als Priming (Bahnung/erleichtertes Lernen) bezeichnetes Subsystem (Abbildung 2).

Gemeinhin denken wir beim Begriff Gedächtnis vor allem an das explizite Gedächtnis, also persönliche Erinnerungen, Faktenwissen (Wie heißt die Hauptstadt von Litauen?) und singuläres Wissen (Wie heißt noch mal der Geschichtslehrer unseres ältesten Sohnes?). Dies macht aber nur einen Bruchteil unseres Gedächtnisses aus. Der weitaus größere Teil dessen, was wir im Leben gelernt haben, sind generische Erinnerungen, also solche, die auf Gewohnheiten beruhen (mehr dazu in Kapitel 2).

Hirnorganische Grundlagen des autobiographischen Gedächtnisses

Eine systematische Betrachtung aller Aspekte unseres Gedächtnisses käme einer Anatomiestunde menschlicher Gehirnareale gleich – schließlich sind alle Gehirnstrukturen von Gedächtnisvorgängen durchwebt. Wir wollen uns daher hier auf das autobiographische Gedächtnis fokussieren, zumal es bisher am wenigsten wissenschaftlich untersucht wurde. Lange Zeit hat man es zum episodischen Gedächtnis gezählt, weil die Neurowissenschaften sich schwertaten, die Ich-Perspektive eines Erlebnisses als eigene Qualität anzuerkennen. Man war (und ist häufig immer noch) der Meinung, dass dieses Ich-Erlebnis eher ein Epiphänomen ohne kausale Wirkung ist – wir glauben zwar die Handelnden und Erlebenden zu sein, doch es sind die Neurone, die durch ihre Verschaltungen vorgeben, wie wir handeln. Bereits Ende des 19. Jahrhunderts hat der Psychologe William James diese Annahme als großen Fehler bezeichnet: »Die systematische Weigerung der Wissenschaft, die Persönlichkeit als Bedingung von Ereignissen zu sehen, diese feste Überzeugung, dass unsere Welt ihrem innersten Grundwesen nach eine strikt unpersönliche Welt ist, könnte sich möglicherweise, während das Zeitkarussell sich weiterdreht, als just der Fehler unserer vorgeblichen Wissenschaftlichkeit erweisen, den unsere Nachkommen am verwunderlichsten finden werden, als das Versäumnis, durch das sie in den Augen der Nachgeborenen perspektivlos und unvollständig wirkt.« Dennoch dauerte es bis in das 21. Jahrhundert hinein, ehe Neurowissenschaftler sich an die nähere Betrachtung dieses Aspekts unseres Gedächtnisses gewagt haben.

Auch wenn es keinen eindeutigen Ort gibt, an dem unsere Erinnerungen wie die Bücher in einer Bibliothek geordnet sind, so sind doch bestimmte Gehirnareale für das Funktionieren unseres autobiographischen Gedächtnisses unabdingbar. Hirnorganisch ist der Hippocampus eine entscheidende Struktur des expliziten Gedächtnisses. Zusammen mit Teilen des Stirnlappens und des Schläfenlappens ist er für das Abspeichern und auch für das Abrufen autobiographischer Ereignisse verantwortlich. Um den Hippocampus, der sich in der Evolution zuletzt entwickelte, als Schaltkreis in das Gehirn einzubinden, ist eine ganze Datenautobahn vonnöten: Ein dicker, aus Nervenfasern bestehender Strang namens Fornix leitet Informationen vom Hippocampus zum basalen Vorderhirn und zu Teilen des Hypothalamus, den Mamillarkörpern, weiter. Er beginnt erst im dritten Lebensjahr seine normale Arbeitsgeschwindigkeit aufzunehmen – womöglich eine Erklärung dafür, warum wir später kaum Erinnerungen aus den ersten drei Lebensjahren abrufen können. Voll funktionstüchtig ist die Fornixbahn erst im Alter von etwa sechs Jahren. Das sollten sich Eltern, Erzieher und Lehrer immer wieder vor Augen halten. Der Hippocampus ist eine der wenigen Gehirnregionen, in der nach der Geburt noch maßgeblich Nervenzellen gebildet werden. Wissenschaftler bezeichnen diesen Vorgang als adulte Neurogenese. Sie ist nach einer Theorie des Neurowissenschaftlers Fred Gage vom Salk Institute in San Diego wahrscheinlich notwendig, um individuelle Erlebnisse zeitlich markieren zu können und den ständigen Umbauprozessen im Hippocampus – ob der vielen Ereignisse und Fakten, die wir erleben und abspeichern, Rechnung zu tragen.

Es wäre falsch, aufgrund des oben Beschriebenen anzunehmen, dass die einzelnen Gedächtnissysteme isoliert nebeneinander arbeiten. Im Gegenteil: Unser Leben reiht konstant Lernsituationen aneinander, bei denen alle Gedächtnissysteme ineinandergreifen. Um autobiographische Erinnerungen abzuspeichern (und abzurufen), benötigt man ein ganzes Netzwerk an Arealen, Papez'scher Schaltkreis genannt. Er setzt sich aus dem Hippocampus und dem vorderen Teil des Cingulums (Gyrus cinguli) sowie aus Thalamus und Mamillarkörpern zusammen, die tief im Inneren des Gehirns liegen (siehe Abbildung 3). Dieser neuronale Schaltkreis ist äußerst

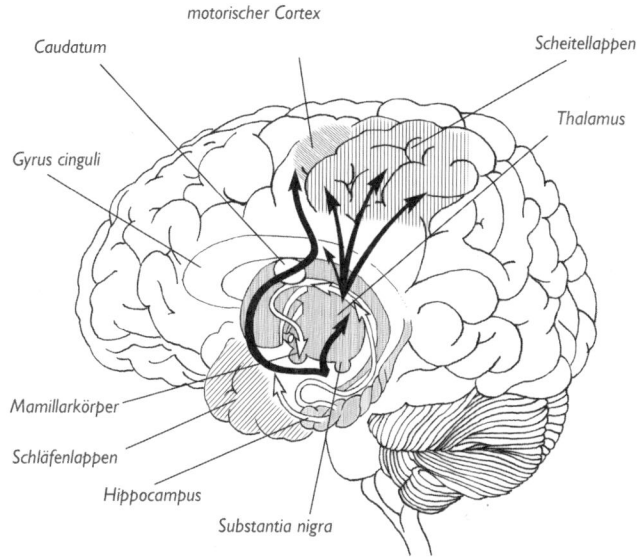

Abbildung 3: Schaltkreis, um Neues zu lernen
Wichtige gedächtnisassoziierte Areale im Gehirn bilden den Papez'schen-Schaltkreis. Er besteht aus Hippocampus, Mamillarkörpern im Thalamus und dem Gyrus cinguli im Cortex. Dieser Schaltkreis für unser episodisches Gedächtnis ist wichtig, um neu Erlebtes und Gelerntes zu erinnern. Substantia nigra, Caudatum und motorischer Cortex sind hier als Beispiele für Gehirnareale des prozeduralen Gedächtnisses eingezeichnet. Sie sind beteiligt, wenn wir etwas motorisch neu lernen oder Gewohnheiten ausbilden, z. B. Fahrrad oder Auto fahren.

machtvoll, denn er ist in vielerlei Hinsicht das neuronale Netzwerk, in dem entscheidend mitbestimmt wird, wer wir sind und was wir über uns erinnern, aber auch, was wir vergessen.

An dieser Stelle sei auf die Lateralisierung nach linker und rechter Hemisphäre hingewiesen: Der linke Papez-Kreis (bei Rechtshändern) dient der Speicherung von Fakten, Episoden und autobiographischen Erinnerungen, während der rechte für räumliche Informationen und Beziehungen zwischen Gegenständen zuständig ist. Genau diese Gehirnstrukturen und Signalwege sind beim Korsakow-Syndrom betroffen: Es tritt als Folge eines Vitamin-B1-Mangels auf, häufig verursacht durch dauerhaft hohen Alkoholkonsum. Die Patienten leiden unter einer anterograden Amnesie, das bedeutet, sie können ab dem Zeitpunkt, an dem die Krankheit ausgebrochen ist, keine autobiographischen Erinnerungen mehr speichern; häufig ist auch das Faktengedächtnis betroffen.

Auf dem Weg in das autobiographische und das Faktengedächtnis müssen die Informationen einen Filter passieren, das so genannte limbische System. Der Name leitet sich aus dem Lateinischen ab (limbus = der Saum), da seine Strukturen den Balken (Corpus callosum) wie ein Gürtel oder einen Ring umgeben. Das limbische System gliedert sich in die Amygdala (Mandelkern), den Hippocampus, Teile des Hypothalamus und die Gyrus cinguli. Wie ein Speichenrad schiebt es sich – mit dem Zwischenhirn als Radnabe – von innen an die Großhirnrinde heran und kleidet sie so quasi von innen aus. Es ist die Instanz, die relevante Informationen aussortiert, mit Emotionen versieht und bündelt, bevor sie in weit verteilten Gebieten der Hirnrinde zur Ablagerung kommen. Lernen, Gedächtnis und Gefühle hängen also hirnanatomisch ganz eng miteinander zusammen, was auch erklärt, warum eine bestimmte Gefühlslage, die der Stimmung entspricht, in der man sich befand, als eine Erinnerung eingespeichert wurde, das Abrufen dieser Erinnerung erleichtert. Aber auch der Geruch von frisch geschnittenem Gras oder das Lied, das wir beim ersten Kuss hörten, können Erinnerungen aus längst vergangenen Zeiten hervorrufen.

Wie bereits ausgeführt, wirken am autobiographischen und

dem Faktengedächtnis vor allem die Schläfenlappenspitze mit dem Hippocampus und die Stirnlappen mit. Für das Faktengedächtnis ist der linke präfrontale Cortex mit dem linken Hippocampus verantwortlich. Der rechte präfrontale Cortex dagegen ist für das Speichern und Abrufen von autobiographischen Erinnerungen zuständig, was auch erklärt, warum bei manchen Hirnerkrankungen, die nur eine Gehirnhälfte betreffen, das semantische Gedächtnis noch intakt ist, während das episodische Gedächtnis erlischt.

Für das explizite Gedächtnis sind aber auch tiefer gelegene Strukturen wichtig, etwa das basale Vorderhirn (Nucleus basalis). Der Nucleus basalis ist ein häufig übersehenes, aber wichtiges Gehirnareal in der neuronalen Choreographie der Gedächtnisbildung. Er enthält Nervenzellen, die als Botenstoff Acetylcholin verwenden und weitläufig in die Großhirnrinde Verbindungen haben. Der Nucleus basalis ist im vorderen Teil des Gehirns gelegen (unterhalb der Großhirnrinde vor dem Thalamus) und entscheidend daran beteiligt, dass positive Assoziationen das Lernen erleichtern. Auch für die Konzentrationsfähigkeit spielt er eine große Rolle, etwa wenn wir über Stunden einem Scheinwerfer gleich unsere Aufmerksamkeit nur auf einen Gegenstand richten und alles andere dabei ausschalten. Es ist ausgerechnet diese für das Gedächtnis so wichtige Gehirnregion, die bei Alzheimer-Patienten als eine der ersten geschädigt wird.

Um Vergangenes erinnerbar zu machen und im Licht der Gegenwart besser beurteilen zu können, sind wir auf das Zusammenspiel all dieser Gehirnareale angewiesen, nur so erklingt die Melodie der Erinnerung. Und aus all diesen Erinnerungen und abgespeicherten Erfahrungen formt sich unser Gedächtnis – und daraus wiederum unsere Persönlichkeit. Unser Gedächtnis macht uns also als Person aus, und es garantiert auch, dass Erfahrungen an andere Menschen weitergegeben werden können. Evolutiv scheint es allerdings vor allem wichtig zu sein, um die Zukunft besser planen zu können, und das bedarf noch weiterer Erläuterungen.

Alice im Hippocampus-Land
In einer der Geschichten von Lewis Carroll heuert die Schachkönigin eines Tages das Mädchen Alice als Zofe an und verspricht ihr zwei Groschen die Woche und anderntags Marmelade – wobei die Regel lautet: »gestern Marmelade und morgen Marmelade – aber niemals heute Marmelade.« Alice findet das schrecklich verwirrend. »Das kommt davon«, sagt die Königin, »wenn man rückwärts in der Zeit lebt. Anfangs wird man davon leicht ein wenig schwindelig … aber einen Vorteil hat es doch, nämlich dass das Gedächtnis nach vorne und rückwärts reicht.« Alice entgegnet: »Ich kann mich nie an etwas erinnern, bevor es geschieht.« »Eine dürftige Art von Gedächtnis …«, erwidert die Königin.

Damit erweist sich die Schachkönigin als wahre Kognitionswissenschaftlerin, denn die Vergangenheit lebendig werden zu lassen und sich zu erinnern, scheint lediglich ein glücklicher Zufall unseres Gedächtnisses zu sein. Denn es gibt eine zuverlässige Aktivierung von Gedächtnisarealen im Gehirn, wenn wir Vergangenes erinnern oder die Zukunft planen. Bei diesen Zeitreisen sind vor allem der anteriore mediale Präfrontale Cortex, das posteriore Cingulum und der Praecuneus aktiv. Dem Praecuneus, einem eigentlich recht großen, aber bisher wenig prominenten Bestandteil des hinteren Scheitellappens (Abbildung 4), kommt hierbei eine spezielle Bedeutung zu: Er wird vor allem dann aktiv, wenn wir eine Situation erleben, die eine große Ähnlichkeit zu einer bereits erlebten Situation hat. Der Praecuneus »markiert« sozusagen ein Ereignis, das schon einmal eingetreten ist, und könnte maßgeblich an dem beteiligt sein, was im autobiographischen Gedächtnis in der Ich-Perspektive abgespeichert ist. Bemerkenswert ist auch, dass der Praecuneus wohl eines der Gehirngebiete ist, die uns als Homo sapiens vom ansonsten ebenfalls recht klugen und mit einem großen Gehirn ausgestatteten Neandertaler unterscheiden.

Ich will an dieser Stelle einen spekulativen Gedanken meinerseits nicht auslassen: Und zwar erscheint es mir durchaus möglich, dass der Neandertaler sich eventuell deshalb nicht gegen den Homo sapiens durchgesetzt hat, weil Letzterer kulturfähig

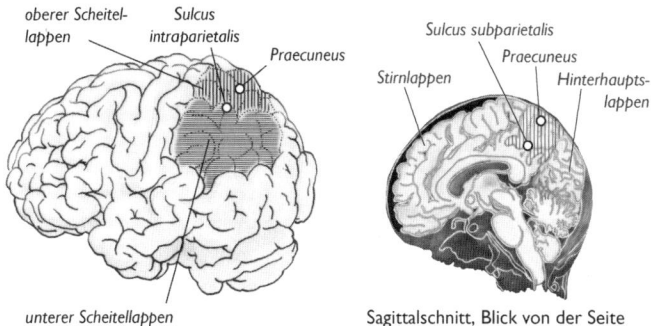

Abbildung 4: Das sind meine Erinnerungen
Der Praecuneus im Scheitellappen »markiert« ein Ereignis, das wir selbst erlebt haben – erst mit dessen Aktivierung kommt die Ich-Perspektive in die autobiographischen Erinnerungen.

war, Wissen weiterzugeben, während unser steinzeitlicher Verwandter nicht im gleichen Maße dazu in der Lage war. Dies würde implizieren, dass die Fähigkeit zum autobiographischen Gedächtnis – die Zeitmaschine in unserem Kopf – eine entscheidende Voraussetzung für Kultur darstellt und die Evolution der Spezies Mensch maßgeblich beflügelt hat. In diesem doppelten Sinne könnte der Praecuneus ein entscheidender Marker für unsere Entwicklungsgeschichte sein: als wegweisende Gehirnerweiterung für uns Menschen generell und individuell für jeden Einzelnen. Noch spannender wird diese These dadurch, dass unsere Orientierung zurück in Raum und Zeit über den Praecuneus verknüpft ist mit der Fähigkeit, in der Jetztzeit zum Beispiel zielgerichtete Bewegungen ausführen zu können, wie man sie beim Anfertigen von Werkzeugen benötigt – die Zeitreise aus der Ich-Perspektive funktioniert also sowohl in die Vergangenheit wie auch in die geplante Zukunft. So kann man Handlungen planen und vorausschauend agieren. Dies wird belegt durch Störungen im oberen Scheitellappen – also im Praecuneus und benachbarten Arealen etwa nach einem Schlaganfall –, die die Wahrnehmung von Körper und Raum beeinträchtigen. Die Patienten können zum Beispiel nicht mehr zielgerichtet greifen oder ihre Handbewegungen koordinieren, vor allem, weil die Auge-Hand-Koordination – die für uns Menschen eine ganz zentrale Rolle spielt – nicht mehr richtig funktioniert.

Eine wichtige Funktion unserer Gedächtnisvorgänge scheint also weniger die nostalgische Erinnerung an Kindheitstage zu sein, sondern ihre Fähigkeit, die Zukunft aufgrund unserer Erfahrungen vorherzusagen – ein großer evolutiver Wert, um als Spezies zu überleben. Bildgebende Verfahren zeigen, dass die gleichen Strukturen, die uns die Vergangenheit wieder aufleben lassen, aktiv sind, wenn wir die Zukunft planen: Es kommt zu einer Aktivierung des medialen Schläfenlappens, des medialen Anteils des präfrontalen Cortex und des Hippocampus, wie Untersuchungen von Daniel Schacter und seinen Kollegen beweisen. Dem Hippocampus kommt dabei die Aufgabe zu, dass er Ereignisse, wie Gegenstände in einem Raum, mit Hilfe seines räumlichen Gedächtnisses miteinander in Beziehung setzen kann. Auf eine merkwürdige Art und Weise scheint sich hier unser räumliches Gedächtnis in die Zeit hinein zu krümmen. Erst durch dieses Raum-Zeit-Kontinuum im Hippocampus sind wir in der Lage, die Ereignisse unseres Lebens in der richtigen Reihenfolge zu erinnern. Der Hippocampus ist damit das Areal, in dem sich Zeit und Ort sortieren können, in dem einzelne Ereignisse ihren Anker finden und durch den die Details in unserem Gedächtnis zugeordnet werden. Es ist kein Zufall, dass dem Hippocampus, evolutiv zunächst zuständig für das räumliche Navigieren, eine entscheidende Rolle zufällt, indem er die zeitlichen Eckpunkte unseres Lebens protokolliert: Sie benötigen wir nämlich, wenn wir autobiographische Erinnerungen re-konstruieren.

Gedächtnis ist ein Vorgang, kein Ort
Selbst wenn bestimme Areale im Gehirn notwendig sind, um Fakten abzuspeichern und abzurufen, um autobiographische Erinnerungen zu aktivieren oder sich an bestimmte Gegebenheiten

zu erinnern (z. B. wo die tolle Kneipe war, in der man im letzten Urlaub einen herrlichen Abend verbracht hat), bedeutet dies nicht, dass Neurowissenschaftler mit einem Pfeil markieren könnten, wo genau diese Informationen im Gehirn lokalisiert sind. Viele Experimente aus verschiedenen Forschungsbereichen machen klar, dass man sich das Gedächtnis in unserem Gehirn nicht ortsgebunden vorstellen darf. Es muss als Prozess verstanden werden: Dem Wie des Gedächtnisses kommt eine grundlegendere Bedeutung zu als dem Was und Wo. Und genauso verhält es sich mit unseren Lebenserinnerungen.

Erinnern ist nicht das Abrufen von gespeicherten, fertigen Bildern (Vorstellungen), sondern ähnelt dem Re-konstruieren eines Urmenschen aus den Überresten der Knochen, die man bei Ausgrabungen gefunden hat. So wie der Paläontologe aus den spärlichen Resten, die oft nur ein Prozent eines Knochengerüsts ausmachen, ein komplettes Skelett zu re-konstruieren versucht, vollbringen unsere Gedächtnissysteme Ähnliches, indem sie die Bruchstücke vergangener Erfahrungen neu zusammensetzen.

Erinnern bedeutet also nicht, dass ein abgelegtes Ereignis wie eine Datei geöffnet oder wie eine DVD abgespielt wird. Eine Erinnerung wird rekonstruiert, und diese Rekonstruktion ist abhängig vom Jetzt, von den Umständen und der emotionalen Lage, die das Erinnern begleiten, und von anderen Ereignissen, die uns als Persönlichkeit geprägt haben.

Autobiographisches Erinnern hängt vor allem und zuallererst davon ab, wie etwas abgespeichert wird – der Erinnerungsprozess selbst greift in die gespeicherten Erinnerungen ein, mit anderen Worten, beim Abrufen wird verändert, was eigentlich nur ausgelesen werden sollte. Dieses Vorgehen hat den enormen Vorteil, dass Erinnerungen immer einen aktuellen Bezug zum gerade Erlebten haben. Darüber hinaus kann man so Fakten und Erlebnisse über verschiedene Wege (Assoziationsketten) erinnern, wie das Beispiel von Neil zeigt, der sich im Alter von 14 Jahren wegen eines Tumors einer Chemotherapie unterziehen musste und danach massive Gedächtnisschwierigkeiten hatte. Zur Überraschung aller kam er in der Schule gut zurecht: Er konnte sich zwar nicht an Dinge erinnern, wenn er sie mündlich mitteilen sollte, wohl aber, wenn er sie aufschrieb. Ein weiterer Beweis dafür, dass es kein einheitliches Gedächtnis gibt.

So entsteht aus einer Abfolge von Erinnerungen ein autobiographisches Erlebnis

Die einzelnen Gedächtnissysteme unseres Gehirns, das haben wir bereits gesehen, sind keine voneinander isolierten Einheiten, sondern sie arbeiten zusammen. Dies wird besonders deutlich beim autobiographischen Gedächtnis, das entscheidend für unsere Identität ist: Denn es speichert nicht allein Erlebnisse (Episoden) ab, sondern auch alle damit verbundenen Gefühle und Wahrnehmungen, kurz, die Perspektive, mit der wir auf die Welt schauen. Diese Ich-Perspektive gibt den Erinnerungen eine bestimmte Qualität, wir können die Gefühle und Empfindungen, die wir während eines Erlebnisses hatten, wieder spüren.

Erinnerung greift aber immer auch auf das episodische Gedächtnis zurück, das Faktenwissen über uns selbst enthält (»Ich wollte damals Polizist werden«). Das autobiographische Gedächtnis geht also weit über den reinen Abruf von Informationen und Assoziationen hinaus, es erlaubt, Momente unseres Lebens von innen heraus zu betrachten. Erst so werden wir die Handelnden in unseren Erinnerungen – wir sind es, denen etwas zugestoßen ist oder die etwas bewirkt haben. Das autobiographische Gedächtnis konstituiert unsere Identität.

Entscheidend neben der Ich-Perspektive autobiographischer Gedächtnisinhalte ist die Fähigkeit des Gehirns, als eine Art Zeitmaschine zu fungieren: Sie ermöglicht es uns, in die Vergangenheit zu reisen ebenso wie in die Zukunft und all diese verschiedenen Informationen zu einer Lebensgeschichte, dem autobiographischen Gedächtnis, zu verbinden.

Wie aber schafft es das Gehirn, zum einen in unserem Leben

zurückzufliegen und sich zum anderen Zukünftiges vorzustellen? Vor allem: Wie gelingt es unserem Gedächtnis, die Ereignisse nicht isoliert zu sehen, sondern als zusammenhängende Episoden unseres Lebens? Diese letzte Frage erinnert an eine berühmte Frage, die der Philosoph Edmund Husserl gestellt hat. Er wollte wissen, wie wir es meistern, aus einer Abfolge von Tönen eine Melodie zusammenzusetzen und zu erkennen. Wie kommen wir zu einem inneren Zeitbewusstsein? Und wie bewerkstelligt es das Gehirn, aus einzelnen Tönen eine Melodie zu hören? Das waren die Fragen, auf die Husserl in seinen *Vorlesungen zur Phänomenologie des inneren Zeitbewusstseins* eine Antwort suchte. Auch hierbei spielt das Gedächtnis eine wichtige Rolle: Zum einen kann man eine Melodie als solche nur mit Hilfe des Gedächtnisses erkennen: Denn um eine Melodie ausmachen zu können, brauchen wir eine Zusammenschau aller gehörten Töne (zwischengespeichert im Arbeitsgedächtnis) über die Zeit hinweg. Nur wenn unser Gedächtnis hier eine »Synthese über die Zeit« (Husserl) zur Verfügung stellt, können wir die einzelnen Töne zu einer Melodie verbinden. Und nur wenn vorher gehörte Töne im Gehirn vorrätig gehalten werden, kann man auch aktuell gehörte Töne einer Melodie zuordnen. Ein Ton hat also erst dann seine Bedeutung in einer Melodie gefunden, wenn er bereits verklungen, aber eben noch nicht ganz verschwunden ist, da eine Art Nachklang im Gedächtnis festgehalten wird und als Erinnerung vorliegt. Erst so wird eine Melodie als ein Verlauf von bereits verklungenen Tönen erlebt und ist mehr als die Summe seiner Töne. Somit ist für Husserl das Musikerlebnis ein Beispiel für die menschliche Zeiterfahrung – und, so möchte ich anfügen, auch ein Beispiel für die Bedeutung des Gedächtnisses.

Husserls Gedanken zu Zeitbewusstsein und Musik sind wegweisend für die Betrachtung des Gedächtnisses: Erst indem wir einzelne Elemente unserer Erinnerungen miteinander in eine zeitliche Beziehung setzen können, können wir ein autobiographisches Ich entwickeln. Und damit ist unser Gedächtnis ein Apriori der Existenz von Zeit überhaupt.

Diese Betrachtungsweise führt zu einer ganz modernen Erkenntnis der Neurowissenschaften und Psychologie: Vergangene Ereignisse werden durch nachfolgende immer wieder modifiziert, die Symphonie unserer autobiographischen Erinnerungen, welche wir unser Leben nennen, wird immer wieder abgewandelt durch das, was noch passiert. Das bedeutet aber auch, dass die Ereignisse, die später im Leben stattfinden, durchaus die Erinnerung an vorhergehende Erlebnisse verändern bzw. überlagern können.

»*In jedem Fall können wir neue Einsichten und Erkenntnisse gewinnen, wenn wir schlechte Erfahrungen biographisch einordnen. Damit erlaubt die eigene Lebensgeschichte nicht nur, zu entdecken, wer man geworden ist, sondern auch, wer man in Zukunft sein möchte.*«
Tilmann Habermas/ Christian Köber, MAINLIFE

Es scheint ganz so, als hätten wir unser Gedächtnis nicht in erster Linie dazu, um im Zeitpfeil zurückzuschauen, sondern um die Zukunft zu planen. Es ermöglicht, sich die abgespeicherten Informationen zu vergegenwärtigen, um sich Dinge und Umstände vorzustellen, die existieren oder geschehen könnten. Das bestätigt auch das große Frankfurter Projekt MAINLIFE, eine Langzeitstudie zur Entwicklung autobiographischen Erzählens und der Lebensgeschichte.

Wie unser Gedächtnis diese mentalen Zeitreisen in die Vergangenheit oder Zukunft bewerkstelligt, haben die australischen und neuseeländischen Kognitionswissenschaftler Thomas Suddendorf und Michael Corballis folgendermaßen versinnbildlicht: Es bedarf einer »Bühne«, und zwar unseres Arbeitsgedächtnisses, um alle Informationen, die man aus seinem Gedächtnis hervorkramt, mental zu präsentieren, bis sich alles zu einer Episode zusammenfügt. Weiter benötigt man ein Drehbuch, welches die Regeln festlegt, anhand derer vergangene Ereignisse rekonstruiert oder zukünftige Ereignisse simuliert werden können. Zudem sind Akteure vonnöten, man selbst und andere Menschen, deren Gefühle, Intentionen und Interaktionen man kennen muss. Ein Regisseur entscheidet, welche Informationen relevant sind und welche nicht. Nun bestimmt ein Produzent, in welchem Umfang ein Ereignis simuliert wird. Zuletzt braucht es eine Art Übertragung, um das entstandene Werk (die Episode oder die zukünftige Simulation einer Situation) auch publik zu machen – also die Sprache, um die mentale Zeitreise mit ihren Funden anderen mitzuteilen: Die mentale Zeitreise wird in Sprache übersetzt.

Tief ist der Brunnen der Vergangenheit:
Kindliche Amnesie

Was ist das erste Lebensereignis, an das Sie sich erinnern können? Meines, so glaube ich in jedem Fall, ist der erste Kindergartentag, an dem meine große, um ein Jahr ältere Schwester und ich plötzlich allein und verlassen im Sandkasten saßen und unserer Mutter hinterherweinten (ich war damals fünf Jahre alt). Wir hatten hier wohl etwas zu viel Hänsel und Gretel im Kopf und waren äußerst erleichtert, als wir mittags wieder abgeholt wurden.

In der Tat erinnern die meisten Menschen sich erst an Dinge, die nach dem dritten Geburtstag stattgefunden haben. Reichhaltiger und häufiger werden die Erinnerungen ab dem sechsten Geburtstag. Diesen Umstand bezeichnet man als kindliche Amnesie – also die Nicht-Erinnerungsfähigkeit an die frühe Kindheit. Aber warum erinnern wir uns nicht an die ersten drei Jahre unseres Lebens? Dieser Umstand scheint auf den ersten Blick eine der zentralen Aussagen von Sigmund Freud zu bestätigen. Freud vertrat die Ansicht, dass frühkindliche Erfahrungen zwar gespeichert werden, doch aus Gründen der Verdrängung im späteren Leben der Zugriff darauf verweigert wird. Trotzdem, so glaubte er, würden diese Erinnerungen maßgeblich unsere Persönlichkeit beeinflussen. Aus heutiger neurobiologischer Sicht muss man hier Widerspruch einlegen: Mit Verdrängung hat die kindliche Amnesie wohl nichts zu tun, auch wenn wir als Erwachsene darin bisweilen wahrlich meisterhaftes Können erwerben.

Vielmehr konnte man mit Hilfe moderner neurowissenschaftlicher Methoden zeigen, dass die Regionen zum Abspeichern von autobiographischen Erinnerungen vor dem dritten Lebensjahr noch nicht funktionell in die Schaltkreise des Gehirns integriert sind. Das betrifft vor allem den Hippocampus und die von ihm ausgehende Datenautobahn (der zuvor bereits erwähnte Fornix) in den Rest des Gehirns. Diese Verbindung stellt eine zentrale Schaltstelle im Gehirn dar, die bestimmt, welche Informationen in Bezug auf autobiographische Erinnerungen oder Fakten in den Langzeitspeicher des Gehirns überführt werden. Sie geht aber erst mit etwa drei Jahren »online«. Mit anderen Speicherprozessen im Bereich des motorischen Lernens, der Habituation oder dem Wahrnehmungslernen hat diese Region jedoch nichts zu tun.

So zeigen neueste Studien, dass Neugeborene bereits Informationen über ihre Erfahrungen speichern können. Untersuchungen an Föten haben ergeben, dass diese, sobald ihr Gehör funktionsfähig ist, bei lauten Geräuschen erschrecken. Sie gewöhnen sich aber bei Wiederholung sehr schnell an diese akustische Störung. Dabei darf man die Gewöhnung nicht einfach nur als eine triviale Lernform betrachten; im Gegenteil, sie ist elementar, da sie hilft, wichtige von unwichtigen Informationen zu unterscheiden. Dies ist nicht nur für ein Kind essentiell, das mit einer ungeheuren Zahl von Sinnesreizen überflutet wird. Wichtiges von Unwichtigem zu trennen ist eine der entscheidenden Eigenschaften des menschlichen Gedächtnisses überhaupt – und wir machen täglich von ihr Gebrauch.

Und auch nicht-sprachliche Lerninhalte, zum Beispiel Ängste oder Abneigungen gegen bestimmte Nahrungsmittel, können sehr wohl als unbewusste Erinnerungen im Erwachsenengehirn wirken. Unsere Geschmackszentren haben nämlich durchaus Erinnerungen an die früheste Kindheit und eine womöglich in dieser Phase gemachte schlechte Erfahrung (etwa dass uns schlecht wurde), nur dass wir mit unseren bewussten, sprachbezogenen Gedächtnisprozessen hierauf keinen Zugriff haben. Wir können die Geschichte, wie und warum uns in welchem Kontext speiübel wurde, nicht nacherleben und auch nicht erzählen. Vielleicht ist das aber in diesem konkreten Fall auch gar nicht so tragisch.

Über den Zeitpunkt, zu dem Kinder ein autobiographisches Gedächtnis erwerben, entscheidet die Sprachentwicklung maßgeblich mit: Je mehr Eltern sich mit ihrem Nachwuchs über Erlebnisse austauschen, umso schneller entwickeln Kinder ein autobiographisches Gedächtnis. Das bedeutet aber auch: Einen Teil unserer Identität in Form eines autobiographischen Gedächtnisses erwerben wir erst, wenn wir auch tatsächlich über unsere Lebensereignisse berichten (können). Und das ist im Alter von etwa sechs Jahren der Fall: Erst dann sind Kinder nämlich in der Lage, präzise zu berichten, was sich wann und wo mit wem abgespielt hat.

Wie die Langzeitstudie zur Entwicklung autobiographischen Erzählens und der Lebensgeschichte MAINLIFE zeigen konnte, fangen Jugendliche mit etwa 16 Jahren an, verschiedene Erlebnisse ihres Lebens miteinander zu verknüpfen und zu bewerten. Und erst im Alter von 20 Jahren tritt eine neue Reflexionsebene in Kraft: Wir stellen Überlegungen darüber an, wie wir uns entwickelt haben.
Ab diesem Alter stabilisiert sich die Persönlichkeit ebenso wie der Blick auf die eigene Identität, mit der Folge, dass ein 40-Jähriger nur noch selten über seine Persönlichkeit nachdenkt oder sein Bild von sich selbst in Frage stellt. Fragt man Menschen dieser Altersgruppe, was sie besonders geprägt habe, so

»Nun kann ich gehen – gehen lernen nicht mehr.«
Gottfried Benn

schildern sie gerne Ereignisse zwischen dem 15. und 25. Lebensjahr. Dieser »Erinnerungshügel« ist leicht zu erklären: In dieser Lebensphase speichern wir Neues besonders gut ab und durchleben viele Ereignisse gehäuft zum ersten Mal: den ersten Kuss, die erste Beziehung, den Beginn des Studiums etc. Nach ihren glücklichsten Momenten gefragt, zählen Menschen übrigens ebenfalls statistisch signifikant häufig Erlebnisse auf, die zwischen dem 15. und 30. Lebensjahr lagen.

Der Gedanke, dass alle unsere autobiographischen Erinnerungen lebenslang in unseren Gehirnen abgespeichert werden und zum Teil nur das Abrufen der Erinnerungen unterdrückt wird, ist zwar verführerisch, aber eben falsch. Kindliche Amnesie bedeutet nicht, dass junge Gehirne keine Informationen speichern können, sondern nur, dass wir über diese Jahre keine bewusste Erinnerung haben. Jeder geistige und motorische Fortschritt hängt von der Fähigkeit des Gehirns ab, Erfahrungen abzuspeichern und diese Informationen bei Bedarf wieder hervorzuholen, um aufgrund der erworbenen Kenntnisse effizienter und klüger zu handeln. Somit ist unser Gedächtnis der entscheidende Eckstein intellektueller Reifung. Nur können wir nicht immer erinnern, wo wir etwas gelernt haben. Manchmal wissen wir nicht einmal, dass wir etwas gelernt haben, aber das unbewusst Gelernte beeinflusst unser Handeln trotzdem, und insofern hatte der gute Sigmund Freud in einem gewissen Maße schon Recht.

Ich-Erzähler im Kopf

Was passiert also, wenn ich aus der Ich-Perspektive heraus vom Kirschbaum aus, in dem ich gerade in Gedanken sitze, auf meinen Großvater im Hühnerstall hinunterschaue? Wie kann man eine solche autobiographische Erinnerung im Schnelldurchlauf wissenschaftlich betrachten? Wenn wir ein Erlebnis erinnern, z. B. wie sich der eigene Bruder auf dem Spielplatz schwer verletzte, konstruiert der Hippocampus den physischen Raum, in dem das Ereignis passierte, und kann auch die zeitlichen Eckpunkte des Erlebnisses ermitteln (Sommer, mein eigenes Alter). Darüber hinaus hilft der Hippocampus zusammen mit dem medialen Schläfenlappen, die Fakten der Ereignisse (Ort des Geschehens, Lage des Hühnerstalls, Strafe meiner Eltern) zu ermitteln. Damit aus dem episodischen Gedächtnis eine autobiographische Erinnerung wird, müssen darüber hinaus im Gehirn Gefühlszentren und sensorische Areale mit aktiviert werden. Erst so können wir zwischen Ereignissen, die wir uns nur vorgestellt haben, und denen, die tatsächlich stattgefunden haben, unterscheiden. Es muss ein Qualitätsgefühl, eine sogenannte Qualia, als Bewusstseinszustand hinzukommen, so dass sich durch die »Add-on«-Gehirnareale (vergleichbar einem kleinen Programm, welches bestehende Soft- und Hardware in unseren Computern in ihrer

Funktionalität erweitert) ein solches erinnertes Ereignis als mein eigenes anfühlt – erst so »besitzen« wir Erinnerungen an unser Leben. Da hier aber viele Konstruktions- und Re-konstruktionsprozesse am Werk sind, ist auch klar, dass man sich vor allem in Details häufig irrt. Diese vielen parallelen Prozesse, die im Gehirn beim Erinnern stattfinden müssen, erklären auch, warum Erinnerungen verfälscht sein können. Im Grunde bräuchten wir eine »Instanz« in unserem Gedächtnis, die die Quellen unserer Vermutungen überprüft.

Auf der Ebene der bildgebenden Verfahren lässt sich zeigen, dass real erinnerte und falsch erinnerte Objekte fast zu einer identischen Aktivierung des Gehirns führen. Hierbei kommt dem anterioren medialen präfrontalen Cortex (also dem seitlich, ganz vorne gelegenen Anteil des Stirnlappens) eine besondere Bedeutung zu, wenn es darum geht, »falsch« von »echt« zu unterscheiden, wie Studien des kalifornischen Neurowissenschaftlers Jon Simons belegen. An dieser Stelle im Gehirn wird verhandelt, ob eine Geschichte, die über uns erzählt wird, auch eine ist, die wir selbst so erlebt haben.

Nach einer Theorie des Kognitionswissenschaftlers Martin Conway gibt es so etwas wie eine autobiographische Datenbank, eine Art semantisches Gedächtnis, nur eben für Lebensereignisse: Wo und wie lange bin ich zur Schule gegangen, wann habe ich das Studium begonnen, wann meine Doktorarbeit, wo und wie habe ich meine Frau kennen gelernt etc. Diese örtlichen und zeitlichen Referenzpunkte geben dem autobiographischen Gedächtnis Halt und Orientierung, und nur dadurch wird es möglich, dass eigene Erlebnisse, die sich aus gespeicherten Fragmenten im Hippocampus, im präfrontalen Cortex, dem limbischen System und den sensorischen Gehirnarealen entfalten oder entwickeln, auch einen zeitlichen Bezug bekommen. Autobiographische Datenbanken stellen gewissermaßen das Skelett unserer Erinnerungen dar. Nur durch ihre Hilfe kann man der Frage eines Freundes, wie war denn die Grundschule für dich und hast du dort etwas Besonderes erlebt, eine Antwort entgegensetzen.

Aber wie rufen wir solche Erlebnisse so ab, dass wir auch die Ich-Erzähler dieser Erinnerungen sind? Es muss hier ein kognitives Gefühl des Besitztums dazukommen – also ein Gefühl, was einem anzeigt, dass man gerade nicht träumt oder sich ein Ereignis in der Zukunft ausmalt, sondern eine Erinnerung abruft. Das Gehirn benötigt offenbar eine neuronale Markierung dafür, dass man sich aktuell an etwas erinnert, und zwar an etwas, was man selbst erlebt und nicht etwas als Film gesehen oder von einem anderen Menschen erzählt bekommen hat. Neuronal scheinen sich diese Strukturen im Praecuneus, im anterioren Schläfenlappen und im posterioren Cingulum zu befinden (siehe Abbildungen 3 und 4).

Die Schöpfung: Erinnerungen als Produkt der Gedächtniswerkstätten

Erinnere ich aber wirklich die Geschichte mit dem Kirschbaum und meinem Großvater richtig? Erinnern wir uns wirklich an die Szene auf dem Foto, als wir mit unseren Schulfreunden im Garten saßen, so wie wir es einst in unseren jugendlichen Gehirnen abgespeichert haben? Oder haben wir die Geschichte schon so oft erzählt, das Foto schon so oft gesehen, dass wir uns eigentlich nur an die Erzählungen der Geschichte erinnern und unsere Erinnerung gar nicht unverfälscht zum eigentlichen Ereignis zurückreicht?

Wie psychologische Studien gezeigt haben, ist sogar denkbar, dass uns jemand als Kind die Geschichte erzählt hat und diese erzählte Geschichte sich in eine eigene Erinnerung verwandelt hat. Und sind darüber hinaus unsere Erinnerungen vielleicht in Wirklichkeit nicht älter als der Zeitpunkt, an dem wir sie zuletzt erzählt haben? Wie sehr kann man dem Gedächtnis von Zeugen trauen, zumal gerade unser Quellengedächtnis, woher wir also glauben etwas zu wissen, erstaunlich schlecht ist?

Dies sind Fragen, die Psychologen und Neurowissenschaftler vermehrt interessieren. Denn in der Tat scheint es so zu sein, dass man, wenn man sich an etwas erinnert, über eine alte neuronale Spur immer auch eine neue anlegt – und zwar immer wieder aufs Neue, so als würde die Erinnerung, genau wie die ursprüngliche Einspeicherung, nach den gleichen neuronalen Mechanismen ablaufen. Erinnert man sich dann erneut, ist es in Wirklichkeit die jüngste Spur, die aktiviert wird. Wenn man so will, reisen unsere Erinnerungen, auch die ältesten, ein Leben lang in unseren Gehirnen mit – d. h. unser Eindruck, wir würden in der Zeit zurückreisen, scheint falsch zu sein. Gleichzeitig werden die Erinnerungsspuren dabei von Kopien überschrieben, die durch das Wiedererleben und Wiedererzählen dieser Erinnerungen entstehen. »Durch das Zurückdenken an die erste Erinnerung wird ein bemerkenswerter Kontakt in den neurologischen Kreisen des Gedächtnisses geschlossen: Das Älteste wird kurzzeitig zum Neuesten, das Erste zum Letzten«, schreibt der niederländische Gedächtnisforscher Douwe Draaisma. Der Umstand, dass unsere Erinnerungen erst im Moment des Erinnerns zustande kommen, erklärt auch, warum es Neurowissenschaftlern bisher nicht gelungen ist, einer eindeutigen Erinnerung einen eindeutigen Ort zuzuordnen. Entsprechend wird es auch schwierig, mit Hilfe von bildgebenden Verfahren moderne Lügendetektoren zu bauen.

»*Ich habe mir oft bestimmte feierlich oder scheinbar typische Momente bewusst gemerkt, und sie waren immer unbedeutend. Die wichtigen Augenblicke werden erst durch den Filter der Erinnerung bedeutend oder typisch. Wenn die Gegenwart die Werturteile der Zukunft frohlockend zu bestimmen sucht (wie in: Wir erleben eine historische Stunde!), gähnt man im Rückblick hinter nicht einmal vorgehaltener Hand.*«
Ruth Klüger, *Weiter leben*

Im Folgenden sei versucht, etwas Licht in die Dämmerzone zu bringen, in der aktuelle Erinnerungen und das »damals Erlebte« nacheinander abgelegt sind. Unsere Erinnerungen sind zu jedem Zeitpunkt unseres Lebens eine Rekonstruktion von Erlebtem anhand weniger Eckpunkte. Das macht die Effektivität und Stärke, aber auch die Vergesslichkeit und Fehlbarkeit unseres Gedächtnisses aus. Es sind Fakten, die die amerikanische Psychologin Elisabeth Loftus belegen konnte, und zwar ausgerechnet an Experten in Sachen Lern- und Gedächtnisleistungen: Zwei Wochen nach einer Konferenz der Cambridge Psychological Society sollten die Teilnehmer – vergessen wir nicht, dass es Psychologen waren, die viel über die menschlichen Gedächtnisabläufe wissen – aufschreiben, was sie davon erinnerten. Diese Aufzeichnungen wurden verglichen mit minutiösen Mitschnitten der Tagung. Wie Loftus herausfand, erinnerten die Teilnehmer im Schnitt nicht mal 8 Prozent des Programms. Nur zwei Wochen nach der Konferenz waren 92 Prozent ihrer Inhalte schon dem Vergessen anheimgefallen. Noch markanter war, dass diese mickrigen 8 Prozent, die die Teilnehmer erinnert hatten, nur 50 Prozent richtige Erinnerungen enthielten. Die anderen 50 Prozent der »erinnerten« Erlebnisse waren verfälscht, indem sie an andere Orte oder in falsche Kontexte verlegt und damit de facto falsch re-konstruiert wurden. Und dies alles bei überwiegend jungen und geistig leistungsfähigen Forschern, die theoretisch eine Menge von *false memories* (Erinnerungsverfälschung) verstehen.

Was diese und auch hunderte anderer Studien von Wissenschaftlern wie Elisabeth Loftus und neuerdings Julia Shaw immer wieder nachdrücklich belegen, ist, dass unser Gedächtnis zu keinem Zeitpunkt unseres Lebens präzise, unfehlbar und vollständig Informationen abspeichern und abrufen kann. Das Problem mit der Vergesslichkeit ist das eine, das Problem mit der Zuverlässigkeit das andere, und gemeinsam ist beiden, dass das Gedächtnis zu keiner Zeit unseres Lebens auch nur annähernd in der Lage ist, das, was wir erlebt und erfahren haben, präzise und dauerhaft abzuspeichern. Es versucht gar nicht erst, in unserem gegenwärtigen Denken ein in jedem Sinne akkurates Bild der Vergangenheit zu erzeugen.

Als junge Erwachsene bemerken wir diesen Verzerrungsaspekt unseres Gedächtnisses meist noch nicht und sind voller Selbstbewusstsein hinsichtlich unserer Gedächtnisfähigkeiten – ein Irrtum, wie Julia Shaw, eine Deutsch-Kanadierin, die in London forscht, gerade zeigen konnte: In einer Studie gelang es ihr, mit einfachen Tricks sieben von zehn Studenten falsche Erinnerungen »einzupflanzen«. Im Alter aber werfen wir uns diese Unzuverlässigkeit vor – dabei ist sie rein der Art geschuldet, wie unser Gedächtnis arbeitet. Genau dann, wenn die Rekonstruktion unserer Erinnerungen nicht nur immer wichtiger, sondern ob der Masse an Erinnerungen auch immer schwieriger wird, beginnen wir an der Leistungsfähigkeit unseres Gedächtnisses zu zweifeln.

Diese psychologischen und neurowissenschaftlichen Forschungsergebnisse zeigen, in welchem Ausmaß sich unsere Erinnerungen im Laufe des Lebens verändern – auch hinsichtlich der Erinnerung, wer und wie wir einmal waren. Dies belegt nicht zuletzt eine im Jahre 1949 gestartete Studie aus den USA, die damals 500 etwa 19-jährige Menschen hinsichtlich ihrer Persönlichkeit, ihres Selbstvertrauens, der Entwicklung ihrer sozialen Fertigkeiten und ihres Selbstwertgefühls befragte. 25 Jahre später wurden dieselben Personen erneut befragt. Das Ergebnis: Ihre Persönlichkeit erwies sich als sehr stabil. Die meisten Menschen bleiben charakterlich die Person, die sie einmal waren. Was sich jedoch verändert hatte, waren die Erinnerungen an sich selbst aus der Zeit vor 25 Jahren. Bei dem Versuch der Probanden, ihre Antworten aus der Zeit der ersten Befragung zu reproduzieren, zeigte sich, dass die Mittvierziger den Kontakt zu sich als 19-Jährige zum Teil verloren hatten. Sie erinnerten die Antworten weit negativer, als sie sie im Alter von 19 Jahren tatsächlich gegeben hatten. So meinten sie, sich an mehr Konflikte zu erinnern, weniger Selbstvertrauen gehabt zu haben und schrieben sich selbst für diesen Lebensabschnitt auch mangelhafte soziale Fertigkeiten zu. Zusammengenommen glaubten die Teilnehmer dieser Gruppe, als 19-Jährige unglücklicher gewesen zu sein, als sie es tatsächlich waren.

Wissenschaftlich wird demnach immer klarer: Erinnerungen halten nicht fest, wie wir eine Begebenheit erlebt haben. Wir speichern keine wertfreien Schnappschüsse unserer Erlebnisse, sondern vor allem die Gefühle, Empfindungen und Bedeutungen, die mit den Episoden einhergingen. Und diese Erinnerungen können sich beim Hervorkramen und erneuten Abspeichern verändern. Das heißt: Ähnlich wie bei einer Datei, die wir immer wieder auf dem Computer öffnen, um sie fortzuschreiben, arbeiten wir ständig am Skript unseres vergangenen Lebens.

Unser Gedächtnis ist zwar viel besser, als wir gemeinhin glauben, und Verzerrungen in Form von erfundenen Ereignissen kommen nur selten vor. Trotzdem sind unsere Erinnerungen leicht suggestiv zu beeinflussen. Ganz besonders schlecht ist unsere Erinnerung an die Quelle, aus der wir unsere Gedächtnisinhalte re-konstruieren. So kommen uns »eingebildete« Erinnerungen manchmal genauso echt vor wie tatsächliche. Die Geschichten der Eltern über unsere Kindheit werden irgendwann zu unseren eigenen Erlebnissen. Viel fataler sind die Auswirkungen jedoch zum Beispiel vor Gericht, wenn Falschaussagen für den Zeugen selbst umso glaubhafter werden, je öfter er diese gemacht hat.

Jetztzeit und vergangene Zeit sind voneinander untrennbar

Zu den elementaren Eigenschaften unseres Gedächtnisses gehört, dass wir Erinnerungen an Episoden, die gerade stattfinden, nicht loslösen können von solchen, die vor längerer Zeit passiert sind. Das hängt damit zusammen, dass jede Erfahrung in Netzwerken des Gehirns gespeichert wird, und zwar in solchen, deren Verbindungen bei früheren Auseinandersetzungen mit der Welt angelegt und beeinflusst wurden. Dieses bereits in Form von Nervenzell-Netzwerken (und deren Stärken) kodierte Wissen beeinflusst wiederum, wie wir neue Erlebnisse kodieren und abspeichern (siehe Kapitel 3). Damit prägen alte Erinnerungen die Textur dessen, was wir aktuell erleben und woran wir uns später erinnern.

Man mag angesichts dessen seufzend fragen: Wenn wir unseren eigenen Erinnerungen schon nicht mehr trauen können, was bleibt dann noch? Mein Punkt ist hier, dass unser Gehirn nicht wie ein Filmprojektor oder Kopierer arbeitet, die Erlebtes exakt reproduzieren, sondern weit effektiver, indem es nur Eckpunkte eines Erlebnisses speichert und diese anhand von Wahrscheinlichkeiten zu Erlebnissen zusammensetzt (was wesentlich weniger Speicherkapazität benötigt). Das ist effizient, was die Datenspeicherung angeht, aber eben auch fehleranfällig. Psychologen wie der Amerikaner Ulric Neisser meinen, dass im Gedächtnisspeicher unseres Gehirns immer nur kleinste Bruchstücke der eintreffenden Sinnesdaten festgehalten werden. Aus diesen re-konstruieren wir ein vergangenes Ereignis. Dieser »Schaffensprozess« setzt voraus, dass Hippocampus, Schläfenlappen, Praecuneus, Teile des Präfrontalcortex im Stirnlappen (als Kontrolleur des Erlebnisflusses), des limbischen Systems und bestimmter sensorischer Areale sich akut zusammenschalten, um im Moment des Erinnerns die autobiographischen Erlebnisse anhand weniger Eckpunkte desselben wieder zusammenzustellen (siehe Abbildung 4). Diese Mixtur aus verschiedenen Elementen einer Erinnerung wird im Moment des Erinnerns geformt. Es ist ein aktiver Rekonstruktionsprozess, der keine direkte Linie zum ursprünglichen Erlebnis darstellt und so für Verzerrungen empfänglich ist.

Führen wir uns diesen neuronalen Re-Konstruktionsprozess eines autobiographischen Erlebnisses noch einmal vor Augen: Die Spur der Erinnerung (auch Engramm genannt) wird nicht in einem einzelnen Gehirnareal abgelegt, sondern

»Der Blickwinkel ist der einer kleinen Person, die gerade über die Mauer eines Spielplatzes vor der East Hardwick Elementary School reicht. Der Stein ist heiß, von der Art, das die Luft darüber golden flimmert. Die Sonne ist sehr hell. ... Das Kind denkt: Ich werde dies immer erinnern. Dann denkt es: Warum dies und nicht eine andere Sache? Dann kommt ihm der Gedanke: Was ist Erinnerung? Dies ist dann der Punkt, wo mein Selbst damals und mein Selbst jetzt sich ineinander verknoten. Ich weiß, ich habe etwas zu diesem Speicher hinzugefügt jedes Mal, wenn ich darüber nachgedacht habe, oder als ich es hervorholte, um es zu betrachten ... Es hat sich dabei gleichzeitig weiter wegbewegt und ist trotzdem heller geworden, gleichzeitig mehr und weniger ›real‹.«
A. S. Byatt, *The Memory*

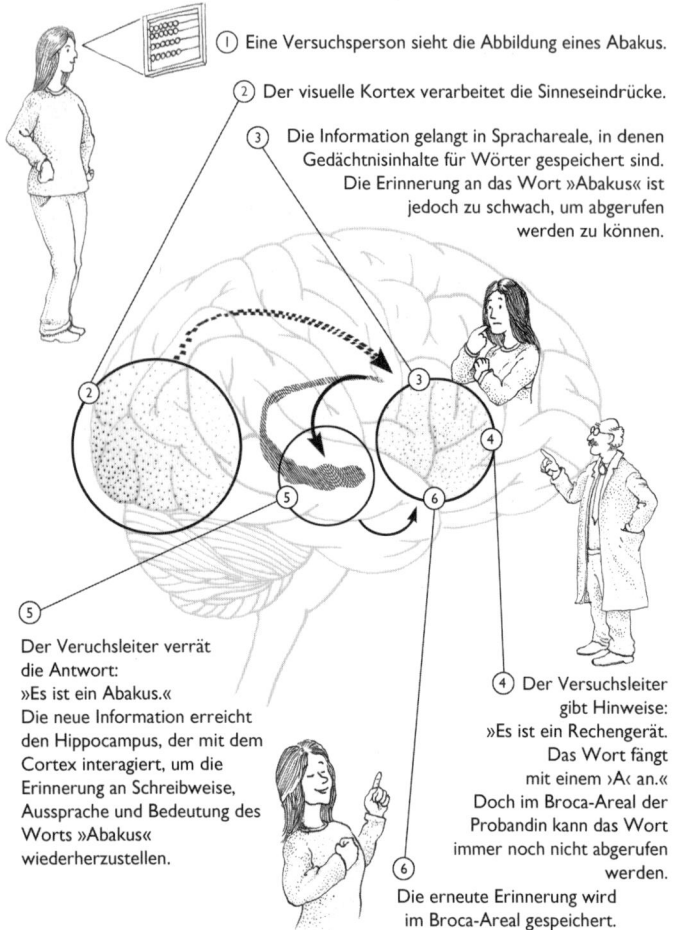

Abbildung 5: Gedächtnis als Vorgang

Wie, wer, was war das nochmal? Erinnerungen werden schwächer, wenn wir sie nicht benutzen. Tauchen aber Hinweisreize für den Begriff, den wir suchen, erneut auf, können wir mit Hilfe des Hippocampus Gedächtnisinhalt abrufen und so erneut verstärkt und besser vernetzt abspeichern. Fällt uns etwa die Bezeichnung »Abakus« für das betrachtete Objekt nicht ein, kann das Wort durch erneutes Speichern re-aktiviert werden.

in vielen Gebieten mit unterschiedlichen Funktionszuweisungen. Areale, die mit Sinneswahrnehmungen beschäftigt sind, bewahren auch Fragmente der Sinneserfahrungen auf, kleine Bruchstücke von Bildern, Gerüchen, Geschmäckern und Lauten, denen wir begegnet sind. Andere Gebiete im Gehirn, die der Neuroanatom Antonio Damasio Konvergenzzonen nennt, enthalten ihrerseits neuronale Codes, die diese Fragmente der Sinneserfahrungen miteinander und mit schon vorhandenem Fakten- und Erfahrungswissen sowie autobiographischen Erlebnissen verbinden können. Auf diese Weise erwecken wir komplexe Aufzeichnungen früherer Kodierungen wieder zum Leben.

»Unsere Erinnerungen sind die hinfälligen, aber machtvollen Produkte dessen, was wir aus der Vergangenheit behalten, über die Gegenwart glauben und von der Zukunft erwarten.«
Daniel Schacter

Die Erinnerung an ein konkretes Erlebnis ist somit eine temporäre, neuronale Aktivitätskonstellation in verschiedenen Gehirnarealen und damit eine Konstellation, die viele Gehirnakteure hat und die frühere neuronale Aktivitäten als Kodierung von Erlebnissen in den aktuellen Spielplan des Gedächtnisses einpflegt (Abbildung 5). Ja sogar die neuronale Netzwerkaktivität während dieses Vorganges selbst kann sich ändern. Genau genommen weckt der Abruf also nicht eine schlummernde Erinnerung, sondern er erschafft sie im Lichte all dessen, was wir seit dem ursprünglichen Speichererlebnis erlebt haben. Eine Erinnerung von mir an meinen ersten Forschungsbesuch an der National University of Singapur ist also eingefärbt von all den Erfahrungen, Erlebnissen, Fakten und Gefühlen, die ich seit meinem ersten Besuch dort gespeichert habe.

Auf der Suche nach den Erinnerungen

Um es noch einmal zu sagen: Die eingespeicherten Fragmente eines Erlebnisses in Form von Gedächtnisspuren im Gehirn, Engramm, und die Erinnerung (das subjektive Erlebnis der Vergegenwärtigung eines vergangenen Erlebnisses) sind nicht dasselbe. Natürlich tragen die gespeicherten Fragmente zum bewussten Erleben einer Erinnerung bei, aber sie sind nur ein Teil davon. Mindestens ebenso wichtig ist der Abrufreiz selbst, also die Umstände, unter denen etwas abgerufen wird. Der Hinweisreiz verbindet sich mit dem Engramm zu einem neuen Ganzen, das sich von seinen einzelnen Bestandteilen unterscheidet: Die Erinnerung wird beim Abruf neu geschaffen. Sie ist deshalb nicht willkürlich, aber die Umstände, unter denen wir etwas abrufen, können beeinflussen, wie wir etwas erinnern.

Einen erstaunlichen Rekonstruktionscharakter hat die berühmte Erinnerungsszene in Marcel Prousts *Auf der Suche nach der verlorenen Zeit,* den neurobiologische und psychologische Experimente Jahrzehnte später mit ausgefeilten Methoden belegen konnten: Wir erschaffen uns eine Lebenserinnerung aus Fragmenten loser Erinnerungsknäuel, und zwar in dem Moment, wo wir etwas erinnern. Aber ob wir etwas Bestimmtes erinnern können, hängt auch von Zufallskomponenten ab – wir können das Auftauchen alter Erinnerungen nicht beliebig steuern.

Bei Proust ist es der Geschmack einer Madeleine, die er gerade in Tee eingetaucht hat und mit den Madeleines assoziiert, die er als Kind von seiner Tante Leonie erhalten hat, der eine komplette Episode seiner Kindheit bei ihm hervorruft. Damit beschrieb Proust – nicht als Erster, aber sicher am ausführlichsten – die beunruhigende Tatsache, dass unsere Fähigkeit, die Vergangenheit in die Gegenwart zurückzuholen, davon abhängt, ob es geeignete Hinweisreize gibt – und er merkte, wie wir heute wissen zu Recht, an, dass diese Hinweisreize auch bestimmen, *wie* wir erinnern. Dies zeigt einmal mehr, dass wir nicht unbedingt Herr unserer Vergangenheit sind. Ja, es hat etwas geradezu Beängstigendes, dass das erfolgreiche Abrufen von Erinnerung nicht unwesentlich von der Verfügbarkeit passender Hinweisreize abhängt – sei es der Geruch eines bestimmten Putzmittels, der ganze Episoden aus der Schulzeit in Erinnerung ruft, oder der Klingelton eines Weckers, der Erinnerungssequenzen an den Einstieg ins Berufsleben wiederaufleben lässt. Geschmäcker und Gerüche verfügen übrigens über eine besonders hohe Fähigkeit, Erinnerungen zu belegen. Geruchsassoziationen führen zu einer stärkeren Aktivierung der Amygdala (Emotionen) und des Hippocampus als jedes andere Sinnessystem. Hat man erst einmal zur Kenntnis genommen und akzeptiert, dass es eines Hinweisreizes bedarf, um Erinnerungen aufzurufen, kann man gezielt Fotoalben, Filme und Musik etc. aus alten Tagen heranziehen, um den Erinnerungsspuren an die Oberfläche zu verhelfen.

Im Grunde nimmt Proust vieles vorweg, was die Neurowissenschaftlicher in kleinteiligen Experimenten in den letzten Jahrzehnten belegen konnten: Etwas ins Gedächtnis rufen ist ein kontinuierlicher Prozess. Und dieser Prozess verändert auch die Substanz der Erinnerung. Was bleibt, ist die Frage, wie Erinnerungen über so lange Zeit zusammengefaltet in unserem Kopf so aufbewahrt werden können, dass sie sich erst dann entfalten, wenn die richtigen Hinweisreize auftreten.

»Vergebens versuchen wir die Vergangenheit wieder heraufzubeschwören, unser Geist bemüht sich umsonst. Sie verbirgt sich außerhalb seines Machtbereiches und unerkennbar für ihn in irgendeinem stofflichen Gegenstand – in welchem, ahnen wir nicht.«
Marcel Proust

Wenn man so will, ist die Quintessenz der Proust'schen Überlegungen und der moderne Stand wissenschaftlicher Untersuchungen der, dass jede autobiographische Erinnerung quasi untrennbar mit dem Moment verbunden ist, an dem wir sie erinnern – aber sie führt irgendwie auch ein Eigenleben, denn wir können nur schwer steuern, welche Lebenserinnerungen uns bewusst werden und wann.

Laborexperimente bestätigen diese Sichtweise: Zu Fotos von Personen wurden freundlich oder unfreundlich klingende Stimmen eingespielt, die die Versuchsteilnehmer sich zusammen mit den Fotos merken sollten. Einige Zeit später wurden die Probanden aufgefordert, zu erinnern, ob in dem Moment, in dem sie ein bestimmtes Foto gesehen hatten, eine freundliche oder eine unfreundliche Stimme erklungen war. Da sie sich jedoch gemerkt hatten, ob die Personen auf den Fotos freundlich oder unfreundlich geschaut hatten, erinnerten sie sich falsch. Allein entscheidend war für sie, ob die Personen auf den Fotos lächelten oder nicht. Der in Harvard lehrende Neurologe Daniel Schacter fasst das folgendermaßen zusammen: »Die Vorstellung, dass es eine 1:1-Beziehung zwischen einer Information gibt, die irgendwo in unserem Gehirn eingespeichert ist, und der bewussten Erfahrung einer Erinnerung, die sich aus der Aktivierung dieser Information ergibt, ist so unmittelbar einleuchtend, dass es fast töricht erscheint, sie in Frage zu stellen.«

Nun, wie wir heute wissen, ist diese Frage ganz und gar nicht töricht! Töricht ist dagegen der, der seinen Erinnerungen und aktuellen Erlebnissen uneingeschränkt traut.

Dafür sind auch Déjà-vu-Erlebnisse (frz.: schon gesehen) ein gutes Beispiel. Wie kann der Eindruck entstehen, dass man gegenwärtig Erlebtes in gleicher Weise schon einmal erlebt hat? Umso mehr als es doch Gehirnareale gibt, die Situationen markieren, die wir selbst schon erlebt haben, und entsprechend Imagination, Träume und real Erlebtes voneinander unterscheiden können sollten.

So wie wir guten Freunden vertrauen, vertrauen wir auch unserem Gedächtnis – fast immer zu Recht. Anhand von Erfahrungen wie den oben beschriebenen falschen Erinnerungen *(false memories)* oder Déjà-vu-Erlebnissen zeigt sich aber auch, dass es gut ist, ein gewisses Misstrauen gegenüber unseren Erlebnissen und Erinnerungen an den Tag zu legen.

Die Tugenden der Gedächtnissünden

Der Gedächtnisforscher und Neurologe Daniel Schacter hat vermeintliche Fehlleistungen unseres Gedächtnisses zusammengetragen und klassifiziert. Er nennt sie die Sünden des Gedächtnisses, wobei diese Bezeichnung mit einem Augenzwinkern zu verstehen ist, denn viele dieser »Sünden« sind in Wirklichkeit Tugenden des Gedächtnisses bzw. Fehler, die die Evolution in Kauf genommen hat, um ein effektives und auf die Zukunft ausgerichtetes Gedächtnis zu entwickeln. Dazu gehören die Flüchtigkeit, da nur ein Bruchteil dessen, was wir erlebt haben, abgespeichert wird, und selbst das, was gespeichert wird, unterliegt zu einem nicht unerheblichen Teil dem Vergessen (siehe Kapitel 7). Auch die bereits mehrfach genannten *false memories,* auch als Fehlassoziationen oder Quellenverwechslung bekannt, fallen ebenfalls in diese Kategorie: Man re-konstruiert alles, was man gehört, gesehen, erlebt hat aufgrund von Wahrscheinlichkeitsüberlegungen. Dies ist eine sehr effiziente und gemeinhin auch ganz gut funktionierende Methode des Erinnerns, aber sie unterliegt Fehlern. Vor allem ist die sogenannte Quellenamnesie häufig – wo und wie hat man eine Information in den Nachrichten gehört, im Radio, auf den Titelseiten einer Boulevard-Zeitung gesehen oder im Internet gefunden? Gemeint ist hier der Umstand, dass man sich an eine Tatsache erinnert, aber nicht mehr weiß, aus welcher Quelle sie stammt. Schädigungen in Gebieten des Praecuneus (siehe Abbildung 4) haben gezeigt, dass wir besonders auf dieses Gehirngebiet angewiesen sind, um uns zu erinnern, wann und wo vergangene Erlebnisse stattgefunden haben. Ausgerechnet dieser Bestandteil des Scheitellappens leidet besonders unter Alterungsprozessen des Gehirns. Falsches Wiedererkennen ist dabei vor allem eine Schwäche des linken Stirnlappens, der Assoziationen zu vergangenen Ereignissen herstellt und besonders anfällig für Gedächtnistäuschungen ist. Im wahrsten Sinne des Wortes auf der anderen Seite hat die rechte Hemisphäre eine wirklichkeitsgetreuere Repräsentation unserer Vergangenheit parat.

Eine weitere »Sünde« ist die Gerichtetheit/Präferenz des Gedächtnisses, denn die momentane Stimmungslage beeinflusst, wie frühere Erlebnisse erinnert werden. Es erfolgt sogar unter Umständen eine Re-Konsolidierung beim Abruf von Information. Das bedeutet: Die erinnerten Erlebnisse werden nicht nur der aktuellen Stimmungslage angepasst, diese Anpassung kann sogar mit abgespeichert und für immer in das neuronale Netz dieser spezifischen Erinnerung eingewebt werden. Generell ist es hierbei von

Vorteil, mit einem Vorwissen, einer Präferenz für bestimmte Verarbeitungsschritte im Gehirn in eine Situation zu gehen. Wenn man etwa ein Restaurant besucht, weiß man, wie die Abläufe in einem Restaurant organisiert sind, welche Personen welche Funktionen haben usw. Kurzum, man hat Vorerwartungen, und die Tatsache, dass unser allgemeines Wissen über die Welt leicht und mühelos aktiviert werden kann, trägt dazu bei, dass wir in ganz verschiedenen sozialen Kontexten reibungslos »funktionieren«. Aber dieses Vorwissen birgt in Form von Vorurteilen auch Gefahren: Man übersieht leicht Wichtiges, und in seiner Wahrnehmungsroutine schätzt man manches falsch ein (siehe Kapitel 2).

Traumatische Erlebnisse sind laut Schacter ein weiteres Beispiel einer Gedächtnissünde. Sie führen einem vor Augen, dass wir manchmal auch etwas erinnern, was wir gerne vergessen würden. Genau da, wo man ein »perfektes« Gedächtnis nicht gebrauchen kann, können Erinnerungen an traumatische Erlebnisse Menschen bis ins hohe Alter verfolgen. Sie sind dauerhaft und kommen einem »unfreiwillig« wieder in den Sinn, mitsamt den damit einhergehenden Symptomen von Stress und Angst (mehr dazu in Kapitel 7).

All diese Beispiele lehren uns die Anfälligkeit und Macht des Gedächtnisses zugleich. Dieses Janusgesicht unseres Gedächtnisses ergibt sich aus
- der Rolle des Abrufkontextes bei der Konstruktion subjektiver Erfahrungen,
- der Anfälligkeit des Erinnerns für nachträgliche Einflüsse
- und der Unzuverlässigkeit des Quellengedächtnisses.

Vielleicht zum Glück, manchmal aber auch unvorsichtigerweise, bemerken wir von all diesen Vorgängen, Verzerrungen und Verrechnungen im Gehirn nichts. Dieses Wissen um das Nicht-Wissen ist im Schöpfungsplan des Gehirns für uns nicht vorgesehen.

Wenn schon von Tugenden und Sünden die Rede ist, sollte man auch einen Kirchenpatron zu Wort kommen lassen. Augustinus schreibt in seinen *Bekenntnissen:* »Daselbst fordere ich, solange ich bin, dass das Gedächtnis hervorbringt, was ich will. Manches ist gleich zur Stelle, manches muss länger gesucht werden, manches tritt zu Tage gewissermaßen aus verborgenen Magazinen, manches stürzt scharenweise hervor. Während anderes vergeblich gesucht wird, ist es plötzlich da, als ob es sagen wollte: ›Bin ich nicht auch noch da?‹ Aber ich beseitige es mit geistiger Hand aus den Augen meiner Erinnerung, bis sich enthüllt aus dem Nebel, was ich will und zu Tage tritt aus der Verborgenheit.« Augustinus kommt hier zu einer sehr modernen Erkenntnis, die einer Revolution unserer Beziehung zum Gedächtnis gleichkommt: Seine Schriften besagen, dass es zum einen zu einer Verbindung und zum anderen zu einer Vermischung der inneren mit der äußeren Welt kommt. Und diese Welt ist die, die wir erleben – heute, gestern und auch zukünftig. Wir sehen, was wir gelernt haben zu sehen. Wir sehen die Welt nicht, wie sie ist, wir nehmen sie auch nicht wahr, wie sie scheint, wir erleben sie so, wie Verschaltungen in unserem Gehirn dies vorgeben – und diese Verschaltungen sind viel mehr von unserem Gedächtnis als von unseren Genen geprägt.

Ganz konkret bedeutet die Re-Konstruktion von autobiographischen Erinnerungen, dass Menschen gemeinsame Erlebnisse, die Jahrzehnte her sind, unterschiedlich erinnern – schon allein deswegen, weil sie in ihrem Leben nach dem zu erinnernden Ereignis unterschiedliche persönliche Erlebnisse hatten.

Zur Überprüfung dieses ernüchternden Aspektes können Sie folgendes Spiel mit Ihrem Lebenspartner, langjährigen Freunden, Ihren Eltern, Kindern oder Geschwistern machen: Benennen Sie ein Ereignis, das länger als zwanzig Jahre zurückliegt, an das aber alle Beteiligten eine Erinnerung haben sollten. Nachdem jeder für sich in Stichworten aufgeschrieben hat, was er erinnert, erzählen Sie sich gegenseitig, was jeder jeweils von dem Erlebnis im Gedächtnis behalten hat. Sie werden schnell merken, wie unterschiedlich die Erinnerungen im Detail sind und wie unterschiedlich »einzelne Fakten« bewertet werden können.

Realität, Wirklichkeit und Gedächtnisprozesse

Aus den oben aufgeführten Gründen sollte man also skeptisch sein, wenn uns Erinnerungen allzu leicht in den Sinn kommen oder uns allzu real und wahr vorkommen. Vielmehr könnte man mit dem amerikanischen Lyriker Wallace Stevens schlussfolgern: »Realität ist das Produkt einer überaus beeindruckenden Phantasie.« Aber möglicherweise ist das dann doch übertrieben. Das wirklich Wunderbare an unseren Erinnerungen ist doch, dass wir, obwohl sie Konstrukte des Gehirns sind, im täglichen Leben ganz gut zurechtkommen. Anhand vielfältiger und zum Teil chaotischer Eingangsdaten erstellt das Gedächtnis möglichst kohärente Abbilder über Erinnerungen, aber es generiert diese Erinnerungen auf der Basis seines Vorwissens.

In diesem Sinne dürften auch unsere Vorfahren in der Evolution den Bezug zur Realität in ihrem Gedächtnis konstruiert haben, entsprechend dem, was der Evolutionsbiologe George Simpson mal über den Realitätsgehalt unserer Wahrnehmungen gesagt hat: »Der Affe, der keine realistische Wahrnehmung von einem Ast hatte, nach dem er sprang, war bald ein toter Affe – und gehört daher nicht zu unseren Urahnen.« Der Mensch konstruiert seine Gedächtniswelt (ebenso wie die Welt der Wahrnehmung), gleichwohl konstruiert er diese Welt in etwas Gegebenes hinein, und damit wird aus dieser Schöpfung eine Re-Konstruktion. Damit sind die Ausführungen aus der Neurobiologie sicher kompatibel mit einer konstruktivistischen Sichtweise unserer Erkenntnissituation, aber radikal sind sie keineswegs, denn es wird nicht auf die Annahme einer irgendwie gearteten »Realität«, auf deren Basis unsere Erinnerungen erbaut werden, verzichtet.

Fundstück: Andy Warhol und sein Parfüm-Gedächtniskabinett
Andy Warhol war ein regelrechter Geruchsenthusiast und nach eigener Aussage süchtig nach Parfüm. Über viele Jahre seines Lebens hinweg trug er immer für exakt drei Monate lang den gleichen Duft – nie länger und danach nie wieder. Dies hinterließ eine beachtliche Anzahl an angebrochenen Parfümfläschchen – die ihm dann, fein säuberlich markiert, als Zeitmarker und Erinnerungshilfen dienten, wenn er versuchte, sich Passagen seines Lebens wieder ins Gedächtnis zu rufen. Dies funktionierte, wie er selbst sagte sehr gut, allerdings nur so lange, wie der Geruch anhielt – ließ der Geruch nach, so verlor er seine assoziative Kraft. Damit steht Warhols Geruchs-Erinnerungsprozess in einem Kontrast zu der Madeleine-Geschichte von Proust, denn das Erlebnis von Proust steht auch für die ungeheure Macht von Gerüchen für unser Erinnerungsvermögen, aber hier vor allem dafür, wie uns Erinnerungen geradezu überfallen und wie Phönix aus der Asche aus dem unerwarteten Nichts heraus ganze Episoden unseres Lebens wiedererwecken können. Nach einigen Jahren gab Warhol sein Geruchsexperiment auf, da es sich auf die Dauer als schwierig erwies, eine riesige Auswahl an Gerüchen mit spezifischen Lebensphasen in Beziehung zu setzen. Gerüche helfen beim Erinnern, aber die Erinnerungen befinden sich nicht in den kleinen Duftwolken, die herausströmen, sobald man die Flakons öffnet. Sie müssen in unseren Köpfen aus kleinen Informationsbruchstücken zusammengesetzt werden. Das Beispiel von Andy Warhol zeigt eindrücklich, welch herausragende Bedeutung Gerüche für das autobiographische Gedächtnis haben können. Sie aktivieren den Hippocampus direkt und haben dadurch eine starke emotionale Komponente.

KAPITEL 2

Gewohnheiten, Routinen und Süchte

»*Die Gewohnheit ist unsere Natur.*«
Blaise Pascal

Die Macht des Unbewussten, ganz Freud-los erzählt

»Wir sind Gedächtnis« – zunächst sind wir überrascht, wenn wir diese Aussage lesen, und beziehen sie dann, wie in Kapitel 1 geschehen, auf das autobiographische Gedächtnis. Dabei ist es beim Gedächtnis wie mit Eisbergen: Der größte Teil der gedächtnisbedingten Fähigkeiten und Eigenschaften des Gehirns liegt im Verborgenen. Zu diesem verborgenen Gedächtnis gehört das prozedurale Gedächtnis (es wird auch als implizites oder nichtdeklaratives Gedächtnis bezeichnet). Es umfasst all die Gedächtnisprozesse, die nicht so einfach der Sprache zugänglich sind und von der Wahrnehmung bis zur Handlungsplanung das gesamte Gehirn durchziehen.

Augustinus und auch andere frühe Gelehrte hatten zwischen Wahrnehmung, Denken und Gedächtnis unterschieden – als drei getrennte Funktionen, die über die Ventrikel des Gehirns verteilt liegen. Heute weiß man, dass diese flüssigkeitsgefüllten Hohlräume keine funktionelle Rolle bei Gedächtnisprozessen wie Wahrnehmen, Denken, Handeln spielen. Vor allem aber wissen wir, dass man die einzelnen Gedächtnisprozesse nicht isoliert voneinander betrachten darf. Entsprechend ist ein Satz wie »Wir sind Gedächtnis« sogar noch weit umfassender. Er besagt, dass wir als Individuen durch unsere autobiographischen Erinnerungen zu dem Menschen werden, der wir sind. Erst durch unsere Erinnerungen werden wir zu einer individuellen Person (siehe Kapitel 1).

Aber auch Kultur wäre ohne Gedächtnis nicht denkbar. Wir alle werden in einen Gedächtniskörper namens Kultur hineingeboren. Dieser mnemonische Resonanzkörper legt die Rahmenbedingungen fest, in denen wir lernen und innerhalb derer wir zum Bestandteil dieser Kultur werden. Doch wir sind noch auf andere – mehr oder weniger unsichtbare – Weise abhängig von den Gedächtnisprozessen in unseren Gehirnen, die bestimmen, wie und was unsere Wahrnehmung beinhaltet: Wir sehen die Welt, wie wir gelernt haben sie zu sehen, wir hören die Dinge, so wie wir gelernt haben sie zu hören – das reicht bis in unseren Musikgeschmack hinein. Und wir verrichten ein Gros unserer Tätigkeiten und Handlungen – Lesen, Sprechen, Zähneputzen, Rad- und Autofahren – quasi automatisch; dennoch sind alle diese Vorgänge durch Gedächtnisprozesse bedingt, auch wenn wir gar nicht bemerken, dass wir sie abrufen. Gewohnheiten sind automatisierte, gelernte Verhaltensabläufe, die wir irgendwann bewusst gelernt haben, aus denen sich Routinen ohne Beteiligung des Bewusstseins herausgebildet haben. In ihnen liegt die größte Macht unserer Gedächtnisprozesse über unsere Handlungen, nicht zuletzt weil sie sich zu einem großen Teil unserer Aufmerksamkeit entziehen. Neben Sprechen, Rad- oder Autofahren, in einem Restaurant etwas zu essen bestellen, eine Tür aufschließen, telefonieren oder ein Smartphone benutzen, Kaffee kochen, eine Scheibe Brot schmieren zählen zu diesen Gewohnheiten auch Vorurteile und intuitive Entscheidungen.

Es gehört zu den faszinierenden Merkmalen unseres Gedächtnisses, dass uns das meiste von dem, was es leistet, gar nicht bewusst wird. Allein wenn wir morgens eine Kaffeetasse als Objekt identifizieren und ergreifen, laufen auf verschiedenen Ebenen des Gehirns komplexe Prozesse ab: Die Tasse muss vom Hintergrund abgegrenzt werden, sie muss überhaupt als solche erkannt werden, wir müssen ihre Bedeutung und Funktion erfassen, unsere Entfernung zur Tasse abschätzen, sie mit Hilfe gelernter Motorprogramme sicher greifen können, um sie samt ihrem Inhalt von der Kaffeemaschine zu unserem Frühstücksplatz zu balancieren und dann daraus zu trinken. Wir können uns zwar selbst bei dieser morgendlichen Zeremonie beobachten, aber wie wir die Tasse als ein Objekt erkennen und wie wir die motorischen Programme abrufen, die notwendig sind, um nach ihr zu greifen und sie zu leeren, ist uns nicht zugänglich. Es handelt sich um eine der vielen impliziten Gedächtnisleistungen.

Auch das Sprechen gehört zu diesen nichtbewussten Gedächtnisinhalten: Bis zu 200 Muskeln müssen koordiniert werden, damit wir bis zu 20 Laute pro Sekunde produzieren und dabei 180 Wörter pro Minute aussprechen können. Oder nehmen wir das Lesen: Selbst wenn das Lesenlernen manchmal eher stockend startet, als geübter Leser sind wir imstande, 300 Wörter pro Minute zu erfassen (Schnellleser schaffen in diesem Zeitraum sogar bis zu 1000 Wörter!). Wenn wir vorlesen, können wir bequem 150 Wörter pro Minute aussprechen. Das alles geschieht, zumindest wenn wir eine gewisse Routine darin haben, ohne dass wir nachdenken.

»**Das Gedächtnis ist der Magen des Geistes.**«
Augustinus

Gewohnheiten aufdecken

Zum impliziten Gedächtnis gehören eben auch all unsere Gewohnheiten, die guten wie die schlechten. Vor allem haben Gewohnheiten und Routinen mehr Macht über unser Denken, Handeln und Wahrnehmen, als uns bewusst klar ist. Aber warum haben Gewohnheiten einen so großen Effekt auf unser Leben? Vor allem weil wir sie oft gar nicht bemerken – und das kann auch negative Auswirkungen haben, wie ich aus eigener leidvoller Erfahrung weiß. Wie jeden Morgen will ich mit dem Fahrrad zur Arbeit fahren. Ohne groß darüber nachzudenken, vollziehe ich dabei jede einzelne dafür notwendige Handlung automatisch: Helm auf, Jacke an, auf dem Weg zum Carport schon den Schlüssel fürs Schloss in der Hand, dann in einer Handbewegung Schloss aufschließen und losfahren – und schon steige ich gezwungenermaßen und abrupt über den Lenker ab. Was war passiert? Ich hatte nachts vergessen das Rad abzuschließen und habe in meiner unbewussten Routine vor dem Losfahren das Schloss um den Hinterreifen ab- statt aufgeschlossen und nicht mal gemerkt, dass ich meine übliche Routine rückwärts durchlaufen habe. In dem Moment, wo ich losfahren wollte, bin ich dann unsanft in die Welt des bewussten Erlebens – des Schmerzempfindens – zurückgeholt worden.

Wie die Wissenschaftler David Neal und Jeffrey Quinn an der Duke Universität in den USA anhand von Tagebucheinträgen herausgefunden haben, sind 40 bis 45 Prozent aller Tätigkeiten, die ein Mensch innerhalb eines Tages vollbringt, Gewohnheiten und keine bewussten Entscheidungen. Somit bekommt das, was der Begründer der modernen Psychologie William James bereits 1892 geschrieben hat, einen quantitativen Beleg: »Unser ganzes Leben setzt sich, soweit es eine bestimmte Form hat, aus einer Anzahl von Gewohnheiten – praktischen, emotionalen und intellektuellen – zusammen, die systematisch geordnet sind und die uns unserem Schicksal unaufhaltsam entgegentreiben, welcher Art dies auch sein mag.«

Schon James ging also davon aus, dass Gewohnheiten einen Großteil unserer Tagesentscheidungen ausmachen. Und tatsächlich: Vom morgendlichen Zähneputzen über das Frühstück bis hin zum Weg zur Arbeit und meist auch den ersten Arbeitsschritten haben wir kaum eine willentliche Entscheidung getroffen. Was nicht bedeutet, dass man als eine Art ferngesteuerter Zombie zur Arbeit gefahren ist, denn man kann, zumindest bis mittags, meist noch erinnern, was man wie morgens gemacht hat. Aber: Wissen Sie noch, wie genau der Morgen am Tag zuvor ablief, welchen Weg Sie zur Arbeit genommen, was Sie dort als Erstes gemacht und was Sie mittags gegessen haben? Und wie schaut es mit Mittwoch letzter Woche aus?

Die meisten Menschen glauben, ihr Verhalten sei durch bestimmte Absichten motiviert. Laut Psychologen trifft das aber nur für Tätigkeiten zu, die man noch nicht automatisiert hat. Je häufiger Vorgänge/Abläufe/Gewohnheiten wiederholt werden, desto mehr verblasst das ursprüngliche Ziel und desto wichtiger wird der Kontext der ausgeführten Handlung: Wer zum Beispiel spielsüchtig wird, hat zunächst ein bestimmtes Automaten- oder Internetspiel verfolgt, um Spaß zu haben, es auszuprobieren oder um andere herauszufordern. Je mehr das Spiel selbst zur Sucht wird, umso eher bestimmt der Kontext (Spielhalle oder Laptop-Umgebung), ob man die Spieltätigkeit ausübt – das ursprüngliche Ziel verliert man dabei aus den Augen (denn ursprünglich wollte man nur mal kurz Spaß haben, aber jeder Süchtige weiß, dass eine Sucht selten mit Spaß einhergeht).

Hirnorganisch sind an der Bildung von Gewohnheiten vor allem Bereiche der Basalganglien unterhalb der Großhirnrinde beteiligt – insbesondere das Striatum (auch als Streifenkörper bezeichnet und neben der Programmierung von Gewohnheiten an der Bewegungsplanung im motorischen System beteiligt). Alles oben Beschriebene übernehmen Gedächtnisfunktionen des Gehirns, in diesem Fall unser implizites oder prozedurales Gedächtnis. Es unterscheidet sich vom deklarativen Gedächtnis (das Faktenwissen und autobiographische Erinnerungen enthält) dadurch, dass die hier abgespeicherten Abläufe, Wahrnehmungsmechanismen und Handlungen nur schwer der Sprache zugänglich sind. Das implizite Gedächtnis umfasst z. B. gelernte Bewegungsabläufe und alle gewohnheitsmäßigen Kenntnisse, erlernte oder imitierte Reaktionen, denen gemeinsam ist, dass sie weitgehend unbewusst sind.

Gerade das implizite Gedächtnis darf in seiner Wirkmächtigkeit für unsere Entscheidungen nicht unterschätzt werden. Es macht menschliches Handeln zu einem weit stärkeren Maß aus, als uns gemeinhin bewusst wird. Klassisch denken wir beim Gedächtnis meist nur an unser explizites Gedächtnis, also persönliche Erinnerungen und unser Faktenwissen. Sie machen aber nur einen Bruchteil unserer Gedächtnisprozesse aus. Der weitaus größere Teil dessen, was wir im Leben gelernt haben, wird in unseren impliziten Gedächtnissystemen abgelegt.

Um Gedächtnis- und Gehirnfunktionen begreifbar zu machen, werden gerne Computermetaphern bemüht. An der Stelle führt der Vergleich aber in die Irre, denn im menschlichen Gehirn lassen sich Prozesse, Programme und Gedächtnis (Festplatte) ganz prinzipiell nicht voneinander trennen. Alle diese »Bauteile« sind in den strukturellen und funktionellen Verschaltungen unseres Gehirns präsent. Im Hinblick auf Gewohnheiten wird dies besonders deutlich, denn gerade hier lässt sich die Festplatte (gespeicherte Routinen und Prozesse) nicht vom Prozessor trennen. Das, was wir an prozeduralem Wissen gespeichert haben, ist in die Prozesse eingewoben, die die Informationsverarbeitung überhaupt erst ermöglichen. Da passt immer noch besser, was der Philosoph Henri Bergson schon 1910 über unser unbewusstes Gedächtnis schrieb: »Es ist ein grundlegend anderes Gedächtnis ... stets auf Handlungen aus, angesiedelt in der Gegenwart und nur in die Zukunft blickend ... In Wahrheit repräsentiert es für uns nicht länger unsere Vergangenheit, es tut sie; und wenn es doch noch immer den Namen Gedächtnis verdient, dann nicht, weil es verflossene Bilder speichert, sondern weil es deren nützliche Wirkung in den gegenwärtigen Augenblick hinein verlängert.«

Einteilung des impliziten Gedächtnisses
Das implizite Gedächtnis lässt sich in mehrere Subsysteme einteilen, die jedoch alle ineinandergreifen:
- Motorprogramme: Musizieren, Sport, Radfahren, Autofahren etc.
- Priming (von engl. *to prime:* in Bewegung setzen, vorbereiten): Bahnung, erleichtertes Lernen, Prägung
- Wahrnehmungsgedächtnis: Wir haben gelernt, die Welt zu sehen, zu hören, zu fühlen
- emotionales Lernen (Angstgedächtnis): Bestimmte Reizkonstellationen lösen in uns Ängste aus – oft wissen wir nicht, warum
- prozedurales Gedächtnis: Abläufe, Gewohnheiten und Routinen
- Sucht: Süchte stellen, wenn man so will, eine Gewohnheit dar, gegen die wir uns bewusst nur schwer (bis gar nicht) wehren können. Das können stoffliche Abhängigkeiten, aber auch Verhaltensabhängigkeiten, wie bei der Spiel- oder Fresssucht, sein.

Unser motorisches Gedächtnis
Das Gedächtnis-Subsystem, auf das man zugreift, wenn man beim Fußballspielen einen Freistoß schießt oder beim Tennis einen Aufschlag macht, ist ein völlig anderes als das, das sich an ein spezifisches geschossenes Freistoßtor oder ein Ass erinnert. Motorische Fähigkeiten sind in Handlungen eingebettet und drücken sich durch diese aus. Man muss (und teilweise kann man es auch gar nicht) sie nicht wörtlich erklären.

Probieren Sie bei Sportarten wie Tennis, Tischtennis, Badminton oder Squash doch einfach einmal Folgendes aus: Fragen Sie Ihren Gegner, warum sein Aufschlag oder seine Vorhand heute so gut sind. Sie werden sehen: Sobald der Gegner anfängt, darüber nachzudenken, werden ihm die nächsten Schläge nicht mehr so gut gelingen ... Eine nicht-deklarative motorische Tätigkeit wortreich erklären zu wollen ist der beste Weg, um den Ablauf einer solchen Handlung zu stören.

Wie viele gut belegte Laborexperimente zeigen, können wir motorische Fähigkeiten sogar lernen, ohne zu merken, dass wir lernen. Stellvertretend sei hier das folgende genannt, in dem es darum geht, Sequenzen zu lernen: Vier Positionen auf einem Bildschirm (A, B, C, D) werden in einer für den Probanden undurchsichtigen Sequenz durchlaufen. Und obwohl keiner der Teilnehmer in Worten ausdrücken könnte, welche der komplexen Sequenzen immer wieder durchläuft, konnten die meisten nach 400 Durchgängen die Sequenz richtig vorhersagen. Selbst amnestische Patienten, denen das Faktengedächtnis und das autobiographische Erinnerungsvermögen abhandengekommen ist, sind dazu imstande. Dagegen vermögen Menschen, bei denen das Striatum geschädigt ist (Patienten, die an Parkinson oder Chorea Huntington leiden, eine erbliche Erkrankung des Gehirns), eine solche Aufgabe nicht mehr zu lösen, da bei ihnen vor allem die Gehirnareale des prozeduralen Gedächtnisses betroffen sind.

Das Wissen um das »Tun«, um den Ablauf einer Handlung, die im prozeduralen Gedächtnis abgebildet wird, ist zum Teil in den Gehirnarealen eingewoben, die auch eine Tätigkeit ausfüh-

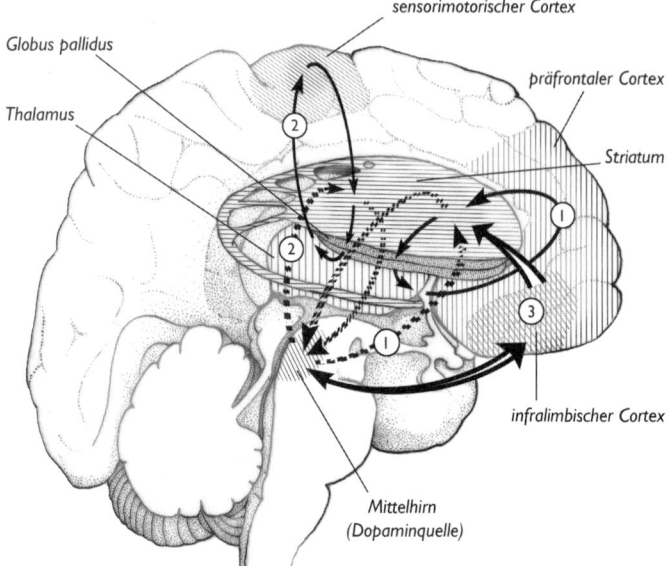

① **Ausprobieren eines neuen Verhaltens:**
Präfrontaler Cortex und positive Feedbackschleife mit dem Striatum, Erwartungssystem und Belohnungen arbeiten zusammen

② **Gewohnheiten werden ausgebildet:**
Zusammenarbeit von Striatum und Cortex, Einfluss von Dopamin aus dem Mittelhirn

③ **Prägung für neuronale Schaltkreise:**
Nachdem eine Gewohnheit im Striatum abgespeichert ist, hilft der infralimbische Cortex diese Schaltkreise permanent in das Gehirn einzuprägen (Imprint)

Abbildung 6: So entstehen Gewohnheiten
Routinen und Gewohnheiten bilden sich in drei Schritten im Gehirn aus: Es sind jeweils unterschiedliche Areale daran beteiligt. Erst nach Ablauf aller drei Funktionen ist das Verhalten fest im Gehirn verankert.

ren. Dies konnte eindrucksvoll in einem Test zu Handfertigkeiten belegt werden: Die Probanden sollten ihre Fingerkuppen in einer ganz bestimmten Reihenfolge mit den eigenen Fingern berühren. Sie lernten hierbei nicht nur die Sequenz, sondern konnten die Geschwindigkeit der Fingerkuppen-Berührungen sogar verdoppeln. Mit Hilfe von bildgebenden Verfahren konnte man nun zeigen, dass sich das für die Koordination der Berührungen zuständige motorische Areal vergrößert hatte. Der Effekt war noch Wochen später zu sehen!

Zu Beginn der Übung, als sich die Probanden noch im Lernprozess befanden, waren sogar weit mehr Gehirnareale aktiv: das Kleinhirn, der Stirnlappen und der inferiore Parietallappen (wichtig für die visuelle Aufmerksamkeit). Als sich die Fähigkeiten der Teilnehmer mit der Zeit immer besser ausbildeten, verstummten diese Areale, dafür nahm aber die Aktivität im Striatum und im motorischen Cortex zu. Das heißt: Beginnen wir etwas zu üben und eine Gewohnheit zu entwickeln, geben zunächst gehirneigene Lerninstrukteure, quasi zerebrale Trainer, die Ziele vor; später jedoch speichern die Strukturen, die man für die Ausführung einer Handlung benötigt, selbst die Lerninformation. Ein Vorgehen, das sich als extrem effektiv erweist! Wobei nicht etwa der Muskel das Gelernte speichert, sondern der für die Bewegung direkt zuständige Motorcortex im Gehirn. Daraus folgt: Das Gelernte entzieht sich immer mehr dem Bewusstsein und emanzipiert sich von den Lerntrainern anderer Gehirnareale. Der gemeinsame Nenner für das Einspeichern von Gewohnheiten und von motorischen Fertigkeiten ist das Striatum, das zu den Basalganglien gehört (Abbildung 6).

Wie sehr sich unsere bewusste Wahrnehmung von unserem motorischen Gedächtnis unterscheidet, kann man sehr gut an einem Kreisillusionstest sehen (Abbildung 7): Bei dieser optischen Täuschung kommen uns die im oberen Teil der Abbildung links- und rechtsmittig gelegenen Kreise unterschiedlich groß vor, obwohl sie gleich groß sind. Im unteren Teil der Abbildung kommen uns beide Kreise gleich groß vor, obwohl die linke

Scheibe etwas kleiner ist. Das Spannende an dem Experiment ist: Wenn Probanden die Größe der Scheiben nicht beschreiben, sondern sie durch die Griffweite von Daumen und Zeigefingern selbst anzeigen sollen, so geben sie die Größe der Scheiben in allen Fällen korrekt an! Unabhängig von der bewussten Wahrnehmung, bei der wir auf die optische Täuschung hereinfallen, ist das Einschätzungsvermögen also bestens, die Probanden vergrößerten bei den physikalisch größeren Scheiben die Griffweite entsprechend. Und genauso wie wir hier bewusst die optische Täuschung wahrnehmen können, laufen unbewusst noch weitere Gedächtnisprozesse ab.

Manche dieser impliziten Gedächtnisleistungen können uns ein Leben lang begleiten, ohne dass wir uns dessen bewusst sind. Eine der stärksten und schnellsten Lernformen dabei ist die Konditionierung auf bestimmte Gerüche und den Geschmack bestimmter Nahrungsmittel: Ist der Geruch oder der Geschmack einer bestimmten Speise mit einem negativen Erlebnis (z. B. Erbrechen) verbunden, speichern wir das ab und essen sie gegebenenfalls nicht mehr. Normalerweise können wir ein solches Erlebnis, wenn es vor dem dritten Lebensjahr stattgefunden hat, nicht erinnern; aber es kann sein, dass besagte Speise ein Leben

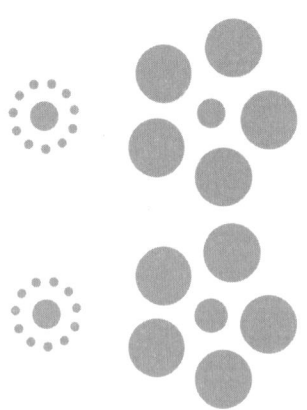

Abbildung 7: Kreisillusionstest
Die im oberen Teil der Abbildung links- und rechtsmittig gelegenen Kreise kommen uns unterschiedlich groß vor, obwohl sie gleich groß sind. Die beiden Kreise unten kommen uns gleich groß vor, obwohl die linke Scheibe etwas kleiner ist.

lang Ekel in uns hervorruft. Warum wir sie nicht mögen, können wir aber nicht re-konstruieren, da unser Quellengedächtnis zum Zeitpunkt des ausschlaggebenden Ereignisses noch nicht funktioniert hat.

Priming: Der Autofokus des Gedächtnisses
Wir können eine Situation schneller einschätzen, wenn wir sie bereits einmal erlebt haben. Das gilt auch für Objekte und Wörter, die wir schneller erkennen können, wenn wir schon mit ihnen in Kontakt waren. Wir betreten ein Restaurant, die Oper, ein Theater etc. und wissen automatisch, wie die Abläufe dort üblicherweise sind. Dabei werden wir uns gar nicht dessen bewusst, dass die Geschwindigkeit und auch die Effizienz der Einordnung einer Situation zunehmen. Diesen Lerneffekt bezeichnet mal als Priming oder auch Bahnung. Das bedeutet: Ein Hinweisreiz hilft assoziativ (»bahnt sich den Weg«) und schnell, die Situation zu beurteilen.

Wenn man also einen Hinweisreiz (Priming) bekommt, lässt sich Gelerntes leichter abrufen und eine vergleichbare Aufgabe leichter lösen: So ist es einfacher, in einem Klassenzimmer auf dort gelerntes Wissen zuzugreifen, als anderswo; oder: Speisenamen und Gerichte fallen uns in einem Restaurant schneller ein als in anderen Kontexten. In diese Lernform fällt auch die Einordnung von Erlebnissen aufgrund von früheren, vergleichbaren Ereignissen ebenso wie das schnellere Erkennen von Reizmustern, die man schon einmal wahrgenommen hat. Und dazu gehört auch, dass wir unbewusst andere nachahmen – ein Umstand, den man sich gerade in Erziehung und Ausbildung vor Augen halten sollte. Kinder, Jugendliche und auch Erwachsene lernen mehr über das, was man ihnen vorlebt und was sie selbst erleben, als darüber, was man ihnen explizit erklärt. So eignen sich Kinder gutes Benehmen bei Tisch oder Lesen statt Fernsehen eher durch Vorleben als durch Ermahnung an. Verantwortlich für diese beim Menschen außerordentlich stark ausgeprägte Form des Lernens durch Nachahmung sind sogenannte Spiegelneurone in der Großhirnrinde.

Diese Nervenzellen sind nicht nur aktiv, wenn man beispielsweise selbst eine Bewegung ausführt, sondern auch wenn andere Menschen eine Bewegung ausführen oder vormachen. Und sie scheinen umso besser zu funktionieren, je vertrauter man mit einer Person ist, je mehr man sie akzeptiert und als authentisch erlebt. Deshalb lernen Kinder auch so effektiv von ihren Eltern und anderen Bezugspersonen.

Priming beruht darauf, dass in den sensorischen Arealen des Gehirns die Information, die aktuell verarbeitet wird, schon vorkonfiguriert ist: Ein bereits bekanntes Objekt wiederzuerkennen braucht weniger neuronale Energie. Aus den wenigen auf ein Blatt Papier geworfenen Strichen ein Schiff zu erfassen fällt leichter, wenn man schon einmal mit dieser Aufgabe konfrontiert war. Neurone können schnell Muster ergänzen, wenn sie ein Muster wiedererkennen. Dabei wissen wir meist gar nicht, welcher Hinweisreiz eine bestimmte Einordnung einer Situation bewirkt hat. Somit unterliegen selbst Wahrnehmungsprozesse Regeln, die dem Gedächtnis entspringen. Wir sehen zuerst und am schnellsten, was wir schon mal gesehen haben, und dies bereits auf den ersten sensorischen Verschaltungsebenen in der Großhirnrinde.

Ergo gilt: Wir erleben die Welt so, wie wir gelernt haben, unsere Umwelt zu sehen. Priming ist dabei vor allem und zuallererst eine geschickte Methode des Gehirns, bei einer Reihe von Routineabläufen (Dinge, Wörter, Umstände, Situationen) das Arbeitsgedächtnis zu entlasten (wir müssen uns nicht bewusst auf etwas fokussieren), indem es die Anzahl der Nervenzellen, die eine Aufgabe bearbeiten, so gering wie möglich hält. Dadurch verbessert sich unsere Wahrnehmung der Welt bei gleichzeitig geringerem Ressourcenverbrauch.

Dies bedeutet aber auch, dass die ersten Stufen der sensorischen Verarbeitung, von denen man bisher annahm, dass sie evolutiv bedingt stereotyp eine erste Prozessierung der Sinnesinformationen vornehmen, stärker veränderlich sind, als man noch bis vor wenigen Jahren glaubte. Erfahrungen verändern alle Informationsprozessebenen im Gehirn. Beim Wahrnehmungslernen erinnert man bestimmte Charakteristika aufgrund von Vorerfahrungen besser. Dies gilt für die Wahrnehmung von Musik (Rhythmen und Tonfolgen erkennen) ebenso wie für die Fähigkeit, bestimmte Muster in der Sehwahrnehmung besser einordnen zu können. Ein Botaniker oder Zoologe sieht in freier Natur viel mehr Tiere und Pflanzen als ein Biologiestudent im ersten Semester, und ein erfahrener Zeitungsmacher nimmt in der Komposition einer Titelseite viel schneller eine ungünstige Bild-Text-Gewichtung wahr. Was wie eine Win-win-Situation aussieht, kann allerdings auch in die Irre führen, denn dank dieser Form des Gedächtnisses neigen wir manchmal – ohne dass es uns bewusst wäre – dazu, zu schnell zu urteilen und zu übergeneralisieren, was zu Vorurteilen führt.

Wahrnehmungsgedächtnis
»Was ich wahrnehme sind nicht die groben und vieldeutigen Hinweise, die von der Außenwelt in meine Augen, meine Ohren oder meine Finger eindringen. Ich erlebe etwas viel Reichhaltigeres – ein Bild, welches die groben Signale mit einer Fülle von vorherigen Erfahrungen anreichert ... Unsere Wahrnehmung der Welt ist eine Phantasie, die mit der Realität zusammenfällt«, schreibt Chris Frith. Was der einflussreiche Londoner Psychologe und Gehirnforscher hier meint, ist, dass wir keine rohen Sinnesdaten erleben, sondern deren Simulation durch das Gehirn. Wir nehmen nicht die Wellenfrequenz des Lichtes wahr, sondern eine Farbe. Und eine ganze Menge Dinge registrieren wir erst gar nicht – Infrarotlicht oder Ultraschall –, da unsere vorhandenen Sinne nur bestimmte Aspekte aus dem Spektrum des Wahrnehmbaren herausfiltern.

Obwohl im Vergleich zu den vielen möglichen physikalischen Signalen nur wenige überhaupt herausgefiltert werden, konstruieren wir daraus ein kohärentes Bild der Welt, und zwar auf eine Weise, die uns glauben lässt, dies sei alles, was es in der Welt wahrzunehmen gibt. Trotz dieser enormen Filterung kommen immer noch weit mehr Sinnessignale in unserem Gehirn an, als wir bewusst erleben. Wir nehmen die Welt also nur teilweise wahr, und nur Bruchstücke dieser Fragmente gelangen aufgrund unserer selektiven Wahrnehmung ins Bewusstsein. Wahrnehmung ist also alles andere als ein detailgetreuer Abbildungsprozess. Wahrnehmen heißt aktives Verstehen und ist damit immer eine Interpretation der Welt aufgrund von Vor-Erfahrungen, die unser Gehirn gespeichert hat.

Aber was sind das für Vor-Erfahrungen? Zuallererst legen unsere ererbten Gene die Architektur des Gehirns und die Funktionszuweisungen zu den einzelnen Arealen weitgehend fest. Sie sind bei allen Menschen außerordentlich ähnlich. Aus dem Blickwinkel der Evolution betrachtet, enthält die komplexe Differenzierung unseres Gehirns gespeichertes Wissen über die Welt. So gibt es Verschaltungen innerhalb des visuellen Systems, die eine bestimmte, nicht dem Willen unterstellte Vorverarbeitung beinhalten und fest verdrahtet sind. Allerdings führt eine Reihe von optischen Täuschungen diese Verschaltungen in die Irre. Das Gehirn macht hier Annahmen, die sich schon häufig bewährt haben, aber im konkreten (oft trickreichen) Fall in die Irre führen. Wie man sich täuschen kann, demonstriert Abbildung 8: Der linke Teil des Streifens scheint heller zu sein als der rechte, und man sieht rechts eine scharfe Kante. Legt man einen Bleistift senkrecht

Abbildung 8: Wahrnehmungsillusion
Ist der Balken links heller als rechts? Legen Sie einen Bleistift senkrecht über die Mitte des Balkens!

über die Mitte der Abbildung, stellt man fest, dass diese Hypothesen falsch waren. Die Täuschung kommt dadurch zustande, dass unser Sehsystem großflächige Helligkeitsunterschiede dämpft, abrupte Änderungen hingegen verstärkt. So werden unter natürlichen, ungleichmäßigen Lichtbedingungen Beleuchtungsunterschiede abgeschwächt. Weil Kanten die besseren Objektindikatoren sind, wird anhand von ihnen die Helligkeit größerer Flächen bestimmt. Benutzt man nun wie in der Abbildung eine Pseudokante, kommt es zu Fehlinterpretationen.

Neben dieser genetischen Vorprogrammierung beeinflusst noch etwas anderes unsere Wahrnehmung: Menschliche Gehirne reifen bis über die Pubertät hinaus weiter. Zwar sind zum Zeitpunkt der Geburt fast alle Nervenzellen bereits vorhanden, aber sie bilden noch viele neue Verbindungen zu anderen Nervenzellen aus. Diese Verschaltungen (Synapsen) kommen und gehen durch plastische Gedächtnisprozesse ein Leben lang. Sie spiegeln die individuellen Erfahrungen wider, die ein Mensch mit der Umwelt macht, und verhelfen zur Feindifferenzierung der Sinneswahrnehmungen und zu kürzeren Reaktionszeiten. Wie das System lernt, zeigt Abbildung 9. Hier muss man ein Tier finden, und das Gehirn muss dabei aus nur wenigen Eckdaten ein komplettes Objekt re-konstruieren. Wie die Abbildung belegt, kann dieses Gedächtnis bei bestimmten Konfigurationen auch zukünftige Wahrnehmungen der Welt vorherbestimmen, denn wann immer man von nun an auf die Abbildung schaut, wird man dasselbe Objekt sehen. Diese zunächst unverständliche Abbildung wird durch Erfahrung zu einer bedeutungsvollen Wahrnehmung. Das kognitive System rastet quasi auf eine Deutung ein: Wer einmal die Kuh erkannt hat, wird sie nicht wieder vergessen. Eine andere Interpretation des Bildes ist danach nicht mehr möglich.

Wahrnehmungserlebnisse sind also nichts anderes als Hypothesen über die Welt, die das Gehirn vor allem aufgrund von Vorerfahrungen anstellt. Dieses erworbene, auf Lernvorgängen beruhende Wissen führt dazu, dass interne Prozesse im Gehirn nicht erst ablaufen, wenn von außen Reize einwirken. Das Gehirn

Abbildung 9: Sehen oder nicht sehen ...
Welches Objekt erkennen Sie im Bild?

behält immer die Initiative, es ist nie ruhig, wie die komplexen Erregungsmuster eines EEGs beweisen. Diese neuronale Aktivität, so eine Hypothese von Wolf Singer – dem ehemaligen Direktor des Max-Planck-Instituts für Hirnforschung in Frankfurt –, stellt das gespeicherte Wissen über zeitliche miteinander zusammengeschaltete neuronale Netze dar. Die manchmal in definierten Wellen oszillierende Aktivität ist Ausdruck eines fortwährenden Generierens von Hypothesen, von Erwartungswerten, die dann die einlaufenden Signale über einen Prozess der Selbstorganisation miteinander verbinden. Das bedeutet, dass wir in bestimmten Situationen, z. B. beim Besuch eines Restaurants, bestimmte Vorerwartungen haben, was wir erleben werden (Speisekarte, Sitzordnung, Bedienung etc.), und dadurch schneller Objekte und Abläufe, die zusammengehören, im Gehirn miteinander synchronisieren können.

Das Gehirn verarbeitet also alles im Kontext des Erlebten: Dabei zählen die Vorerfahrungen, die wir gemacht haben, ebenso wie die Umgebung, in denen sie entstanden sind. Die Wirkmächtigkeit des unbewussten, prozeduralen Gedächtnisses wird, wie wir in den vorherigen Abbildungen gesehen haben, auch bei optischen Täuschungen sichtbar. Wir haben gelernt, Abstände von Personen und Gegenständen abzuschätzen, und wir berücksichtigen dabei, was wir über die reale Größe von Objekten wissen – das kann gehörig schiefgehen. Dass wir das erst lernen müssen, erkennt man auch daran, dass Kinder bis zum sechsten Lebensjahr nur ganz schlecht die Entfernung eines fahrenden Autos einschätzen können, einer der Gründe, warum sie im Straßenverkehr Begleitung benötigen.

Aber nicht nur die äußere Welt wird durch das Gehirn gestaltet und durch Gedächtnisprozesse geordnet, das Gedächtnis erschafft auch erst unsere eigene Körperwelt. Das zeigt sich sehr gut an Patienten mit Phantomschmerzen. Sie lokalisieren und empfinden Schmerz an einer präzisen Stelle der amputierten Gliedmaße, in vollem Bewusstsein darüber, dass sie das Bein oder den Arm nicht mehr besitzen. Manchmal haben die Patienten auch das Gefühl, dass das amputierte Körperteil beim Gehen mitschwingt, schwitzt oder juckt. Phantomschmerzen zeigen auf ebenso klare wie grausame Art und Weise, dass selbst die Grenze unseres Körpers zur Außenwelt im Drehbuch des Gehirns verankert ist, ein Drehbuch, das ein Leben lang von unserem Gedächtnis entsprechend der aktuellen Nutzung umgeschrieben wird.

Außergewöhnlich an Phantomschmerzen sind ihre Echtheit und Authentizität. Das Gehirn produziert sie aus sich heraus, vor allem im somatosensorischen Großhirnbereich, der Tastinformationen von der Haut verarbeitet. In diesem Areal, der zum Scheitellappen gehört, ist die gesamte Körperoberfläche wie in einer Landkarte abgebildet: allerdings nicht entsprechend der Quadratzentimeter der Oberfläche, sondern entsprechend ihrer Empfindlichkeit. Gesicht und Hände sind beispielsweise wesentlich empfindlicher als der Rücken oder die Beine und entsprechend nehmen sie auch mehr Raum im Gehirn ein. So entsteht in unserem Gehirn eine stark verzerrte Abbildung des menschlichen Körpers, ein Homunkulus.

Wird nun ein Gliedmaß eines Menschen amputiert, werden

die Tastsinnesareale, die normalerweise die Informationen dieser Gliedmaße verarbeiten, nicht stillgelegt, sondern von benachbarten Arealen mitbeansprucht. So kann sich beispielsweise bei einer Armamputation der Bereich, der für die Empfindung der Wange zuständig ist, in den Tastsinnbereich des Arms ausdehnen. Berührt man bei einem solchen Patienten vorsichtig die Wange, so empfindet er oft gleichzeitig eine Berührung seines amputierten Arms. Das vormals in der Tastsinneskarte für den Arm zuständige Gebiet reagiert jetzt auch auf Tastreize im Gesicht. Somit erhalten die nachgeschalteten Gehirnareale zwei neuronale Signale: neue (Gesicht) und alte (Arm). Entsprechend wird auch der amputierte Arm im Gehirn miterregt, wenn das Gesichtsareal einen Berührungsreiz wahrnimmt. Ein Teil der Phantomschmerzen rührt nun daher, dass bei der Neustrukturierung der Homunkulus-Karte kleine Fehler auftreten: kleinste Abweichungen in den Verbindungsmustern und in der Stärke der Verbindung zu Schmerzzentren im Gehirn. So könnte selbst eine zarte Berührung des Gesichtes, z. B. ein Lufthauch, zu Schmerzen im Arm führen, wenn neu gebildete Nervenverbindungen irrtümlich auch starke Verbindungen zu schmerzvermittelten Zentren im Gehirn knüpfen.

Phantomschmerzen sind also nur dann mysteriös, wenn wir annehmen, das Gehirn verarbeite die eintreffenden Reize passiv. Dem ist aber nicht so, weil sowohl die Körperwahrnehmung als auch der Schmerz im Gehirn durch neuronale Aktivität, zum Teil unter Mithilfe von Gedächtnisprozessen, erschaffen werden. Sensorische Eingänge modulieren unsere Körpererfahrung, sie rufen diese aber nicht hervor. Wir benötigen keinen Körper, um einen zu fühlen. Peinigende Phantomschmerzen zeigen dies.

Wie soll man aber mit dieser Einsicht Schmerzen heilen, die von Gliedmaßen kommen, die es gar nicht mehr gibt? Der Neurologe Vilayanur Ramachandran (San Diego, USA) hat einen genauso simplen wie genialen Trick gefunden, Phantomschmerzen zu beseitigen, indem er beispielsweise armamputierten Patienten »vorgaukelt«, sie hätten noch zwei Arme, die sie bewegen könnten.

Dazu muss der Patient seinen gesunden Arm in einen raffinierten Kasten mit Spiegelwänden stecken, so dass er jetzt zwei Hände sieht, die sich beim Dirigieren oder Klatschen gleichzeitig bewegen. Das Gehirn bekommt – zumindest – die visuelle Rückmeldung, dass auch der amputierte Arm bewegt wird. Hat der Patient nun mit der gesunden Hand eine entkrampfende Bewegung gemacht, so wurde diese auch im Spiegel und damit in der amputierten Hand gesehen. In der Tat gelang es in einigen Fällen, durch diesen Trick die Phantomarme (oder -beine) aus einem Krampf oder einer vermeintlichen »Einzementierung« zu lösen und die Schmerzen für eine gewisse Zeit zu beheben. Die visuelle Rückmeldung muss also auf die neuronalen Verschaltungen der Phantomarmrepräsentation im Gehirn eingewirkt haben, und zwar so, dass die Aktivierung von Schmerzzentren unterbunden wurde.

»Die Mechanismen der Wahrnehmung bestehen hauptsächlich darin, statistische Korrelationen in unserer Welt zu erkennen, um ein Modell dieser zu erschaffen, das für den momentanen Zustand nützlich ist.«
Vilayanur Ramachandran

Neurobiologie der Gewohnheit

Gewohnheiten sind fest in unserem Gehirn verdrahtet, wobei die Verschaltungen unserem Bewusstsein nicht zugänglich sind, und sie lassen sich nur schwer ändern. Wie aber macht unser Gehirn aus einem neuen Verhalten eine Routine? Neurobiologisch betrachtet bestehen Gewohnheitsschaltkreise aus einem für die spezifische Gewohnheit typischen Auslösereiz, einer darauf folgenden Routine (Gewohnheit) und der sich dann einstellenden Belohnung. Das Gewohnheitsgedächtnis beherbergt die neuronalen Wurzeln für unsere Neigungen, Gewohnheiten und Vorlieben genauso wie für unsere Süchte und Vorurteile. Weil es meist unbewusst und damit unbemerkt arbeitet, trägt es zu einem nicht geringen Teil zum Geheimnis der Intuition bei. Neben unseren bewussten autobiographischen Erinnerungen machen Gewohnheiten und Routinen einen wichtigen Teil unserer Persönlichkeit aus.

Während sich beim Wahrnehmungslernen im Gehirn die Areale verändern, die direkt mit der Verarbeitung sensorischer Information beschäftigt sind (so verfügt ein Geigenspieler in der Tat über eine größere und detailliertere Abbildung seiner Finger in seinem somatosensorischen Cortex als jemand, der dieses Instrument nicht beherrscht), sind auf der Verhaltensebene vor allem Bereiche der nicht sprachbegabten Basalganglien unterhalb der Großhirnrinde an unserer Routine- und Gewohnheitsbildung beteiligt. Die Aktivität dieser Gehirngebiete gelangt meist nicht in unser Bewusstsein. Die Basalganglien sind weniger eine rein anatomische Bezeichnung als vielmehr eine funktionelle Einheit aus Kerngebieten, die neben der Gewohnheitsbildung auf der Verhaltensebene auch der Bewegungskoordination dienen. Sie sind ein wesentlicher Bestandteil des impliziten, unbewussten Gedächtnisses. Anatomisch zählt man zu den Basalganglien den Streifenkörper (Striatum), den Schweifkern (Globus pallidus), ein Kerngebiet, welches unter dem Thalamus liegt (Nucleus subthalamicus), sowie den schwarzen Kern (Substantia nigra, die im Mittelhirn liegt); siehe auch Abbildung 6.

»*Ein Gedanke, – er mag schon lange vorher durch unser Hirn gezogen sein –, wird erst in dem Momente lebendig, da etwas, das nicht mehr Denken, nicht mehr logisch ist, zu ihm hinzutritt, so dass wir seine Wahrheit fühlen, jenseits von aller Rechtfertigung, wie einen Anker, der von ihm aus ins durchblutete, lebendige Fleisch riss ...*«
Robert Musil, *Die Verwirrungen des Zöglings Törleß*

Die Erforschung von Schädigungen im Bereich der Basalganglien, die zu Störungen im Bewegungsablauf führen (sogenannte Dyskinesien), hat viel zu unserem heutigen Wissen über die Funktionsweise dieser subkortikalen Schaltkreise beigetragen; in ihnen werden die einzelnen Komponenten der Vorbereitung und Ausführung von Willkürbewegungen unterhalb der Bewusstseinsschwelle aufeinander abgestimmt. Aus der Planung von motorischen Handlungen, die alle vorbereitet werden müssen, wenn bestimmte Auslösereize vorliegen, haben sich wahrscheinlich die Befugnisse der Basalganglien auf Gewohnheiten als Sequenzen von Verhaltenselementen im Bereich des unbewussten Gedächtnisses ausgedehnt. Daher rührt auch der Begriff prozedurales Gedächtnis, denn es beinhaltet sowohl die einzelnen Schritte der Ausführung von einzelnen Sequenzen einer Routine bis hin zur Ausführung von automatisierten Bewegungen. Der Algorithmus zur Planung einer Bewegung beinhaltet die Zusammenfassung von mehreren Bewegungskomponenten auf ein bestimmtes Bewegungsziel hin, z. B. beim Aufschließen eines Schlosses. Dieser Algorithmus kann genauso verwendet werden, um Routinen und Gewohnheiten im impliziten Gedächtnis zu speichern.

Insgesamt kann man festhalten, dass die Basalganglien aktiv werden, wenn wir eine Gewohnheit ausgebildet haben, und der bewusstseinssteuernde Teil des Gehirns, besonders der präfrontale Cortex (er kontrolliert Absichten und schmiedet Pläne), umso stärker inaktiv wird, je mehr die Basalganglien involviert sind. Der reflektierende Geist wird quasi von der Last der Organisation von Routineabläufen befreit, gleichzeitig wird er aber auch zum Gefangenen unbewusster Gewohnheiten. Denn der Preis dieser präfrontalen Arbeitsentlastung ist, dass von nun an die Basalganglien das Drehbuch der Routinehandlungen schreiben und die Großhirnrinde nur noch als Statist mitwirkt! Wir werden als ich-beseelte Großhirnbesitzer zu Zuschauern im eigenen Theaterstück, allerdings zu nicht sehr aufmerksamen, denn die Ausführung der meisten Routinen entgeht uns.

Neuronale Entzauberung der Gewohnheitsbildung im Gehirn

Neuronal kann man die verschiedenen Gedächtnissysteme in unserem Gehirn gut unterscheiden. Vereinfacht kann man sagen, dass am deklarativen Gedächtnis vor allem der Schläfen- und Stirnlappen sowie der Hippocampus beteiligt sind, während beim nicht-deklarativen (impliziten) Gedächtnis die Basalganglien, das Kleinhirn zusammen mit motorischen und sensorischen Cortexarealen die Hauptrolle spielen.

Wie aber kristallisieren sich Gewohnheiten in neuronalen Strukturen? Das hat Ann Graybiel, eine der Pionierinnen bei der Erforschung des impliziten Gedächtnisses und Professorin am berühmten MIT in Cambridge, Boston, untersucht (Abbildung 10). In einem von Graybiel entworfenen berühmten Experiment sollten Ratten lernen, aufgrund von Gerüchen und einem Ton,

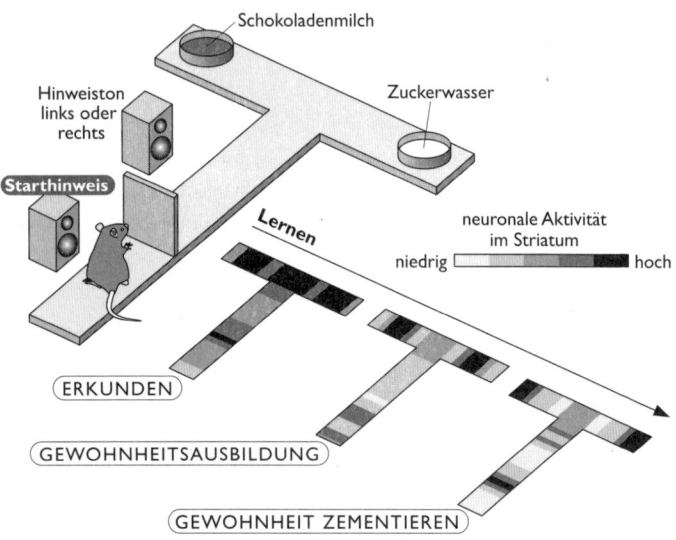

Abbildung 10: Handeln, ohne zu denken
Dargestellt ist ein Test, in dem Ratten ein T-Labyrinth durchlaufen mussten. Am Ende kam die Entscheidung, ob sie versuchen, links oder rechts eine Belohnung zu erhalten. Hierbei half ihnen ein Hinweiston, der verriet, ob sie links oder rechts gehen sollten. Dabei zeigte sich, dass das Gehirn die gesamte Abfolge des Experiments im Zuge der Gewohnheitsbildung als eine Handlungssequenz abspeichert. Als sich die Routine vollständig ausgebildet hatte (Aktivitätsmuster im rechten T-Labyrinth), sah man, dass die Aktivität nur am Start und ganz am Ende der Handlung hoch war.

welcher am Ende eines T-förmigen Labyrinths hervorgebracht wurde, zu entscheiden, ob sie links oder rechts einen Gang hinuntergegen mussten, um eine Belohnung zu erwarten. Dabei wurde die neuronale Aktivität im Striatum genau protokolliert. Während der frühen Lernphase ließ sich beobachten, dass die Neurone im Striatum generell sehr aktiv waren, so als würde diese Gehirnregion alles Neue besonders aufmerksam verfolgen. Je intensiver der Geruch z. B. von Schokolade wurde, desto mehr verstärkte sich bei den Tieren der Eindruck, in die richtige Richtung zu laufen. Am Ende des T-förmigen Labyrinthes hörten die Ratten zwei verschiedene Töne: einen, der darauf verwies, dass sich die Belohnung im rechten T-Arm befand, und einen anderen, der darauf hindeutete, dass die Belohnung links zu erwarten war. Nach einigen Trainingsdurchläufen hatten die Ratten gelernt, dass der Ton am Ende des Labyrinthes vor dem Abzweig links oder rechts kam und dass die Töne einen wichtigen Hinweis gaben, in welche Richtung man laufen musste. An dieser Stelle des Labyrinths war die neuronale Aktivität im Rattengehirn besonders stark erhöht. Die Tiere waren also besonders aufmerksam.

Nach einer großen Zahl von Durchläufen änderte sich das neuronale Aktivitätsmuster. Jetzt waren die Nervenzellen im Striatum nur am Beginn des Experiments aktiv (die Umgebung zeigte den Ratten an, in welchem Lernkontext sie sich befanden, und dies triggerte dann als Auslöser die gewohnte Handlung) sowie am Ende des Testlaufes. Insgesamt hatte die neuronale Aktivität also im Zuge des Lernens dieser Aufgabe massiv abgenommen. Fast der gesamte gelernte Verhaltensablauf war in seiner Kodierung vom Cortex und anderen Gedächtnisarealen wie dem Hippocampus in die Basalganglien verlegt worden. Bei diesem Prozess werden ganze Handlungssequenzen im Zuge der Gewohnheitsbildung zu einer Einheit – man spricht auch von Chunk (Datenblock, Datensegment) – zusammengeführt. Die Neurone sind nur am Anfang (Erwartungshaltung) und am Ende (Belohnung) aktiv.

Das gilt auch für uns Menschen, wenn wir Routinen erlernen,

etwa den Tennisaufschlag: Vom Hochwerfen des Balles, dem Aufbau der Körperspannung bis zur Durchführung des Schlages mit der Gewichtsverlagerung nach vorn speichern wir den gesamten Ablauf der Aufschlagsbewegung ab. Andere Beispiele für Verhaltens-Chunks sind: einen Geldautomaten bedienen (wie automatisiert die Nummerneingabe ist, merkt man schnell, wenn das Zahlenfeld ungewohnt angeordnet ist); das Rückwärts-Ein- und Ausparken mit dem Auto, eine Abfolge von Einzelhandlungen, die bei einem erfahrenen Fahrer zu einer Handlungssequenz verschmolzen ist, ebenso wie Zähneputzen oder das Aufschließen einer Haustür.

Wie wir gesehen haben, kommt den Basalganglien bei der Form des unbewussten Lernens und bei der Ausbildung von Routinen eine wichtige Rolle zu. Wie aber arbeiten die Neurone in den Basalganglien, vor allem im Striatum? Die Arbeitsgruppe von Wolfram Schultz an der University Cambridge konnte in bahnbrechenden Experimenten zeigen, dass Neurone im Striatum am Anfang des Lernens einer neuen Aufgabe allein für die Belohnung kodieren, d. h., sie sind aktiv (Neurobiologen sagen, sie »feuern«), wenn es die Belohnung gibt. Aber dann erfolgt eine entscheidende Änderung im Rollenplan der Neurone: Wird das ursprünglich neu Gelernte zur Routine, feuern die Nervenzellen schon am Beginn der Aufgabe, sie kodieren dann also die Erwartung einer Belohnung (und nicht mehr die Belohnung selbst) und orchestrieren in der Folge die gelernten Verhaltenssequenzen automatisch. Nervenzellen im Striatum sind also verantwortlich dafür, dass ein Auslösereiz und die dann errechnete/erwartete Belohnung eine bestimmte Handlungsfolge auslösen. Das ist eine vom Nagetier über Affen bis hin zum Menschen konservierte Form des impliziten Gedächtnisses. Bei dieser Überführung von neu Gelerntem in eine Routine – sei es beim Tennisaufschlag, Autofahren oder beim gewohnheitsmäßigen Essen vor dem Fernseher – geht die Kontrolle irgendwann vom Großhirn auf die Basalganglien über. Sie entscheiden, welche Handlungssequenz wir als Nächstes nach dem Auftreten eines Auslösereizes ausführen.

Die Basalganglien sind dazu in besonderer Weise befähigt, da sie aus einer Gruppe stark vernetzter Nervenzellen bestehen. Ihre Lage im Gehirn ist zentral: Wenn man von den Ohrenspitzen aus den Zeigefinger imaginär tief in das Gehirn hineinwandern lässt, trifft man auf sie. Ihre Funktion kann man sich vorstellen wie ein selektiver Verstärker von Handlungsfolgen. Bei motorischen Aktionen entwirft der motorische Cortex zunächst einen Handlungsplan, die dafür notwendige Implementierung besorgen dann die Basalganglien. Hierbei werden zwei parallele Laufwege durch die Basalganglien verwendet: Es gibt einen schnellen, direkten Pfad und einen langsameren, indirekten – und beide führen zurück zur Großhirnrinde. Hierbei verstärkt der schnelle Weg den Handlungsentwurf im motorischen Cortex (das »go«-Signal wird gegeben), während der langsamere Weg durch die Basalganglien die Handlung hemmt (»no go«). Jede Handlung wird also einer Überprüfung daraufhin unterzogen, ob sie sich »lohnt« oder nicht.

Wie die Neurowissenschaftlerin Nicole Calakos von der Duke University in North Carolina, USA, zeigen konnte, hinterlassen Routinen und Gewohnheiten eine Art Spur in den Basalganglien. Sie brachte Mäusen bei, wie sie über das Drücken eines Hebels an Nahrung kommen konnten. Wer essen wollte, musste den Hebel drücken. Doch nach einer Woche änderte sie die Spielregel: Nun war das Futter frei zugänglich – und es war nicht mehr notwendig, einen Hebel zu drücken. Doch sobald die Tiere den Hebel sahen, drückten sie ihn weiterhin, um dann zum frei zugänglichen Futter zu gehen. Sie hatten eine Gewohnheit entwickelt, die durch eine neuronale Signatur in den Basalganglien bei Anblick des Auslösereizes das Go-Signal gibt. Das Striatum hat hierbei eine ganze Handlungssequenz aus verschiedenen Einzelschritten zu einer Handlungseinheit geformt, die in ihrer kompletten Ganzheit abläuft, sobald der Auslösereiz erscheint.

Auch wir Menschen haben solche Angewohnheiten: etwa das Zurückstreichen der Haare oder das Glattstreichen des Rockes, bevor man einen Redebeitrag beginnt, oder aber eine geschmeidige, zielführende Bewegungsfolge, wie dies zum Beispiel zum Aufschließen eines Schlosses notwendig ist, denn auch hierbei wird eine flüssige Bewegungsfolge zusammengeschweißt zu einer Handlungseinheit, die wir automatisiert, ohne nachzudenken, wie selbstverständlich ausführen. Wer daran zweifelt, wie komplex das Aufschließen einen Schlosses ist, muss nur einem sechsjährigen Kind dabei zuschauen.

Der schnelle Weg in den Basalganglien wird also beschleunigt, wenn wir etwas intensiv geübt, gelernt oder uns angewöhnt haben. Dies kann, wie neue Befunde zeigen, zum Teil über eine bessere Isolierung der Axone erfolgen. Diese fettreiche Isolierung erfolgt durch spezialisierte Gliazellen, den Oligodendrozyten (Wortstamm aus dem Griechischen: *oligos* bedeutet ›wenig‹, *dendron* ›der Baum‹ und *zytos* ›die Zelle‹). Sie umhüllen Axone in häufig aktivierten Nervenbahnen besser, aber sie betonieren dabei nebenbei auch die viel benutzten Bahnen ein, die durch die schnellere Prozessierung leicht Vorfahrt bekommen. Interessant ist nun, dass neben einer genetischen Komponente, die die Anzahl an Gliazellen im Gehirn zu bestimmen scheint (wobei Frauen mehr Gliazellen haben als Männer), in Gehirngebieten, die eine hohe Aktivität aufweisen (also trainiert werden), der Anteil der weißen Substanz zunimmt. Das erhöht die Verarbeitungsgeschwindigkeit, legt aber auch die bevorzugten Datenautobahnen fest. Was man an Geschwindigkeit gewinnt (sicheres und schnelles Ausführen einer Routine), verliert man an Verhaltensflexibilität (z. B. um Gewohnheiten zu ändern). Dazu tragen auch molekulare Netzwerke um die Neurone herum bei, sogenannte perineuronale Netze. Neurone sind in solche Strukturnetzwerke aus zuckerreichen Proteinen eingebettet, und diese tragen ebenfalls dazu bei, dass häufig benutzte neuronale Verarbeitungsbahnen regelrecht zementiert werden – das macht sie sehr stabil, aber auch sehr unflexibel.

Weiterhin werden im Zuge der Gewohnheitsbildung auch Umbaumaßnahmen an den Synapsen zwischen den Nervenzellen in den Basalganglien vorgenommen: An der Handlungseinheit beteiligte Synapsen werden verstärkt und in ihrer Anzahl vermehrt, so dass bestimmte Verarbeitungsbahnen effektiver und bevorzugt durchlaufen werden können.

Symphonie der Gewohnheit:
Zusammenspiel der Gehirnareale
So ganz gibt die menschliche Großhirnrinde ihr Primat der Handlungskontrolle jedoch nicht auf. Schauen wir dazu einen Teil des bisher wenig beachteten Stirnlappens (präfrontaler Cortex) an, den sogenannten infralimbischen Cortex. Dieser Teil des präfrontalen Cortex hilft beim Chunking und arbeitet mit dem Striatum zusammen. Eine Beobachtung, die dadurch bestätigt wird, dass bei einer Schädigung des infralimbischen Cortex – ähnlich wie bei einer Schädigung der Basalganglien – keine Routinen mehr ausgeführt werden können. Der infralimbische Cortex scheint zu entscheiden, wann die Randbedingungen gegeben sind, eine Routine abzurufen. Das Striatum erfüllt dann diese Ausführungsaufgabe ganz ohne notwendige Beteiligung des Bewusstseins. Auch am Beginn des Lernens sind beide Gehirnregionen involviert, hier allerdings fungiert die Großhirnrinde als Instrukteur und das Striatum misst den Wert und die Belohnung für eine Handlung. Je gewohnter eine Handlung wird, umso stärker wird das Striatum involviert und die Cortexaktivierung nimmt ab.

Das Gehirn versucht quasi jede Handlung, die häufig und regelmäßig abläuft, in eine Gewohnheit zu verwandeln. Das befreit zum einen den Cortex von vielen Aufgaben, vor allem wird das in seiner Leistungsfähigkeit stark eingeschränkte Arbeitsgedächtnis weniger beansprucht, wenn wir nicht alle Tätigkeiten bei vollem Bewusstsein durchführen müssen, und es spart dem Gehirn auch Größe und Volumen. Müssten wir bei allen Handlungen jedes einzelne Segment einer Handlung in der Großhirnrinde abspeichern (und bei jedem einzelnen Schritt einer Handlung entscheiden müssen, welcher als Nächstes kommen soll), bräuchten wir riesige Köpfe und wären sehr langsam. Basalganglien setzen Routinen in einem Schritt in Bewegung um – das spart Zeit und Gehirnressourcen. »Erfunden« wurden sie im Laufe der Evolution zunächst als Bewegungsorganisatoren. In heutiger Zeit koordinieren sie unsere Gewohnheiten in einem weit stärkeren Maß, als uns dies bewusst ist. Wer zum Beispiel sein Gewicht reduzieren möchte, bekommt dies täglich vor Augen geführt. Es sind vor allem die Essgewohnheiten in Form von unbemerkt zementierten Verschaltungen im Striatum, die uns am Abnehmen hindern.

Wahrnehmungslernen und Priming sind elementare Eigenschaften unseres Gedächtnisses, und sie können sogar die Art und Weise beeinflussen, wie wir wahrnehmen, d.h., was wir

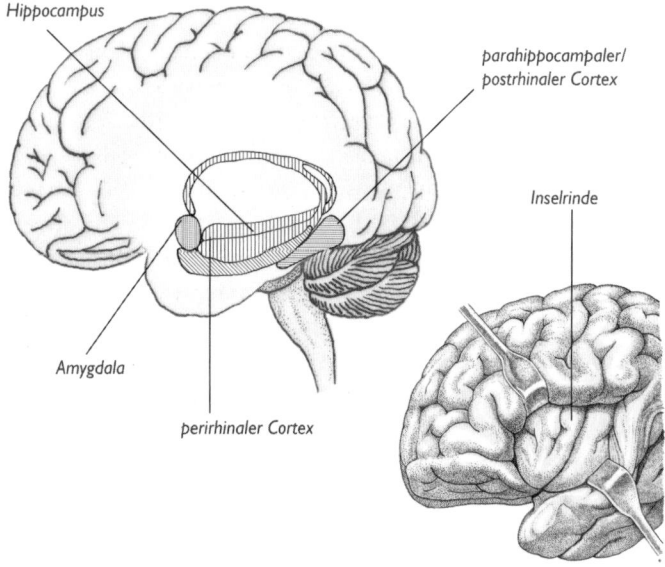

Abbildung 11: Emotionale Erinnerungen
Die Amygdala, ein kirschkerngroßer Bereich des sogenannten limbischen Systems, speichert emotionale Erlebnisse. Unter Mithilfe der Inselrinde und des perirhinalen Cortex im Gehirn reagiert sie in Millisekunden auf emotional bewegende Situationen, etwa wenn Sie den Hammer erblicken, mit dem Sie sich vor zwei Jahren auf den Daumen gehauen haben.

überhaupt sehen und wie wir ein Erlebnis bewerten. Ob wir eine bestimmte Situation positiv oder negativ bewerten, ist meist das Resultat unbewusster Lernprozesse. Wir erleben an bestimmten Orten (im Klassenraum, am Arbeitsplatz), bei bestimmten sensorischen Informationen (Melodien oder Töne) eine bestimmte Empfindung, die mit den Orten, den wahrgenommenen Tönen oder ganz allgemeinen mit bestimmten Reizen assoziiert ist. Diese Reize können aber auch Angst kodieren – dann stehen allerdings andere Schaltkreise im Gehirn im Mittelpunkt, vor allem die Amygdala (Mandelkern).

Joseph LeDoux von der New York University und Michael Davis von der Yale University konnten zeigen, dass erlernte Angstsignale (Töne, Situationen, Personenprofile) die Amygdala einige Millisekunden früher erreichen als die Großhirnrinde. Dank der schnellen Datenbahnen kann die Amygdala rasch einen Notfallplan entwickeln, sie hat dafür einen Großteil der emotionalen Komponenten von Erlebnissen gespeichert und greift auf die Hilfe des insulären Cortex (Inselrinde) und des perirhinalen Cortex zurück; es sind Gehirnregionen, die verdeckt innerhalb des mittleren Schläfenlappens liegen (siehe Abbildung 11). So kann es sein, dass wir uns als Erwachsene vor Tieren fürchten, da die Amygdala ein frühes kindliches Ereignis mit einer schreckhaften Begegnung abgespeichert hat. Oft geschieht dies unbewusst.

Emotionales, nicht-deklaratives Gedächtnis und deklaratives Gedächtnis arbeiten aber nicht nur unabhängig voneinander, sie können sich auch zusammentun: So erinnern wir emotionale Ereignisse besser als neutrale Erlebnisse, und in unserem Langzeitgedächtnis bleiben positive Erlebnisse besser haften als negative. Das emotionale Gedächtnis kann also das bewusste autobiographische Gedächtnis befeuern. Amygdala und Hippocampus arbeiten dann Hand in Hand.

Intuition: Das Gute im schnellen Gedächtnis

Unbewusstes Erfahrungswissen spielt eine wichtige Rolle, wenn wir Entscheidungen treffen. Dieses Wissen wird nicht etwa in Gedächtnisgefäßen oder festplattenartigen Strukturen abgelegt, sondern es durchdringt die neuronale Netzstruktur auf jeder Verarbeitungsebene des Gehirns. Wer viel Erfahrung auf einem bestimmten Gebiet hat, geht bei der Entscheidungsfindung mit der Komplexität eines Sachverhaltes anders um als jemand, der ein Neuling auf dem entsprechenden Wissens-, Handlungs- oder auch Sportgebiet ist. Wer Experte auf einem Feld ist, nimmt die Welt nicht allein durch sein Fachwissen, sondern vor allem durch sein prozedurales Gedächtnis wahr, also durch sein Wahrnehmungsgedächtnis und seine überragende Mustererkennungsfähigkeit: Lernen (aufgrund von Erfahrungen) verwandelt bereits auf den ersten Verarbeitungsstufen die Art und Weise, wie wir die Welt sehen – im wahrsten Sinne des Wortes. Je mehr wir auf einem Gebiet wissen, umso differenzierter nehmen wir die Welt wahr, und gleichzeitig wird der Aufwand, den wir für diese differenzierte Weltsicht aufwenden müssen, geringer. So ignorieren wir bei einer Entscheidungsfindung einerseits viele Reize, andere wiederum werden zu Informationseinheiten (Chunks) zusammengefasst. Das hilft uns, schnell zu einer guten Entscheidung zu kommen, ohne dass wir genau sagen könnten, welche Zusammenhänge ihr zugrunde liegen. In solchen Fällen sprechen wir von Intuitionen, von Bauchentscheidungen, die allerdings keineswegs im Bauch, sondern in den bauchigen Strukturen der Basalganglien und in den Sinnes- und motorischen Zentren des Gehirns getroffen werden.

»Überall geht ein frühes Ahnen dem späteren Wissen voraus.«
Alexander von Humboldt

Intuition hat nichts mit dem berühmten siebten Sinn oder gar göttlicher Eingebung zu tun. Wir verwenden den Begriff, um einen Gedanken oder eine Einsicht zu bezeichnen, die rasch in unser Bewusstsein kommt, ohne dass uns ihre tieferen Gründe bewusst sind. Dieser Entscheidungsimpuls ist oft stark genug, um danach zu handeln. Genau genommen geht es um das unbewusste Erkennen von vertrauten Mustern, die wir im impliziten Gedächtnis gespeichert haben; anders gesagt: um das Abrufen von Erfahrungswissen, auf dessen Basis wir häufig kluge Entscheidungen treffen.

An der amerikanischen Harvard-Universität hat man vor einigen Jahren untersucht, in welchem Alter Menschen die besten Entscheidungen in komplexen Finanzfragen fällen. Es stellte sich heraus, dass in der Spitzengruppe überproportional viele Menschen jenseits des 50. Lebensjahres vertreten waren – mit anderen Worten: Jenseits des 50. Geburtstages kamen die Probanden nicht nur besonders schnell zu einer Entscheidung, sondern sie konnten auch ihre Konsequenzen besonders gut einschätzen. Wie die nachfolgende Analyse ergab, hing dies mit der größeren Lebenserfahrung der älteren Teilnehmer zusammen, also mit ihrer Intuition. Generell gilt: Intuition hat viel mit Erfahrung zu tun; ein aufgrund unseres Alters größerer Erfahrungsschatz erlaubt es uns, selbst bei schlechter »Faktenbeleuchtung« einen guten Lösungsvorschlag zu unterbreiten.

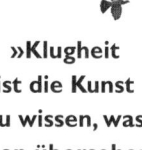

»Klugheit ist die Kunst zu wissen, was man übersehen darf.«
William James

Mustererkennung als Erinnerungsprozess

Dass ein weiser Mensch eine ungewöhnlich hohe Zahl von Mustern kennt, von denen jedes einzelne eine ganze Klasse wichtiger Informationen umfasst, ist genau genommen das Ergebnis einer großen Zahl von Gedächtnishinweisen, die im Gehirn eines älteren Menschen gespeichert sind. Um das greifbar zu machen, was hier aus dem Gedächtnis heraus an Datenprozessierung geleistet wird, seien folgende Beispiele genannt: Wir brauchen nur die Eckpunkte eines Stuhls oder eines Apfels zu sehen, und mit hoher Wahrscheinlichkeit wird das gesamte Muster neuronaler Erregung aktiviert, das einen »Apfel« oder einen »Stuhl« kodiert, genauso wie wir anhand einer bestimmten sozialen Gesprächssituation erkennen können, welchem Muster dieses Gespräch folgt und wie wir es einzuschätzen haben; genauso wie ein guter Unternehmensberater schnell die Situation in einer Firma beurteilen oder ein Feuerwehrmann bei einem Großbrand rasch und sicher die ersten Maßnahmen einleiten kann, selbst wenn ihm viele Details und Fakten noch unbekannt sind.

Bei diesen Prozessen, die zur Intuition gerechnet werden, sind wieder die Basalganglien beteiligt: Sie können eine hohe Zahl an Variablen berechnen und so schnell und häufig auch zuverlässig zu richtigen Entscheidungen kommen. Sie sind aber, wie bei Gewohnheiten häufig, der Sprache nicht zugänglich. Ein Teil unserer intuitiven Entscheidungskompetenz wird also aus Gedächtnisprozessen der Basalganglien gespeist, aber auch die Großhirnrinde ist beteiligt. Eine bestimmte Konstellation an Inputreizen kann hier die Aktivierung eines ganzen raumzeitlichen Musters in einem neuronalen Netzwerk auslösen: Sie können sich nicht an den Namen einer Person erinnern, aber in dem Moment, wo die Person den Raum betritt, fällt Ihnen der Name wie von selbst ein. Eine visuelle Komponente über das Gesicht hat eine auditorische Komponente über den Namen aktiviert, obwohl die beiden Informationen in verschiedenen Arealen verarbeitet werden (die Gesichtsinformation im Scheitellappen, die Namensinformation im Schläfenlappen). Sie sind zu einem einzigen neuronalen Muster verwoben, und sobald eine kleine Untereinheit einer Neuronengruppe aktiviert wird, können sie das gesamte Netz aktivieren. Wie der Hirnforscher Wolf Singer mit seinen Kollegen am Max-Planck-Institut für Hirnforschung in Frankfurt zeigen konnte, geschieht dies über zeitlich genau abgestimmte Oszillationen, die mehrere kleine Netzwerke zu einem großen Ganzen verweben.

Intuitionen sind also Verdichtungen früherer Erfahrungen und beruhen damit auf komprimierten und kristallisierten Gedächtnisvorgängen. Intuitionen sind damit keineswegs »irrational« und auch nicht spontan, sondern sie sind das Produkt analytischer, meist nicht sprachlicher Prozesse, die derart stark verdichtet sind, dass ihre innere Struktur selbst demjenigen unverständlich bleibt, der sie aus seinen unbewussten Gedächtnisprozessen heraus entwirft. Intuitionen helfen uns vor allem in einer unübersichtlichen Situation mit vielen Variablen, die zu unserer Entscheidung beitragen, genau dann, wenn unsere bewussten Denkprozesse an ihre Grenzen geraten. Aber auch hier heißt es aufgepasst: Nicht alles kann durch das Vergangene betrachtet, beurteilt und geplant werden! Manche Situationen sind so neu, dass sie komplett neu bewertet werden müssen, und genau hier endet die Sorgfalt der Intuitionen, weshalb der Nobelpreisträger Daniel Kahneman beim »schnellen und langsamen Denken« im Wechselspiel von Intuitionen und reflektiertem Nachdenken immer wieder das mühsame und langsamere Nachdenken angemahnt hat – auch deshalb, um Übergeneralisierungen, etwa Vorurteile, zu verhindern.

Vorurteile: Das Verheerende im schnellen Gedächtnis

Mittlerweile ist sicher klar geworden, dass unser Gehirn ständig Entscheidungen trifft, die durch Erfahrungen beeinflusst sind. Und meist bemerken wir diese Einflussnahme des Gedächtnisses gar nicht. Genauso wenig wie den Umstand, dass das Gehirn eine regelsuchende Maschine ist – es forscht immer nach Zusammenhängen, versucht zu kategorisieren und in einem Wust von Details das Gemeinsame zu finden.

Bei kleinen Kindern bekommen wir diese Fähigkeit des Gehirns, Dinge und Menschen in grobe Gruppen einzuteilen, sehr gut vor Augen geführt: Am Anfang sind alle vierbeinigen Lebewesen »Wauau«, alle Fahrzeuge »Tütü«; dann sind alle Dinge, die fahren können, »Auto«, erst später wird es sprachlich differenzierter. Aber die Art des Denkens in Schubladen bleibt uns erhalten – manchmal reicht schon ein einziges Erlebnis aus, um etwa Menschen fremder Herkunft in ebenso grobe Kategorien einzuteilen. Wir nennen das dann Vorurteile, Klischee, Stereotype. Wobei das Interessante daran ist, dass sie immer nur auf andere Menschen zutreffen, nie aber auf uns. Dabei verraten schon viele Witze, über die wir spontan lachen, über wen oder was wir unbewusst Vorurteile haben.

Vorurteile werden nicht aktiv erworben – im Gegenteil, sie schleichen sich unbemerkt in unser Denkgebäude ein und bestimmen dann ebenso unauffällig unsere Entscheidungen, Urteile, Handlungen und sogar unsere Wahrnehmungen. Hat das Gehirn einmal eine Typisierung der Welt vorgenommen und in seinen Gedächtnisstrukturen abgelegt, ist es schwer, dieser zu entkommen. Selbst wenn wir Erfahrungen machen, die nicht der Erwartungshaltung des Gehirns entsprechen, macht es eine neue Subkategorie auf: Eine Frau als Elektrotechnikerin wird dann schnell zum »Mannweib« und damit separiert von der Kategorie »Frau«.

Meist speisen sich Vorurteile aus Beobachtungen (in der Tat gibt es ja statistisch wenige Frauen, die Elektrotechnik studieren, nur ca. 10 Prozent), sind aber in ihrer generellen Verallgemeinerung falsch. Und nicht selten widersprechen sie unseren Überzeugungen, ohne dass uns das bewusst würde.

Dies bestätigen auch Studien der beiden US-amerikanischen Psychologen Mahzarin R. Banaji und Anthony G. Greenwald: Die Forscher hatten Versuchsteilnehmer verschiedener ethnischer Herkunft mittels Fragebogen bezüglich ihrer Einstellungen gegenüber hell- und dunkelhäutigen Menschen interviewt. Außerdem ermittelten sie die unbewussten Vorurteile der Teilnehmer mit dem berühmten »IAT« (Impliziter Assoziationstest), der inzwischen weltweit über 14 Millionen Mal durchgeführt wurde. Bei diesem Verfahren werten Wissenschaftler Unterschiede in den Reaktionszeiten als Indiz für verborgene Vorurteile. Wer etwa eine Taste, die zuvor mit negativen Begriffen verbunden war, deutlich schneller bei Bildern mit dunkelhäutigen Menschen betätigt als bei solchen mit weißen Mitteleuropäern, zeigt dadurch unbewusst, dass er Vorurteile gegenüber der betreffenden Bevölkerungsgruppe hat.

In einem anderen Test geht es darum herauszufinden, für wie vertrauenswürdig die Probanden Personen unterschiedlicher Herkunft halten, deren Fotos sie betrachtet haben. Siehe da: Die unbewussten Urteile – nicht jedoch das Selbstbild, was die Versuchsteilnehmer von sich hatten (»Wir haben als gute Amerikaner keine Vorurteile gegen farbige Mitbürger«) – waren für die Bewertungen ausschlaggebend! Als es nämlich darum ging, einem vermeintlich zuverlässigen Geschäftspartner eine hohe Summe anzuvertrauen, zeigte sich ein ähnlicher Effekt: Die zu gewährende Finanzspritze hing stärker mit den unbewussten Einstellungen zusammen als mit dem, was die Probanden in der Befragung zu Protokoll gegeben hatten. Sie konnte sogar in krassem Widerspruch zu ihrer ausdrücklichen Meinung stehen. Das Ergebnis stimmte bei der Hälfte der Getesteten nicht mit der eigenen Selbsteinschätzung überein. Ähnliches konnte auch in Einstellungsgesprächen gezeigt werden, ohne dass sich die Personen ihrer stereotypen Vorurteile bewusst waren.

Banaji und Greenwald schreiben in ihrem Buch *Vor-Urteile*: »Man könnte Vorurteile, mangels eines Fachbegriffs, als ›Wissensteilchen‹ über soziale Gruppen bezeichnen. Diese Art von ›Wissen‹ ist so in uns gespeichert, dass wir ihr dauernd in unserem gesellschaftlichen Umfeld begegnen. Sind diese Vorurteile einmal in unserem Gehirn abgespeichert, so können sie unser Verhalten gegenüber bestimmten sozialen Gruppen beeinflussen, und wir merken nichts davon. Die meisten Menschen, mit denen wir über versteckte Vorurteile gesprochen haben, fanden es unfassbar, dass ihr Verhalten von unbewusstem Wissen gesteuert wird.«

Das französische Wort *stéréotype* kommt aus der Sprache der Drucker und Setzer, es bezeichnete ursprünglich eine Druckerplatte, von der unzählig viele gleiche Buchseiten gedruckt werden können – genauso wie uns ein feststehendes, fixes Bild in den Sinn kommt, wenn wir ein Mitglied einer fremden Bevölkerungsgruppe sehen. Einmal gesetzt, verändern sich Druckplatten nicht mehr. Aber genau hierin liegt ein Unterschied zu menschlichen Stereotypen: Machen wir uns unsere unbewussten Vorurteile bewusst (und gestehen uns auch ein, sie zu haben), können wir gegen sie angehen. Wer dagegen nur die Vorurteile anderer sieht, dem entgeht Wesentliches bei sich selbst.

Vorurteile wirken sich darüber hinaus auch auf das eigene Selbstbild aus. Eine Reihe von Studien des Kognitionspsychologen Claude Steele von der Stanford University belegt dies: So schnitten Studentinnen in einem Mathematiktest schlechter ab, wenn ihnen zuvor gesagt wurde, dass Frauen mathematisch weniger begabt seien als Männer. Die bloße Erwähnung dieses Vorurteils, ja das bloße Ankreuzen des Geschlechts auf der ersten Seite des Testbogens, verschlechterte ihre Leistungen deutlich – unabhängig davon, ob die Frauen das Vorurteil selbst absurd fanden oder nicht.

Wie subtil und stark diese Art von Vorurteilen wirken können hat auch das Forscherteam um John Bargh von der angesehenen Yale-Universität gezeigt. Er ließ ältere Probanden klischeehafte Aussagen über alte Menschen lesen, etwa den Satz »Alte Menschen haben graue Haare« oder »Alte Menschen sind vergesslich«. Das bloße Lesen solcher Altersstereotype veränderte die Probanden – für sie selbst unbemerkt und auf fast unheimliche Art und Weise: Sie bewegten sich nach Abschluss des Experimentes langsamer in Richtung Ausgang, wie eine Messung ihrer Gehgeschwindigkeit im Vergleich zu der einer gleichaltrigen Gruppe zeigte, die nicht mit diesen Aussagen konfrontiert worden war.

»*Richtet nicht, auf dass ihr nicht gerichtet werdet. Denn mit welcherlei Gericht ihr richtet, werdet ihr gerichtet werden; und mit welcherlei Maß ihr messet, wird euch gemessen werden. Was siehst du aber den Splitter in deines Bruders Auge, und wirst nicht gewahr des Balkens in deinem Auge?*«
Matthäus, 7,1–3

Wir evaluieren ständig unbewusst, was wir wie in der Welt sehen, und interpretieren dies aufgrund unserer gespeicherten Erfahrungen. Ja wir können das, was wir aktuell erleben, nur im Lichte dessen verstehen, was wir über die Welt um uns herum abgespeichert haben. Ein müdes Gehirn kann nachweislich weniger neue Informationen verarbeiten als ein ausgeruhtes. Vor allem aber sucht das Gehirn in unserer Umgebung zunächst nach bekannten Gegenständen und Zusammenhängen. Dies bezeichnen Wissenschaftler als *confirmation bias*. Das bedeutet: Wir nehmen vor allem und zuallererst wahr, was unserer Erwartung entspricht. Menschen widmen den Informationen mehr Aufmerksamkeit, die ihre Vorerfahrungen bestätigen. Es gehört zu den Paradoxien unseres modernen Lebensstils, dass wir versuchen, immer mehr Informationen pro Zeiteinheit zu prozessieren, weshalb wir aber für neue Sachverhalte und Informationen weniger aufgeschlossen sind, da das Gehirn nur auf die Zusammenhänge schaut, die es schon zu kennen meint. Dieser *information overflow* macht uns weniger offen für neue Erfahrungen.

Was wir entwickeln müssen, ist eine Antenne dafür, wie wichtig und wie wertvoll neue Informationen sind (die nicht den bestehenden Mustern und Stereotypien entsprechen) und wie wir diese in den immens großen Raum unseres vorhandenen Wissens einbauen können, so dass dieser Wissensraum sich auch noch in seiner Form und nicht nur in seiner Ausdehnung ändern kann.

Wie kann man Vorurteile in ihrer Macht einschränken?
Vorurteile sind unbewusste, schnelle und übergeneralisierende Aspekte unserer impliziten Gedächtnisprozesse. Sie sind der Preis, den wir zahlen, um die komplexen Abläufe in der Welt um uns herum einordnen zu können. Sie verändern nicht nur auf fast unheimliche Weise, wie wir Menschen begegnen und welche Urteile wir über sie fällen, sie haben auch einen erheblichen Einfluss darauf, wie wir die Welt wahrnehmen und erleben. Sie sind ein weiterer Aspekt, der belegt, in wie starkem Maße unsere Gedächtnisprozesse erst die Welt erschaffen, die wir erleben. Was aber tun, um gegen die eigenen Vorurteile anzugehen? Auch hierzu gibt es natürlich eine Reihe von wissenschaftlichen Studien aus der Psychologie, den Sozialwissenschaften und mittlerweile sogar aus den Neurowissenschaften. Allerdings haben 90 Prozent dieser Studien in Laborsituationen stattgefunden, und nur wenige haben gemessen, ob die Interventionen gegen Vorurteile auch einen langfristigen Effekt haben.

Umso bemerkenswerter ist eine aktuelle Studie der US-amerikanischen Wissenschaftler um David Brockman und Joshua Kalla, die in Südflorida durchgeführt wurde. Sie konnten zeigen, dass ein 10-minütiges Gespräch nachhaltig Vorurteile beeinflussen kann; in dem konkreten Fall Vorurteile gegenüber Menschen, die ihr Geschlecht gewechselt haben bzw. eine genetische Disposition haben, die damit einhergeht, dass ihr Geschlecht nicht eindeutig festgelegt ist (Transgender). In diesem Feldversuch haben in der Vorwahlzeit getarnte Stimmenwerber mit potentiellen Wählern exakt zehn Minuten lang nach einem genauen Ablaufplan gesprochen – entweder zu Themen, die mit Vorurteilen behaftet sind, oder über neutrale Themen. Nach drei Monaten (einem vergleichsweise langen Zeitraum) wurden die Gruppen hinsichtlich ihrer Vorurteile, z. B. über Menschen mit einem nicht eindeutigen Geschlecht, befragt. Es zeigte sich, dass bereits ein 10-minütiges Aufklärungsgespräch die Einstellung der Menschen zu einem offeneren Weltbild hin verändert hat. Zur Überraschung der Forscher mussten die Probanden dazu nicht mit einem Vertreter dieser Minderheit gesprochen haben. Was auch die Hypothese widerlegt, dass Kontakt mit Minderheiten allein Vorurteile zu beseitigen vermag. Damit ergibt sich eine andere wichtige Schlussfolgerung aus dem Experiment: Aufklärung und sachliche Informationen helfen. Aber auch: Minderheiten brauchen andere Menschen, die für ihre Rechte und für ein offenes Weltbild jenseits von Vorurteilen einstehen.

Kommen wir somit auf die eingangs gestellte Frage zurück, wie man aktiv gegen Vorurteile angehen kann. Die nüchterne Antwort lautet, gegen Übergeneralisierungen des impliziten Gedächtnisses sind wir nicht gefeit. Aber je mehr wir über die Welt wissen, umso differenzierter nehmen wir sie wahr und desto weniger ungerechtfertigte Vorurteile entwickeln wir. Und trotzdem wird es uns passieren, und da hilft nur die reflektierte Spiegelung des eigenen Denkens, Handelns und Wahrnehmens. Vorurteile kann man wohl nicht verhindern, aber man kann sie an anderen (und an sich selbst) erkennen, benennen und versuchen sie zu bekämpfen.

Sucht: Das perfekte Gedächtnis zum schlechten Grund

Warum in einem Buch über das Gedächtnis auch über das Phänomen Abhängigkeit (Sucht) schreiben? Was hat das eine mit dem anderen zu tun? Und wie unterscheidet sich Sucht von Routine? Neurobiologisch gesehen ist eine Sucht eine starke Gewohnheit, über die man die Kontrolle verloren hat, und damit gehört sie in die Domäne eines neurobiologischen Lernforschers.

Eine Gewohnheit lässt nach, wenn die Belohnung, die man sich von ihr verspricht, sich mehrfach nicht einstellt – eigentlich sollte dieser Mechanismus auch eine Abhängigkeit verhindern, da das Belohnungssystem ob der ausbleibenden Belohnung gehemmt werden sollte. Bei einer Sucht hingegen ist das Signal (egal ob Heroin, Alkohol, Rauchen, Spielsucht) so stark, dass die Gier nach dem Suchtmittel sich über die Routine verselbstständigt. Die Grundlagen einer Sucht sind den neuronalen Grundlagen des Lernens nicht unähnlich; es ist eine Form des Lernens, die zu extrem starken Veränderungen in neuronalen Schaltkreisen führt – quasi gespeicherte Information, die wir nur ganz schwer wieder »vergessen« können (mehr dazu in Kapitel 3).

»Ach, ich leide von Wunden, die ich mir selbst geschlagen!«
Ovid

Sucht und Gedächtnisprozesse bilden in vielfältiger Art und Weise ein wechselseitiges Beziehungsgeflecht: Zum einen weil der Kontext, in dem man süchtig wird, die Abhängigkeit maßgeblich mitbestimmt; zum anderen weil die zellulären Grundlagen einer Sucht auf den gleichen Molekülen beruhen und an den gleichen Kontaktstellen zwischen Nervenzellen (Synapsen) stattfinden wie physiologische Lernprozesse. Man kann sogar so weit gehen zu behaupten, dass eine Sucht eine »erlernte Krankheit« ist – nur dass hier das Lernen in bestimmten Gehirnregionen quasi zu gut funktioniert und das Vergessen (in Form von abgewöhnen) fast unmöglich wird.

Wir haben gesehen: Wer süchtig wird, »lernt«, dass das Einnehmen einer Droge (oder das Ausführen einer Tätigkeit) zu einer bestimmten Belohnung führt. Gleichzeitig speichert er aber auch gewisse Begleitumstände in seinem Gehirn – etwa das Geräusch von Spielautomaten, wenn man spielsüchtig ist, oder das Ende einer Mahlzeit, wenn man zigarettenabhängig ist. Wenn solche Reize darauf hinweisen, dass der nächste Drogenkonsum bald stattfinden könnte, wird der Botenstoff Dopamin ausgeschüttet. Dopamin signalisiert aber auch, dass die süchtig machende Droge unmittelbar vor ihrer Einnahme steht, was zu einem nahezu unstillbaren Verlangen nach der Droge führt *(craving)*. Somit gehört zur Sucht nicht nur die Wirkung der Droge selbst, sondern auch die Empfindung des Gehirns, die Umstände des Drogenkonsums als lohnend zu empfinden. Dies hat sich schon in der 1970er Jahren am Beispiel heroinabhängiger Vietnamkriegsteilnehmer gezeigt: Soldaten, die wieder in die USA zurückgingen, hatten eine gute Chance, ihre Drogensucht zu überwinden, denn ihr Lebenskontext unterschied sich massiv von dem, in dem sie gelernt hatten, Heroin zu nehmen. Soldaten, die in der Umgebung geblieben waren, in der sie sich angewöhnt hatten, die Droge zu konsumieren, gelang das kaum.

Drogensucht: Wenn Synapsen nicht vergessen können
Im Verständnis darüber, warum wir eine Sucht nur so schwer wieder »vergessen« können, erzielten Forscher in den letzten Jahren enorme Fortschritte. Eine Sucht verändert die molekulare Maschinerie an den Synapsen. In Experimenten mit Drogenabhängigen konnten Drogenforscher zwar belegen, dass diese im Vergleich zu Kontrollprobanden durchaus noch Neues lernen konnten. Aber sie zeigten enorme Schwierigkeiten, die gelernten, neuen Regeln dann wieder abzuändern. In einem dieser Experimente sollten drogenabhängige Versuchsteilnehmer eine bestimmte Taste drücken, sobald auf einem Bildschirm ein grünes Rechteck erschien. Nach 500 Wiederholungen wurde die Regel verändert: Von nun an sollten die Probanden immer dann die Taste drücken, wenn

das grüne Rechteck nicht zu sehen war. Im Unterschied zu der Kontrollgruppe, in der es keine Suchtkranken gab und deren Teilnehmer die neue Regel schnell lernten (und damit die alte Regel vergaßen), waren die drogenabhängigen Probanden dazu signifikant schlechter in der Lage. Sie verharrten sogar dann noch in dem alten, nun aber nicht mehr geltenden Muster, wenn sie nach einem falschen Tastendruck auf den Fehler hingewiesen wurden. Diese mangelnde Flexibilität ist nicht Ursache, sondern die Folge einer Drogensucht.

Auf Gehirnebene werden bei einer Suchterkrankung insbesondere die neuronalen Verbindungen zwischen dem präfrontalen Cortex im Stirnlappen und dem Nucleus accumbens in Mitleidenschaft gezogen. Der Nucleus accumbens, eine kleine Struktur, die man zu den Basalganglien zählt, stellt ein wichtiges Rädchen im Belohnungssystem unseres Gehirns dar und ist entscheidend an der Bildung von Gewohnheiten beteiligt. Die Folgen der synaptischen Veränderungen sind verheerend, insofern als ein Süchtiger kaum noch die Anweisung des Stirnlappens, keine Drogen mehr zu nehmen, befolgen kann.

Normalerweise sorgt der Neurotransmitter Glutamat dafür, dass die Synapsen plastisch auf veränderte Eingangsaktivitäten reagieren. Durch die Einnahme von Drogen oder durch eine süchtig machende Handlung nimmt die Glutamatkonzentration im Spalt zwischen den Neuronen ab: Die Drogen haben die Zahl der Glutamat transportierenden Proteinpumpen auf den benachbarten Gliazellen reduziert. Das Glutamat wird im Austausch mit Cystein, einer Aminosäure, transportiert. Cystein in hohen Konzentrationen könnte die Pumpleistung wieder anregen und der Glutamatvorrat in den Zwischenräumen der Synapse sich wieder normalisieren, so eine Hypothese, die Wissenschaftler um Peter Kalivas von der Medical University of South Carolina in den USA an drogensüchtigen Ratten getestet haben. Die Forscher nutzten hierfür die Verbindung N-Acetylcystein, die praktischerweise auch Bestandteil einiger Hustensäfte ist. Und in der Tat: Der Stoff erhöhte den Durchsatz der verbliebenen Glutamatpumpen, die

Konzentration des Botenstoffs normalisierte sich, und die synaptische Flexibilität stieg wieder an.

»Clean« per Hustensaft? So einfach ist es am Ende leider nicht, denn der Drogenkonsum verändert neben den oben genannten Pumpen auch die Funktion der Glutamatrezeptoren an den Neuronen des Nucleus accumbens: Die Neurone können eingehende Signale nicht mehr korrekt verarbeiten. Zwar erhält der Nucleus accumbens immer noch Signale vom präfrontalen Cortex (etwa: nicht rauchen, weil es krank macht), kann aber darauf nicht mehr angemessen reagieren.

Suchtfolgen nach bestimmten Handlungen oder Drogen sind übrigens ein weitaus größeres gesellschaftliches Problem, als man meist annimmt: So verursachen in Deutschland sowohl Drogen als auch Suchtmittel enorme gesundheitliche und volkswirtschaftliche Probleme. Die umfassendste Studie hierzu kommt vom jährlich durchgeführten »Epidemiologischen Suchtsurvey«, dessen Zahlen für 2014 ausgewertet vorliegen: Allein 14,7 Millionen Menschen sind nikotinabhängig; 1,8 Millionen alkoholabhängig; 2,3 Millionen medikamentenabhängig, und 0,6 Millionen nehmen Cannabis und andere illegale Drogen zu sich. 500 000 Menschen sind Schätzungen zufolge spielsüchtig und etwa genauso viele onlinesüchtig – mit steigender Tendenz.

Adipositas: Angelernte Sucht unmäßig zu essen
Die Zahlen sprechen für sich und klingen fast schon nach einer Epidemie: Zu viel zu essen ist in Deutschland (und weltweit) zu einem Problem geworden. Eine Studie aus dem Jahre 2016 ergab, dass zwei Drittel der Männer (67 Prozent) und etwas über die Hälfte der Frauen (53 Prozent) in Deutschland übergewichtig sind, wenn man davon ausgeht, dass der Body-Mass-Index (BMI) für Normalgewichtige bei maximal 25 liegt. Ein Viertel der Erwachsenen (23 Prozent der Männer und 24 Prozent der Frauen) ist stark übergewichtig (adipös), wenn man die Grenze bei 30 ansetzt. Wer also als Mann 1,80 Meter groß ist und 99 Kilogramm wiegt, kommt auf einen BMI von über 30 und gilt als schwer übergewichtig.

Man mag sich fragen, warum dieses Problem in einem Buch über unser Gedächtnis auftaucht. Aus zweierlei Gründen: Unser Hunger und auch unser Gefühl, satt zu sein, werden maßgeblich vom Gehirn gesteuert; gelernte Gewohnheiten und Routinen spielen dabei ebenso eine Rolle wie angeborene Schaltkreise. So gibt es ganze Nervengeflechte in Magen und Darm, die deren »Gefülltheitsgrad« messen: Der Blutzuckerspiegel wird ständig überwacht, und es gibt Regelkreise, die sicherstellen sollen, dass das Sattheitsgefühl nach einer üppigen Mahlzeit für einige Stunden anhält. Bisher galt Fettleibigkeit als Verhaltensstörung willensschwacher Menschen. Sie kann aber auch zu einer Sucht, also einer krankhaften Gewohnheit, werden, wenn das Gehirn nicht mehr angemessen auf die Hormone reagiert, die Hunger bzw. Sattsein signalisieren. Eines dieser Hormone ist das Leptin, das von Fettzellen ausgeschüttet wird und normalerweise ein Sättigungsgefühl signalisiert. Hat man viel Nahrung zu sich genommen, finden sich Leptin und Insulin im Blut – und natürlich sind diese Werte bei fettleibigen Menschen sehr hoch. Das Leptin zeigt nun dem Hypothalamus an, dass genügend Nahrung aufgenommen wurde. Der Hypothalamus signalisiert den Nahrungserfolg weiter an das Belohnungszentrum. Jeder von uns kennt das Belohnungsgefühl, das sich einstellt, wenn man Heißhunger befriedigt, wenn man mal richtig ausgehungert war, nachdem man zum Beispiel viel Sport getrieben hat. Aber genau diese Achse »Hunger – Nahrungsaufnahme – Aktivierung des Belohnungssystems« kann aus den Fugen geraten, vor allem wenn wir industriell aufbereitete und extrem kalorienreiche Lebensmittel mit hohem Fett- und Zuckeranteil zu uns nehmen. Sie aktivieren das Belohnungssystem nämlich so sehr, dass die appetitzügelnde Wirkung von Leptin und anderen Hormonen nicht mehr zur Wirkung kommt. Das Gehirn speichert ein bestimmtes Verhalten (das Essen bestimmter Nahrungsmittel) als belohnende Tätigkeit ab und ruft es immer und immer wieder aus dem Suchtgedächtnis ab. Man isst weiter, obwohl der Kalorienbedarf längst gedeckt ist. Die meisten von uns kennen dieses Verhalten in der harmlosen Variante: Man hat üppig zu Mittag gegessen, fühlt sich sehr satt, aber dann gibt es kurze Zeit darauf zum Kaffee eine Schokoladentorte – und man verspeist auch sie noch mit Appetit, selbst wenn man gar keinen Hunger verspürt.

Wer nun aus Gewohnheit und aus Essensroutinen heraus ständig sehr kalorienreiche Nahrung zu sich nimmt, der sorgt dafür, dass die Wirkung von Leptin und Co. im Gehirn abnimmt. Dies geschieht auf zwei Wegen: Das Sattheitsgefühl stellt sich erst später ein, und die im Belohnungssystem des Gehirns ankommenden Signale sind nur noch sehr gedämpft wirksam – mit der Folge, dass man oft und ausgiebig essen muss, um das gleiche Glücksgefühl zu erreichen wie ein normaler Esser. Die mangelnde Abdämpfung führt zu einer ausbleibenden Befriedigung, die wiederum zu einer größeren Nahrungsaufnahme führt, da jedes Nahrungsmittel für sich nur einen schwachen Glanz im Lichtermeer der Belohnungen darstellt. Nur ständiges Essen befriedigt unser Belohnungssystem. Ein Teufelskreis ist in Gang gekommen. Fortan gehört es zur Tagesgewohnheit, immer häufiger zu essen und ständig etwas zu essen im Mund zu haben. Als Folge der geringen Befriedigung des Belohnungssystems im Gehirn schüttet das Gehirn vermehrt den Botenstoff Dopamin aus, der wiederum die Erwartungshaltung nach Nahrung in bestimmten Kontexten erhöht. Das sogenannte *craving* (Heißhunger und Verlangen) setzt ein; die ständige Suche nach Lebensmitteln beginnt und wird so stark, dass sich Fresssüchtige über große Teile des Tages hinweg auf nichts anderes mehr konzentrieren können.

»*Eine große Erkenntnis vollzieht sich nur zur Hälfte im Lichtkreise des Gehirns, zur anderen Hälfte in dem dunklen Boden des Innersten, und sie ist vor allem ein Seelenzustand, auf dessen äußerster Spitze der Gedanke nur wie eine Blüte sitzt.*«
William James

Exzessives Essen und Drogensucht weisen also viele Gemeinsamkeiten auf, in erster Linie einen Kontrollverlust: Selbst wenn man weniger essen möchte, fällt es einem extrem schwer. Denn Essen und vor allem das, was man isst, gehören dann zu einer unbewussten Gewohnheit.

Heimtückische Gewohnheiten überlisten

Auch wenn sie hin und wieder ihre schlechten Seiten haben – Gewohnheiten machen nicht unbedingt die dunkle Seite unseres Gedächtnisses aus. Im Gegenteil, sie entlasten das Arbeitsgedächtnis. Gewohnheiten und Routinen helfen uns, mit vielen Entscheidungsvariablen umzugehen, sie sind imstande Muster zu erkennen und lassen uns auch in stressbehafteten Situationen quasi automatisch die richtigen Handlungsfolgen ausführen. Nicht umsonst gehört das präzise, stereotype Ausführen von Handlungen in bestimmten Situationen zum Sicherheitstraining in Betrieben oder bei Flugpiloten. Gewohnheiten sind auch gut, wenn wir nach dem Urlaub schnell wieder zurück in die Arbeitsroutine finden müssen oder damit wir trotz vierwöchiger Fahrradtour über die Alpen nicht verlernen, Auto zu fahren.

Aber: Unser Gehirn ist unfähig, zwischen guten und schlechten Gewohnheiten zu unterscheiden! Die meisten Menschen glauben, ihr Verhalten sei durch bestimmte Absichten motiviert und Entscheidungen würden überwiegend bewusst gefällt. Psychologischen Studien zufolge trifft das aber nur für Tätigkeiten zu, die man noch nicht automatisiert hat. Je häufiger sie wiederholt werden, desto mehr verblasst das ursprüngliche Ziel und desto wichtiger wird der Kontext – an bestimmten Orten, zu bestimmten Zeiten und in bestimmten Konstellationen machen wir gewisse Dinge einfach, ohne darüber nachzudenken.

»**Nichts bedarf dringender der Verbesserung als die Angewohnheiten anderer Leute.**«
Mark Twain

Wenn man aber eine Gewohnheit ändern will, weil sie sich zum Beispiel zu einer ungesunden oder falschen Routine entwickelt hat, dauert es vergleichsweise lange, sie wieder abzulegen, egal ob es sich um das falsche Ausführen eines Tennisaufschlages handelt, die Zigarette nach dem Essen oder den Schokoriegel, wann immer man Stress verspürt. Laut William James, der als Begründer der Psychologie gilt, dauert es 21 Tage, eine Gewohnheit auszubilden. Tatsächlich bestätigen die meisten Forschungsergebnisse, dass sich

Gewohnheiten über die Dauer von etwa einem Monat hinweg entwickeln. Und genauso lange dauert es, eine alte Gewohnheit aufzugeben und dafür eine neue, womöglich gesündere Gewohnheit zu etablieren. Es ist und bleibt ein schwieriges Unterfangen, wie auch eine Metaanalyse von fünfzig Studien belegt: Forscher haben in verschiedenen Versuchsdesigns ausprobiert, die persönlichen Ziele und Verhaltensweisen von Probanden durch konkrete Interventionen zu ändern. Das Ergebnis in der Zusammenschau all dieser Versuche war niederschmetternd. Den Versuchsleitern war es zwar gelungen, die Absichten der Freiwilligen zu modulieren, deren Verhalten blieb aber wie gehabt! So erkannten sie durchaus die Notwendigkeit, sich z. B. gesünder zu ernähren; auf ihre Gewohnheiten hatte das allerdings wenig Einfluss. Es scheint also wenig Sinn zu ergeben, allein bei seinen persönlichen Zielen anzusetzen, wenn man mit alten Gewohnheiten brechen will.

Waren die kontrollierten Interventionen mit Probanden allerdings darauf angelegt, nicht nur die Einsicht für eine Verhaltensänderung zu bewirken, sondern auch ganz konkrete neue Routinen und Gewohnheiten einzuüben, war die Erfolgsrate wesentlich höher. Vor allem zeigten diese Studien, dass Menschen Routinen dann am ehesten ändern, wenn sie die Neuerung nicht aufgezwungen bekamen, sondern sich diese zu eigen machten. Darüber hinaus fiel es ihnen leichter, Routinen in einer sozialen Gruppe zu ändern. Und es half ihnen auch, das zu erreichende Ziel so genau wie möglich zu simulieren, ja sich geradezu in allen Details auszumalen: Was kann ich alles anziehen, wenn ich meine Ernährung umstelle und an Gewicht verliere? Wie leicht wird es für mich sein, Treppenstufen zu gehen, wenn ich mehr Sport treibe? Wie schön wird es sein, nicht mehr angestarrt zu werden ob der Leibesfülle?

Wenn man es zudem schafft, dem Neuen einen vertrauten Anstrich zu gegeben, und neue Auslösereize verwendet (die an der Tür zum Joggen bereitstehenden Turnschuhe, die man aktiv wegräumen muss, wenn man nicht laufen geht, sind wirkungsvoller als der am Silvesterabend gefasste Vorsatz, mehr Sport zu treiben), ist die Schwelle zum Erlernen einer neuen Routine (und dem schnelleren Vergessen einer schlechten Gewohnheit) niedriger. Noch verblüffender ist, dass man seine Willenskraft, um eine Gewohnheit zu ändern, tatsächlich dadurch stärken kann, dass man seine Achtsamkeit trainiert oder meditiert. Dies gilt im Übrigen auch fernab von Änderungen einer konkreten Routine, denn sowohl Achtsamkeit als auch Meditationen stärken die Kontrolle des Stirnlappens als Exekutive des Gehirns und dienen damit der Stärkung unserer Willenskraft – und diese kann Stärkung gut gebrauchen, da sie im Laufe eines Tages wie ein Muskel ermüden kann, wie wir alle aus eigener Erfahrung wissen.

»Das Wasser, das sind viele unbewusste und unsichtbare Entscheidungen, die uns täglich umgeben. Allein dadurch, dass man nach ihnen Ausschau hält, werden sie wieder sichtbar. Und sobald sie sichtbar sind, können wir sie kontrollieren.«
Charles Duhigg

Wie aber lässt sich Achtsamkeit *(mindfulness)* trainieren? Eine gute Übung sei hier beschrieben: Versuchen Sie präsent, präzise und unvoreingenommen zu beobachten, was da ist, dies neutral zu beschreiben und anzunehmen, also eine Lebenssituation wahrzunehmen, ohne sie vorschnell und unreflektiert zu bewerten. Wenn man an Veränderung glaubt, wenn man sie sich zur Gewohnheit macht, wird sie auch real. Das ist die eigentliche Macht der Gewohnheit: die Einsicht, dass unsere Gewohnheiten nur das sind, was wir aus ihnen machen.

Fast alles fängt im Kopf an und hört im Kopf auf

Es ist schon eine Weile her, als eine meiner Doktorandinnen immer dann den Raum verließ, wenn einer der Assistenten anfing, Schokolade zu essen. Allein der Anblick würde sie dick machen. Damals haben wir uns sehr über ihr Verhalten amüsiert, aber es steckt mehr Wahrheit dahinter, als wir vermutet hatten. Heute weiß man, dass das Zuschauen beim Essen über Gedächtnisprozesse des Gehirns den Stoffwechselumsatz verändern kann.

Wer nicht so viele Kalorien vernichten will, muss sein Gedächtnis für Unbewusstes besiegen. Wir essen aus Gewohnheit. Kaum eine Spezies setzt so leicht Fett an wie der Mensch – auch daran ist das Gehirn schuld: Es verbraucht 20 Prozent der körpereigenen Energie, und das auch noch ständig, sorgt aber nicht selbst dafür. Körperökologisch betrachtet, ist das Gehirn eine Katastrophe: Energieklasse D und null nachhaltig, denn das Gehirn selbst kann keine Energie speichern, es benötigt externe Energiedepots in unserem Körper – und das in Form von Fett, welches auch in Zeiten der Not zu Traubenzucker umgewandelt werden kann.

Seien wir ehrlich, wir wissen, wie man abnimmt, und wir wissen, in jedem Fall grob, was gesund ist und was nicht: Kaufen Sie frische und echte Lebensmittel, die lokal produziert werden; essen Sie »bunt«, wenig Fleisch und regelmäßig Fisch, wenig Kohlenhydrate, viel Eiweiß, und achten Sie nicht allein auf den Cholesterinwert, sondern auf das Verhältnis von gebundenem zu ungebundenem Cholesterin (HDL-zu-LDL-Verhältnis). Morgens Quark mit Beeren und Eier, als Snack Nüsse, mittags Fisch mit Linsensalat, abends eine Gemüse-Reispfanne – so könnte eine optimale Ernährung an einem Tag aussehen.

Wenn nun diese Regeln doch so einfach sind, warum leben und essen wir dann nicht gesünder? In der Hitliste der Neujahrsvorsätze sind jedes Jahr »mehr Sport« und »weniger Essen« unter den ersten fünf. Warum tun wir es dann nicht über den 3. Januar hinaus? Auch hier sind Gewohnheiten entscheidend. Abnehmen beginnt nicht im Bauch, sondern im Kopf, und zwar im Gehirn, genauer in den Basalganglien. Und generell gilt, wer Gewohnheiten ändern will, muss den Dreiklang aus Auslösereiz – Routine – Belohnung durchbrechen.

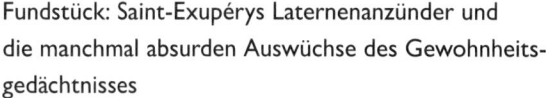

Fundstück: Saint-Exupérys Laternenanzünder und die manchmal absurden Auswüchse des Gewohnheitsgedächtnisses

Als er auf dem Planeten ankam, grüßte er [der kleine Prinz] den Laternenanzünder ehrerbietig.
»Guten Tag. Warum hast du deine Laterne eben ausgelöscht?«
»Ich habe die Weisung«, antwortete der Anzünder. »Guten Tag.«
»Was ist das, die Weisung?«
»Die Weisung, meine Laterne auszulöschen. Guten Abend.«
Und er zündete sie wieder an.
»Aber warum hast du sie soeben wieder angezündet?«
»Das ist die Weisung«, antwortete der Anzünder.
»Ich verstehe nicht«, sagte der kleine Prinz.
»Da ist nichts zu verstehen«, sagte der Anzünder. »Die Weisung ist eben die Weisung. Guten Tag.«
Und er löschte seine Laterne wieder aus.
Dann trocknete er sich die Stirn mit einem rotkarierten Taschentuch.
»Ich tue da einen schrecklichen Dienst. Früher ging es vernünftig zu. Ich löschte am Morgen aus und zündete am Abend an. Den Rest des Tages hatte ich zum Ausruhen und den Rest der Nacht zum Schlafen ...«
»Seit damals wurde die Weisung geändert?«
»Die Weisung wurde nicht geändert«, sagte der Anzünder.
»Das ist ja das Trauerspiel! Der Planet hat sich von Jahr zu Jahr schneller und schneller gedreht und die Weisung ist die gleiche geblieben!«

KAPITEL 3

Neuronale Paläste
der Erinnerung

*»Es ist schon verblüffend, wie sich eine Sache verändert, wenn
man die Metaphern wechselt. Sobald wir das Gehirn einen geistigen Magen nennen, wird der Vorstellungskomplex vom Gehirn als
einem mit Pflug und Harke zu kultivierenden geistigen Nährbo-
den unbrauchbar. Man kann aber auch großen Autoritäten folgen
und den Geist ein weißes Blatt Papier oder einen Spiegel nennen,
in welchem Fall dann die Vorstellung über das Verdauungssystem
irrelevant wird ... Ist es nicht beklagenswert, dass sich der Verstand nur selten in der Sprache äußern kann, ohne seine Zuflucht
zu Bildern zu nehmen, so dass wir kaum je sagen können, was
etwas ist, ohne sagen zu müssen, dass es etwas anderes ist?«*
George Eliot, Die Mühle am Floss

Sprachbilder prägen auch das wissenschaftliche Denken. Mit welchen Metaphern wir etwas be- und umschreiben, zeigt, wie wir
darüber denken und wie wir glauben, dass etwas mechanistisch
funktionieren könnte. Gleichzeitig beeinflussen diese Sprachbilder unsere Vorstellungskraft und diese wiederum die konzepti-
onelle Vorgehensweise, wie wir Wissenschaft betreiben. Umso
erstaunlicher ist es, dass es zu den vielen Eigentümlichkeiten des
menschlichen Gedächtnisses gehört, dass wann immer jemand
seine materielle Grundlage beschreibt, fast nie der Gegenstand
selbst genannt wird, sondern wir immer in Metaphern darüber sprechen. Jede neue Gedächtnistheorie geht mit einer neu-
en Metapher einher. Die Sprachbilder, die wir uns vom Gedächtnis machen, ersetzen quasi den direkten Blick auf das materielle
Substrat, so als würde sich unser Gedächtnis dem direkten Zugriff
entziehen. Dadurch bedingt passt sich die Vorstellung von unserem »Erinnerungsapparat« immer wieder dem technischen Voka-
bular der jeweiligen Gesellschaftsumstände an, das materielle

Substrat unseres Gedächtnisses, also des »Pudels Kern«, entzieht sich uns aber immer wieder.

Seit dem griechischen Philosophen Platon gebraucht man gerne Raummetaphern, um das Gedächtnis zu veranschaulichen: Magazin und Bibliothek. Auch Schriftmetaphern werden verwendet: Platon spricht von Wachstafeln, in denen durch eine Prägung Erinnerungen im Mark unserer Seele hängen blieben. Wie präzise die Erinnerung ist, hängt von der Präzision der Prägung ab. Und auch die Wendung »sich etwas fest einprägen« stammt aus dieser frühen Blütezeit der griechischen Philosophie und wurde später in der Sprache der Bibel aufgegriffen, wie etwa bei Jeremia 31,33, wo von »Tafeln des Herzens« die Rede ist. Gottes Gedächtnis soll dabei in Buchform fest eingeschrieben sein (dass hier vom Herzen gesprochen wird, hängt damit zusammen, dass dieses Organ in der Zeit der Bibelschreiber als Sitz des Bewusstseins angesehen wurde).

Der heutigen neurobiologischen Gedächtnisforschung kommt Sigmund Freuds Vorstellung vom Gedächtnis sehr nahe: Er bedient sich der Metapher des Wunderblockes, dessen Oberfläche aus feinem Wachspapier besteht, das überschrieben werden kann, darunter eine Wachsschicht, die alles Aufgeschriebene dauerhaft festhält. Auf einer solchen Tafel lassen sich Texte schreiben oder auch Zeichnungen anfertigen, indem ein Stift das Deckblatt auf die darunterliegende Wachstafel drückt. Gelöscht wird durch einen mechanischen Vorgang, der die Folie wieder von der Wachsschicht abhebt – aber es bleibt auf Dauer auch immer etwas zurück von zu fest eingedrückten Buchstaben und Zeichnungen. Der Wunderblock – eine irgendwie rätselhafte Kopräsenz von

»*Deiner Gedenken! Ja, armer Geist, solang Gedächtnis haust in dem verstörten Ball hier. Deiner Gedenken! Ja, wegwischen will ich von der Tafel meiner Erinnerung allen läppischen Bericht/ Moral aus Büchern, Eindruck und Spur von Vergangenem / was Jugend und Beobachtung da einschrieb / und Dein Befehl sei ganz allein lebendig / auf jedem Blatt meines Gehirns / mit niederem unvermischt.*«
Shakespeare, *Hamlet*

Dauerspur und Tabula rasa. »Er ist in unbegrenzter Weise aufnahmefähig für immer neue Wahrnehmungen und schafft doch dauerhafte – wenn auch nicht unveränderliche – Erinnerungsspuren von ihnen«, schrieb Sigmund Freud 1925 über ihn und bedient sich damit auch der Schriftmetaphorik. Freud verbindet zuverlässige Speicherfähigkeit und unbegrenzte Empfänglichkeit mit temporärer Unverfügbarkeit, nimmt damit die Unterteilung in Kurz- und Langzeitgedächtnis vorweg und antizipiert auch die Veränderlichkeit unserer Erinnerungen.

Ein Zeitgenosse Freuds, der Schriftsteller Walter Benjamin, greift wiederum eine technische Errungenschaft seiner Zeit auf. Die Fotografie-Metapher ersetzt bei ihm die jahrtausendealte Schriftmetapher: »Geschichte ist wie ein Text, in den die Vergangenheit wie auf einer lichtempfindlichen Platte Bilder eingelagert hat. Erst die Zukunft hat die Chemikalien, die nötig sind, um dieses Bild in aller Schärfe zu entwickeln.«

Während Raummetaphern die Dauerhaftigkeit, Stabilität und Kontinuität der Erinnerungen betonen, legen Zeitmetaphern das Augenmerk auf deren Vergänglichkeit und Flüchtigkeit. Um sich von seinem Lehrer Platon abzusetzen, vergleicht Aristoteles das Gedächtnis mit zeitlich kurzfristigen Veränderungen in der Oberfläche des Wassers: Was immer dort hineinfällt, führt nur zu kurzfristigen, sichtbaren Veränderungen und verliert sich dann schnell wieder.

Auch Augustinus vertrat eine sehr moderne Auffassung unserer Gedächtnisprozesse und ist schon im 5. Jahrhundert auf der Höhe der Neurowissenschaften und der Psychologie des 21. Jahrhunderts: Augustinus vergleicht das Gedächtnis mit einem Magen der Seele und damit einem Ort des Durchgangs, der Veränderung und des Wandels. Er hebt sich dadurch von den stabilen Gedächtnisgebilden der Antike ab. Für Augustinus ist das Gedächtnis nicht von Dauer, sondern ein Ort der Verarbeitung und Umsetzung, nicht der Konservierung, kein Raum, sondern ein Vorgang. Für ihn gibt es zwischen aktueller Erfahrung und erinnerter Erfahrung einen unüberbrückbaren Unterschied.

Weiter vertieft hat diesen Gedanken wiederum der schon oben zitierte Schriftsteller Walter Benjamin am Beginn des 20. Jahrhunderts. In seinem Buch *Denkbilder* stellt er fest: »Die Sprache hat es unmissverständlich bedeutet, dass das Gedächtnis nicht ein Instrument für die Erkundung des Vergangenen ist, vielmehr das Medium. Es ist das Medium des Erlebten wie das Erdreich das Medium ist, in dem die alten Städte verschüttet liegen. Wer sich der eigenen verschütteten Vergangenheit zu nähern trachtet, muss sich verhalten, wie ein Mann, der gräbt. (…) Im strengen Sinne episch und rhapsodisch muß daher wirkliche Erinnerung ein Bild zugleich von dem, der sich erinnert, geben, wie ein guter archäologischer Bericht nicht nur die Schichten angeben muß, aus denen seine Fundobjekte stammen, sondern jene andern vor allem, welche vorher zu durchstoßen waren.« Benjamin zufolge haben Erinnerungen also keinen objektiven Charakter. Sie sind eben nicht durch ihren Ort der Aufbewahrung definiert, sondern bilden sich erst, wenn wir nach ihnen suchen. Entsprechend bleibt der Weg zur Erinnerung – der aktive Vorstoß, der behutsame Spatenstich – mit dem Ziel, die Erinnerungstrophäe zu finden, untrennbar verbunden. So lassen sich nach Benjamin »tatsächliche« Erfahrung und Erinnerung nie vollständig in Einklang bringen.

Macht man einen Sprung in die Jetztzeit, so sieht man, dass es immer noch schwierig zu sein scheint, über das materielle Substrat unseres Gedächtnisses zu reden, ohne auch gleichzeitig über etwas anderes zu reden. Heute überwiegen elektronisch-digitale Gedächtnismetaphern, die aus der Computerwelt stammen. Doch damit ist die Metaphorik der Erinnerungen an eine Grenze gekommen, die in vielerlei Hinsicht sogar problematischer ist als die »Magenmetapher« von Augustinus: Denn zum einen funktioniert unser Gehirn ganz und gar nicht wie ein programmierter Computer und zum anderen verwenden wir nun Sprachbilder, die uns sinnlich nicht mehr zugänglich sind. Dadurch schaut man nicht nur am Gegenstand des Gedächtnisses vorbei, sondern implodiert quasi die Imagination, da wir nun Metaphern verwenden, die wir intuitiv nicht mehr verstehen – was mich wiederum motiviert, mich nun dem materiellen Substrat selbst zuzuwenden.

Neurone als Gedächtnisagenten

Wie kann sich etwas Immaterielles wie eine Idee oder etwas Gelerntes in unseren Köpfen derart verfangen, dass wir es noch Jahre später abrufen können? Auf welcher materiellen Basis stehen unsere Erinnerungen organisch? Und wie also können Geist und Materie – wenn es denn getrennte Entitäten sind – interagieren? Die Frage ist weder neu – sie wurde bereits von griechischen Philosophen aufgeworfen – noch besonders originell. Und trotzdem lässt sie sich nach wie vor nicht beantworten. Leider. Aber wir werden versuchen zu ergründen, was die zellulären Gründe sind, warum bestimmte Erinnerungen so flüchtig sind, warum wir uns manchmal nur schwer erinnern können und manches erinnert wird, obwohl es nie stattgefunden hat. Alles Erfahrungen, die auch Sie sicher schon mit ihrem Gedächtnis gemacht haben.

Schauen wir uns zunächst an, wie Nervensysteme Informationen speichern. Versuchen Sie zum Beispiel, sich ihren letzten Urlaub in Erinnerung zu rufen. Dieses Bemühen um eine Rekonstruktion Ihrer damaligen Erlebnisse erfordert sowohl den Abruf von Fakten (Wann und wo war ich? Wie sind wir dort hingekommen? Wie war das Hotel/das Ferienhaus/der Campingplatz?) als auch von autobiographischen Erlebnissen (Was haben wir unternommen? Was habe ich erlebt? War es entspannend, ereignisreich, lehrreich?). Ein Teil dieser Informationen wird in den motorischen, sensorischen und emotionalen Zentren des Gehirns gespeichert, die auch bei der ursprünglichen Kodierung der Information beteiligt waren. Die Informationen werden assoziativ in neuronalen Schaltkreisen abgelegt, indem sich die Struk-

»Papa, wenn man für eine Gehirnoperation ein Loch in den Schädel macht, kann man dann im Gehirn das Gedächtnis sehen?«
Johannes Korte,
9 Jahre

tur und die Funktion der Kontaktstellen (Synapsen) zwischen Neuronen verändern – egal in welchem Gedächtnissystem. Beim impliziten Langzeitgedächtnis werden die Informationen neuronal in Netzwerken abgelegt, die auch an der Wahrnehmung und Ausführung der entsprechenden Handlung beteiligt waren, also in den motorischen und sensorischen Arealen. Dies geschieht jeweils in Zusammenarbeit mit den Basalganglien (siehe Kapitel 2). Hier werden nun – an den Lernorten selbst – die Synapsen zur Gedächtnisbildung verstärkt, abgeschwächt oder neu gebildet bzw. abgebaut. Dies verändert dann auch die Verarbeitung von sensorischen Wahrnehmungen, ebenso wie die Verschaltung unserer motorischen Zentren und unserer automatisierten Handlungen. Entscheidungen und Gewohnheiten werden so angelegt. Bildlich gesprochen: Software und Hardware haben sich gleichzeitig verändert. Diese veränderte neuronale Informationsverarbeitung bewirkt, dass der Verlauf des Inputs durch die sensorischen Areale ebenso verändert wird wie die Handlungsplanung und Ausführung von Tätigkeiten. Beim bewussten, expliziten Langzeitgedächtnis durchlaufen die Gedächtnisinhalte eine zusätzliche Informationsschleife. Neben den sensorischen und motorischen Arealen werden noch der Hippocampus, der mediale Schläfenlappen und Strukturen im präfrontalen Cortex mit einbezogen (siehe Abbildungen 1 und 3).

Man könnte jetzt vermuten, dass aufgrund der Tatsache, dass andere Gehirnstrukturen bei den verschiedenen Gedächtnissystemen (deklarativ und prozedural) involviert sind, auch das Speichersubstrat selbst ein anderes ist – also die zellulären Mechanismen des Lernens unterschiedlich sein müssten. Doch das ist nicht der Fall. Alle Gedächtnissysteme, von der Meeresschnecke Aplysia über Mäuse bis hin zum Menschen, scheinen die gleichen molekularen Tricks der Kodierung von Information in Gedächtnisstrukturen zu nutzen. Sie alle bedienen sich der Informationsspeicherung durch Veränderungen an den Kontaktstellen zwischen Nervenzellen, den sogenannten Synapsen. Und dies unabhängig von der Spezies, dem Gehirnareal und dem Gedächtnissystem.

Kommt ein bekannter Reiz in unseren Gehirnen an, erkennen ihn die neuronalen Zellverbünde in Form eines abstrakten raumzeitlichen Musters wieder. Auch wenn nur ein Teil dieses Musters auftaucht, aktiviert es das gesamte Netzwerk. Stellt sich das Reizmuster mit einem neuen, zeitlich oder inhaltlich verwandten Ereignis ein, so genießt auch dieses Erlebnis Vorfahrtsrecht – man bezeichnet es als assoziatives Lernen. Erinnerungen sind somit weit verzweigte Aktivierungen verschiedener neuronaler Strukturen und deren Verknüpfung zu einem Netzwerk. Dabei stellen verstärkte oder auch neue Synapsen die Kontakte zwischen den Lern- und Erlebnisereignissen her. Der entscheidende Parameter, der hier reguliert wird, ist die Synapse. Sie hat hochspezialisierte vorgeschaltete präsynaptische Endigungen, die in einen ultradünnen Spalt münden, der 20 Nanometer breit ist – also gerade mal 0,00002 Millimeter. Auf der nachgeschalteten Seite befinden sich die spezialisierten Strukturen der Postsynapse, die die chemischen Signale aus der vorgeschalteten Zelle mit ihren Antennen, den Rezeptoren, empfängt. Der Spalt selbst wird durch chemische Botenstoffe – die Neurotransmitter – überwunden. In der Komposition des Erinnerns betreiben die Synapsen mit ihrer regulierbaren Stärke die Kommunikation zwischen den neuronalen Agenten: Synapsen können stärker oder schwächer ausgeprägt sein, sie können sich vermehren oder abgebaut werden, aber egal was sie tun, all diesen Vorgängen ist gemein, dass sie die Informationsverarbeitung in einem Netzwerk verändern.

Aber es sind weder einzelne Moleküle noch einzelne Synapsen oder Neurone, die Informationen speichern. Erlebnisse, Fakten oder prozedurale Abläufe werden im Gehirn durch eine synchrone Aktivierung ganzer Gruppen von Nervenzellen verankert. Jede einzelne Nervenzelle steht mit bis zu 10 000 anderen in einem ständigen Informationsaustausch. Wenn Gedächtnisinhalte abgespeichert werden, verändern die Netzwerke ihre Kommunikation untereinander – sowohl zeitlich wie auch räumlich. Neuronale Aktivität ist immer eingebettet in eine Gruppenaktivität, die in bestimmten Rhythmen erfolgt. Neurowissenschaftler bezeichnen die schnellen, explosionsartigen elektrischen Entladungen an Nervenzellen als »Feuern« oder auch als Aktionspotentiale. Erfolgt diese Aktivität von Neuronen synchron, wird so die Effektivität der Synapsen zwischen diesen Nervenzellen gesteigert, ähnlich wie ein Kanal für Schiffe, bei dem die Fahrrinne vertieft und verbreitert wurde. Werden die elektrischen Entladungen aufgrund stärker werdender Synapsen wahrscheinlicher gemacht, steigt die Tendenz der an einem Netzwerk beteiligten Neurone, auch künftig gemeinsam aktiv zu sein. Je häufiger dies nun geschieht, desto fester und stabiler werden die synaptischen Verbindungen innerhalb dieses Netzwerks. Die Nervenzellen werden sensibler für die Aktivität der dabei am Netzwerk beteiligten Zellen. Bald reicht die Aktivität einiger weniger Nervenzellen aus, um auch die anderen aus der Gruppe anzuregen, mehr Aktionspotentiale zu generieren – und so das Erlebte erneut abzurufen. Dafür reicht dann häufig schon ein kleiner Hinweisreiz aus. Wir erkennen ein vertrautes Gesicht bereits, wenn wir nur Augen und Haaransatz sehen. Wenige optische Reize regen einen Teil eines zusammen verschalteten neuronalen Netzes an. Eine Nervenzelle im Ruhezustand überträgt dagegen keine Reize, erst wenn Aktionspotentiale entstehen, wird ein Signal an nachgeschaltete Zellen weitergegeben.

Ein solches Netzwerk von Nervenzellen kann man sich vorstellen wie einen Teppich in der Größe eines Fußballfelds, der aus lauter kleinen Leuchtdioden (= Nervenzellen) besteht. Von jeder Lampe gehen 1000 bis 10 000 Drähte zu anderen LEDs aus. Zwischen den Leuchten sind verstellbare Widerstände (Synapsen) eingebaut. Hat ein Strom von ausreichender Stärke diese Stelle einmal passiert, so bleibt der Widerstand für eine Weile niedrig. Werden aber von vielen Eingabestellen aus elektrische Impulse in diesen Riesenteppich geschickt, kann man den Weg jedes einzelnen verfolgen: Es bildet sich eine Spur aufleuchtender LED-Lampen, die bestimmt ist durch den Weg, den sie nimmt, und die Frequenz des Aufleuchtens der Leuchtdioden. Die Höhe der Widerstände zwischen den Lampen legt fest, wohin der Impuls weiterfließt, d. h., die Widerstände kanalisieren den Weg einer bestimmten Erregung. Ein einmal gegangener Pfad wird für Signale gleichen Typs (zum Beispiel der Beginn einer Melodie) in Zukunft erleichtert – er bleibt im Teppich eingeschrieben.

Kontaktbörsen als zelluläre Lernorte

Heute geht man davon aus, dass Gedächtnisprozesse nicht Eigenschaften einzelner Moleküle, sondern eine Netzwerkeigenschaft einer zusammen verschalteten Gruppe von Nervenzellen sind. Die Einspeicherung erfolgt durch die Regulation der Stärke und der Anzahl der synaptischen Kontakte. Aber damit nicht genug, Gedächtnisprozesse sind auf allen Ebenen sehr mobile Prozesse, denen nichts Statisches anmutet: So vermuten Lernforscher, dass sich das Langzeitgedächtnis für ein bestimmtes Ereignis nicht an einem bestimmten Ort befindet, an dem alle Informationen, die zu diesem Ereignis gehören, zusammengeführt werden, sondern nach dem Prinzip der Aufgabenteilung durch sogenannte »multiple Repräsentationen« über die Großhirnrinde verstreut ist. Die eine Gedächtnisspur, die etwa alles zum Begriff Kaffeetasse gespeichert hat, gibt es nicht; vielmehr sind die überlappenden Aspekte einer Erinnerung in verschiedenen Netzwerken abgelegt. Je mehr wir im Zusammenhang mit einer Person oder mit bestimmten Begrifflichkeiten, Fakten und Abläufen erleben, desto mehr dieser multiplen Repräsentationen existieren. Und je mehr dieser Repräsentationen vorhanden sind, desto sicherer sind sie gegen Verlust geschützt. Diesem Modell folgend, gibt es für den Begriff Kaffeetasse ein semantisches, auditorisches und motorisches Sprachgedächtnis. Wir wissen, in welchem grammatikalischen Zusammenhang man den Begriff einsetzt, wir wissen, wie der Begriff klingt, wie eine Kaffeetasse aussieht und welches unsere Lieblingstasse ist. Genauso wissen wir aber, wie sie sich anfühlt, wie frisch gebrühter Kaffee in dieser Tasse riecht, und wir haben eine unendliche Zahl an Erlebnissen mit Kaffeetassen abgespeichert, und zwar nicht an einem Ort im Gehirn, sondern verteilt über nahezu beliebig viele Orte.

Kapitel 1 hat es bereits gezeigt: Erinnerungen lassen sich nicht abspielen wie ein Film. Jede Erinnerung wird beim Vorgang des Erinnerns neu zusammengestellt und aus den vielen Einzelnetzwerken, die Teilaspekte abgespeichert haben, neu rekonstruiert. Und da es zu jedem Teilaspekt verschiedene, parallel aktive Netzwerke gibt, kann sich der aktuelle Informationsabruf im Detail von der letzten Erinnerung unterscheiden. Entsprechend wichtig ist es, sich beim Abrufen von Erinnerungen, egal ob es um das Lernen in Schule, Beruf oder im Volkshochschulkurs geht, die richtige Atmosphäre zu schaffen: Sie sollte sowohl entspannen als auch positiv motivieren (wie genau das aussieht, kann jeder nur für sich selbst definieren, denn nichts ist individueller als Lernen).

Die zellulären Prozesse des Erinnerns sind alles andere als passiv, sie erfordern ein hohes Maß an aktiver Assoziationskraft. Die Prozesse, von denen wir auf der Ebene der Neurone nichts mitbekommen, lassen sich gut vergleichen mit einem Musikstück. Zunächst erinnert man sich nur schwach, so wie ein erster leiser Ton eines Instruments, mit dem ein Musikstück beginnt, ehe andere Instrumente und Töne des Orchesters hinzukommen. Langsam entsteht ein Rhythmus, der sich zu einer ganzen Melodie ausbaut. Erst dann setzt die wundersame Symphonie des Erinnerns ein. Beim deklarativen Gedächtnis könnte man sich den Hippocampus als Dirigenten des Konzertes vorstellen, denn nichts wird ohne ihn eingeübt. Das nicht-deklarative Gedächtnis hingegen scheint ohne Dirigent auszukommen, hier synchronisieren sich die neuronalen Instrumente von selbst.

Kernelemente des Gedächtnisses sind also die Nervenzellen als nimmersatte Input-Output-Generatoren, die sich in ihren Eingangs- und Ausgangsstärken und in ihrer Struktur aufgrund neuronaler Aktivität an Veränderungen in ihrer lokalen Umgebung anpassen. Dafür müssen sie plastisch sein.

Die mechanistische Grundlage für die Idee, dass Synapsen ihre Effektivität ändern können, formulierte der kanadische Psychologe Donald O. Hebb. Er machte sich bereits 1949 Gedanken darüber, welchen Algorithmus eine bestimmte Kombination von Rei-

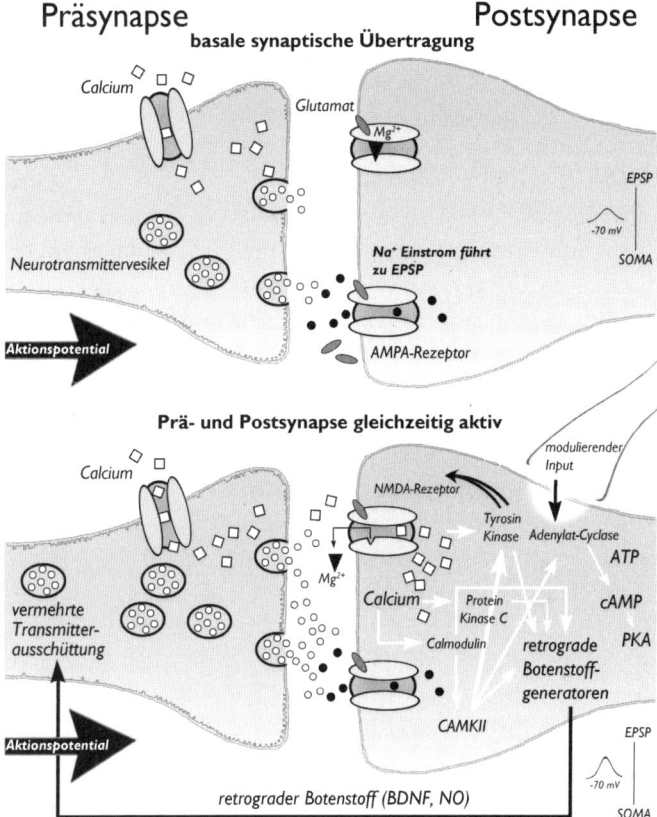

Abbildung 12a: Biochemie des Lernens

Synapsen verstärken sich, indem neue Rezeptoren in die Membran der nachgeschalteten Synapsenseite eingebaut werden. Dadurch verstärken sich Signale zum Zellkörper. Oben ist eine Synapse gezeigt, in der die vorgeschaltete Zelle aktiv war und Neurotransmitter ausgeschüttet wurden; der untere Teil zeigt die Induktion einer synaptischen Verstärkung (LTP), nachdem beide Seiten der Synapse gleichzeitig aktiv waren. EPSP: elektrische Depolarisation, die in der Postsynapse ausgelöst wird. NMDA- und AMPA-Rezeptoren sind Subtypen der Glutamat-Rezeptoren.

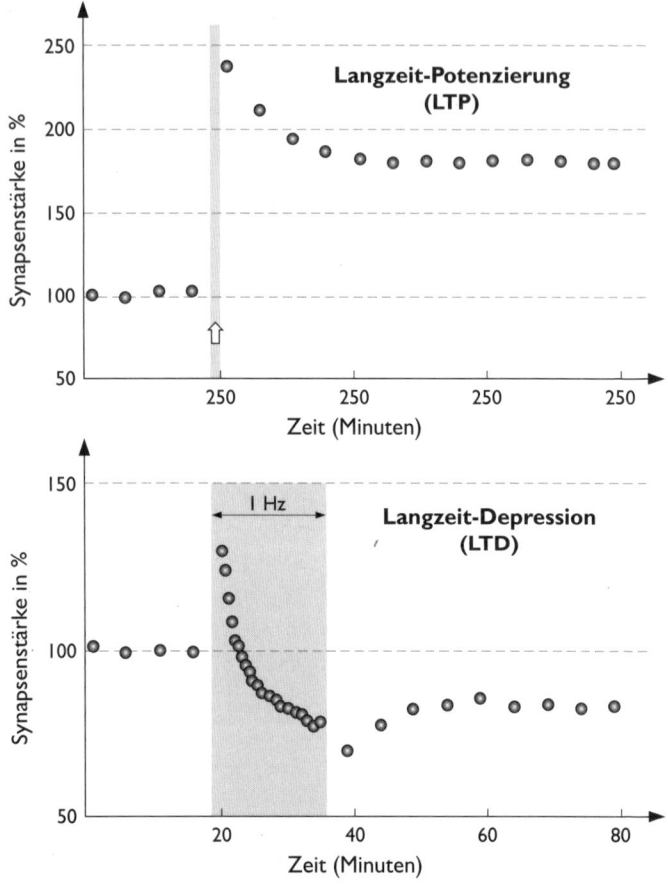

Abbildung I2b: Gedächtnisspur

Das Gehirn speichert Ereignisse, indem es die Synapsen zwischen aktivierten Neuronen verstärkt (LTP) oder abschwächt (LTD). Die synaptische Verstärkung folgt hier einer einfachen Regel: Neurone, die gleichzeitig aktiv sind, verstärken ihre Synapsen. Das nennt man Engrammbildung. Unten sieht man, dass auch eine Abschwächung der Synapsen möglich ist. Dies bezeichnet man als LTD, z.B. dann, wenn Signale zeitlich antikorreliert auftreten.

zen haben muss, um zu spezifischen Veränderungen an Synapsen zu führen. Gemäß diesem heute als »Hebb'sche Regel« bezeichneten Modell wird eine Synapse dann verstärkt, wenn vor- und nachgeschaltete Nervenzellen in einem gleichen, sehr engen Zeitfenster aktiv sind (Assoziativitätsregel). Besonders viele Nervenzellen, die nach dieser Regel ihre Verbindungsstärke ändern, gibt es im Hippocampus. Diese Form der Gedächtnisspeicherung an Synapsen bezeichnet mal als Langzeitpotenzierung, kurz LTP (siehe Abbildung 12b). Wie bereits erwähnt, weiß man heute, dass der Hippocampus entscheidend an bestimmten Lern- und Gedächtnisvorgängen beteiligt ist, die vor allem auf den synapsischen Mechanismen einer solchen Langzeitpotenzierung beruhen. Verhindert man mit pharmakologischen Substanzen eine Langzeitpotenzierung im Hippocampus, führt dies zu einer anterograden Amnesie: Das heißt, es können keine neuen Informationen im Langzeitgedächtnis abgelegt werden; bestehende Erinnerungen, die bereits im Langzeitgedächtnis konsolidiert wurden, sind aber nicht betroffen.

Aus diesen zellulären Grundlagen von Lern- und Gedächtnisvorgängen folgt: Neues wird am einfachsten gelernt, wenn man es mit Bekanntem (Fakten, Ereignisse, Erfahrungen, Beobachtungen) verknüpft. Das heißt, wer auf einem bestimmten Gebiet schon viel weiß, kann neues Wissen leichter abspeichern und in bestehende Wissensnetze einbauen. Neue Aktivitätsmuster (neues Wissen) sind dann am leichtesten zu integrieren, wenn sie mit bestehenden Netzwerkbestandteilen in Kontakt treten – etwa so wie eine Spinne, die ihr Netz konstruiert, indem sie neue Verstrebungen zwischen bereits vorhandenen Fäden einbaut.

In zeitlicher Hinsicht laufen die Lernprozesse in neuronalen Netzen viel schneller ab als das Lernen in Echtzeit. Um sich für eine Prüfung etwas zu merken, müssen wir das zu Lernende üben, wiederholen und Zusammenhänge verstehen, das dauert (mindestens) Minuten, während die neuronalen Entscheidungen, ob es gespeichert wird, in Sekundenprozessen ablaufen. Wie diese verschiedenen Zeitschienen miteinander in Verbindung stehen und wie neuronale Prozesse es schaffen, die zeitlichen Abläufe so zu komprimieren, als würden sie in 100-facher Geschwindigkeit ablaufen, ist eines der großen neuronalen Rätsel unserer Zeit.

Vom Kurz- zum Langzeitgedächtnis

Auch wenn Neurone Kontaktbörsen für den Übergang vom Lernen über das Speichern bis zum Erinnern darstellen, so ist diese Art des Speicherns nicht ortsgebunden im Gehirn. Genau genommen ist das, was wir wissen, was wir erinnern, ein gewebtes Muster im Netzwerkteppich der neuronalen Kontaktknoten. Dieses Aktivitätsmuster ist die Summe all unseres Wissens. Da das Gehirn aber immer sowohl über intern generierte Rhythmen als auch externe Reize, sowohl über interne Gedankengänge als auch Signale aus dem Körper Aktivitätsmuster generiert, besteht die Gefahr, dass alles mit allem verknüpft wird und selbst bei kleinen, unwichtigen Begebenheiten große Assoziationsketten ausgelöst werden. Das aber wäre fatal.

Deshalb müssen unsere Gedächtnissysteme von Geburt an selektive Filter anlegen, um Wichtiges von Unwichtigem zu trennen. Zum Teil erledigen das die Sinnesorgane selbst, zum Teil muss das Problem über unsere selektive Aufmerksamkeit und unser Bewusstsein aktiv angegangen werden. Das Filtern und Sieben sorgt dafür, dass nur ein Bruchteil dessen, was unsere neuronalen Netze aktiviert, auch zu längeren Veränderungen an Synapsen führt, mit anderen Worten, in unser Langzeitgedächtnis überführt wird.

Aber was genau bringt die Synapsen, oder besser die neuronalen Netze, dazu, die Pforten und Tore des Langzeitgedächtnisses zu öffnen? Oder anders ausgedrückt, wie wird ein Gedächtnisinhalt konsolidiert, also dauerhaft, manchmal ein Leben lang als Erinnerung verfügbar gehalten? Wie kann eine Kindheitserinnerung dreißig, fünfzig oder gar achtzig Jahre in unseren Köpfen überleben?

Auf der zellulären Ebene hat auch der Übergang vom Kurz- zum Langzeitgedächtnis wieder etwas mit der synaptischen Langzeitpotenzierung zu tun. Bei der Langzeitpotenzierung werden mehrere zeitliche Phasen unterschieden: eine frühe Phase, die nur Minuten andauert, z. B. wenn man sich im Laufe eines Gespräches den Namen eines Kunden merkt, und eine zweite Phase, die Stunden, Tage, ja sogar Jahre, manchmal ein Leben lang andauern kann. Die erste, kurze Phase besteht in der chemischen Veränderung bestehender Proteine – dies geht schnell, ist aber nicht sehr nachhaltig.

Die lang anhaltende zweite Phase der synaptischen Verstärkung benötigt dagegen die neue Produktion von Proteinen, um die Veränderungen an den Synapsen dauerhaft wirksam werden zu lassen. Insofern spielt die Produktion von neuen Eiweißmolekülen eine Rolle fürs Lernen, nur dass nicht die Moleküle die Informationsspeicher sind, sondern das neuronale Netz, das durch die veränderte Stärke der Synapsen neue Verschaltungseigenschaften erhält. Hinzu kommen noch strukturelle Veränderungen an den Synapsen selbst (sie werden größer und damit wirkmächti-

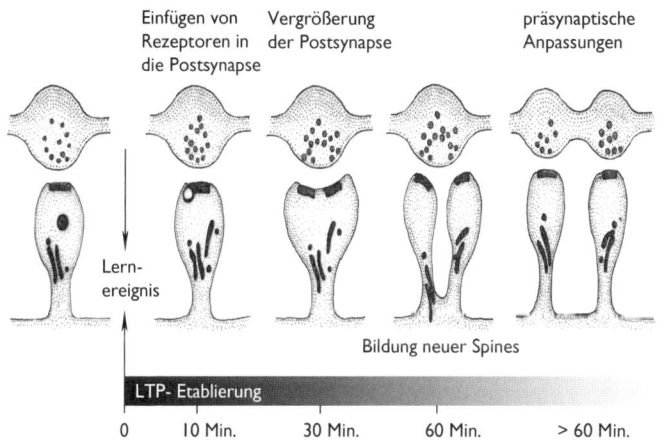

Abbildung 13: Synpapsenbildung
Wie sich Synapsen nach einer Verstärkung auch strukturell verändern können, ist hier dargestellt. Diese strukturelle Plastizität ermöglicht auch, dass neue Synapsen entstehen.

ger, oder kleiner, schmächtiger und können an Einfluss verlieren); mitunter wachsen sogar neue Synapsen (Abbildung 13). All das bewirkt, dass die Muster der Informationsverarbeitung sich in diesen neuronalen Verbundsystemen dauerhaft verändern. Es ist der Prozess, der Vergangenes in neuronalen Spuren (Engrammen) festhält, manchmal geradezu »einbrennt«.

Die neue Synthese von Protein beinhaltet auch, dass bestimmte Gene auf der DNA des entsprechenden Neurons abgelesen werden (Genexpression). Wie diese für die langfristige Speicherung von synaptischen Veränderungen benötigte Genexpression genau reguliert wird, ist noch nicht vollständig klar, einige molekulare Mitspieler konnten aber identifiziert werden: So ist eine dauerhafte Aktivierung bestimmter Eiweißkatalysatoren (Enzyme) notwendig, die geladene, kurzkettige Phosphatgruppen an Proteine anheften können und damit deren Konformation (räumliche Anordnung) verändern. Diese molekularen Mechanismen scheinen evolutiv konserviert zu sein, denn der molekulare Gedächtnisbaukasten lässt sich bei so unterschiedlichen Tieren wie der Maus, der Fruchtfliege Drosophila, der Meeresschnecke Aplysia (Seehase) und uns Menschen finden. Sie ist essentiell, damit Erlebnisse in einen Langzeitspeicher umgeschrieben werden können. Einige der so veränderten Proteine können dann sogar in den Zellkern wandern und dort zu einer Aktivierung von Faktoren führen, die langfristig das Ablesen von Genen, die für Aufrechterhaltung der synaptischen Verstärkung notwendig sind, verstärken.

Eine wichtige Rolle kommt hier dem Transkriptionsfaktor CREB-1 zu. Dieser Faktor aktiviert eine ganze Gruppe unmittelbarer früher Gene, die in Proteine überschrieben werden und am Ende dieses Signalweges den funktionellen und strukturellen Umbau an der Synapse manifestieren. Diese Genaktivierung leitet auch die Entwicklung neuer synaptischer Strukturen ein. Mäuse, bei denen CREB-1 mittels gentechnischer Methoden inaktiviert wurden, weisen zwar ein normales Kurzzeitgedächtnis auf, können aber kein Langzeitgedächtnis für Gelerntes bilden. Sie finden das Futter in einem Labyrinth nach einer Pause von mehreren

Stunden nicht mehr, während Kontrolltiere sich noch nach Tagen daran erinnern, wo die Futterquelle ist.

Wie bereits angedeutet, konnte auch gezeigt werden, dass sich die Anzahl der Synapsen bei der Einspeicherung neuer Information ändert. Unsere Gehirne bauen sich um, wenn wir Neues lernen. Bei Experimenten, in denen der für das deklarative Gedächtnis so wichtige Hippocampus im Einsatz ist, konnten Forscher die Etablierung einer lang anhaltenden synaptischen Veränderung beobachten. Man kann also mittlerweile direkt sehen, dass funktionelle Veränderungen (Verstärkung einer Synapse) in strukturelle Veränderungen (Anzahl der Synapsen) übersetzt werden. Neben den funktionellen sind die strukturellen Veränderungen wohl notwendig, um die implementierten Veränderungen des Netzwerkes abzusichern. Durch diesen Mechanismus verbessern die neuen Synapsen die Verbindungen zwischen bestehenden Nervenzellen, so dass bereits ein Teil eines neuronalen Muster die Erkennung des Gesamtzusammenhanges erlaubt. Man muss nur die ersten Töne eines Symphonie oder eines Liedes hören, um es einordnen zu können, oder es reicht, einen Teil eines Objektes zu sehen, um zu wissen, was es ist. Ein Teil der neuen Synapsen ist aber auch dafür da, um neuen Speicherplatz zu schaffen – und dafür gibt es noch einen weiteren Mechanismus: die Neubildung von Neuronen durch Lernen!

Der Speicher wächst mit seiner Fülle

Lange galt das Dogma, dass im menschlichen Gehirn keine neuen Nervenzellen mehr gebildet werden. Aber irgendwann mussten die Neurowissenschaftler doch akzeptieren, dass auch in erwachsenen menschlichen Gehirnen noch Neurone geboren werden können. Diese Form der Neubildung von Nervenzellen – man bezeichnet sie als adulte Neurogenese – ist allerdings extrem selten. Soweit wir bisher wissen, ist sie im menschlichen Gehirn nur an zwei Stellen relevant: für unser Riechsystem – und für unser Gedächtnis. Wie gezeigt werden konnte, steigt, wenn wir etwas

Neues lernen, der Speicherbedarf, und damit wächst der Hippocampus u. a. durch die adulte Neurogenese.

Warum erfordert ausgerechnet unser Gedächtnis die Neubildung von Nervenzellen, wo wir doch, bis auf das Riechsystem, im gesamten Gehirn über unser gesamtes Leben ohne neue Nervenzellen auskommen? (Im Riechsystem ist ein steter Ersatz erforderlich, da die Nervenendigungen bis in die Nase reichen und dadurch bedingt sehr anfällig sind und häufig absterben.) Erste Anhaltspunkte für die Bedeutung der adulten Neurogenese hat man ausgerechnet bei Singvögeln gefunden, nämlich bei Zebrafinken: Männliche Vögel produzieren nur im Frühjahr neue Neurone. Diese sind funktionell notwendig, um pünktlich zum Frühling die Weibchen mit einem betörenden Gesang zu bezirzen. Die Produktion, zumindest aber das Überleben dieser neu gebildeten Neurone hängt bei Zebrafinken davon ab, ob die Tiere in dem entsprechenden Zeitraum etwas lernten. Den gelernten Frühjahrsgesang speichern sie effektiv für eine Balzsaison.

Auch beim Menschen glaubt man, dass die neuen Neurone eine Funktion bei Gedächtnisprozessen haben: Sie könnten erklären, warum wir bei autobiographischen Erinnerungen den konkreten Ablauf der Ereignisse oft mit großer Präzision wiedergeben. Fred Gage vom Salk Institut im kalifornischen San Diego vermutet eine wichtige funktionelle Bedeutung der neugeborenen Neurone darin, dass sie molekular auslesen können, was in welcher Reihenfolge in unserem Leben passiert ist. Entscheidend ist: Wann wurden diese Neurone in bestehende Schaltkreise eingebaut? Welches Alter haben diese neuen Zellen in einem bestimmten Gegenwartsmoment? Dieses Modell würde erklären, wie es uns gelingt, Ereignisse in die richtige zeitliche Reihenfolge zu bringen – bei den vielen neuronalen Zellverbünden, die Ereignisse und Fakten abspeichern, kein leichtes Unterfangen. Überraschend war der Befund, dass diese neuen Neurone im Säugetiergehirn aus sogenannten radialen Gliazellen entstehen. Dabei handelt es sich um einen Spezialtypus von Stützzellen im Gehirn, die während der Entwicklung des Gehirns Strukturen bilden, an denen Nervenzellen wie an Speichen entlangwandern und sich im erwachsenen Gehirn sogar in Neurone umwandeln können.

Neben der zeitlichen Markierung von Episoden könnten die neuen Nervenzellen auch dazu dienen, mehr freien Speicher zu schaffen. Schließlich sollen ja auch zukünftig neue Informationen verarbeitet und abgespeichert werden! Damit ist die adulte Neurogenese auch eine extreme Form der strukturellen Plastizität: Sie sorgt nicht nur für die Neubildung von Synapsen und die strukturelle Veränderung von Dendritenbäumen (Verästelungen einer Nervenzelle) wie Axone, sondern auch dafür, dass neue Neurone in bestehende Schaltkreise eingebaut werden. Und das besonders gut, wenn wir etwas Neues lernen.

Diese adulte Neurogenese könnte mit dafür verantwortlich sein, dass Menschen, die ihr Leben lang geistig aktiv waren, auch im Alter noch ein besseres Gedächtnis aufweisen. Da dieses sowohl für das Abspeichern (Lernen) als auch für das Erinnern wichtig ist, können Menschen, die lebenslang offen für Neues geblieben sind, auch im Alter noch besser lernen und erinnern. Ja, sie sind insgesamt intellektuell leistungsfähiger, da sie über eine Art kognitiver Reserve verfügen, die den natürlichen Verlust von Nervenzellen kompensiert. Zudem sind diese neu gebildeten Neurone im Vergleich zu anderen Neuronen »jugendlich plastisch«, d. h., sie können sich in ihren Verschaltungseigenschaften leichter auf neu eingehende Informationen einstellen.

Neuronales GPS als Matrize für das autobiographische Gedächtnis

Das Ortsgedächtnis gehört zu den bemerkenswertesten Fähigkeiten des Gedächtnisses. Ein Eichelhäher ist imstande, 10 000 Verstecke wiederzufinden, eine sibirische Meise sogar mehr als 20 000, und Brieftauben finden selbst aus einer Entfernung von Hunderten von Kilometern zuverlässig zum Ausgangsort zurück. Auch wir Menschen verfügen über einen unglaublich guten Orientierungssinn. Umso unangenehmer empfinden wir es, wenn wir uns an Orten, an denen wir lange nicht waren, nicht mehr auf Anhieb zurechtfinden! Sich in einer Umgebung zu verlaufen, in der man sich schon mal aufgehalten hat, ist eine Art Amnesie: Es kommt zu einer Dissonanz zwischen der internen Repräsentation von der Position, an der wir glauben zu sein, und der realen Raumwelt, sei es eine Stadt oder ein Wald.

Dass wir das Ortsgedächtnis hier so ausführlich erwähnen, hat seinen Grund: Evolutiv gesehen rührt unsere Fähigkeit der geordneten Zeitreise, die ja eine entscheidende Voraussetzung für unser autobiographisches Gedächtnis ist, wahrscheinlich aus unserem Ortsgedächtnis. Wie in der Physik sind Raum und Zeit auch neurobiologisch gesehen mit- und ineinander verwoben.

Bei der räumlichen Orientierung bedienen wir uns der gleichen Methode wie die Tiere, nämlich einer Form der egozentrischen Kodierung: Wir bestimmen unsere Position durch die Blickrichtung und lokalisieren unsere Position im Raum danach, was links, rechts, vor und hinter uns liegt. Die Nervenzellen, die das bewerkstelligen, werden als Platzzellen *(place cells)* bezeichnet. Diese Zellen sind immer dann aktiv, wenn wir eine bestimmte Landmarke erreichen. Darüber hinaus haben wir Kopfrichtungszellen *(head direction cells),* die berücksichtigen, in welche Richtung wir gerade schauen; und wir verfügen sogar über Zellen, die man als Matrixzellen *(grid cells)* bezeichnet, die einen beliebigen Raum in »Planquadrate« einteilen (in dem konkreten Fall der Matrixzellen sind es eher wabenförmige Sechsecke). Sie haben ihren Sitz im entorhinalen Cortex, der direkt benachbart zum Hippocampus in der Mitte des Schläfenlappens liegt. Matrixzellen kodieren den Raum also unabhängig von der eigenen Blickrichtung und Position; sie teilen den uns umgebenden Raum in hexagonale Waben auf und feuern immer dann, wenn wir von einer Raumwabe in die nächste gehen, ähnlich wie bei einer Straßenkarte, die in Quadrate oder Rechtecke eingeteilt ist. Diese Art der neuronalen Ortskodierung kann sogar Distanzen abschätzen. Wird eine Landmarke gesichtet, erhöhen bestimmte Nervenzellen im Hippocampus ihre Aktivität. Dabei hat jede Platzzelle ihre eigene Landmarke. Ihre Aktivität wird in Relation zu der Entfernung von der Landmarke gesteigert, nicht erst, wenn diese erreicht ist.

Wie aber kann eine Platzzelle, die für einen ganz spezifischen Ort kodiert, ihre Aktivität linear zu der Entfernung zu der Landmarke erhöhen? Hierfür benutzt der Hippocampus einen genialen Trick: Neben der Einzelaktivität von Neuronen gibt es im Hippocampus eine rhythmische Aktivität, die in verschiedenen Frequenzen durch die gesamte hippocampale Netzwerkwelt laufen kann. Einer dieser Rhythmen hat einen Aktivitätspeak von fünf Wellenbergen pro Sekunde. Nähern wir uns nun einer Landmarke, ist die Einzelaktivität im Vergleich zu den wellenartigen Aktivitätssalven immer früher sichtbar, sprich, sie kommt in der Zeit vor den Spitzen der Wellenberge: Je früher, desto näher ist die Landmarke. Aus dem zeitlichen Abstand der Einzelaktivität zur Gesamtaktivität (der Hintergrund-Oszillation) kann also die Distanz zu einer Landmarke gemessen werden. Die rhythmische, oszillierende Aktivität von Neuronen im Hippocampus, die man als Theta-Rhythmen bezeichnet, hilft aber nicht nur bei der Messung der Distanz, sondern auch bei der Zeitmessung. Die Theta-Rhythmen stoppen quasi, wie lange wir in einer bestimmten Raumsituation unterwegs sind.

Damit wir uns im Raum orientieren und navigieren können, benötigen wir also einen Kompass, ein inneres GPS-System. Dieses wird von Platzzellen, Kopfrichtungszellen sowie den Matrixzellen kodiert; außerdem bedarf es der Zeitmessung. Im Kontext des autobiographischen Gedächtnisses ist entscheidend, dass dieses zelluläre System zum Navigieren, das essentiell für jede Spezies ist, die längere Strecken zurücklegen möchte, bei uns Menschen ausgebaut wurde, und zwar nicht nur, um Rauminformationen, sondern auch, um das Wann und Wo zu einer erlebten Episode zu kodieren. Der Hippocampus ist insofern beteiligt, als er Ereignisse und Lebensepisoden mit Hilfe seines räumlichen Gedächtnisses miteinander in Beziehung setzen kann. Auf eine merkwürdige Art und Weise scheint sich hier unser räumliches Gedächtnis in die Zeit hinein zu krümmen; erst durch dieses (im Hippocampus implementierte) Raum-Zeit-Kontinuum sind wir in der Lage, unsere Erlebnisse in der richtigen Reihenfolge zu erinnern. Der Hippocampus bietet quasi die Arena, in der sich Zeit und Ort sortieren können, in dem einzelne Ereignisse ihre Anbindung finden und durch die Details in unserem Gedächtnis zugeordnet werden. Es ist kein Zufall, dass der Hippocampus evolutiv zunächst einmal für das räumliche Navigieren zuständig war. Er protokolliert zeitliche Eckpunkte unseres Lebens, die als Anker dienen, wenn wir unsere autobiographischen Erinnerungen re-konstruieren. Die Szenen unseres Lebens sind dank des Hippocampus im Raum verankert und können so in der Zeit wiederhergestellt werden.

Déjà-vu neuronal beleuchtet

Déjà-vu-Erlebnisse sind dieses eigentümliche Phänomen unseres Gedächtnisses, bei dem wir glauben, uns in einer Situation zu befinden, die wir schon erlebt haben, obwohl wir gleichzeitig genau wissen, dass wir nicht an diesem Ort gewesen sind oder uns Derartiges nicht widerfahren ist. Für das Zustandekommen dieser Erinnerungstäuschung spielen die bereits erwähnten Theta-Wellen im Hippocampus eine wichtige Rolle. Sie sind wie langsame, lange und hohe Wellen im Ozean mit Gipfeln und Täler. Die Separierung dieser Höhen und Tiefen erlaubt es den Zellen zu unterscheiden, ob eine Information abgespeichert (Gipfel der Aktivität) oder abgerufen (Talsohle der geringsten Aktivität) wird. Anders gesagt, sie helfen uns dabei, zu unterscheiden, ob wir etwas erinnern, oder ob etwas Neues erlebt wird, was erst noch abgespeichert werden muss. Wenn nun versehentlich Wellen als Täler und Täler als Wellen ausgelesen werden (was durchaus passieren kann, wenn die Eckpunkte einer Szene sehr viel Ähnlichkeit mit etwas haben, was wir bereits früher erlebten), kommt es zu einem Déjà-vu: Bei der aktuellen Prozessierung stellt sich das Gefühl ein, diese Situation schon mal erlebt zu haben. Ein neues Erlebnis wird also versehentlich mit der Markierung »schon mal erlebt« versehen. Dies ist ein gutes Beispiel dafür, was passiert, wenn wir quasi vom Standpunkt der Zukunft in die Gegenwart schauen, so als wäre diese bereits die Vergangenheit, da man das Vergangene nicht richtig zuordnen kann.

Re-Konsolidierung: Erinnern heißt auch neu abspeichern

Marcel Proust hat es bereits geahnt: Erinnerungen ändern sich beständig. Jedes Mal, wenn wir eine Erinnerung aus der Vergangenheit in die Gegenwart befördern, werden die Verzweigungen unserer Erinnerungen wieder formbar. Dies hängt auf der zellulären Ebene damit zusammen, dass bei der Aktivierung von neuronalen Erinnerungsnetzwerken in der Großhirnrinde oder im Hippocampus diese Aktivitätsmuster den gleichen plastischen Prozessen unterliegen, die zu ihrer Einspeicherung geführt haben. Dies bedeutet, sie werden quasi wieder instabil und können sich erneut verändern. Im Unterschied zu der Information, die auf einer DVD abgespeichert ist und die es ermöglicht, den darauf gespeicherten Film beliebig häufig abzuspielen, ohne dass sich die gespeicherten Daten ändern, sind die neuronalen Speicher in unserem Kopf darauf ausgelegt, bei ihrem Abruf auch gleich neue Erfahrungen mit abspeichern zu können. Sie werden also »neu konsolidiert«. Das Gedächtnis kann so nicht nur aktualisiert, sondern auch verändert und sogar manipuliert werden.

Die Arbeitsgruppe des Gedächtnisforschers Joseph LeDoux von der New York University fand einen ersten zellulären Nachweis dafür. In einem Versuch wurde Tieren für kurze Zeit eine Substanz verabreicht, die die Eiweißsynthese und damit den Übergang vom Kurz- zum Langzeitgedächtnis blockiert. Wenn die Tiere etwas Neues gelernt hatten und die Syntheseblocker einige Zeit nach dem Lernen verabreicht bekamen, hatte dies keine Auswirkungen auf das Langzeitgedächtnis. Versetzte man die Tiere allerdings in ihre alte Lernumgebung zurück und wiederholte dort den Lernvorgang (die neuronalen Langzeitspeicher wurden re-aktiviert), wurde das bereits im Langzeitgedächtnis Gespeicherte

»Wenn wir die Fehlbarkeit des Gedächtnisses verstehen, erlaubt uns das auch, den Vermarktungsstrategien zu widerstehen, die unsere angeborenen Wahrnehmungsverzerrungen auszunutzen versuchen ... Es macht uns weniger anfällig dafür, unsere Erinnerungsfähigkeit zu überschätzen. Das ermöglicht uns, auf Draht zu sein, damit wir Entscheidungen fällen können, die in Wahrheit wesentlich vorteilhafter für uns sind, und weniger von kognitiven Verzerrungen beeinflusst werden ... Wenn wir unseren Erinnerungen kritisch gegenüberstehen, macht uns das zu besseren Konsumenten von Information.«
Julia Shaw

gelöscht. Aus diesen Ergebnissen schloss LeDoux, dass sich eine einmal gebildete Gedächtnisspur durch Re-Aktivierung – sprich beim Erinnern – verändern, ja sogar löschen, lässt. Da dieser Vorgang auf den gleichen neuronalen Abläufen basiert wie die Ausbildung eines Langzeitgedächtnisses, neurowissenschaftlich Konsolidierung genannt, prägte man hierfür den Begriff Re-Konsolidierung. Diese Re-Konsolidierung erlaubt es, die ursprüngliche Erinnerung mit Hilfe von aktuellen Informationen auf den neuesten Stand zu bringen, so als hätten wir ein Wikipedia-Lexikon im Kopf, welches wir ständig editieren und verändern. Untersuchungen der Psychologin Julia Shaw aus London zeigen sogar, dass selbst andere Menschen unsere Erinnerungen editieren können. Frau Shaw gelang es, Studenten durch geschickte unterbewusste Manipulationen über mehrere Wochen hinweg in mehreren Sitzungen die Erinnerungen an kleine Straftaten, Prügeleien oder peinliche Erlebnisse, die die Probanden in ihrer Jugend verübt haben sollen, zu implementieren. Die Probanden waren am Ende des Experiments der Meinung, dass die absolut frei erfundenen Ereignisse ein Bestandteil ihres Lebens und ihres Gedächtnisses waren – obwohl sie niemals stattgefunden hatten.

Es ist nur eine folgerichtige Konsequenz dieser irgendwie auch beängstigenden Re-Konsolidierungshypothese, dass Neurowissenschaftler versuchen, Gedächtniseinträge, zumindest bei Tieren, künstlich zu verändern. Mark Mayford, ein Neurobiologe vom Scripps Research Institute in San Diego in Kalifornien, entwickelte dazu genetisch veränderte Mäuse, in denen definierte Neurone, die bei der Ausbildung einer Erinnerung beteiligt waren, mit einer passenden Substanz zu jedem beliebigen Zeitpunkt aktiviert werden können. Mit diesem Trick waren die Neurowissenschaftler in der Lage, eine Gedächtnisspur nach Belieben zu re-aktivieren. Trainierten die Wissenschaftler also Mäuse dahingehend, vor einer bestimmten Box Angst zu haben, wurden alle Mäuse markiert, die an der Angsterinnerung beteiligt waren. Diese Neurone lagerten einen bestimmten Rezeptor in ihre Zellmembran ein, der nun künstlich re-aktiviert werden konnte. Die Tiere zeigten die Angstreaktion auf die Box, auch wenn die Box gar nicht da war.

Die Forscher gingen aber noch weiter: Sie steckten die Tiere in eine unbekannte Box mit anderer Form, vor denen die Tiere natürlich keine Angst hatten. Aber was würde nun geschehen, wenn die Neurone, die an der Angstreaktion von der ersten Box beteiligt waren, in der zweiten Box aktiviert würden? Würde sich die Angst auf die zweite Box übertragen, wie die Wissenschaftler es erwartet hatten? Nein! Re-aktivierte man die Box-1-Neurone in der zweiten Box, reagierten die Tiere weniger ängstlich als zuvor; wurden die Box-1-Neurone in der zweiten Box dagegen nicht aktiviert, veränderte sich die Angstreaktion der Mäuse nicht. Die Re-aktivierung der ursprünglichen Gedächtnisspur in der als sicher eingestuften zweiten Box führt also dazu, die angsterfüllte Erinnerung zu verändern. Diese Experimente belegen, dass man eine Gedächtnisspur künstlich aktivieren kann; und sie zeigen auf zellulärer Ebene, dass sich eine Erinnerung bei jedem Abruf verändert. Kein Wunder, dass man da bei Zeugenaussagen vor Gericht skeptisch wird, zumal eine Analyse in den USA ergeben hat, dass bei Gerichtsverfahren, die aufgrund von DNA-Tests revidiert werden mussten, fast drei Viertel auf falschen Zeugenaussagen beruhten. Auch das könnte, wie bei den künstlichen Laborexperimenten, damit zusammenhängen, dass das wiederholte Befragen die Erinnerung selbst verändert.

Führen wir uns diesen zellulären Re-Konstruktionsprozesses im Zusammenhang mit einer autobiographischen Erinnerung einmal ganz konkret vor Augen: Die Gedächtnisspur einer bestimmten Lebenserinnerung wird nicht in einem einzelnen Gehirnareal abgelegt, wie es in etwa auf der Festplatte eines Computers der Fall ist, sondern verteilt über viele Gehirngebiete. Sensorische Gehirnreale bewahren dabei ebenfalls Fragmente der Sinneserfahrungen auf, oft nur kleine Bruchstücke von einem Bild, Geruch, Geschmack oder einer Lautfolge, die in einem Zusammenhang mit dem Erlebnis stehen. Andere Gehirnareale, die der Neuroanatom Antonio Damasio als Konvergenzzonen bezeichnet hat, enthalten ihrerseits Codes, die diese Fragmente der Sinneserfahrungen miteinander und mit schon vorhandenem Faktenwissen und Gefühlen zu autobiographischen Erlebnissen verbinden. Auf diese Art und Weise re-konstruieren wir komplexe Aufzeichnungen früherer Erlebnisse. Erinnerungen kommen dann zustande, wenn Impulse aus den Konvergenzzonen des Gehirns die gleichzeitige Aktivierung von Fragmenten der Sinneserfahrung und Gefühlen auslösen. Eine spezifische autobiographische Erinnerung ist somit eine zeitlich und örtlich begrenzte Aktivitätskonstellation in unterschiedlichen Hirngebieten. Es ist eine aktuelle Konstruktion, die viele Akteure hat und die frühere neuronale Aktivitäten als Kodierung von Erlebnissen in das aktuelle Symphonieorchester-Programm des Gehirns einspeist und die neuronale Netzwerkaktivität während dieses Vorganges verändert.

Zelluläre Grundlagen einer Sucht – oder von Synapsen in Beton

Unser Gedächtnis ist aber nicht nur ein großer Speicher für nützliches, wichtiges und biographisch bedeutsames Wissen. Wir lernen auch schlechte Gewohnheiten bis hin zum Suchtverhalten –, und behalten einige davon ein Leben lang (siehe Kapitel 2). Auf zellulärer Ebene ist Sucht in gewisser Hinsicht ein Lernen, bei dem die Veränderungen an den Synapsen quasi in Beton gegossen wer-

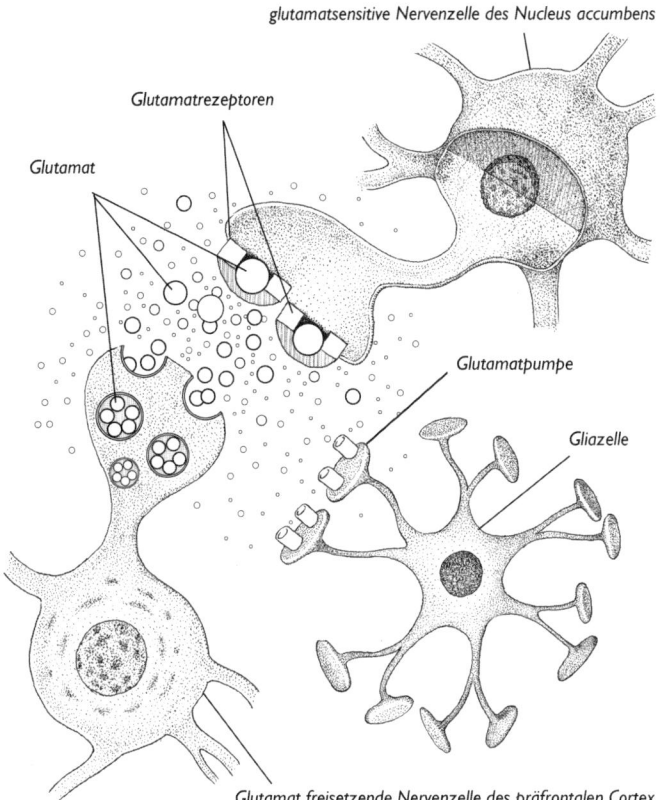

Abbildung 14: Suchtmechanismen an Synapsen
Regelmäßiger Drogenkonsum stört die molekulare Maschinerie an den Synapsen, den Kontaktstellen zwischen Neuronen. Der Botenstoff Glutamat (Kügelchen im Bild) sorgt normalerweise dafür, dass die Synapsen flexibel auf eingehende Reize reagieren. Durch die Einnahme von Rauschmitteln nimmt die Glutamatkonzentration an Synapsen ab, daran sind indirekt auch Gliazellen beteiligt. Zudem verschlechtert sich die Funktion der Glutamatrezeptoren an den Neuronen des Nucleus accumbens. All dies führt dazu, dass Nervenzellen eingehende Signale nicht mehr korrekt verarbeiten können.

den und so verhindern, dass krankhafte Gewohnheiten vergessen werden können (Abbildung 14). Suchtmittel bringen unser Belohnungszentrum molekular und zellulär aus der Balance, wie man exemplarisch an Morphium zeigen konnte: Morphium stimuliert und aktiviert nicht nur direkt die Belohnungszentren des Gehirns, sondern es bremst auch Neurone, die normalerweise sogenannte Leerlauf-Reize der Belohnung hemmen. Gemeint ist hier, dass die negativen Auswirkungen einer Sucht durchaus von den meisten Süchtigen wahrgenommen werden und eigentlich das Umlernen erleichtern sollten. Genau dies geschieht bei einer Sucht nicht oder nur sehr schwer. Morphium (und wohl auch eine Reihe anderer Suchtmittel) wirkt auf zwei Arten: Es verstärkt über die oben erwähnte Langzeitpotenzierung (LTP) die Dopamin-Ausschüttung, wobei der Wunsch nach der Droge größer wird. Gleichzeitig wirkt Morphium direkt auf den Nucleus accumbens als die wichtigste Schaltzentrale des Belohnungssystems. Beide Mechanismen etablieren dann das Suchtverhalten. Damit bewirken Suchtmittel über die Dopamin-Schaltkreise hinaus eine »Hemmung der Hemmung« dieser Belohnungs-Signalwege. Das bedeutet übersetzt, dass das Gehirn durchaus über zelluläre Mechanismen des Um- und Neulernens verfügt, die im Fall des Belohnungszentrums über hemmende Synapsen erfolgen. Diese Hemmung (Inhibition) wird durch Suchtmittel aber ebenfalls ausgebremst – was das Neu- bzw. Umlernen und damit das »Vergessen der Sucht« behindert. Drogen verhindern so »das adäquate Erlernen verstärkter hemmender Abwehrmaßnahmen bei zunehmender Belohnungsreizdichte«, wie es Julie Kauer, eine amerikanische Neurobiologin, die diese Effekte maßgeblich erforscht hat, ausgedrückt hat. Dieser massive Eingriff von Drogen in die Regulationsschleifen unseres Belohnungssystems ist bislang wohl unterschätzt worden! Vielleicht bräuchte man also nicht nur Medikamente und Verhaltenstherapien, die die Suchtmittel selbst betreffen, sondern auch Substanzen, die diese Zweitwirkung der Drogen unterbinden und neues Lernen wieder ermöglichen.

Fundstück: Eat your professor

Ursprüngliche Vorstellungen des Speicherns und Abrufens von Gelerntem gingen davon aus, dass jede Erinnerung in einem einzelnen Eiweißmolekül abgelegt sei. Die Idee entstand in den 1960er Jahren in der Immunologie, als man zeigen konnte, dass unser Immunsystem auf Bakterien und Viren viel effizienter reagiert, wenn wir ein zweites Mal infiziert werden. Dann nämlich werden (von sogenannten B-Gedächtniszellen) Antikörper gebildet, die sich die Oberflächenstrukturen von Bakterien oder Viren merken – also in gewisser Hinsicht ein Gedächtnis dafür haben. Wenn das Immunsystem so funktioniert, dachte man damals, müsste Ähnliches doch auch für das Nervensystem gelten. In einem drastisch konzipierten Experiment wollte man die Hypothese testen: Man trainierte eine Gruppe von Ratten darin, dunkle Bereiche in einem Käfig zu meiden und sich stattdessen im offenen Licht zu bewegen. In der Natur vermeiden Ratten eine helle Umgebung. Nun wurden die Ratten aber im Dunkeln einem starken elektrischen Reiz ausgesetzt und lernten so, sich von dem dunklen Teil des Käfigs fernzuhalten. Kaum hatten sie dies nach mehreren Durchgängen verinnerlicht, war ihr Leben auch schon zu Ende. Sie wurden getötet und ihre Gehirne wurden umgehend an Artgenossen verfüttert, die nicht in das Experiment involviert waren. Das Ergebnis war erstaunlich: Die in Bezug auf das Experiment naiven Tiere lernten nun viele schneller, dass der dunkle Teil des Käfigs nichts Gutes bedeutete. Die Forscher interpretierten das so: Im Gehirn der ersten Gruppe Ratten hatte sich ein Eiweißmolekül gebildet, dass die gelernte Regel (Meide das Dunkel!) kodierte. Entsprechend wurde es Scotophobin (von altgriechisch *skótos* ›Dunkelheit‹ und *yphóbos* ›Furcht‹) genannt und sollte sogar noch bei den unvorbelasteten Tieren wirken, die nicht selbst schlechte Erfahrungen mit der Dunkelheit gemacht hatten.

Bis heute ist es selten, dass ein neurobiologisches Ergebnis es auf die Titelseite einer Zeitung bringt, doch 1969 war es so weit: Die *New York Times* hatte aus diesen Experimenten messerscharf geschlussfolgert »EAT YOUR PROFESSOR« und diese Aufforderung als große Überschrift auf die erste Seite einer ihrer Ausgaben gedruckt.

Zum Glück für meinen Berufsstand und den der Lehrer haben sich diese Befunde aber später nicht bestätigen lassen. Es sind eben nicht Moleküle, die unser Gedächtnis kodieren, sondern neuronale Netze.

KAPITEL 4

Ein Traum wird wahr: Lernen im Schlaf

Sancho Pansa: »Der Schlaf ist das Gericht, das den Hunger vertreibt, das Wasser, das den Durst in die Flucht schlägt, das Feuer, das die Kälte erwärmt, die Kälte, die die Hitze mäßigt, ... die Waage und das Gewicht, womit der Hirte und der König, der Einfältige und der gescheite Kopf gleich abgewogen und gleich schwer befunden werden.«
Cervantes, Don Quijote

Warum wir schlafen

Artemidor von Ephesos lebte im Griechenland des 2. Jahrhunderts nach Christus und hatte einen – damals wie heute – ungewöhnlichen Beruf: Er war Traumdeuter. Und er wollte – welch Sakrileg zu damaliger Zeit – Träume nicht als Botschaften der Götter verstanden wissen, sondern versuchte sie aus der Biographie des Schlafenden zu erklären. Artemidor vertrat die Ansicht, Trauminhalte würden durch individuelle Erlebnisse und Gefühle hervorgerufen. Er hätte sicher nicht zu träumen gewagt, dass am Ende des 19. Jahrhunderts ein Wiener Neurologe namens Sigmund Freud Träume auf ähnliche Weise interpretierte. Beide, Artemidor wie Freud, unternahmen den Versuch, das scheinbar Rätselhafte, ja Chaotische unserer Träume zu systematisieren und daraus eine gleichsam empirisch gestützte Technik der Traumdeutung zu entwickeln. Und dennoch fragen sich die Wissenschaftler bis heute, welche Bedeutung der Schlaf – ein Zustand, in den wir jede Nacht aufs Neue verfallen und in dem wir blind, paralysiert und bewusstlos sind – im Allgemeinen und der Traum im Speziellen hat. Dabei, und das scheint uns nahezu paradox, ist das Gehirn auch im Schlaf nicht faul, im Gegenteil, es arbeitet hart.

Soweit man es bisher hat untersuchen können, schlafen alle Tiere – von der Fruchtfliege bis zum Blauwal –, und das sicher nicht nur, weil sie müde sind. Wir verschlafen ein Drittel unseres Lebens und verbringen den größten Teil davon mit Träumen und widmen damit dem Schlaf wohl mehr Zeit als jeder anderen Tätigkeit unseres Lebens. Bisher wurde immer argumentiert, dass Schlafen entsprechend seinem flächendeckenden Auftreten im gesamten Tierreich eine fundamentale Rolle haben muss. Die beliebteste Hypothese lautete: Wir schlafen, um Energie zu sparen. Nachdem man aber mit modernen wissenschaftlichen Messungen unseren Kalorienverbrauch während des Schlafs ermittelt hat, wissen wir, dass unser Körper im Schlaf gerade mal 10 Prozent weniger Energie benötigt als tagsüber und insbesondere das Gehirn im Schlafzustand wahrscheinlich nur unwesentlich weniger Energie verbraucht als im Wachzustand.

»Warum ich schlafe? Was für eine dumme Frage, natürlich weil ich müde bin!«
Homer Simpson

Was aber könnte dann die Funktion des Schlafes sein? Sicher ist nur, dass der Schlaf essentiell für unser Leben ist – wird einem Tier dauerhaft Schlaf entzogen, stirbt es. Nicht umsonst gilt Schlafentzug beim Menschen als Folter. Außerdem hat sich gezeigt, dass Schlaf zwar für den Körper einen motorischen Stillstand darstellt, er aber keineswegs eine Phase des Gehirn-Stillstandes ist. Im Gegenteil, unser Denkorgan durchläuft im Schlaf fest angeordnete Aktivitätsprogramme, die sich in vorprogrammierten Rhythmen wiederholen. So gibt es Tiefschlafphasen, die sich in Intervallen von neunzig Minuten mit Phasen schneller Augenbewegungen, dem REM-Schlaf *(rapid eye movement)*, abwechseln. Noch bis vor wenigen Jahren dachte man, dass der REM-Schlaf die Phase der Träume ist, von denen Sigmund Freud glaubte, dass sie unsere geheimen Wünsche enthielten. Mittlerweile weiß man, dass wir die ganze Nacht hindurch träumen. Es fällt nur unterschiedlich schwer, des Nachts Geträumtes in Worte zu fassen. Da die REM-Schlaf-Phase ein schnelleres Aufwachen ermöglicht, kann man aus ihr heraus leichter über Geträumtes berichten. Geheime Wünsche enthalten diese Träume aber nicht, genauso wenig wie erfundene Geschichten. Vielmehr spiegeln sich in Träumen aktuelle Gefühlszustände wider, wobei die der Gefühlslage entsprechenden Geschichten zum Teil erst beim Aufwachen kreiert werden.

Schlaf unterliegt also einer vom Gehirn gesteuerten, wohlsortierten Rhythmik, die sich einem 24-Stunden-Tag anpasst. Dies gilt, soweit wir wissen, für jedes Tier. Und jedes (!) Tier muss schlafen. Selbst Delfine und Wale können es sich nicht leisten, auf den Schlaf zu verzichten, auch wenn es atemtechnisch für Säugetiere im Wasser eine gewisse Herausforderung ist, sowohl zu schlafen als auch zu atmen. Die Meeressäuger begegnen ihr mit einem eleganten Trick: Sie schlafen wechselseitig mit der linken oder rechten Hirnhälfte. Schade eigentlich, dass im Laufe der Evolution nicht das menschliche Gehirn diese komfortable Lösung entwickelt hat und wir so über mehr aktive Stunden verfügen. Angesichts dessen, dass Zeit ein knappes Gut geworden ist, eine attraktive Vorstellung. Aber für unsere steinzeitlichen Vorfahren bestand diese Notwendigkeit noch nicht: Als Jäger und Sammler waren sie wohl Anhänger des Müßigganges, für die unsere hektischen Zeitoptimierungsideen noch in weiter Ferne lagen.

Zurück zu der Frage, warum wir schlafen müssen. Fest steht, dass unsere Temperaturregulation aus dem Ruder gerät, wenn wir sehr wenig schlafen, und auch unser Immunsystem wird bei zu wenig Schlaf geschädigt. Entsprechend muss man sich nach Nachtschichten und Reisen in andere Zeitzonen besonders vor Erkältungen in Acht nehmen, da der Körper auch tagsüber »unterkühlt« sein kann; während man nachts schlecht schläft, weil der Körper noch auf Tagesbetriebstemperatur ist. Darüber hinaus funktioniert die Regulation des Körpergewichts schlechter: Wer wenig oder unregelmäßig schläft, nimmt schneller zu. Für unser Gehirn bedeutet Schlafentzug: mangelnde Konzentrationsfähigkeit, Lernstörungen, Gedächtnisverlust bis hin zu Halluzinationen.

Aber diese Fakten allein erklären noch nicht die Bedeutung des Schlafs. Das wäre so, als würden wir sagen, »wir essen, um nicht zu verhungern« und »wir atmen, um nicht zu ersticken«. Diese Aussagen sind zwar an sich richtig, aber die essentielle Funktion der Nahrung ist natürlich die Zufuhr von Energie und Baustoffen für lebensnotwendige Stoffwechselprozesse. Und Atmung beschafft dem Körper Sauerstoff. Womit aber versorgt uns der Schlaf?

Eine Teilantwort lautet, dass Schlaf dazu dient, im Körper wie auch im Gehirn das innere Gleichgewicht wiederherzustellen, ein Prozess, der als Homöostase bezeichnet wird. Aber Schlaf hat vermutlich noch jede Menge andere Funktionen, so belegen Studien der letzten Jahre, dass das Gehirn den Schlaf zu einer Art molekularem Hausputz nutzt: Unliebsame Stoffwechselprodukte werden entschlackt und das Salzgleichgewicht reguliert.

> »Schlaf, der des Grams verworr'n Gespinst entwirrt, den Balsam kranker Seelen, den zweiten Gang im Gastmahl der Natur, das nährendste Gericht beim Fest des Lebens.«
> Shakespeare, *Macbeth*

Als Lernforscher freut es mich besonders, dass die Bedeutung des Schlafes für Gedächtnis- und Lernprozesse verstärkt diskutiert und erforscht wird, aber bisher gibt es über die Bedeutung des Schlafes und auch unserer Träume nur Hypothesen und kein gesichertes Wissen. Vielleicht wählt unser Gehirn während des Schlafes aus, was in das Langzeitgedächtnis gelangen soll und was dem Vergessen anheimfallen darf. Vielleicht schlafen wir aus Sicht des Gehirns auch deshalb, weil es dann effektiver aussortieren kann, was es nicht mehr braucht – eine Art reinigender Gedächtnis-Hausputz. Zusätzlich könnte der Schlaf auch der Konsolidierung von Tageserlebnissen dienen und neu Gelerntes mit älteren Erinnerungen, Abläufen, Erlebnissen sowie Gewohnheiten verknüpfen. Und zwar ohne dass parallel neue Informationen aus der Umwelt verarbeitet und abgespeichert werden müssen.

Kurzum, die These lautet: Eine wichtige Funktion von Schlaf dient meiner Meinung nach dem inneren Gleichgewicht unseres Gedächtnisses und ist aufs Engste mit den Schlafphasen, die wir in der Nacht unbewusst durchleben, verknüpft.

Schlafen in Phasen: Der Schlafrhythmus

Dass wir im Schlaf weniger wahrnehmen, die Augen schließen und motorisch weitgehend ruhig sind, ist ein Verhalten, das durch den Thalamus (siehe Abbildung 3) eingeleitet wird. Der Thalamus liegt ziemlich genau in der Mitte des menschlichen Gehirns und ist eine zentrale Umschaltstation der Sinnessysteme zur Großhirnrinde. Beim Einschlafen kappt er quasi die Signalweiterleitung zum Großhirn, so als würde der Strom für dieses erhabene Gehirngebilde abgedreht. Einige Großhirnareale sind dann zwar noch bis zu zehn Minuten weiter aktiv, aber die meisten Areale verändern

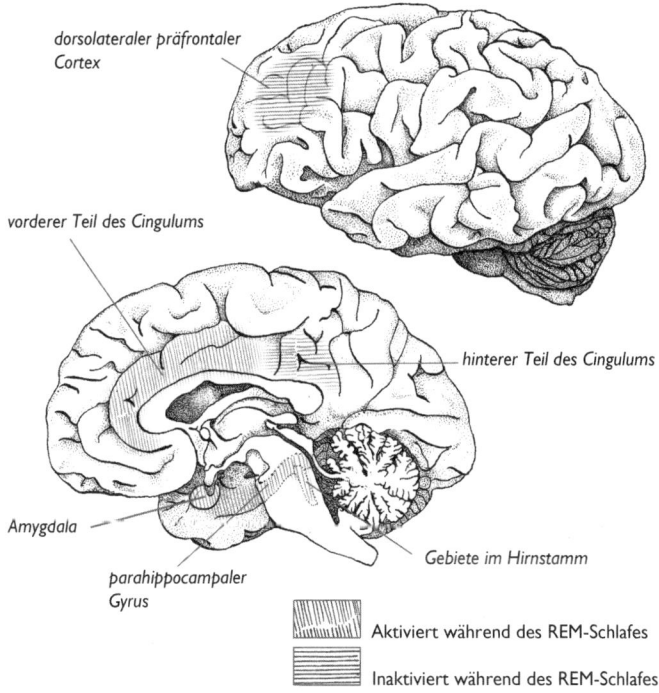

Abbildung 15: Das Gehirn ist immer aktiv
Auch während wir schlafen, sind einige Hirnareale in bestimmten Schlafphasen äußerst aktiv, während andere in ihrer Aktivität unterdrückt werden.

in dieser Phase ihren Aktivitätsrhythmus erheblich (Abbildung 15). Einschlafen fängt also zunächst mit dem langsamen, aber manchmal auch abrupten Herunterdimmen der Großhirnaktivität an und mündet in die erste Tiefschlafphase, die für unseren Bewusstseinszustand in der Tat dunkel wie eine mondlose Nacht ist. In dieser Phase lassen sich Menschen nur schwer aufwecken. Die Großhirnaktivität wurde wie ein gleichgestimmter großer Chor synchronisiert, so dass im EEG (Elektroenzephalogramm, eine Messung der elektrischen Hirnaktivität durch den Schädel hindurch) vier starke ausgeprägte Hügel und ebenso viele Täler neuronaler Aktivität pro Sekunde sichtbar werden. Damit weisen diese durchlaufenden Wellen eine Frequenz von vier Hertz auf, also vier Wellenberge pro Sekunde, und werden als Delta-Wellen bezeichnet.

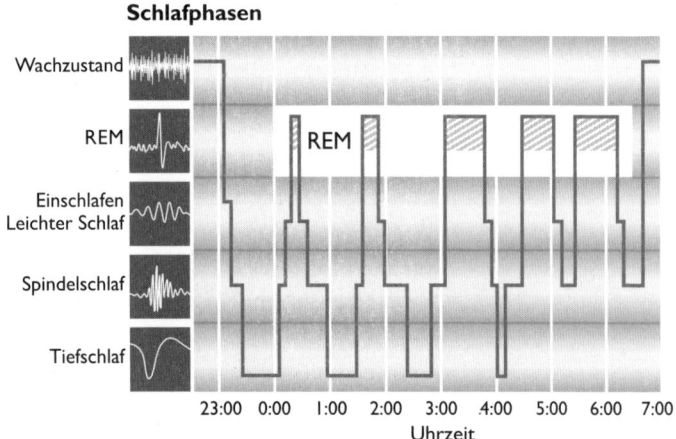

Abbildung 16: Gute Nacht
Wissenschaftler unterteilen die Schlafphasen im nächtlichen Verlauf vor allem in REM-Phasen und Non-REM-Phasen (REM steht für Rapid Eye Movement). Auf der linken Seite sind die Schlafphasen aufgetragen, bei denen man sieht, dass sich die REM-Phasen in 90-minütigen Intervallen wiederholen; auf der rechten Seite, die EEG-Rhythmen, die charakteristisch für die verschiedenen Schlafphasen sind.

Nervenzellen an ganz verschiedenen Stellen im Gehirn fangen an im Takt zu feuern. Ähnlich wie sich eine La-Ola-Welle in einem Fußballstadion entwickelt und dann durch die Menge geht, werden diese Neurone zu einem riesigen Netzwerk gemeinschaftlicher Aktivität zusammengeführt. Dies dient wohl dem Rekalibrieren synaptischer Verbindungen, aber eben auch, wie weiter unten noch gezeigt werden wird, der Konsolidierung bestimmter Gedächtnisprozesse. Das Gehirn ist im Schlaf also nicht einfach ruhiggestellt oder gar ausgeknipst wie eine Nachttischlampe, sondern nachts aktiv – und wie (siehe Abbildung 16, linke und rechte Seite)!

EEG-Rhythmen während des Schlafes

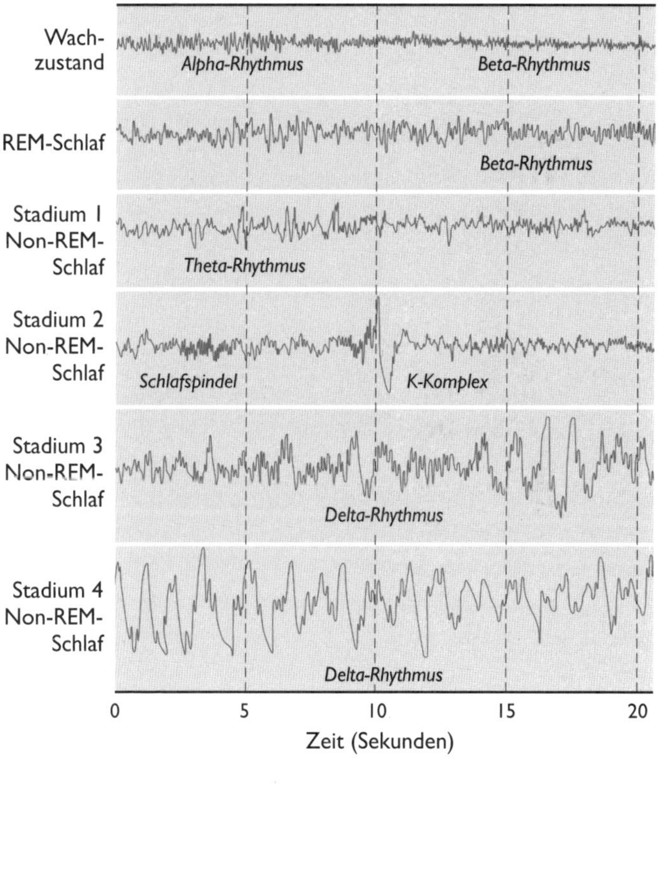

Nachts schnitzt sich das schlafende Hirn neu Erlebtes zurecht!

Nach den langsamen Wellen im Gehirn, die das Einschlafen und die Tiefschlafphase (Non-REM-Schlaf) einläuten, die meist um die neunzig Minuten andauert, kommen regelmäßig wiederkehrende Schlafanteile, die eine EEG-Aktivität zeigen (auch als Non-REM-Schlaf 2 bezeichnet). Diese im EEG spindelförmigen Ausschläge sind kurze, kräftige Wellenstöße von 12 bis 14 Hertz, also einem Dutzend Ausschläge pro Sekunde. Danach wird das EEG noch unruhiger, es sieht nun fast aus wie ein Tages-EEG, der REM-Schlaf kündigt sich an. Er wird oft als paradoxer Schlaf bezeichnet, da das EEG keine hohe Ordnung mehr aufweist und Ähnlichkeiten mit dem Wachzustand hat. Über die gesamte Nacht betrachtet lässt sich der Schlaf in regelmäßig wiederkehrende Aktivitätsrhythmen verschiedener Gehirnbezirke einteilen (Abbildungen 16 und 17).

Wie erwähnt wechseln sich Tiefschlafphasen und REM-Schlaf-Phasen in regelmäßigen Intervallen ab. Die Nervenzellen, die den Rhythmus, den Beginn und das Ende der REM-Phase bestimmen, sind mittlerweile bekannt. Sie liegen im Hirnstamm, und zunächst führt die Aktivität von REM-ON-Zellen zum Beginn einer REM-Schlaf-Phase (die Neurone verwenden als Neurotransmitter das Acetylcholin), während andere Neurone, ebenfalls aus dem Hirnstamm, dem nächtlichen REM-Schlaf mit den Botenstoffen Noradrenalin und Serotonin ein Ende setzen (REM-OFF-Zellen). Im Laufe einer Nacht werden fünf bis sechs Tiefschlafphasen und vier bis fünf REM-Phasen durchlaufen. Die Länge und Intensität der Tiefschlafphasen nimmt dabei mit fortschreitender Nacht immer mehr ab, während die REM-Phasen in der Länge zunehmen – so dass wir vor dem Aufwachen meist eine REM-Schlaf-Phase haben,

lebhafte Träume,
schnelle Augenbewegungen   *keine lebhaften Träume*   *Zustand bewusster Aufmerksamkeit*

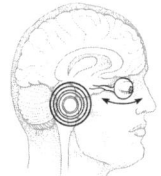 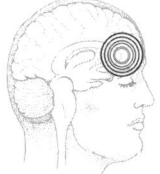 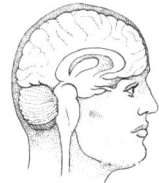

REM-Schlaf:
REM-Schlafneuronen im Stammhirn feuern

Non-REM-Schlaf:
Schlafneuronen im Vorderhirn feuern

Wachzustand:
Schlafneuronen sind inaktiv

Abbildung 17: Abläufe beim Schlafen, Träumen und im Wachzustand
Dargestellt sind die erheblichen Unterschiede, die zwischen REM- und Non-REM-Schlaf bestehen hinsichtlich der beteiligten Gehirnregionen und der Art der Träume im Vergleich zum Wachzustand.

was wiederum erklärt, warum wir häufig direkt nach dem Aufwachen Träume gut erinnern.

Gesteuert wird all dies von einem Kabelsalat mit verstreut liegenden Nervenzellen im Hirnstamm, der Formatio reticularis. Feuern ihre Neurone langsam, beginnen wir einzuschlafen, erhöhen sie die Geschwindigkeit, erwachen wir und bleiben wach. Im Tiefschlaf bedeutet dies einen Takt von vier Hertz (40 Schläge in einer Sekunde), während die Neurone tagsüber, wenn wir konzentriert und aufmerksam etwas verfolgen, im 40-Hertz-Takt feuern. Diesen Effekt erzielen die Neurone der Formatio reticularis, indem sie den Thalamus quasi neuronal wach küssen (erhöhte Aktivität) oder ihn in den Schlaf wiegen (langsame Aktivität).

»*Non-REM-Schlaf ist ein leerlaufendes Gehirn in einem beweglichen Körper, während der REM-Schlaf ein aktives, halluzinierendes Gehirn in einem gelähmten Körper ist.*«
William Dement, Schlafforscher

Ich beschreibe den Schlaf in seinen Phasen deshalb so genau, weil jede dieser Phasen eine spezielle Bedeutung sowohl für das Gehirn insgesamt (synaptische Grundeinstellungen wiederherstellen, den Ionenhaushalt ausgleichen, kurz eine Art Hausputz im Gehirn veranstalten) als auch für bestimmte Formen des Gedächtnisses hat. Dazu gehören die Langzeitspeicherung von Erinnerungen und auch das Aussortieren nicht-relevanter Ereignisse. Nachts entscheidet sich, was behalten wird und was vergessen werden kann.

Im Schlaf lernen

Jeder Schüler, fast jeder Student und in verwegenen Stunden sogar Universitätsprofessoren träumen davon, im Schlaf lernen zu können. Wie effektiv, stressfrei und einfach wäre doch eine solche bettdeckenbehütete Art des Lernens! Dabei war die Idee 1992 eigentlich schon tot, als die weltweit sehr renommierte British Psychological Society feststellte: »Es gibt keinerlei Beweise dafür, dass Menschen lernen können, während sie schlafen.« Hintergrund waren Studien, die im Hinblick auf »Super learning« gemacht wurden. Das sind Programme, mit deren Hilfe man Fremdsprachen oder andere Inhalte im Schlaf durch das Abspielen von Kassetten erlernen sollte. Doch die Programme, die mit viel Geld propagiert wurden, hielten dem rigorosen wissenschaftlichen Test nicht stand. Damit fiel, wenn man so will, das gesamte Thema in einen Dornröschenschlaf.

Er hielt an bis zum Jahre 2002, als Marie Cheour Gordon von der finnischen Universität Turku das Thema wieder auf die Forschungsagenda setzte: In einem ihrer Versuche wurden dreißig Neugeborene im Schlaf stundenlang den Vokalen »iiiiiiii« und »üüüüü« ausgesetzt, die von einem Band kamen. Als man am Morgen danach an diesen Kindern EEG-Messungen vornahm, zeigte sich, dass die Säuglingsgehirne die Vokale besser auseinanderhalten konnten, wenn sie durch die Beschallung nicht aufgewacht waren. Die kleinsten menschlichen Lerner hatten aktiv im Schlaf gelernt!

Bevor Sie beginnen alte Sprachkassetten hervorzukramen: Es gilt weiterhin, dass Gleiches bei erwachsenen Menschen nicht funktioniert. Dazu werden im Schlaf die Sinne zu stark heruntergeregelt, so dass vor allem die Sprachverarbeitung bei Erwachsenen nur sehr eingeschränkt funktioniert. Vielmehr belegen EEG-Messungen, dass ungewohnte Geräusche den Schlaf zerstückeln. Die für den Tiefschlaf notwendigen Delta-Wellen machen sich rar, was dazu führt, dass auditorische Lernprogramme während der Nacht das Lernen eher stö-

»*Es gibt eine kulturelle Tendenz gegen den Schlaf, der so verstanden wird, als würden wir im Schlaf quasi abgeschaltet – oder gar in einen todähnlichen Zustand versetzt. Die meisten Menschen denken, schlafen wäre so etwas wie ein Computer im Ruhezustand. Falsch! Schlaf erhöht die Leistungsfähigkeit, er verbessert das Lernen und das Gedächtnis. Vor allem wird unterschätzt, in welch großem Umfang Schlaf unsere Kreativität fördert und ›Aha!-Momente‹ generiert, indem im Schlaf neue Assoziationen geknüpft werden zwischen zuvor unverbundenen Ideen.*«
Jeffrey Ellenbogen

ren, statt es zu fördern. Schade. Säuglingen stehen im Schlaf wohl andere Lernwege zur Verfügung.

Aktives Lernen im Schlaf funktioniert jenseits des Babyalters also nicht. Aber die Idee ist für Forscher weltweit zu reizvoll, als dass man sie allzu schnell kategorisch fallen lassen möchte. Dass es doch einen Zusammenhang zwischen Schlafen und Lernen geben könnte, verdankt sich eher indirekten Hinweisen: Neugeborene wie Vorschul- und Grundschulkinder schlafen nicht nur länger als Erwachsene, sie zeigen auch einen deutlich höheren REM-Anteil in ihren Schlafrhythmen – und sie müssen deutlich mehr lernen als ein erwachsenes Gehirn. Experimente ergaben, dass der REM-Anteil im Schlaf eines Tieres (gemessen mit einem EEG) deutlich zunimmt, wenn dieses etwas intensiv gelernt hatte, und wieder abnimmt, wenn die neue Aufgabe in ihren Grundprinzipien gelernt wurde. Soweit zu diesen Korrelationen, die aber immer nur indirekte Hinweise sind und immer auch als frommer Wunsch – eine Art *wishful thinking* – interpretiert werden können.

Hirnforscher und Psychologen sind mittlerweile in der Lage, an Tier und Mensch die Wirkung des Schlafs auf das Lernen und Erinnern sehr detailliert zu untersuchen. Gerade erst ist eine aufsehenerregende Studie an Fruchtfliegen veröffentlicht worden, die wiederum eine neue Funktion des nächtlichen Schlafes hervorhebt. Sie konnte zeigen, dass der Schlaf bei Fliegen das Vergessen verhindert und durch den Schlaf mehr vom Gelernten behalten wird. Aber gilt dies auch für den erwachsenen Menschen?

Lernen, schlafen, besser lernen
Bahnbrechende Erkenntnisse über die Rolle des Schlafes beim Menschen gelangen dem amerikanischen Schlafforscher Robert Stickgold von der Harvard-Universität. Er ließ seine Versuchspersonen lernen, ein bestimmtes, schwer zu identifizierendes Muster möglichst schnell zu erkennen. Die Probanden mussten einen ganzen Tag lang üben. Dabei wurde – wenig außergewöhnlich – ihre Reaktionszeit immer kürzer, das heißt, sie erkannten die versteckten Muster zunehmend schneller. Erstaunlich war aber, dass nach

einer durchschlafenen Nacht die Leistung der Probanden am Morgen danach sprunghaft angestiegen war – ihre Gehirne hatten in der Nacht weitergeübt, und ihr Niveau am Tagesanfang war deutlich besser als am Abend des Vortages! Der Effekt ließ sich auch Tage nach dem Versuch noch nachweisen: Wer nach dem ersten Lerntag einmal durchschlafen durfte, behielt diesen Lernvorsprung bei. Anders die Kontrollgruppe, die gezielt während des REM-Schlafes geweckt wurde und ihn auch dann nicht aufholen konnte, wenn ihre Teilnehmer in der zweiten Nacht nach dem Lernprozess durchschliefen. Entscheidend für den langfristigen Lernerfolg ist der Schlaf, unmittelbar nachdem man etwas Neues gelernt hat.

Stickgold ließ seine Versuchsteilnehmer auch Spiele wie Tetris erlernen, bei dem man fallende Steinblöcke in Reihen stapeln muss, so dass möglichst wenig Zwischenräume entstehen – die fallenden geometrischen Formen müssen an die richtige Stelle gelenkt werden, damit sich Reihe auf Reihe ein kompaktes Gebilde aufbaut. Auch hier zeigte sich derselbe Effekt bei der Mustererkennung: Nach einer Nacht Schlaf ohne Unterbrechung waren die Versuchsteilnehmer am Morgen auf Anhieb besser als am Abend zuvor. Die These, dass dies mit einem Lerneffekt während des Schlafens und durch (!) den Schlaf selbst zu tun haben könnte, wurde durch folgende Beobachtung verstärkt: Wenn die Probanden während der REM-Schlaf-Phase geweckt wurden, berichteten sie vermehrt, dass sie von fallenden Steinen geträumt hätten. Dies galt übrigens nur, wenn sie Tetris-Anfänger waren; Spiele-Profis erzählten seltener von Träumen dieser Art. Noch stichhaltiger wird dieser Umstand dadurch, dass die Probanden nicht von Laborsituationen, Computern oder anderen Randerscheinungen der Experimente träumten, sondern vor allem von dem, was sie am Tag *neu* gelernt hatten.

Speedtraining im Schlaf

Was für Menschen gilt, gilt in diesem Fall auch für viele Tiere: Schlafen sie ohne Unterbrechungen nach dem intensiven Üben einer neuen Aufgabe, starten auch sie besser in den neuen Versuchstag. Dies machen sich Forscher wie Matt Wilson am MIT in

Cambridge (USA) zunutze, um noch detaillierter dem Lernen im Schlaf auf den neuronalen Grund zu gehen. Wilson und Mitarbeiter haben deshalb Ratten ein neues Labyrinth lernen lassen – eine Aufgabe, in der diese Tiere extrem gut sind, schließlich hängt ihr Leben in freier Wildbahn davon ab, dass sie ihr Nest oder eine Futterstelle sicher wiederfinden. Durch vorhergehende Untersuchungen wusste man bereits, dass sowohl bei Nagetieren als auch bei Menschen sogenannte Platzzellen *(place cells)* im Hippocampus einen bestimmen Ort in einem Labyrinth kodieren. Durch die Kombination spezifischer Platzzellen findet man den Weg, den man genommen hat, wieder. Diese Entdeckung, die John O'Keefe schon 1971 gemacht hat und die ihm 2014 den Nobelpreis für Medizin einbrachte, nutzten Wilson und Kollegen aus, indem sie die neuronale Aktivität eines ganzen Schwungs von Platzzellen bei wachen, lernenden Tieren aufzeichneten. Das Spannende daran war, dass die Wissenschaftler in der Nacht den Nervenzellen, die am Erlernen eines neuen Ortes, eines neuen Weges bzw. Labyrinthes beteiligt waren und deren elektrische Signale über Lautsprecher hörbar gemacht wurden, genau zuhörten, so als würde man die Orchesterinstrumente, die tagsüber eine neue Partitur eingeübt hatten, auch nachts belauschen. Und tatsächlich: Die Platzzellen, die tagsüber etwas Neues gelernt hatten, waren auch im Schlaf aktiv, jedoch nur zu bestimmten Zeiten, und – jetzt wird es richtig magisch – zeigten das korrekte Aktivitätsmuster in der richtigen Abfolge, so als würde die Ratte den Weg nachts nochmals ablaufen. Allerdings liefen die Aktivitätsmuster in stark komprimierter Form ab. In der Orchester-Metapher ausgedrückt: Die gleichen Instrumente, die während des Tages etwas Neues gespielt hatten, wurden nachts in der richtigen Abfolge wieder aktiviert und spielten die richtigen Töne, wenn auch in stark geraffter Form, so als würde das Musikstück statt in zehn Minuten in einer Minute abgespielt. Für die Ratten bedeutete dies: Sie liefen im Schlaf die gleiche Strecke mit zehnfach höherer Geschwindigkeit ab als am Tag.

Dieses beschleunigte Abspulen einer tagsüber erlebten Sequenz ist entscheidend für das Erinnern des erlernten Weges: Hindert man Ratten spezifisch daran, die neuronalen Schnellfeuersequenzen zu durchträumen (und lässt den Schlaf ansonsten unberührt), verblassen Raumerinnerungen schneller, als wenn man sie ungestört lässt. Das Gedächtnis leidet also, wenn diese Sequenzen nachts nicht durchlaufen werden. Aber das Experiment erbrachte noch mehr Erkenntnisse: In das virtuelle Zeitraffer-Konzert der neuronalen Aktivität mischten sich weitere Platzzellen ein, die zu einem früheren Zeitpunkt aktiviert wurden, aber zum Erlernen eines Weges oder zur Gesamtansicht eines Raums dazugehörten. Es gelingt also in der Ruhe des Schlafes nicht nur, tagsüber Gelerntes zu wiederholen und zu üben (ohne dabei im wahrsten Sinne des Wortes einen Finger krumm machen zu müssen), sondern auch verschiedene Lerninhalte, die in einen Kontext gehören, assoziativ miteinander zu verknüpfen.

Der Schlaf als Lerncoach
Im nächtlichen Schnelldurchlauf findet also eine Verdichtung der Tageserlebnisse statt. Und damit ist der Schlaf als Lerncoach kaum zu überbieten, denn die Gedächtniskonsolidierung läuft so schnell und effektiv ab. Aber nicht nur das: Wie wir im Kapitel über die zellulären Grundlagen des Lernens (Kapitel 3) gesehen haben, spielt beim Lernen auf neuronaler Ebene die Hebb'sche Regel eine wichtige Rolle: Wenn zwei Nervenzellen zeitlich korreliert aktiviert werden und miteinander verbunden sind, ist die Wahrscheinlichkeit hoch, dass mit dieser einfachen assoziativen Regel die Synapsen zwischen diesen Neuronen verstärkt werden. Eine Langzeit-Potenzierung (LTP) kann sich ausbilden. Nun bewirkt eine Verdichtung der neuronalen Feuerraten im Schlaf, dass sich auch mehr Nervenzellen in ihrer Aktivität überlagern und damit neuronale Sequenzen miteinander überlappen, die im Wachzustand noch weit auseinanderlagen. So können z. B. Landmarken auf einem Weg, die räumlich weiter auseinanderliegen und im Wachzustand erst langsam erkundet wurden, miteinander verbunden werden. Dies bewirkt, dass man später im Geiste bestimmte Wegstrecken als Einheit ansehen kann und sich feh-

lerfrei in Gebäuden, Städten und auf Landstraßen zwischen Städten orientiert.

Die grundlegende Bedeutung dieser beschleunigten Wiedergabe geht aber noch weiter: Experimente haben nämlich gezeigt, dass nicht nur Sequenzen eines Erlebnisses in schnellen Phasen durchlaufen werden, sondern dass diese Phasenverdichtung auch frühere Erlebnisse mit einschließt, die assoziativ mit dem letzten Erlebnis etwas gemein haben. Bezogen auf Nagetiere bedeutet dies, dass sie nicht nur den zuletzt gegangenen, neu erlernten Weg nachts im Schnelldurchgang abgehen, sondern auch noch andere damit assoziierte Wege, die in das gleiche räumliche Gefüge gehören. In der stark verdichteten neuronalen Phase des Lernens in der Nacht wird alles zusammengebunden. Sie ermöglicht es beispielsweise Nagetieren, die Gesamtheit eines Labyrinthes oder eines Raumes abzuspeichern. Übertragen auf den Menschen würde das bedeuten, dass wir durch die beschleunigte Wiedergabe der neuronalen Aktivität der Tageserlebnisse diese nicht nur für unsere räumliche Orientierung verwenden können, sondern auch dafür, Fakten, die assoziativ zusammengehören, gemeinsam abzuspeichern und größere Sequenzen von Erlebnissen unseres Lebens zu einer größeren Einheit verschmelzen zu lassen. Wie sich gezeigt hat, wird das Wahrnehmungslernen (bei Tetris genauso wie bei Mario Kart und fast jedem anderen Video-Geschicklichkeitsspiel) in REM-Schlaf-Phasen verstärkt verarbeitet, während Fakten, Fremdsprachen und autobiographische Erlebnisse vor allem im Tiefschlaf weiter verfestigt werden.

So lernen Musiker

In den vergangenen zehn Jahren konnte also eine ganze Reihe von Experimenten mit dem Dogma aufräumen, dass der Schlaf für das Lernen irrelevant ist. Heute weiß man, dass der Schlaf, was das Lernen betrifft, eine Doppelfunktion erfüllt: Zum einen werden Routinen trainiert und der kleinste gemeinsame Nenner von Erlebnissen ermittelt, zum anderen wird Neues durch Wiederholungen im Schlaf gelernt. Da Routinen dem Neuen bekanntermaßen im Wege stehen, hat die Natur eine elegante Lösung gefunden, um beide Lernformen im Schlaf zu ermöglichen: Im Tiefschlaf (Non-REM-Schlaf) wird das Augenmerk auf das Neue gelegt, während im REM-Schlaf der Fokus auf Routinen und Gewohnheiten gerichtet ist.

Dieses Trainieren von neu Gelerntem im Schlaf lässt sich im Übrigen auch beim sportlich-motorischen Gedächtnis beobachten: Es optimiert nachts die Verbindungen in einem Netzwerk von Nervenzellen für eine bestimmte Aufgabe, indem es die Motorprogramme immer weiter durchläuft, und zwar genau mit den Hirnarealen, die beim Lernen tagsüber aktiv waren. Es ist fast so, als würden wir die Turn- oder Aufschlagübung oder das Einstudieren eines Musikstücks nachts wie in einer Art Kopfkino weiterbetreiben, so dass wir sie am folgenden Tag besser beherrschen.

US-amerikanische Hirnforscher um Matthew Walker konnten nachweisen, dass Musiker tagsüber einstudierte Passagen nach einer durchschlafenen Nacht sehr viel besser meisterten – das galt insbesondere auch für fehleranfällige Stellen, die den Musikern nach dem Schlafen sehr viel leichter von der Hand gingen. Dieser Effekt scheint vor allem durch Gehirnareale zustande zu kommen, die die Bewegung der Finger ansteuern und – durch welchen magischen Mechanismus auch immer – nachts gezielt die Passagen verbessern, die am Tag zuvor besonders schlecht geklappt haben. Auch wenn dem Schlaf das bewusste Ich zum größten Teil abgeht, so muss es doch einen Trainer geben, der eine Ahnung davon hat, welche Partitur-Abschnitte noch geübt werden müssen. Angesichts dieser wissenschaftlichen Erkenntnisse bekommt die Aussage einer Berühmtheit wie Vladimir Horowitz, dass er schwierige Passagen eines Chopin-Klavierstückes im Traum übe, eine ganz neue Bedeutung.

Von diesem Mechanismus profitieren wir genauso bei unseren täglichen Erlebnissen, nur dass diese dann in einer Aktivitätsschleife aus Hippocampus und Großhirnrinde mehrfach während des Tiefschlafes durchlaufen werden. Die neuronale Aktivität lässt sogar darauf schließen, dass Cortex und Hippocampus ganze

Sequenzen neuronaler Tagesaktivitäten wiederholen und sich diese Abschnitte gegenseitig vorspielen, bevor sie dann in der Großhirnrinde endgültig abgespeichert werden. Diese Art des Informationstransfers ist insofern sinnvoll, als der Hippocampus wieder frei und offen für neue Informationen werden muss: Sowohl unser Ortsgedächtnis als auch unser Faktenwissen und unser autobiographisches Gedächtnis hängen initial vom Hippocampus ab. Da der Hippocampus aber nicht der Ort des Langzeitgedächtnisses ist, selbst wenn er eine seiner wichtigsten Filterstrukturen darstellt, müssen die Informationen ins Langzeitgedächtnis übertragen werden.

»Denken ist die Arbeit des Intellekts, Träumen sein Vergnügen.«
Victor Hugo

Lernen im Schlaf geschieht also im Wesentlichen durch stupides Wiederholen – da kann man dem Schlaf nur dankbar sein, dass er einem das abnimmt! Für das sprichwörtliche Üben, das den Meister macht, gibt es offenbar selbst im Schlaf keine Alternative.

Nächtliche Umbauprozesse
Ein wichtiger Teil des Lernens in der Nacht besteht darin, die Informationsverarbeitung zwischen Nervenzellen untereinander im Speziellen und zwischen ganzen Gehirnarealen im Allgemeinen effektiver zu machen. Was das betrifft, kann die Bedeutung des nächtlichen Schlafes gar nicht hoch genug geschätzt werden. Dabei geht es nicht darum, Lernprogramme zu bewerben, bei denen wir im Schlaf Kopfhörer aufgesetzt bekommen, um für die nächste Prüfung zu lernen. Das ist in etwa so wirkungsvoll wie das berühmte Buch, das man sich unters Kopfkissen legt. Zwar können wir im Schlaf nichts lernen, was uns nicht schon am Tag begegnet wäre. Aber wenn wir nach einem anstrengenden Lerntag nicht genug schlafen, verpufft ein Teil der Lernanstrengungen – ein längerer Schlafentzug kann schlimmstenfalls zur Amnesie führen.

Schlaf ist also essentiell für das Lernen, und die Behauptung, wir schlafen, um zu lernen, ist nicht vollkommen abwegig. Wie wir gesehen haben, lernt der Mensch sowohl in den Schlafphasen mit den schnellen Augenbewegungen als auch in den Tiefschlafphasen, die sich in einem neunzigminütigen Rhythmus abwechseln. Auf der zellulären Ebene der Neurone könnte das bedeuten, dass Synapsen, die sich tagsüber aufgrund eines Lernereignisses verstärkt haben, z. B. durch eine Langzeit-Potenzierung (siehe Kapitel 3), besonders stabilisiert werden. In der Nacht finden durch häufige Re-Aktivierung genau in diesen Synapsen Umbauprozesse statt, welche die flüchtigen Verstärkungen dauerhaft zementieren. Auf der anderen Seite gibt es aber auch Synapsen, die tagsüber aktiv waren, ohne generelle Aspekte der wichtigen und bedeutsamen Lernereignisse widerzuspiegeln.

Laut einer Theorie der italienischen Schlafforscher Giulio Tononi und Chiara Cirelli werden während des Schlafens alle Synapsen, die sich im Laufe eines Tages unspezifisch verstärkt haben, langsam wieder abgeschwächt. Offen bleibt hier die Frage, wie dann eine Gedächtnisspur erhalten bleiben kann. Eine Erklärung könnte sein, dass lernbedeutsame Synapsen weniger stark abgeschwächt werden als Synapsen, die durch irrelevante Stimuli leicht verstärkt wurden. Diese fallen komplett in den Grundzustand zurück, um am Folgetag »frisch und neu skaliert« für neue Lernereignisse zur Verfügung zu stehen. Über den Umweg der Kontrastverstärkung (wenig aktiv geht zurück auf null und stark aktiviert bleibt langfristig erhalten) könnte nicht nur das Lernen gefördert werden, sondern das Gehirn könnte langfristig auch viel Energie einsparen. Das ist deshalb von Bedeutung, weil ihm die synaptische Aktivität einer Nervenzelle sehr viel Energie entzieht. Diese funktionelle Homöostase – die Gesamtheit der synaptischen Stärken eines Neurons soll immer ungefähr gleich bleiben – geht einher mit der Aufrechterhaltung eines strukturellen Gleichgewichts: Wenn tagsüber neue Synapsen gebildet wurden, werden nachts an anderer Stelle desselben Neurons wiederum welche abgebaut – nicht um Gedächtnisprozesse zu zerstören, sondern um die Signalverarbeitung so kontrastreich und so klar wie möglich zu machen. Somit können über strukturelle Gestaltungsprozesse unwichtige Aspekte eines Ereignisses gelöscht werden. Nach dieser Synaptischen Homöostase-Theorie (SHT) besteht eine wesentliche Rolle des Schlafes darin, auf der einen Seite Gedächtnisprozesse zu ermöglichen und das Gehirn andererseits über eine Rekalibrierung der Synapsen in Richtung des Grundniveaus wieder für neue Lernereignisse vorzubereiten. Kurz, er fördert die Konsolidierung von Lerninhalten *und* damit die Wahrscheinlichkeit, das Gelernte auch zu erinnern; außerdem schafft es Speicherplatz für neue Lerninhalte am folgenden Tag.

Marcus Fabius Quintilianus, der schon im 1. Jahrhundert Memotechniken lehrte und selbst ein fabelhaftes Gedächtnis gehabt haben soll, schrieb einst: »Sonderbarerweise kann eine einzige Nacht das Gedächtnis verbessern ... Aus welchen Gründen auch immer fallen uns Dinge, die wir auf Anhieb nicht erinnern, mühelos am folgenden Tag ein. Die Zeit selbst, die wir gewöhnlich als Ursache des Vergessens ansehen, scheint tatsächlich das Gedächtnis zu stärken.«

Die Nachtruhe festigt dabei nicht nur die frischen Gedächtnisspuren, sondern sie verändert sie auch qualitativ. Dies konnten verschiedene Forscherteams zeigen, unter anderem in Versuchen mit Probanden, die vor dem Schlafengehen ein mathematisch-logisches Rätsel lösen mussten. Menschen, die dazu nicht imstande waren und eine Nacht lang über das Problem schlafen durften, fanden den Dreh meist am Morgen danach, wohingegen Probanden, die morgens vor das Rätsel gestellt wurden und im Laufe des Tages nicht schlafen durften, sich sehr viel schwerer mit der Lösungsfindung taten. Während wir schlafen, schuften unsere Gehirne also weiter und reaktivieren hierbei zuvor aufgenommene Informationen, kombinieren sie neu und bereiten alles für das morgendliche Heureka-Erlebnis vor!

Insgesamt besteht eine wichtige Funktion von Schlaf darin, tagsüber Gelerntes zu verfestigen und auszusortieren, was das Gehirn vergessen darf. Allerdings sei bei dieser Gelegenheit daran erinnert, dass das Schlafen während der Schulstunde, der Fortbildung oder gar der Vorlesung das Lernen nicht verbessert!

Luzide Träume als Lernräume

Natürlich wäre es schön, man könnte die Schlafphase in irgendeiner Form aktiv für das Lernen funktionalisieren. Aber geht das wirklich?

Nun, hierfür gibt es eine einfache und eine kompliziertere Antwort. Die einfache lautet: Je regelmäßiger wir die Uhrzeiten einhalten, zu denen wir ins Bett gehen und wieder aufstehen (auch am Wochenende), desto zuverlässiger können wir einschlafen und durchschlafen und desto besser können wir im Schlaf lernen bzw. Wissen konsolidieren. Alkohol und Drogen zum Beispiel verändern unseren Schlafrhythmus und können vor allem das langfristige Einspeichern des tagsüber Gelernten verhindern. Insofern sollte man in intensiven Lernphasen unbedingt genügend Schlaf einplanen, denn dabei wird, sozusagen frei Haus und ohne Aufwand, das Erlernte durch iterative Schleifen zwischen verschiedenen Gehirnarealen wiederholt. Auf diese »Zugabe des Wiederholens« sollte man nicht freiwillig verzichten. Zwar hat wahrscheinlich jeder von Ihnen die Erfahrung gemacht, dass man auch mit wenig Schlaf und einem hohen Adrenalinspiegel vor Prüfungen lernen kann, aber Sie machen es sich unnötig schwer. Hinzu kommt, dass Schlafentzug in Prüfungsphasen verhindert, dass das Aufgenommene auch langfristig gespeichert wird, das Wissen also noch Wochen und Monate nach der Prüfung abgerufen werden kann. Bis dahin sind die Zusammenhänge einfach.

Die deutschen Schlaf- und Lernforscher Jan Born und Björn Rasch, damals an der Universität Kiel, gingen noch weiter. Sie wollten wissen, ob man nicht Einfluss darauf nehmen kann, *was* im Schlaf gelernt werden soll. Zu dieser Frage haben sie ein aufsehenerregendes Experiment durchgeführt und Belege dafür gefunden, dass man bestimmte Lerninhalte, wenn sie mit einem speziellen Duft gepaart werden, besser erinnern kann, sobald ebenjener Duft dem Schlafenden in Tiefschlafphasen unter die Nase gesprüht wird. Düfte sind hierbei eine sehr kluge Wahl, denn im Unterschied zu allen anderen Sinnen, die über den des Nachts abgeschalteten Thalamus zur Großhirnrinde weitergeleitet werden (und damit stark gedämpft sind), gelangen Düfte direkt in die Großhirnrinde. Entsprechend werden sie wohl auch im Schlaf hinreichend verarbeitet: Von der Nasenschleimhaut geht der Riechnerv (der kürzeste der zwölf in das Gehirn führenden Nerven) direkt in den Bulbus olfactorius des Gehirns und wird zu jeder Zeit als einziges Sinnessystem am Thalamus vorbei direkt in der Großhirnrinde verarbeitet. Der Bulbus olfactorius hat direkten Kontakt zu Strukturen des limbischen Systems, wodurch Gerüche sehr starke Gefühle auslösen können. Im Zusammenhang mit dem Lernen ist der direkte Kontakt zum Hippocampus besonders wichtig. Dieser direkte Input erklärt auch, warum Gerüche häufig ganze Kaskaden an autobiographischen Erinnerungen wachrufen können: Gerüche binden Erlebnisse als assoziative Elemente zusammen und haben durch direkte Verschaltungen einen großen Einfluss auf die neuronale Verarbeitung. Fazit: Düfte mit spezifischen Lerninhalten zu assoziieren ist eine vielversprechende Methode, um im Schlaf spezifische Lerninhalte zu konsolidieren.

Wie genau erfolgte aber dieses unglaubliche Experiment des geruchsassoziierten Lernens im Schlaf? Die Probanden mussten tagsüber eine Art Memory spielen und sich währenddessen die Position von 15 zusammengehörigen Spielkarten merken. Im Verlauf dieser Übung wurde den Probanden bewusst Rosenduft zugeleitet – damit wurde die Assoziation zu den Spielkarten erzeugt. Bei solchen Experimenten ist wichtig, dass weder der Versuchsleiter noch der Proband wissen, welcher Duft oder welche Kontrollsubstanz wann gegeben wurde; dies wurde erst am Ende der Auswertung der Experimente von einem unabhängigen Wissenschaftler offengelegt (somit erfolgten die Untersuchungen doppelt blind, weder die Teilnehmer noch der Wissenschaftler wussten um die assoziierten Düfte). Dann folgte der schwierige Teil des Experiments: Die Probanden mussten sich in einem Schlaflabor zur Ruhe legen und wurden dabei mit EEG-Drähten an ihrem Kopf und einem Schlauch an der Nase verkabelt. Dieser führte in bestimmten Schlafphasen den bekannten Rosenduft oder einen Kontrollduft gezielt in die Nase der Probanden. Der Duft beim assoziativen Lernen war generell hilfreich, egal ob er am Tag mit den zu lernenden Karten assoziiert war oder nicht. Wurde der Duft jedoch nur nachts verabreicht, so blieb er wirkungslos.

Tatsächlich konnten Born und Rasch in diesem aufwendigen Experiment nachweisen, dass die Probanden die Kartenpaare signifikant besser nennen konnten, wenn ihnen der Rosenduft während der Tiefschlafphase zugeleitet wurde! Wurde der Duft ausschließlich während des REM-Schlafs eingeweht, hatte er keine positiven Auswirkungen auf den Lerneffekt. Den beiden Schlafforschern war es gelungen, eine bestimmte Gedächtnisspur – Kartenpaare – gezielt im Schlaf durch den Duft zu reaktivieren und zu erwirken, dass sich diese spezifische Kartenpaar-Erinnerung im Schlaf verfestigte. Dieser Prozess des Lernens erfolgt im deklarativen Gedächtnis.

Was aber passierte, wenn die Probanden aus dem Bereich des prozeduralen Gedächtnisses lernen mussten? Dazu bekamen die Teilnehmer eine motorische Lernaufgabe: Sie sollten eine bestimmte Fingersequenz erlernen. Auch hierbei waren alle Teilnehmer am nächsten Morgen erfolgreicher als am Tag zuvor, aber die gleiche Duftkonstellation in der Tiefschlafphase hatte keinen zusätzlichen Effekt. Dies ist ein wichtiges Kontrollexperiment, denn motorisches Lernen wird, ebenso wie das Verfestigen von Routinen, im REM-Schlaf trainiert, weshalb der in dieser Phase verabreichte Rosenduft keinen Effekt auf das Lernen einer motorischen Aufgabe hatte. Damit haben die Autoren der Studie die Spezifität des Lernens von deklarativen Gedächtnisinhalten in der Tiefschlafphase nachdrücklich unter Beweis gestellt.

Im Kernspintomographen zeigte sich während der Tiefschlafphase ein Wechsel der neuronalen Aktivität zwischen Hippocampus und Großhirnrinde. Welche Daten dort zwischen diesen für das Gedächtnis wichtigen Gehirnarealen ausgetauscht werden, weiß man nicht. Aber man weiß, dass der Hippocampus wichtig für das Kurzzeitgedächtnis ist, vor allem für deklarative Gedächtnisprozesse wie das Faktenlernen und das räumliche Gedächtnis. Hier werden Assoziationen gebildet, zum Beispiel, wenn wir zwei gleiche Karten beim Memory-Spielen entdecken. Langfristig werden diese Daten dann in der Großhirnrinde, vor allem im Temporallappen, abgelegt. Der Hippocampus wurde besonders aktiv, wenn nachts der Rosenduft in die Nase der Probanden geweht wurde – und zwar nur bei den Probanden, die auch beim Lernen der Kartenpaare den Duft verabreicht bekommen hatten! Die Wissenschaftler vermuteten, dass der Hippocampus quasi durch den Rosenduft auf die richtige Spur gesetzt wurde. Die Assoziationen wurden verarbeitet und langfristig abgespeichert, denn kurz darauf wurde auch die Großhirnrinde aktiver. Hier trifft sich also die menschliche Hirnforschung mit den oben erwähnten tierexperimentellen Befunden. So wie Matt Wilson zeigen konnte, dass ganze Tagessequenzen an neuronaler Aktivität nachts im Nagetiergehirn wieder abgespielt werden, so sind auch die Daten, die an Menschen erhoben wurden, dahingehend interpretierbar: Beim Darreichen des Rosenduftes legt der Hippocampus in Abstimmung mit der Großhirnrinde assoziativ die Daten ab, die mit dem Duft verbunden sind.

Wie Schlaf die Konsolidierung von Hippocampus-abhängigen Erinnerungen verstärkt, dafür existieren zwei zentrale Konzepte: Zum einen könnten indirekt synaptische Verschaltungen global herunterskaliert werden. Dafür könnte die langsame oszillatorische Aktivität des Tiefschlafes verantwortlich sein. Die tagsüber aktivierten Synapsen würden also einem besonderen Schutz unterliegen. Zum anderen könnte eine häufig wiederholte Reaktivierung von neukodierten hippocampalen Repräsentationen die Gedächtniskonsolidierung bedingen.

Die Experimente mit dem Rosenduft zeigen in jedem Fall, dass der Weg über die Reaktivierung möglich ist und das Erinnern steigert.

Vorurteile im Schlaf verändern
Natürlich könnte man argumentieren, dass man bestimmt sinnvollere Lerninhalte im Schlaf üben kann als die Position von Memory-Karten. Etwa schlechte Gewohnheiten loszuwerden, ein Sucht-

empfinden zu mindern, Ängste zu überwinden oder Vorurteile zu unterdrücken. Und Sie haben Recht. Aber Schlaf- und Lernforscher untersuchen auch schon diverse neue Möglichkeiten, wie man sich den Schlaf für das gezielte Lernen zunutze machen kann.

Gerade Vorurteile, die bereits in jungen Jahren geprägt werden und oftmals unbewusst unsere Wahrnehmungen und Entscheidungen beeinflussen, erweisen sich als äußerst resistente Gegner neuer Erfahrungen und somit neuen Lernens (siehe Kapitel 2). 2016 machte ein amerikanisches Forscherteam eine spannende Beobachtung: Die Probanden übten am Tag, Vorurteile gegen Frauen und Menschen mit anderer Hautfarbe fallen zu lassen. Die Teilnehmer wurden darin trainiert, wissenschaftliche Begriffe mit Frauengesichtern und positive menschliche Eigenschaften mit Bildern von andersfarbigen Menschen zu assoziieren. Begleitet wurden die Übungen von einem bestimmten auditorischen Signal: ein Ton, der immer wieder als Hintergrundgeräusch abgespielt wurde. Wurde der Ton des Nachts während der Tiefschlafphase leise abgespielt, konnte er das Erlernen neuer, positiver Verknüpfungen bewirken. Dabei musste die Lautstärke des Tons niedrig und zugleich so eindringlich sein, dass die Probanden das Geräusch unterbewusst wahrnahmen, ohne davon aufgeweckt zu werden.

Tatsächlich konnte die Ausprägung unbewusster Vorurteile gegenüber Geschlecht und Rasse durch das nächtliche Lernen nachweislich reduziert werden. Dieses Ergebnis ist umso erstaunlicher, als ein »Verlernen« von Vorurteilen im wachen Zustand nur schwer funktioniert. Wie eine US-amerikanische Studie belegen konnte, lassen sich auf vergleichbare Weise auch Ängste bekämpfen. Warum diese Art des »Umverdrahtens des Gehirns« im Schlaf besser greift, so als ob der Wächter unserer Vorurteile und Gewohnheiten nachts schliefe, wissen wir jedoch nicht.

Tagträume
Wie Schlafforscher inzwischen herausgefunden haben, tauchen bestimmte Elemente des Lernens im Schlaf auch tagsüber auf. So ereignet sich das schnelle Abspielen gerade erlebter Sequenzen

auch im Wachzustand, vor allem während der Phasen, in denen das Gehirn in seinen Grundzustand *(default mode)* zurückfällt. Dieser Zustand stellt sich ein, wenn wir tagträumen – unsere Gedanken schweifen ab, und es fällt schwer, sich zu konzentrieren. Tagträume und Schlafen haben viele Gemeinsamkeiten: Bei beiden werden eine Reihe von Gehirnarealen aktiviert, die für beide Zustände charakteristisch sind. Teile des Schläfen- und Scheitellappens sind aktiv, während große Teile des Stirnlappens mehr oder weniger stillgelegt sind, genauso wie die Sinnesareale des Großhirns. Es ist so, als wäre das innere Auge aktiv, während die eigentlichen Augen (und auch andere Sinnessysteme) nur eingeschränkt online sind.

Im Unterschied zum Schlaf werden die Sequenzen neuronaler Aktivität während des Tagträumens jedoch rückwärts abgespult. Dies dient womöglich nicht nur dem Wiederholungslernen; indem die Sequenzen rückwärts abgespult werden, kommen neuronale Netzwerke in eine neue zeitliche Korrelation. So können neue Sequenzen mit alten assoziiert werden – ein Vorgang, der möglicherweise auch das kreative Denken unterstützt (siehe Kapitel 5).

Stark verdichtete neuronale Sequenzen hat man aber nicht nur *nach* einem Lerndurchgang gefunden, sondern auch *vor* der Ausführung einer Aufgabe – so als würde in einer Art des schnellen gedanklichen Vorspulens die Aufgabe, die erledigt werden soll, vorab einmal abgetastet bzw. geplant. Ein Vorgang, der als *preplay* bezeichnet wird. Er scheint ein weiterer Beleg dafür, dass das Gedächtnis eben auch in die Zukunft hineinreicht, um Abläufe zu planen und zu simulieren – etwas, was Hochleistungssportler vor Wettkämpfen und auch Musiker vor Auftritten explizit üben. Es ermöglicht uns, im Kopf durchzugehen, was einen erwartet, und Abläufe im Schnellverfahren simulieren – auch um potentielle Gefahren zu vermeiden. All das geschieht meist unterbewusst in Phasen des Tagträumens.

Zurück zu der Möglichkeit, im Schlaf gezielt zu lernen. Neuesten Versuchsergebnissen zufolge können sogenannte luzide Träume uns dazu befähigen. Luzide Träume oder Klarträume sind dabei solche Träume, in denen man völlige Klarheit darüber besitzt, dass man träumt, und nach eigenem Entschluss handeln kann. Es ist der Versuch, das Traumgeschehen bewusst zu kontrollieren. Dass nächtliches und während des Tages ablaufendes Träumen nicht kategorisch unterschiedlich sind, wurde bereits erwähnt. Entsprechend sind Klarträume gar nicht so selten und ungewöhnlich, wie man meinen könnte. In verschiedenen Studien gaben mehr als die Hälfte aller befragten Probanden an, schon Klarträume erlebt zu haben. Und genau an solchen Probanden hat die Frankfurter Psychologin Ursula Voss versucht herauszufinden, ob man gezielt Tagträume induzieren kann.

Dazu hat man zunächst die Frequenzen vermessen, die bei Tagträumern im EEG auftreten. Sie liegen im Bereich von ca. 40 Hertz, d. h., sie weisen eine Aktivität in Wellenbewegung auf, die in der Sekunde etwa vierzig Berghügel hat. Diese Wellen bezeichnet man als Gamma-Wellen. Sie treten auch im REM-Schlaf auf. Doch woher wussten die Wissenschaftler, ob die Probanden tagträumten? Hier half ein Trick. Da die Motorik eingeschränkt ist und jede komplexe Bewegungsfolge der Studienteilnehmer beim Tagträumen gestört hätte, vereinbarten die Versuchsleiter mit ihnen vorab ein Signal: Zwei Augenbewegungen kurz hintereinander in die gleiche Richtung.

Diese Gamma-Wellen-Frequenz wurde in ein Gerät eingespeichert, das mit Hilfe von Elektroden einen Wechselstrom im Bereich des Stirn- und Scheitellappens bei Schlafenden anlegt. So konnte man das Gehirn in einen bestimmen Frequenzbereich »hineindrücken«. Und in der Tat übernahmen die Großhirnareale die Frequenz der Elektroden. Wie die Wissenschaftlerin vermutet hatte, konnte man auf diese Weise bei Dreiviertel der Probanden Tagträume auslösen. Die Probanden gaben an, dass sie bei dieser vorgegebenen Taktfrequenz das Gefühl hatten, ihre Träume steuern zu können. Sie berichteten aus der eigenen Perspektive, was sie erlebt hatten, d. h., sie waren Traumbeobachter und gleichzeitig im Traum aktiv Handelnde; sie konnten also ihren Traum beeinflussen und damit auch, wovon sie träumten. Wurde dagegen eine niedrigere Frequenz von 25 Hertz verwendet, sahen sie sich nur als Handelnde im Traum. Damit war eine Möglichkeit geschaffen, ganz gezielt im Traum das zu trainieren, was man trainieren möchte.

Aber auch ohne elektrische Hilfsmittel ist es möglich, Klarträume für Trainingszwecke einzusetzen: Einige Spitzensportler nutzen diese Form des gesteuerten Traumes, um vor dem Wettkampf eine Art mentale Zeitreise ins Stadion zu machen und Bewegungsabläufe zu üben oder morgens im Bett in einem Klartraum eine Reckübung im Schnelldurchgang zu durchlaufen. Die Athleten sind dabei so gefesselt in ihrem Kopfkino, dass ihr Puls messbar steigt.

Wissenschaftler am Max-Planck-Institut für Psychiatrie in München fanden heraus, dass das Gehirn sogar Impulse an die Muskeln schickt, wenn bestimmte motorische Übungen mental im Klartraum durchgeführt werden. Hirnorganisch liegt der Unterschied zwischen Klarträumen und »normalen Träumen« darin, dass im Klartraum der Stirnlappen zu einem gewissen Grad aktiv bleibt: So findet sich in diesem Modus genug Aktivität, um sich noch als Ich-Person zu erleben und bis zu einem gewissen Grad den Traum zu steuern. Auf der anderen Seite ist die Aktivität stark heruntergefahren, so dass man sich in einem Schwebezustand zwischen vollständig wachem Bewusstsein und REM-Schlaf befindet.

Es wird zukünftigen Studien überlassen bleiben zu erproben, ob man das Klarträumen einüben kann, um seine vielfältigen Möglichkeiten des Lernens auch für Prüfungssituationen zu nutzen oder gar um Ängste zu bekämpfen – auch das ist denkbar.

Warum wir träumen

Bislang habe ich Ihnen aktuelle Theorien dargelegt, die beschreiben, warum wir schlafen und dabei lernen, Wissen konsolidieren und das Gehirn einer nächtlichen synaptisch-verankerten Aufräumaktion unterziehen. Aber wie stehen Träume in einer kausalen Beziehung zu Lern- und Gedächtnisvorgängen? Was treibt das Gehirn, wenn wir in einer Traumwelt zu Gast sind? Wie sieht die reproduzierbare physiologische Entsprechung des Träumens aus? Diesen Fragen werde ich mich im Folgenden widmen.

Ein Traum kann eine Erinnerung an etwas sein, was wir am Tag erlebt haben, oder unser inneres Erleben beim Träumen selbst, so als würde in unseren Gehirnen die neuronale Aktivität erlebbar. In dieser Hinsicht gab es in den letzten Jahren enorme Fortschritte: So gelang es einer Forschergruppe aus Kyoto, Träume mit Hilfe eines Kernspintomographen sichtbar zu machen. Die Wissenschaftler konnten anhand der Aktivitätsmuster im Gehirn von Probanden vorhersagen, wovon sie geträumt hatten – noch bevor die Probanden aufwachten. Sie konnten aus diesen Sequenzen sogar Filme drehen, die zumindest dem Traumerleben der Probanden ähnelten; das Ergebnis kann man sich sogar auf YouTube ansehen: https://youtu.be/inaH_i_TjV4.

Wie wir gesehen haben, übt das Gehirn das tagsüber Gelernte nachts weiter. Eine nicht unbegründete Hypothese ist, dass sich hierbei in den sensorischen Arealen, die am Lernerlebnis beteiligt werden, entsprechende synaptische Verbindungen verstärken. Und bei diesem Prozess könnte ein Teil der Traumbilder entstehen. Daraus scheint sich mir eine gute Theorie für das Träumen abzuleiten: Träume sind Nach- oder Schattenbilder der Gedächtnisspuren, die sich in der Nacht in unseren Gehirnen bilden, vor allem der Dinge, die wir neu gelernt haben. Und in den ersten Schlafphasen wird wohl vor allem das verarbeitet, was wir als Letztes neu gelernt haben. Dieses Neue taucht dann in markanten Aspekten im Traum auf.

Das überzeugendste Experiment, um diese Überlegung zu befeuern, haben Schlafforscher in einer komplexen Versuchsanordnung durchgeführt: Zunächst mussten die Probanden eine Woche lang mit Brillen herumlaufen, die alle Gegenstände in rötliche Farbe tauchten. Dann mussten sie eine Woche lang die Nächte mit zig EEG-Kabeln verkabelt im Schlaflabor verbringen, wo sie in regelmäßigen Abständen aufgeweckt wurden. Mit dem Ergebnis, dass die Teilnehmer vermehrt in Rot träumten, allerdings nicht immer zur gleichen Schlafzeit. Zu Beginn des Experiments fanden die rotstichigen Träume am Anfang der Schlafphase statt; mit jeder weiteren Nacht im Schlaflabor verschoben sie sich zeitlich weiter nach hinten.

Diese und andere Experimente legen nahe, dass das Gehirn in der ersten Schlafphase versucht zu entscheiden, was an dem vorangegangenen Tag wichtig war, was aussortiert werden kann und was ordentlich abgespeichert werden muss. Erst danach kann sich das Gehirn Ereignissen aus den Tagen davor widmen. Allerdings könnte in diesen späteren Schlafphasen eine Art zweite Lernphase einsetzen. Die gelernten Abläufe, Fakten und Umstände werden im Lichte früherer Erlebnisse bewertet, mit diesen verknüpft und möglicherweise neu einsortiert. Nun spielen Gefühle als bewertende Instanzen eine wichtige Rolle. Die werden vor allem in den frühen Morgenstunden dem nächtlichen Lerngeschehen beigemixt und lassen die Träume emotionaler erscheinen. Dies geschieht ohne den störenden Fluss an Sinnesinformationen, die in den Wachstunden das Abspeichern, Verknüpfen und Aussortieren immer wieder stören würden.

Während man bisher annahm, dass wir nur in REM-Schlaf-Phasen träumen, haben neuere Untersuchungen gezeigt, dass wir auch im Nicht-REM-Schlaf (Tiefschlaf) Träume haben – meist fällt es nur schwerer, darüber zu berichten. Was wir nach dem Aufwachen erinnern, sind meist die Träume, die wir in der letzten Stunde des Schlafes erlebten, und dieser Schlafanteil ist äußerst REM-lastig.

Schattenbilder des Gedächtnisses
Auch ich kann in diesem Buch den Schleier über unsere Träume nicht gänzlich lüften. Womöglich werden wir erst in zehn Jahren Definitives dazu sagen können. Nach heutigem Kenntnisstand scheinen mir Träume vor allem Schattenbilder von Gedächtnisprozessen zu sein: Am Ende des Schlafes verarbeitet man Erlebnisse, die schon länger her sind, und kombiniert sie mit den jüngsten Ereignissen, die vornehmlich im Tiefschlaf bearbeitet werden.

Das Gehirn versucht dann Aktuelles mit älteren Ereignissen zu kombinieren und das Geschehene mit Emotionen zu verbinden. Vor allem während der frühen Morgenstunden nutzt unser Gehirn Neurotransmitter, etwa den Botenstoff Acetylcholin, die das Assoziieren erleichtern, um frühere Ereignisse, Erlebnisse und zusammenhängende Fakten miteinander zu verknüpfen.

Dieser Umstand des assoziationsfördernden Milieus lässt sich sogar testen: Weckt man Probanden im REM-Schlaf in den Morgenstunden, sind sie z. B. besonders gut im Scrabbeln. Bei diesem Wortfindungsspiel sollen aus willkürlich zusammengewürfelten Buchstaben kreativ neue Wörter gebildet werden. Mit einem von Acetylcholin durchfluteten Hirn gelingt dies leichter. Umgekehrt weiß man auch, dass bei Menschen mit einer Alzheimer-Erkrankung Neurone, die als Neurotransmitter Acetylcholin verwenden, als Erste in ihrer Funktion eingeschränkt sind und häufig frühzeitig absterben. Alzheimer-Patienten zeigen schon in der frühen Phase dieser Art von Demenz ein gestörtes Schlafverhalten, und es wird darüber geforscht, ob das Fehlen einer ausreichenden Menge an Acetylcholin im Schlaf nicht zur Beschleunigung des Krankheitsverlaufs beiträgt.

Zurück zu unseren Träumen: Träume bilden keineswegs eins zu eins unsere Lernereignisse ab. Meistens tauchen sie stark verfremdet auf, oft noch nicht einmal als kohärente Geschichte. Die gesamte sich dabei abspielende neuronale Aktivität verwandelt sich beim Aufwachen zu einem bizarren Gebilde, das nur schwer in eine kohärente Episode zu verpacken ist. Da wir aber in Narrativen denken, bastelt sich unser Gehirn beim Aufwachen eine zusammenhängende kurze Geschichte aus dem Nachflimmern neuronaler Aktivität beim Träumen.

Träume wären somit die kleinen Inseln der Erinnerung an die Vorgänge, die in der Nacht in unseren Köpfen abgelaufen sind – stark verfremdet und stark verkürzt. Denn der »Erzähler« in unserem Kopf schläft und übernimmt die Erzählerrolle erst wieder beim Aufwachen in der Rückschau auf das Nachglimmen der neuronalen Aktivität in verschiedenen Gehirnarealen.

»Ohne Tiefschlaf würden wir zu wenig Informationen behalten, ohne REM-Schlaf hingegen blieben sie beziehungslos neben anderen Erfahrungen stehen und wären damit wertlos«, schreibt der Wissenschaftsjournalist Stefan Klein in seinem Buch *Träume*. In der Tat zeigt sich, dass Menschen für ein gutes Gedächtnis beide Schlafphasen – REM-Schlaf genauso wie den Tiefschlaf – benötigen. Zudem müssen diese Schlafphasen in der richtigen Reihenfolge durchlaufen werden. Der Tiefschlaf würde dann die bewussten (deklarativen) Tageserlebnisse verarbeiten, der REM-Schlaf die diesen Ereignissen zugrunde liegenden Gemeinsamkeiten. Der REM-Schlaf übt Routinen ein und verknüpft das Geschehene mit Emotionen.

In der Tat kann man festhalten, dass der Schlaf eines jeden Menschen ein komplexes Verhaltensgebilde ist. Unser Schlaf und unsere Träume sind nicht weniger komplex (und nicht weniger wichtig) als andere Formen des Lernens, Abspeicherns und Erinnerns in hochkonzentrierten Lernphasen. Und man kann beruhigt oder auch beunruhigt feststellen, dass auch 1800 Jahre nach Artemidor die wissenschaftliche Schlaf- und Traumdeutung noch immer weitgehend im Dunkeln tappt. Aber ich bin sicher, dass Lernen, Erinnern und Problemlösen Teile von Morpheus' nächtlichem Tun beinhalten.

Gesunder Schlaf steigert die Gedächtniskraft

Schlafen sollte eine Selbstverständlichkeit sein: Opossums schlafen 18, Frettchen 14, Hunde 10 Stunden pro Tag. Warum aber ist es manchmal so schwierig, dass ein erwachsener Mensch die im Mittel sieben bis acht Stunden Schlaf bekommt? Schlafstörungen gehören mittlerweile zu den häufigsten Zivilisationskrankheiten. Die Ursachen sind vielfältig und bedürfen nicht selten auch einer ärztlichen Untersuchung bis hin zu einem Besuch in einem Schlaflabor. Denn ein gestörter Schlaf schädigt auf Dauer unsere Gedächtnissysteme.

Folgende Anregungen können dazu beitragen, das eigene Schlafverhalten wieder besser in den Griff zu bekommen:
1. Kurze Schlafpausen (Nickerchen) in der Mittagszeit erhöhen die Konzentrationsfähigkeit am Nachmittag. Sie sollten nicht länger als zehn bis zwanzig Minuten sein, sonst kann der nächtliche Schlaf gestört werden.
2. Es kommt der Qualität des nächtlichen Schlafes zugute, wenn man sich an allen sieben Tagen der Woche an eine bestimmte Länge hält und dabei immer zu derselben Zeit schlafen geht bzw. aufsteht. So sind die verschiedenen Biorhythmen des Körpers optimal aufeinander abgestimmt. Allerdings benötigen die Menschen unterschiedlich viel Schlaf: Erwachsene kommen meist mit sechs bis acht Stunden aus. Warum Menschen sich hierin unterscheiden, ist nicht bekannt, es hat in jedem Fall nichts mit viel und wenig Lernen zu tun!
3. Die innere Uhr verstellt sich durch helles Licht – das ist morgens gut, da sollten Sie es geradezu suchen, aber nachts sollte man, soweit es geht, helles Licht meiden.
4. Treiben Sie tagsüber Sport, das führt zur Anreicherung von schlaffördernden Substanzen im Gehirn, die abends das Einschlafen befördert. Am Abend selbst sollten sie möglichst nicht mehr sportlich aktiv sein, denn dann wirkt der Wachmacher-Effekt des Noradrenalins aus dem Hirnstamm des Gehirns und aus den Nebennieren gegen den Schlaf an.
5. Mindestens vier Stunden vor dem Schlafengehen sollte man Koffein meiden und auch auf hohe Alkoholdosen verzichten, denn Alkohol kann den REM-Schlaf empfindlich stören, was sich vor allem in der zweiten Nachthälfte bemerkbar macht, wenn die REM-Schlaf-Phasen in der Länge zunehmen.
6. Auch wenn man am späten Abend keine größeren Nahrungsmengen mehr zu sich nehmen sollte, können kleine Mahlzeiten, die Banane, Milch und Schokolade beinhalten, dem Schlaf dienlich sein. Die darin vermehrt enthaltene Aminosäure Tryptophan wird im Gehirn zu Serotonin umgebaut, was den Schlaf fördert.

Fundstück: Eine Hemisphäre als Nachtwache

Wann immer ich in Urlaub fahre oder auf längeren Dienstreisen bin, erweist sich der Schlaf in der ersten Nacht als schwierig. Ich schlafe schlecht ein, bin leicht aufweckbar und auch früher wach als in meiner gewohnten Schlafumgebung – danach befragt, ergeht es vielen Menschen so. Sicherlich gibt es die verschiedensten Erklärungen dafür, eine der interessantesten ist jedoch diese, die Wissenschaftler um Yuka Sasaki von der Brown University in Rhode Island, USA, gefunden haben: Zum einen ist es eine wissenschaftlich als Schlafstörung klassifizierte Beobachtung, dass die erste Nacht an einem fremden Ort häufig mit Schlafunterbrechungen einhergeht. Sasaki und Kollegen haben nun Probanden in einer solch neuen Umgebung mit Hilfe von modernen bildgebenden Verfahren und der Polysomnographie (eine klassische Methode der Schlafforschung, die die Tiefe und Physiologie des Schlafes untersucht) vermessen. Dabei stellten sie fest, dass die Versuchspersonen im Unterschied zu einem Schlaf in gewohnter Umgebung an neuen Orten eine starke Asymmetrie in der nächtlichen Aktivität zwischen den Gehirnhemisphären aufwiesen.

Normalerweise sind beide Hemisphären in der Einschlafphase und auch während des Schlafes gleich aktiv bzw. zeigen die gleichen neuronalen Rhythmen. An Orten, die sie nicht kannten, hatten die Probanden eine Hemisphäre »auf einem höheren Wachheitsgrad belassen«. Diese Hemisphäre sprach sehr stark auf externe Geräusche an, auf die im Schlaf normalerweise nur sehr reduziert reagiert wird, fast wie die Hemisphäre einer wachen Person. Quasi so, als würde das Gehirn eine Hemisphäre dazu bestimmen, Nachtwache zu halten, wenn wir in einer ungewohnten Umgebung schlafen. Das bedeutet: Unser Gehirn reguliert je nach Bekanntheitsgrad der Umgebung den »Wachheitsgrad« während des Schlafes hemisphärengenau. Wer also auch an fremden Orten gut und schnell ein- und durchschlafen will, sollte ein Kuscheltier oder ein anderes Objekt mit einem vertrauten Geruch mitnehmen.

KAPITEL 5

Kreativität und Wissen: Geschwister, nicht Feinde!

> »Es ist schwierig für kreative Menschen, sich selbst zu verstehen. Dies liegt vor allem darin begründet, dass der kreative Teil einer Person komplexer ist als sein nicht-kreativer Bestandteil. Die Elemente, die besonders augenfällig sind, sind Widersprüche und Paradoxien des kreativen Selbst. Schöpferische Menschen haben einen irgendwie verworrenen Verstand.«
> Scott Barry Kaufman, Psychologe

Brüder im Geiste

Vor einigen Jahren durfte ich an der Entwicklung und Vorbereitung einer großen Quizshow im Fernsehen, *Der klügste Deutsche*, mitwirken. Ich hatte die Aufgabe, Kandidaten mit auszuwählen, die sowohl intelligent als auch kreativ sind und diese Fähigkeiten auch unter Studiobedingungen abrufen konnten. Bei einer dieser Vorauswahltreffen mussten die Kandidaten eine Erdnussschale aus einer hohen, engen Vase herausbugsieren, ohne die Vase zu berühren. All dies vor den kritischen Augen des Moderatorenteams Judith Rakers, Eckart von Hirschhausen und Frank Plasberg. Die Uhr tickte, die Kandidaten versuchten meist erst mit den Fingern an die Erdnussschale zu kommen oder am Tisch zu wackeln (damit die Vase umfiel). Einige schauten nach einer Minute ratlos in die Runde, ließen den Blick durch den Raum schweifen und waren kurz davor aufzugeben, doch dann kam ihnen die entscheidende Idee: Die Wassergläser für die nervösen Kandidaten waren gut gefüllt – man konnte den Inhalt problemlos in die Vase füllen und die Erdnuss dank ihres Auftriebes ernten.

Wie gesagt, ich war als wissenschaftlicher Beobachter dabei und konnte den Menschen beim Denken regelrecht zusehen. Vor allem aber war es eine tolle Möglichkeit, der menschlichen Kreativität bei der Arbeit zuzuschauen. Allerdings hatte ich meine Zweifel, als die Moderatoren den Kandidaten immer wieder mit der Aussage helfen wollten: »Machen Sie sich frei von all Ihrem Wissen und denken Sie ganz neu nach.«

Kreativ zu sein ist heute so populär wie noch nie. »Kreativität« wird konnotiert mit Phantasie, Witz, Intellektualität oder zumindest einer handwerklichen Begabung wie Malen, Kochen oder Schreinern. Sie wird gehandelt wie eine Geheimformel zur Standortsicherung Europas gegen den Rest der Welt. Also, so könnte man meinen, wird sie mit Sicherheit auch wissenschaftlich intensiv untersucht. Aber seit dem Jahr 2000 sind gerade einmal 10 000 Fachartikel zum Thema Kreativität erschienen. Klingt nach viel? Nicht im Vergleich zu den Publikationen aus anderen Forschungsfeldern: Innerhalb der letzten 15 Jahre wurden mehr als 1,7 Millionen wissenschaftliche Publikationen veröffentlicht, die das Stichwort »Kaffee« enthielten. Sein bekanntester Inhaltsstoff, das Koffein, hat es sogar zu einer eigenen Fachzeitschrift gebracht, dem *Journal of Caffeine Research*. Dagegen wird Kreativität, diese so wichtige und neben der Sprache menschlichste aller kognitiven Tätigkeiten, eher stiefmütterlich behandelt. Dieser Umstand mag misslich oder aber der Tatsache geschuldet sein, dass Kreativität sich mit den reduktionistischen Werkzeugen einer sezierenden Wissenschaft in Laborsituationen nur schwer untersuchen lässt. In einem Buch über das menschliche Gedächtnis sollte sie aber aus meiner Sicht der Dinge heraus jedenfalls nicht fehlen.

Kreativ sein bedeutet, sich von vorhandenem Wissen zu befreien und dadurch Neues zu generieren, möglichst ohne dabei an Altes zu denken. Der Bruch mit Altem (etwas im kulturellen oder persönlichen Gedächtnis Verhaftetes) ist programmatisch für kreative Prozesse. Schadet also unsere wissensbasierte Systematisierung der Welt der Kreativität? Bei besonders kreativen Menschen sind wir uns schnell darüber einig, dass sie diesbezüglich über eine Begabung verfügen – Kreativität kann man sich nicht antrainieren oder erlernen. Und im Gegenzug glauben wir:

Wer nicht kreativ ist, der ist es eben nicht und kann auch nichts daran ändern. Andere sind davon überzeugt, dass sich Kreativität fördern lässt – etwa indem man Coaching-Seminare besucht oder ein Buch über Kreativität liest. Auf den ersten Blick scheinen Wissen, Gedächtnis und Lernen auf der einen Seite und kreatives wie schöpferisches Denken auf der anderen Seite in einem nicht gerade harmonischen Verhältnis zueinander zu stehen.

Und doch gibt es einiges, was Gedächtnisprozesse im Gehirn und Kreativität miteinander gemein haben. Die Menschen aus der Antike hatten bereits eine sehr ausgeprägte Intuition, denn in der griechischen Mythologie entspringt die Inspiration (heute sagt man dazu eher Kreativität) den neun göttlichen Musen, die Schutzgöttinnen der Künstler und Schriftsteller. Die Musen sollten in ihrer vornehmlichsten Tätigkeit der Inspiration, dem kreativen Schöpfungsprozess, zur Geburt verhelfen. Laut Hesiod sind die neun Musen die Töchter von Zeus und – welche Überraschung – von Mnemosyne, der Göttin der Erinnerung. Das zeigt uns, welch hohen Stellenwert die Antike dem Gedächtnis einräumte: Es galt als Mutter der Inspiration – und nicht als ihr Gegenspieler.

In gewisser Hinsicht kann man behaupten, dass Lernen, Gedächtnis, Erinnerung und Kreativität auf den gleichen fundamentalen Prozessen beruhen: Das Gedächtnis versucht ein kohärentes Bild der Vergangenheit zu formen, indem assoziativ Verbindungen hergestellt werden. Bei kreativen Prozessen hingegen formt es aus zum Teil widersprüchlichen Verbindungen neue Ideen und damit neue Beziehungsgeflechte, sodass eine neue Maltechnik, ein neues Gedicht oder ein neues Bauwerk entsteht. Der Gedächtniskünstler und Erfinder der sogenannten Mindmaps (Assoziationslandkarten) Thomas Buzan geht sogar so weit zu sagen: »Kreativität ist auf ihre Art eine Form eines zukünftigen Gedächtnisses.«

Den komplexen Zusammenhang zwischen der Macht und der Energie von Gedächtnisprozessen als Voraussetzung kreativer, schöpferischer Prozesse aufzuzeigen ist die Aufgabe dieses Kapitels. Dabei ist das Verhältnis von Gedächtnisprozessen im Gehirn zu kreativen Prozessen in der Tat ein kompliziertes – es ist verworren, irritierend und widersprüchlich, aber am Ende ist die Notwendigkeit ihrer Koexistenz unverkennbar.

Was ist Kreativität?

Beginnen wir mit einer grundlegenden Frage: Was ist Kreativität überhaupt? Der Begriff leitet sich aus dem Lateinischen *creatio* (= die Schöpfung) ab und bezeichnet die Fähigkeit, produktiv gegen Regeln zu denken und noch nie Dagewesenes zu erschaffen, aus dem wir Nutzen ziehen können. Das Ergebnis kann durch Neuerschaffung oder durch die ungewöhnliche Kombination vorhandenen Wissens erzielt werden. Wir denken dann kreativ, wenn wir dabei etwas *Neuartiges* und zugleich *Nützliches* generieren.

Mozart, Picasso, Einstein – personifizierte Inbegriffe schöpferischer Höchstleistungen: Jeder war auf seine Weise einzigartig, unerreichbar, genial. Aber kreativ sein kann jeder! Kreativität kann sich durch vieles ausdrücken. Wie kreativ wir sind, hängt von der Art und Anzahl der Bausteine in unserem Kopf ab, die wir immer wieder neu zusammensetzen können. Dazu gehören:

- die Fähigkeit, in einer fremden Situation unkonventionelle, originelle Lösungen zu finden, die zielorientiert sind und in einem bestimmten sozialen Kontext als »sinnhaft« angesehen werden,
- Um-/Neustrukturierung einer gegebenen Situation auf bisher unbekannte Art und Weise.

Für die weitere Charakterisierung hilft die kontraintuitive Buchhaltermentalität, die einem Wissenschaftler innewohnt, um kreatives Denken in seine einzelnen Bestandteile zu zerlegen (ohne hierbei dem Irrglauben zu verfallen, damit alle kreativen Prozesse beschreiben zu können).

Prozessanalyse eines kreativen Aktes:
- Ideenfluss (Sprudeln der Gedanken)
- Vielfalt (Finden variierender Lösungen, z.B. verschiedene Verwendungsmöglickeiten für eine Tageszeitung)
- Flexibilität (Denkrichtungen ändern können)
- Originalität (außergewöhnliche neue Lösungen)
- Elaboration (Idee nicht bloß formulieren, sondern auch ausarbeiten)
- Problemsensitivität (Aufgaben und deren Probleme erfassen)
- Re-Definition (bekannte Fragestellungen aus verschiedenen Perspektiven betrachten)

Zwar lässt sich Kreativität ansatzweise in verschiedene Denkschritte gliedern, und dennoch ist sie so individuell von der Fragestellung und von dem spezifischen Bezugsrahmen abhängig, dass es keinen Zahlenwert, keinen »Kreativitäts-Quotienten« (KQ) gibt. Ganz im Gegensatz zur Intelligenz, die man recht präzise mit IQ-Tests messen kann, lässt sich für die Ausprägung der Kreativität kein genormter Wert ermitteln. Auch der IQ bildet sie nicht mit ab. Vielmehr ist der Unterschied zwischen Kreativität und Intelligenz so groß, dass beide nur gering miteinander korrelieren. Die Intelligenz ist jedenfalls nicht der Schlüssel zur Kreativität (sehr kreative Menschen haben nicht zwingend einen hohen IQ) – sie steht ihr aber auch nicht im Weg (Menschen mit hohem IQ können auch kreativ sein).

Grundsätzlich gilt, dass die Intelligenz vor allem auf konvergentes Denken abzielt, also darauf, eine einzige richtige Lösungsmöglichkeit für ein bestimmtes Problem zu finden. Wohingegen es beim kreativen Denken darum geht, ungewöhnliche und weitläufig assoziierte Antworten zu finden. Kreatives Denken wechselt kontinuierlich die Richtung der Lösungssuche und führt zu einer Heterogenität von Ansätzen, die alle richtig und angemessen sein könnten.

Experte ist man nicht, Experte wird man
Leonardo da Vinci und Picasso zeigten schon im Kindesalter ein außergewöhnliches Talent für das Malen, doch ihre Meisterwerke schufen sie erst als Erwachsene. Mozart als Gegenargument? Eher nicht, denn seine frühen Werke sind in der Handschrift seines Vaters verfasst und dementsprechend ist der Eigenanteil Mozarts umstritten. Unter Musikexperten gilt das Klavierkonzert »Jeunehomme«, das Mozart im Alter von 21 Jahren schrieb, als sein erstes kreatives Meisterwerk. Und das ist auch nicht unwahrscheinlich, denn die Fähigkeit, ein bestimmtes Wissensrepertoire zu einem bestimmten Tätigkeitsfeld in unseren Gehirnen abzuspeichern, dauert etwa zehn Jahre. Erst dann kann man jemanden als Experten auf einem Gebiet bezeichnen, der aufgrund seines Erfahrungswissens kreative Ideen hat, die dann auch eine nützliche Anwendung haben. Neu und nützlich, schöpferisch und produktiv sind stets die entscheidenden Ansprüche auf unserer Kreativitäts-Messlatte. Insofern kann man bei Kindern auch noch nicht von Kreaviät sprechen. Sie sind phantasievoll, neugierig, spontan, einfallsreich und originell – und sie haben einen unverbrauchten und neugierigen Blick auf die Welt; aber wir halten sie selten für wirklich kreativ.

Aber was bedeutet es, ein »Experte« zu sein? Und welche Gedächtnisprozesse laufen dabei ab? Wenn wir Experte auf einem Gebiet sind, strukturieren wir die Welt in diesem Bereich anders, und das hat etwas mit »gestalterischer Wahrnehmung« zu tun: Wir nehmen nicht mehr nur einzelne Daten wahr, sondern haben sofort ein ganzes Netzwerk an Beziehungen vor Augen. Ein Experte erlebt eine gegebene Konfiguration vor dem Hintergrund seines Wissens. Er sieht die Umstände als Ganzes und nicht mehr in ihren Einzelteilen. Einzelne Fakten und Daten bilden aber erst dann ein komplexes Muster (Gestalt), wenn ein Mensch Jahre lang Erfahrungen gesammelt hat. Das klingt womöglich abstrakt, deshalb ein Beispiel zur Veranschaulichung: Schachgroßmeister, die sich dadurch auszeichnen, dass sie in schwierigen Spielsituationen überraschende, neue und damit kreative Spiellösungen finden, haben ein überragendes Gedächtnis für Spielsituationen – solange es sich um reale Figurenkonstellation handelt. Schachgroßmeister können aus ihrem Gedächtnis heraus ein Dutzend Partien parallel spielen und sich merken, welche Spielsituation in welcher Partie läuft. Sobald die Spielsituation gewürfelt wurde, also die Figuren zufällig auf dem Spielfeld verteilt sind, versagt ihr Gedächtnis jedoch, da eben kein bekanntes Muster zu erkennen ist.

Für jede Tätigkeit, ob sportlich, künstlerisch oder beruflich, in der wir ein gewisses Expertentum erreicht haben, können wir Wissen verdichten und Muster erkennen. Vor diesem Hintergrund ist es uns möglich, Lösungen zu finden, die nicht nur originell sind, sondern auch produktiv und funktionstauglich. Es sind Gedächtnisfähigkeiten, die es uns erlauben, riesige Mengen an Daten zu verarbeiten und eine hohe Informationsdichte auf einem gewissen Tätigkeitsgebiet zu erreichen. Daraus können wir wahrhaft Neues erschaffen – wobei Neuartiges und Altes (gespeichert) zusammenarbeiten müssen, bevor etwas Neues entsteht, dem wir vor einem bestimmten kulturellen Hintergrund eine hohe Qualität zusprechen.

Obwohl Expertenwissen eine wichtige Voraussetzung für Kreativität ist, reicht dies allein noch nicht aus, um neue Ideen zu entwickeln. Ein Experte ist nicht automatisch kreativ! Erst das Vermögen und die Bereitschaft, neue Muster aus bekanntem Wissen zu generieren, erlaubt es, in neue, unerforschte Bereiche vorzustoßen. Das erst lässt uns zu originellen, überraschenden Lösungen kommen, kurz: kreativ sein. Wobei man Originalität und Kreativität nicht gleichsetzen darf, auch wenn Originalität ein wichtiger Einflussfaktor für Kreativität ist. Während aus den oben genannten Gründen Kindern das Wissen fehlt, um wirklich kreativ zu sein und Qualitatives zu schaffen, so gehen den meisten Erwachsenen die Neugier und der Mut ab, Unbekanntes zu wagen und damit wiederum die Originalität, die Kinder auszeichnet.

Aber: Wissen und Kreativität können auch Gegenspieler sein. Je mehr wir an Wissen anhäufen und je umfassender unser Weltbild wird, desto weniger neugierig sind wir und desto mehr Routinen entwickeln sich. Wer sich auf seine antrainierten und in gewisser Hinsicht bewährten Wahrnehmungs-, Denk- und Handlungsschemata verlassen kann, ist weniger hungrig auf neue Erfahrungen. Die Phantasie ist zwar weiterhin vorhanden (warum sollten wir als Erwachsene nicht die Dinge können, die wir als Kinder schon konnten?), aber der Drang nach Neuem kann verlorengehen. Uns fehlt dann die Imagination, die Welt anders denken zu wollen. Neben Wissen und Fähigkeiten braucht kreatives Schaffen als weitere Zutaten Neugierde, Experimentierfreudigkeit sowie eine gewisse Offenheit für Neues – und manchmal auch den Mut zum Regelbruch. Nur so bildet sich ein erfüllter und vielfältiger Geist.

Können alte Menschen noch kreativ sein?
Während Weisheit ein Attribut des Alters ist, wird Kreativität der »wilden« Jugend zugeschrieben. Dazu passt auch der weit verbreitete Befund, dass unser Gedächtnis (verstanden als Aufbewahrungsort von Vergangenem) der Entstehung neuer Ideen im Wege stehen kann; es würde bedeuten, dass ältere Menschen kaum noch kreativ sein können.

Der amerikanische Altersforscher Gene D. Cohen hat Kreativität im Alter genauer untersucht, indem er sowohl eigene Altersstudien dazu durchgeführt als auch eine Vielzahl großer Altersstudien analysiert hat. Nach Auswertung aller Daten kam er zu dem Ergebnis, dass ältere Menschen keine Einschränkung ihres kreativen Potentials aufweisen. Allerdings beobachtete er, dass jede Altersklasse andere kognitive Schwerpunkte im kreativen Denken wählt. In jungen Jahren hängt Kreativität mehr mit dem Ausprobieren unbekannter Muster, neuer Materialien und alternativer Betrachtungsweisen zusammen. Kreativität in der Jugend bricht radikaler mit etablierten Herangehensweisen und Denkwegen. In späteren Jahren äußert sich Kreativität tendenziell darin, dass bekannte Elemente neu gemixt werden. Der Unterschied lässt sich am Beispiel eines Kochs veranschaulichen: Der erfahrene Chefkoch zaubert aus sieben alltäglichen Nahrungsmitteln oder Resten im Kühlschrank eine geniale Speise; als angehender Koch hätte er eher ein ganz neues Gericht aus unbekannten Zutaten kreiert.

Wir schlussfolgern daraus, dass kreative Problemlösungen einerseits Erfahrung und Wissen und andererseits den Willen, die Perspektive zu wechseln, erfordern. Die Abnahme der sogenannten latenten Inhibition des Arbeitsgedächtnisses – so definieren Neurowissenschaftler eine konzentrierte Art des Lernens, die es ermöglicht, Störreize zu ignorieren und sich nicht ablenken zu lassen – hilft älteren Menschen, neue Zusammenhänge zu entdecken. Kreativitätsstudien haben gezeigt, dass bei hochkreativen Menschen die latente Inhibition häufig sehr gering ausfällt. Sie sind oft leicht ablenkbar und schweifen mit ihren Gedanken ab, entdecken dabei aber Ungewöhnliches und Originelles.

Rechts versus links: Hirnkunde der Kreativität

Es wird gerne behauptet, dass kreative Menschen rechtshemisphärisch begabt und Menschen mit einem hohen IQ linkshemisphärisch veranlagt seien. Split Brain – das gespaltene Gehirn – ist nicht nur eine Bezeichnung für die unterschiedliche Verteilung bestimmter Aufgaben über beide Großhirnhemisphären, sondern auch ein treffender Ausdruck für die wissenschaftliche Position, die Neurowissenschaftler und Psychologen hinsichtlich dieses Konzepts vertreten.

Korrekt ist, dass bestimmte kognitive Tätigkeiten »lateralisiert« sind. Das Wort benennt die stärkere Beteiligung der Großhirnhemisphäre in Bezug auf eine Gehirnfunktion als die der anderen Hirnhälfte. Als bestes Beispiel dient die Sprache, die bei Rechtshändern vor allem in der linken Hemisphäre mit der Semantik und Grammatik verarbeitet wird. Die Ergebnisse jüngerer Untersuchungen mit bildgebenden Verfahren zeigen, dass bei Rechtshändern – neben der Sprachverarbeitung – das Kategorisieren der Welt, mathematische Kalkulationen, das Planen komplexer

Motoraufgaben und alle analytischen Tätigkeiten bevorzugt aus Aktivitäten der linken Hirnhemisphäre resultieren. Die rechte Hemisphäre ist zuständig für Musikalität, das Erkennen komplexer Muster, für Pars-pro-Toto-Beziehungen, die räumliche Orientierung und das Wahrnehmen von Emotionen und deren Äußerung (Gesichtserkennung). Diese Aufgabenteilung hat sich – wohl aus Gründen der effektivsten Nutzung – evolutiv durchgesetzt: Sprache wird vornehmlich links verarbeitet, räumliches Vorstellungsvermögen dagegen rechts.

Für kreatives Denken wird vor allem die rechte Großhirnhemisphäre verantwortlich gemacht: Wird die Neugierde eines Menschen geweckt, ist der rechte Stirnlappen aktiver als der linke. Da Neugierde eine wichtige Triebfeder des Erkundens neuer Optionen ist, ist der Prozess im Gehirn nachvollziehbar. Ein weiterer Beleg für die Annahme waren Beobachtungen, dass Schädigungen der rechten Hemisphäre zu einer stärkeren Beeinträchtigung divergenter Denkprozesse führten: Die Betroffenen taten sich schwer damit, das große Ganze aufzunehmen, während ihre Fähigkeit zur Detailwahrnehmung unbehelligt blieb. Bei Schädigungen der linken Großhirnhälfte trat genau das Gegenteil ein: Details wurden vernachlässigt, aber das Gesamtkonstrukt einer Wahrnehmung oder eines Gedankengebäudes war präsent.

Die Einteilung in eine kreative rechte und eine analytische linke Hälfte kann auch durch Untersuchungen mithilfe von bildgebenden Verfahren belegt werden. Mark Beeman von der amerikanischen Northwestern University sowie eine Forschergruppe um John Kounios (Drexel University, Philadelphia) und Hikaru Takeuchi (von der japanischen Tohoku University, Sendai) beobachteten die Hirntätigkeiten von Menschen beim Lösen kreativer Aufgaben und konnten nachweisen, dass im rechten Schläfenlappen ein spezifisches Gehirnareal aktiv wird, genau in dem Moment, in dem wir ein Aha-Erlebnis haben. Vor allem der rechte Gyrus temporalis superior, eine große Ausstülpung im Schläfenlappen (Abbildung 18), zeigt seine höchste Aktivität sehr deutlich Sekunden vor dem Aha-Effekt. Konkret heißt das: Kurz bevor

Archimedes »Heureka!« rief und aus der Badewanne sprang, hatte seine rechte Großhirnhemisphäre bereits die Lösung für das Problem gefunden, wie man den Auftrieb im Wasser nutzen kann,

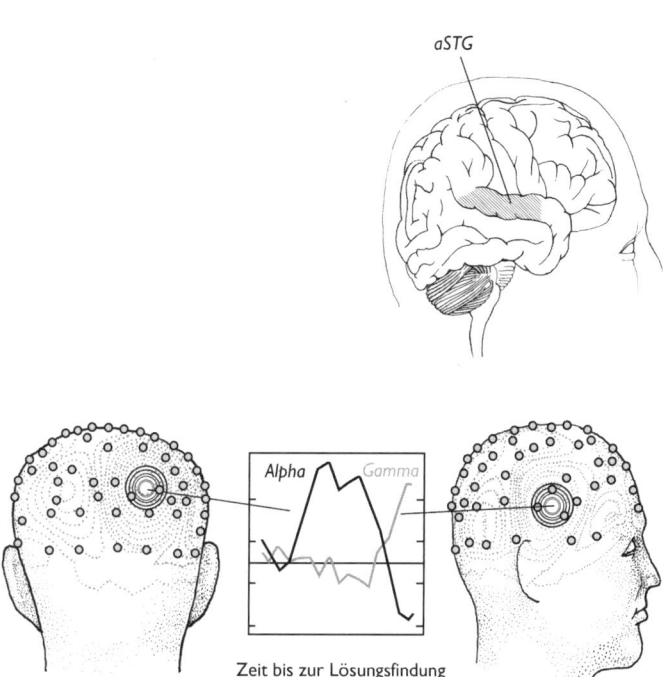

Abbildung 18: Aha – jetzt hab ich das Rätsel gelöst ...
Genau während des Aha-Momentes, wenn wir also die Lösung für eine Aufgabe gefunden haben, zeigten Probanden in einem Kreativtest eine stark erhöhte neuronale Aktivität im rechten Schläfenlappen (linkes Bild). Im EEG überwiegen Entspannung signalisierende langsame Alpha-Wellen, schnellere Gamma-Wellen setzen erst nach dem Aha-Moment wieder ein. Sekunden vor dem Aha-Effekt zeigt allerdings der vordere Teil des Gyrus temporalis superior (aSTG – oben im Bild) in der rechten Hemisphäre bereits die höchste Aktivität (rechte Bildseite, oben und unten). Dies ist einer der Orte, wo Ideen entstehen. Kleine Kreise bezeichnen die Elektroden des EEG-Gerätes.

um die Dichte einer Masse zu bestimmen. Von allen Gehirnarealen, die mit Assoziationen von vorhandenen Wissenselementen befasst sind, haben wir vor allem in der rechten Großhirnhälfte (und dort vor allem im rechten Schläfenlappen) Gebiete, die nicht nur vorhandene und abgespeicherte Assoziationen nutzen können, sondern die auch selbst in der Lage sind, neue Verbindungen zwischen Sachverhalten und Ideen herzustellen.

Kreativität steckt im Zusammenspiel der Netzwerke des Gehirns

Trotz all dieser rechtshemisphärischen Kreativitätsbefunde sind diese eine unzulässige Vereinfachung, denn sie rauben dem kreativen Prozess seine Essenz. Natürlich wäre es schön, ein »kreatives Gehirnareal« zu haben, welches wir ähnlich wie einen Bizeps trainieren oder – noch besser – elektrisch stimulieren könnten, um besser kreativ denken und handeln zu können.

Doch so einfach macht es uns die Kreativität nicht, wie das Beispiel des folgenden Experiments zeigt. Hochkreative Jazzmusiker mussten sich einer enormen Herausforderung stellen: Sie hatten nur ein Keyboard, dessen Tastatur sie lediglich über einen Spiegel sehen konnten, während sie selbst mit ihren unbeweglichen Köpfen in einem funktionellen Kernspintomographen lagen. Die immer wiederkehrenden dumpfen Klickgeräusche in der Lautstärke eines startenden Flugzeuges, die diese Geräte erzeugen, schmerzten in den Ohren der Musiker. Dennoch sollten sie dabei unbeirrt kreativ sein und Rhythmen, Tonfolgen, Melodien entwickeln. Harte Arbeit für die Probanden! Doch die Mühe lohnte sich: Die Untersuchungen, die der Arzt und Saxofonist Charles Limb leitete, legten dar, welche Gehirnregionen zumindest bei musischkreativen Prozessen aktiviert werden – und welche inaktiv sind. Sie zeigten: Kreativität ist eine Leistung des ganzen Gehirns, der rechten wie der linken Großhirnhemisphäre. Aber unser Oberstübchen ist hierbei nicht »hell erleuchtet«, es gibt, wie bei anderen menschlichen kognitiven Tätigkeiten auch, Areale, die besonders aktiv sind, und andere, die in ihrer Aktivität unterdrückt werden.

Letztere sind bei kreativen Prozessen besonders interessant. So wird beim musikalischen Improvisieren ein großes Areal im Stirnhirn, die sogenannte laterale präfrontale Region, fast abgeschaltet, wodurch die neuronale Aktivität des präfrontalen Cortex stark abnimmt. Dieser Teil des Stirnlappens ist für die bewusste Selbstkontrolle, die Bewertung sowie für die Hemmung von geplanten

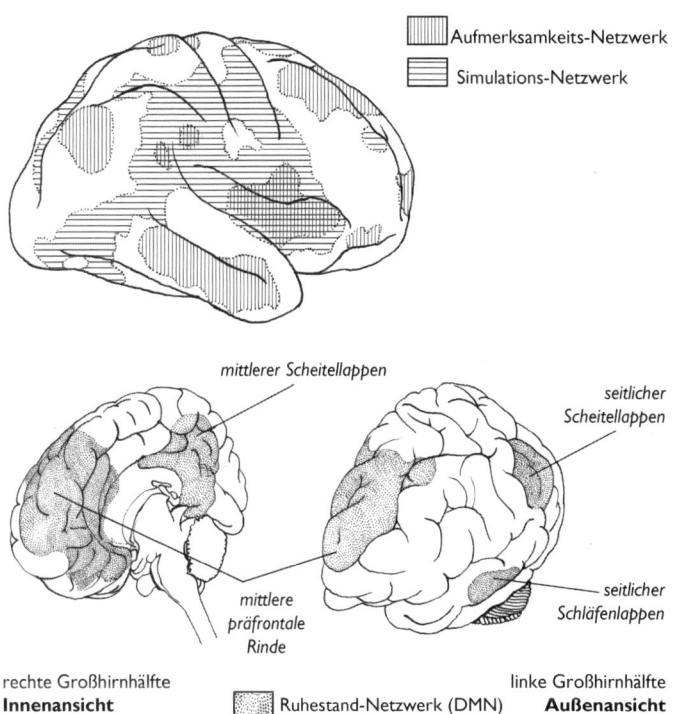

Abbildung 19: Gehirn im Grundzustand
Dieser Zustand wird auch als »Default mode of the brain« bezeichnet – eine Art Standardeinstellung. Das Gehirn ruht aber keinesfalls, sondern assoziiert frei über Erinnerungen, Gegenwart und Zukunft. Man bezeichnet es deshalb auch als Simulations-Netzwerk, weil wir hier Situationen durchspielen. Das geschieht zum Beispiel auch beim Dösen, Tagträumen oder wenn wir uns vorstellen, was andere Menschen gerade fühlen.

Handlungen zuständig – also für das, was wir häufig als Impulskontrolle bezeichnen, etwa wenn wir während einer Diät zu Schokolade greifen oder vor Wut jemanden anschreien wollen, aber durch die Hemmung all diesen Impulsen widerstehen. Gleichzeitig konnte Limb feststellen, dass ein anderer Bereich des präfrontalen Cortex, der mediale präfrontale Cortex, mit stark erhöhter Aktivität reagiert. Er gehört zum sogenannten Default-Netzwerk, das an der Innenschau des Gehirns und an Simulationen beteiligt ist: unser Tagtraum-Modus (Abbildung 19).

Kreativität hängt demnach nicht von einer einzelnen Gehirnhälfte ab – schon gar nicht von nur einem Gehirnareal von der Größe einer Zwei-Euro-Münze –, sondern von verschiedenen Netzwerken in Arealen, die über beide Hemisphären verteilt sind und in unterschiedlichen Phasen eines kreativen Prozesses sowohl bewusst als auch unbewusst unterschiedliche Aufgaben erfüllen. Erst die Zusammenarbeit dieser neuronalen Netzwerke ermöglicht es unserem Gehirn, Neues zu (er)schaffen und alte Denkgewohnheiten zu überwinden.

Drei kreative Netzwerke
Hier die wichtigsten Netzwerke, die man im Kontext der Kreativität berücksichtigen sollte (siehe Abbildung 20):
1. **Exekutives Aufmerksamkeitssystem:** Hat man ein Problem identifiziert, wofür es sich lohnt, eine kreative Antwort zu finden, ist dies eine Folge des konzentrierten und bewussten Nachdenkens mit Hilfe des Aufmerksamkeits-Netzwerkes. Es beinhaltet unter anderem das Arbeitsgedächtnis, das unsere Ziele im Auge behält und bestimmt, welche Wahrnehmungen und Gedanken in unser Bewusstsein geraten und welche unterdrückt werden sollen. Das dorsale Aufmerksamkeitssystem umfasst räumliche Sehareale – das frontale Augenfeld im Stirnlappen und den intraparietalen Sulcus im hinteren Scheitellappen (Abbildung 19). Zu diesem Netzwerk, das wie ein Scheinwerfer im Theater einzelne Aspekte einer Szene, eines Zusammenhanges oder Textes selektiv hervorhebt und

die fokussierte Aufmerksamkeit fördert, zählen präfrontale Stirnlappenareale. Sie liegen vor allem am vordersten Teil des Gehirns, an oberen und seitlichen Abschnitten (ein Gehirnareal ist hier der dorsolaterale präfrontale Cortex), aber auch in Bereichen des Scheitellappens, die sich eher im hinteren Teil des Gehirns befinden. Dieses Netzwerk konzentriert sich nur auf diejenigen Aspekte einer komplexen Situation, die für die Aufgabenstellung und Lösungsfindung relevant sind.
2. **Simulations-Netzwerk**: Gehirne sind nie im Stillstand. Unser Gehirn macht nie nichts, gemessen am Energieverbrauch ist es immer auf dem nahezu gleichen Niveau aktiv, selbst während des Tagträumens oder Dösens. Dabei gehen die Gedanken in unserem Gehirn auf eine innere Erkundungstour. Wir verfügen also über Gehirnareale, die erst richtig aktiv werden, wenn wir tagträumen.
Eingehende Untersuchungen des Kognitionswissenschaftlers Randy Buckner und seiner Kollegen dokumentieren, dass das Default-Netzwerk nicht nur aktiv ist, wenn wir zum Beispiel während einer langweiligen Rede dösen, sondern auch dann, wenn wir uns neue Gedankenwelten »erträumen«. Im Deutschen wird der Begriff gern mit Ruhemodus-Netzwerk übersetzt! Das ist aber falsch, denn charakteristisch für diesen Zustand ist ein sehr aktives Verhalten des Gehirns. Freie Assoziationen der Erinnerungen an vergangene Erlebnisse, Gedanken an die Zukunft und aktuelle Empfindungen vermischen sich und setzen sich manchmal sogar neu zusammen. Die Aktivität des Simulations-Netzwerkes kann bis zu 50 Prozent unserer wachen Zeit in Anspruch nehmen. Es ist zudem dann aktiv, wenn wir uns vorstellen, was andere Menschen gerade denken oder fühlen – gemeinhin als Empathiefähigkeit des Menschen bezeichnet. Eine enorme Herausforderung für das Gehirn, denn es bedeutet, sich in die Köpfe anderer Menschen hineinzuversetzen.
Zum Simulations-Netzwerk gehören in beiden Großhirnhemisphären Areale, die auf der Unterseite des präfrontalen

Cortex liegen und Bereiche des medialen Schläfenlappens umfassen sowie mehrere innere und äußere Abschnitte des Scheitellappens bilden (Abbildung 19). All diese Komplexe sind sehr tief gelegen und nur schwer zu sehen, fast so als wollten sie nicht nur dem bewussten Denken ihre Sichtbarkeit verheimlichen, sondern auch den neugierigen Blicken der Hirnforscher entgehen. Das Netzwerk von Gehirnregionen, die im »Grundzustand« aktiviert werden, ist in Abbildung 20 zu sehen. Es schließt unter anderem den medialen präfrontalen Cortex, der für Entscheidungen und das Bewerten von Wahrscheinlichkeiten wichtig ist, den hinteren Gyrus cinguli, der an der Verknüpfung von Erinnerungen und Gefühlen beteiligt ist, und zusätzlich seitliche Anteile des Scheitellappens ein. Diese Gehirnareale steigern immer dann ihre neuronale Aktivität, wenn wir einfach mal nichts tun und unser Geist frei ist. Eingezeichnet ist ein Verbund von Arealen, die dann aktiv werden, wenn wir uns einer bestimmten kognitiven Aufgabe aufmerksam zuwenden: das oben erwähnte exekutive Aufmerksamkeitssystem. Dazu zählen das frontale Augenfeld, das die Augenmuskeln steuert, der supplementärmotorische Cortex – der den Körper auf Bewegungsabfolgen vorbereitet – und bestimmte Anteile des Stirnlappens, wie der dorsolaterale präfrontale Cortex und der intraparietale Sulcus, der unter anderem für die Hand-Auge-Koordination und für Teile des Arbeitsgedächtnisses zuständig ist.

Die Aktivität in den unterschiedlichen Netzwerken zur Aufmerksamkeitssteigerung oder zum Tagträumen ist mit einem umgekehrten Vorzeichen miteinander korreliert: Im Tagtraummodus sind die markierten Areale nur eingeschränkt aktiv, während bei der Lösung kognitiver Aufgaben die Neurone des Default-Netzwerks zuverlässig verstummen. Die Autorin J. K. Rowling beschrieb diese Art der Gehirntätigkeit, die im Grundzustand zur Aufnahme und Verarbeitung neuer Ideen bereit ist, einmal so: »Ich denke, die Idee schwebte durch den Zug, auf der Suche nach jemandem, und da mein

Geist gerade einigermaßen unbesetzt war, entschied sie sich eben, sich dort zu entfalten.« Rowling berichtet hier über die legendäre Zugfahrt, auf der ihr die Idee zu Harry Potter kam. Den ganzen Tag im Tagtraum-Modus zu verweilen reicht aber nicht aus, um auf eine gute Idee zu kommen. Man muss zwischen den verschiedenen Netzwerken wechseln. Und dafür ist ein weiteres Netzwerk wichtig, welches zwischen fokussierter Aufmerksamkeit und divergenter Simulation pendelt: das Protokoll-Netzwerk, das den Wechsel zwischen innerer und äußerer Fokussierung einleitet.

3. **Protokoll-Netzwerk**: Dieses Netzwerk wird auch als Salienz-Netzwerk bezeichnet. Seine Aufgabe ist es, die Umwelt ebenso wie die innere Gedankenwelt nach außergewöhnlichen, besonderen oder hervorspringenden Begebenheiten abzuscannen und quasi den Strom des Bewusstseins im Gehirn zu protokollieren. Es ist dafür verantwortlich, dass wir den Fokus unserer Aufmerksamkeit unter bestimmten inneren oder äußeren Umständen verändern. Zu diesem Netzwerk gehören der dorsale Anteil des anterioren cingulären Cortex und der vordere Teil der Insula (anteriore Insularegion). Die Inselrinde liegt tief vergraben in der Großhirnrinde und wird verdeckt von gleich drei Großhirnlappen (Stirn-, Schläfen- und Scheitellappen). Ihre Bedeutung ist immens: Hier findet eine emotionale Bewertung von inneren Gefühlen und äußerer Wahrnehmungen statt – erst die Aktivierung der Inselrinde initiiert, dass uns diese Gefühle bewusst werden. Und zwar nicht nur die eigenen Gefühle, sondern auch die Gefühle anderer Menschen (Empathie). Neben Empathie scheint die Insula am Gefühl der Fairness genauso beteiligt zu sein wie an spontanen Ideen oder dem Prozess der Entscheidungsfindung. Besonders interessant ist ihre Aktivität bei der Aufmerksamkeit bezüglich unseres akuten Befindens.

Dieses nach innen gerichtete »Auge« mag ein Grund sein, warum die Insula beim Menschen im Vergleich zu seinen evolutiv nächsten Verwandten überproportional größer ausfällt –

wir können so der in unserem Gehirn ablaufenden Prozesse gewahr werden. Die Insula beteiligt sich maßgeblich daran, welche Netzwerke im Gehirn gerade die Aktivitätsoberhand haben – hier werden die Anteile bestimmt, die jedes Netzwerk am Wahrnehmen, Denken und Handeln hat. Das Cingulum unterstützt die Insula dabei, sobald widerstreitende Interessen im Gehirn detektiert werden oder Inkonsistenzen jedweder Natur erkannt werden. Dazu zählen auch Widersprüche in Gedankengängen oder sich widersprechende Ziele – z. B. wenn

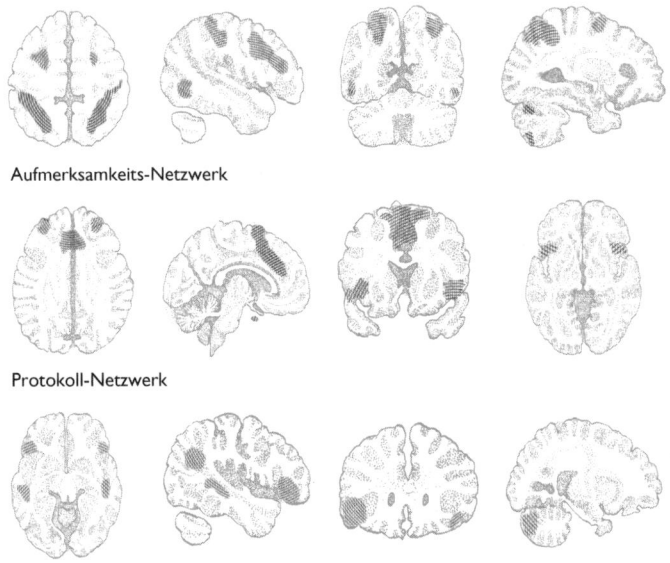

Aufmerksamkeits-Netzwerk

Protokoll-Netzwerk

Sprach-Netzwerk

Abbildung 20: Kreative Hirnleistungen
Die Aufnahmen zeigen die neuronalen Signaturen in Gehirnarealen und stellen die Aktivität verschiedener Netzwerke bei verschiedenen Aufgaben dar – Musizieren, Nachdenken, Dösen ...: Oben das Aufmerksamkeits-Netzwerk, darunter das Protokoll-Netzwerk, das alles, was wir erleben, sowie unsere innere Gedankenwelt kontinuierlich nach Außergewöhnlichem abscannt. Im Vergleich dazu unten auch unser Sprach-Netzwerk.

man in einer ethisch kniffligen Situation darüber entscheiden muss, ob man auf einen eigenen Vorteil verzichtet, damit ein anderer zum Zug kommt.

Neuronale Anspannung und Lockerung
Entscheidend für das neuronale Verständnis kreativer Denkprozesse ist, in welcher Phase des kreativen Prozesses welches Netzwerk im Gehirn aktiv ist bzw. welche Gehirnaktivität in welchem Netzwerk gerade unterdrückt wird und zu welchem Zeitpunkt alle Netzwerke zusammenarbeiten. Umgekehrt kann es aber bei der Lösung eines komplexen Problems auch hilfreich sein, ganze Netzwerke oder zumindest Teile davon »abzuschalten«.

So konnte eine Studie von Sharon Thompson-Schill von der Universität Pennsylvania belegen, dass es vorteilhaft ist, das Aufmerksamkeitssystem weitgehend stillzulegen, wenn man neue Assoziationen knüpfen will. Die Probanden mussten Alltagsgegenstände mit ungewöhnlichen Verwendungsmöglichkeiten assoziieren. Je schwächer der Stirnlappen aktiv war, desto mehr originelle Anwendungen fielen den Teilnehmern ein. Diese Offline-Schaltung des Stirnlappens wird als Hypofrontalität bezeichnet und hat den Effekt, dass mögliche Assoziationen zu eigenen Erinnerungen und Erlebnissen weniger stark gefiltert werden, mit der Konsequenz, dass zwar viel »Irrelevantes« assoziiert wird, aber es können eben auch richtig gute Assoziationen dabei sein, die dann neu mit alt verbinden.

Untersuchungen des Kognitionswissenschaftlers Rex Jung zeigen, wann das Zusammenspiel von Salienz-Netzwerk und Simulations-Netzwerk gefragt ist. Dazu beobachtete er die Hirnaktivität von Jazzmusikern, während sie kreativ waren. In den Tagtraum-Zuständen des Simulations-Netzwerkes können besonders gut neue Ideen generiert werden; der präfrontale Cortex ist dann inaktiviert und übt seine Wächterfunktion nicht aus. In dem Moment aber, wo die neuen Ideen – Kompositionen, Abläufe oder Produkte – bewusst und konzentriert einer kritischen Überprüfung unterzogen werden mussten, wurde das Aufmerksamkeits-Netzwerk im Gehirn wieder aktiviert. Auf den zweiten Blick erweisen sich eben nicht alle Eingebungen als wirklich sinnvoll.

Die Untersuchungen bestätigen, wie sehr kreative Prozesse vom Zusammenspiel verschiedener neuronaler Netzwerke im Gehirn, und zwar verteilt über beide Großhirnhemisphären, abhängen. Hikaru Takeuchi konnte in einem Versuch darlegen, wie Menschen, die erfolgreich kreative Aufgaben lösen können, einerseits ihr Aufmerksamkeitssystem zu aktivieren vermochten, es aber gleichzeitig schafften, ihr Simulationsnetzwerk ebenfalls im aktiven Zustand zu halten. Konzentration und Offenheit für Ungewöhnliches arbeiten im Wechselspiel miteinander.

Das Aufmerksamkeits-Netzwerk wägt zunächst ab, ob ein unorthodoxer Einfall zur Lösung des Problems beiträgt (Evaluationsphase). Studien von Kalina Christoff an der kanadischen Univeristät British Columbia belegen dies: Als sie Designstudenten beauftragte, Ideen für variierende Buchumschläge zu entwickeln, zeigte sich mit Hilfe von bildgebenden Verfahren in der Evaluation der eigenen Ideen eine vermehrte Aktivierung des Stirnlappens im Gegensatz zu der Ideenfindungsphase, in der der Stirnlappen weniger aktiv war.

Geschwindigkeit spielt während kreativer Vorgänge übrigens keine entscheidende Rolle. Bildgebende Methoden weisen nach, dass kreative Menschen häufig nicht die direktesten Verarbeitungswege im Gehirn nehmen; vielmehr fällt eine weitverzweigte und langsame Aktivierung über beide Hemisphären auf. Statt eines schnellen, energiereichen und hocheffizienten Transports von Informationen ist unser Gehirn bei kreativen Prozessen mit niedriger Energie auf Datenebenstrecken unterwegs – eine kuriose wissenschaftliche Erkenntnis in Zeiten, in denen man glaubt, dass alles, was schneller wird, auch ein besseres Resultat liefert. Zumindest auf dem Gebiet der Kreativität beweist die Forschung das Gegenteil.

Kreativität ist also stets die Aufgabe aller Bereiche des Gehirns. Außerordentlich kreative Menschen sind diejenigen, die virtuos und im idealen Moment ihren mentalen Zustand mit einer entsprechenden Aktivierung (und Inaktivierung) der richtigen Gehirn-Netzwerke hervorrufen können. Studienergebnisse von Darya Zabelina von der North Dakota State University unterstützen diese Sichtweise: Den Probanden wurden abwechselnd Farbwörter in der richtigen Farbe (»blau« in blauen Buchstaben) und in der falschen Farben (»blau« in roten Buchstaben) gezeigt. Stimmten das geschriebene Farbwort und die Farbe der Buchstaben nicht überein, so brauchten die Probanden länger, um die richtige Farbe der Buchstaben zu benennen. Kreativen Studenten fiel es aber leichter, den Wechsel zwischen beiden Gegebenheiten (passsend/unpassend) nachzuvollziehen. Sie waren kognitiv besonders flexibel. Überhaupt scheint Flexibilität für kreative Menschen charakteristisch zu sein.

Kreativität und Plastizität

Flexibilität und damit einhergehend die Plastizität von Neuronen im Gehirn (siehe Kapitel 3) sind unverzichtbar für kreatives Denken. Wir müssen lernen, verschiedene Lösungsstrategien und prinzipiell unterschiedliche Denkmethoden anzuwenden. Wenn es darum geht, eine konkrete Lösung zu finden, ist konzentriertes Nachdenken erforderlich (konvergentes Denken). Bei der kreativen Gedankenarbeit braucht der Mensch jedoch auch Momente des divergenten Denkens: das große Ganze erfassen, die Wahrnehmung auf der Suche nach äußeren oder inneren Zusammenhängen umherschweifen lassen.

Wenn Probanden einen Intelligenztest machen, zeigen diejenigen, die am besten abschneiden, eine starke Aktivierung in einigen wenigen Gehirnarealen (Fokussierung). Wenn Probanden kreative Aufgaben lösen sollen, so weisen diejenigen die besten Ergebnisse auf, bei denen eine insgesamt hohe Kooperationsfreudigkeit (Kopplung) verschiedener Gehirnareale zu erkennen ist. Wenn man so will, sind kreative Gehirne großflächig auf Sparflamme. Demnach könnte man folgern, dass sich ein hoher IQ-Wert und eine hohe Kreativität ausschließen, vor allem wenn man berücksichtigt, dass die Gehirne derjenigen, die erfolgreich bei kreativen Lösungsversuchen waren, insgesamt weniger aktiv waren als bei den Menschen, die Intelligenztestaufgaben besonders gut gemeistert haben.

Die Dichotomie in »kreative« und »intelligente« Menschen ist aber zu einfach gedacht. Vielmehr gibt es eine Schnittmenge an Probanden, deren Gehirne zwischen hoher, fokussierter Aktivität und niedriger, verteilter Aktivität hin- und herwechseln können. Das bedeutet, es gibt sehr kreative Menschen, die einen hohen IQ-Wert haben, und umgekehrt, ein hoher IQ-Wert steht der Kreativität nicht im Weg. Aber es gilt auch, dass manche Menschen, die sich nur schwer konzentrieren können, leicht ablenkbar sind und einen ganz normalen IQ-Wert haben, sehr kreativ sein können.

Weiterhin hat man in Experimenten festgestellt, dass die Probanden in Momenten des Ideenreichtums einen langsamen und gleichmäßigen Gehirnrhythmus von acht bis zwölf Wellenbergen pro Sekunde haben, sogenannte Alpha-Wellen. Dies ist übrigens derselbe Gehirnrhythmus, den die meisten Menschen zeigen, wenn sie morgens aufwachen oder entspannt duschen. Erstaunlich war der Umstand, dass Menschen, die sich als besonders kreativ erwiesen, zwischen normaler EEG-Aktivität und dem gedanken-assoziierten Tagtraum-Modus im Alpha-Frequenzbereich quasi hin- und herwechseln konnten.

Dass diese Fähigkeit in gewisser Weise trainiert werden kann oder zumindest eine gewisse Trainingskomponente mit hineinspielt, belegen Experimente, in denen Probanden, die in einem EEG-Neurofeedbackspiel besonders viele Alpha-Wellen erreichten, deutlich kreativer waren.

All diese neurowissenschaftlichen Erkenntnisse machen deutlich, dass der Königsweg beim Lösen kreativer Aufgaben in einem Wechsel zwischen fokussierter, energiegeladener Gehirnaktivität und langsamer Verarbeitung im Sparmodus besteht.

Aha-Moment in der neuronalen Momentaufnahme

Was passiert eigentlich in unseren Gehirnen in den Momenten, in denen wir die Einsicht haben, auf eine neue Idee gestoßen zu sein? Hier lohnt es sich, einen Blick auf Einsteins schöpferisches Denken zu werfen. Einer der Ersten, der dies getan hat, war der berühmte Kognitionspsychologe Max Wertheimer.

Wertheimer und Einstein waren von 1916 bis zum Tode von Wertheimer im Jahr 1946 befreundet. Der Physiker nahm mehrfach als Proband an Studien von Wertheimer teil. Im Zuge der Tests stellte Wertheimer Albert Einstein bezüglich der Entwicklung der Relativitätstheorie eine simple Frage: »Herr Einstein – wie haben Sie das gemacht?« Wertheimer wollte herausfinden, ob Einstein lediglich mehr Wissen hatte als all seine Kollegen oder ob es ein Zufall war, dass er die Relativitätstheorie aufstellte.

Einstein stand bereitwillig Rede und Antwort. Er berichtete, dass er sich beim Entwickeln von Fragen über Raum und Zeit häufig vorgestellt hatte, auf Lichtstrahlen zu reiten oder neben ihnen herzulaufen, und sich fragte, ob sich dabei das Licht verlangsamen würde. Eine Phantasie, die Einstein wohl schon im Alter von 16 Jahren hatte. Mit diesen kreativen Simulationen kombinierte Einstein sein großes systematisches Wissen in der Physik. Die Fragestellungen wurden präziser und genauer, über je mehr Wissen er verfügte. Die spezielle Relativitätstheorie – die erste der beiden Theorien – entwickelte er allerdings erst mit 26. Seine physikalisch gebildete Intuition ermöglichte es ihm, über das Verhältnis von Zeit, Raum und Geschwindigkeit zielführend zu forschen. Nach zahlreichen unfruchtbaren Gedankenexperimenten kam folgende entscheidende Überlegung auf: Kann man eigentlich in einem Gewitter zwei Blitze, die weit voneinander entfernt einschlagen, gleichzeitig sehen? Die Antwort würde man bejahen, jedenfalls dann, wenn wir uns in genau gleicher Distanz zu den beiden Einschlagstellen befinden würden. Aber was ist, wenn wir in einem Zug zwischen den beiden Blitzen fahren – sehen wir sie dann zeitversetzt? Und gilt das auch dann, wenn wir uns genau in der Mitte zwischen den Einschlagorten aufhalten?

Einstein schlussfolgerte: Unsere Beobachtung ist nicht nur davon abhängig, zu welcher Zeit wir an welchem Ort sind, sondern es kommt darauf an, ob wir uns selbst fortbewegen. Gleichzeitigkeit lässt sich nur in Abhängigkeit davon bestimmen, wie wir uns relativ zum beobachteten Geschehen bewegen. Der Begriff der Gleichzeitigkeit verliert demnach seine absolute Bedeutung. Einstein hatte mit seiner Simulation ein echtes Aha-Erlebnis – schlagartig hatte er die Grundlage für seine Theorie herausgefunden und formulierte diese nun mathematisch-physikalisch aus. Seine besondere Fähigkeit war es, sich von gefestigten Grundsätzen lösen zu können und physikalische Sachverhalte unkonventionell zu bewerten. Einstein war ein Meister darin, Probleme und Fragestellungen neu zu strukturieren – er war neben seinem physikalischen Wissen und der Stärke seines logisch-analytischen Denkens geistig ungeheuer flexibel.

Vorwissen ist notwendig, aber nicht hinreichend
Welche Faktoren eine neue Idee implizieren und wie sie ausgelesen wird, können wir nicht sagen, da diese spontane Ideenentwicklung unbewusst erfolgt. Ein noch viel größeres Rätsel ist jedoch, warum wir für manche Probleme einfach keine Lösung finden, obwohl das erforderliche Wissen vorhanden ist.

Eine These ist: Vorwissen kann die Lösungsfindung behindern, es führt zu Denkblockaden. Sie sind vermutlich der Tatsache geschuldet, dass wir die Welt, wie wir sie von klein auf sehen, strukturieren. Anders gesagt: Wir nehmen niemals alle Aspekte wahr, sondern sortieren die Welt, indem wir uns an inneren Darstellungen (mentale Repräsentationen) orientieren, die wiederum nur spezifische Aspekte in Betracht ziehen, die in einem bestimmten Moment relevant sind. Schauen wir auf das Liniennetz einer S-Bahn-Karte, so suchen wir nach der Abfolge der Stationen und der Linie, die wir benötigen, um von A nach B zu kommen. Wir berücksichtigen hierbei meist nicht die Distanz, die die Haltestellen real voneinander entfernt liegen. Es werden also nur solche Aspekte der Stadtrealität hervorgehoben, die für die Benutzung der S-Bahn notwendig sind. Zur Orientierung in einem Großstadt-Straßendschungel taugen diese S-Bahn-Linienpläne nicht, wie jeder weiß, der versucht hat, sich damit in einer Stadt zu orientieren.

Ähnlich verhält es sich, wenn man nach Lösungen für eine Fragestellung sucht: Wir haben ein festes Bild von dem Problem im Kopf und wählen infolgedessen nur Lösungswege innerhalb der zurechtgelegten Schablonen. Das ist ein automatisierter Vorgang, der sich nur schwer individuell steuern lässt. Dieses Vorgehen ist zwar hilfreich bei der Ideenfindung, die sich gemäß einem bekannten/vorgefertigten Lösungsschema entwickeln lässt, bei kreativen Aufgaben blockiert sie aber die Wege hin zur Erkenntnis, da es uns nicht mehr gegeben ist, den Sachverhalt unter Berücksichtigung neuer Aspekte zu evaluieren.

Natürlich dürfen wir daraus nicht schließen, dass man den Kopf nur dann frei hat für neue Lösungen, wenn man ihn nicht mit Vorwissen befrachtet. Im Gegenteil: Für den, der kreativ denken will, ist Expertenwissen ja unabdingbar, wie wir gesehen haben. So treten die Kreativität einschränkenden Gedächtniseffekte auch erst dann auf, wenn sich Erfahrungen derart verfestigen, dass sie neue Ideen regelrecht ausgrenzen. Ein Phänomen, das der Psychologe Karl Duncker als »funktionale Gebundenheit« bezeichnet hat.

Die folgenden Experimente, die Duncker in den 1920er Jahren durchgeführt hat, veranschaulichen sehr einleuchtend, wie ein bestimmtes Vorwissen die kognitive Flexibilität unserer Phantasie behindern kann. Denn, so seine Annahme, die Art, wie wir gewohnt sind, Gegenstände zu verwenden, schränkt uns kognitiv ein, eine alternative Verwendungsmöglichkeit zu eruieren. In einem seiner Experimente forderte Duncker seine Probanden auf, eine Wachskerze aufrecht an einer Wand zu befestigen. Drei Gegenstände standen zur Verfügung: eine Streichholzschachtel, eine Schachtel mit Reißzwecken und die kleine Kerze. Die ideale Lösung der Aufgabe bestand darin, die Reißzwecken aus der Schachtel zu nehmen, um die Schachtel damit an die Stellwand zu heften, so dass die Kerze darauf stehen blieb. Der notwendige kognitive Perspektivenwechsel vollzog sich bei den Teilnehmern in dem Moment, in dem die Schachtel nicht in ihrer für uns gewohnten Funktion als Behältnis eingesetzt wurde. In einem weiteren Test war die Schachtel leer und die Heftzwecken lagen daneben auf einem Tisch: Das machte es den Probanden sehr viel leichter, die Aufgaben zu lösen.

Vorwissen ist also enorm wichtig. Wir sind nur dann Experten auf einem Gebiet, wenn wir eine Situation schnell einordnen können und uns von diesem Standpunkt aus auf die Suche nach Lösungsstrategien machen. Zeitweise denken wir aber zu weit voraus und strukturieren zu voreilig, wodurch wir relevante Lösungsalternativen übersehen. Untersuchungen von Abraham Luchins bestätigen diese Annahme: Er belegte, dass bei einer wiederholten Ausführung desselben Lösungsweges andere Lösungsstrategien nicht mehr gesehen werden. Seine Probanden folgten ununterbrochen dem Muster eines antrainierten Lösungsweges – und zwar auch dann, wenn sich eine andere, sogar einfachere Lösungsmöglichkeit angeboten hat. Luchins konkretisierte dieses Handeln durch den Begriff »Einstellungsproblem«: Die Einstellung auf eine bestimmte Methode macht uns blind.

Wie eng Expertise und Betriebsblindheit beieinanderliegen können, verdeutlichte auch Jennifer Wiley, damals noch an der University of Pittsburgh in Pennsylvania, in ihren Untersuchungen: Sie stellte ihren Probanden die Aufgabe, für Begriffe, die selten im gleichen Kontext genannt werden, ein verbindendes Wort zu finden. Beispielsweise: Welches Wort verbindet »Baum«, »Tür« und »Meister«? Auf sprachlicher Ebene haben Baum, Tür und Meister zunächst keine Gemeinsamkeit, so dass das Problem mit seinen naheliegenden Assoziationen nicht zu lösen war. Das Verbindungswort ist übrigens »Haus«: Baumhaus, Haustür, Hausmeister. Experimentieren Sie ruhig mal selbst, wenn Sie – metaphorisch gesprochen – eine Denkmauer nicht durchbrechen können, indem sie sie umgehen, untertunneln, überspringen oder schlichtweg ignorieren.

Kognitive Flexibilität und die Fähigkeit, Probleme sowie Wissenselemente neu zu strukturieren, sind also fundamentale Prozesse des kreativen Denkens. Erst wenn eine gewisse Umstrukturierung und Zusammenführung aller »Puzzleteile« stattgefunden hat, kommt es – oft schlagartig – zu einer neuen Einsicht. Sie wird generiert durch die Wahrnehmung einer Gesamtkomposition, so wie man ein im Dickicht eines Waldes gut getarntes Tier von einem Moment auf den anderen ausmacht und als ein Objekt, als eine Gestalt wahrnimmt. Entsprechend bezeichnet man diesen Zweig der Kognitionswissenschaften als »Gestaltpsychologie«.

Heureka-Rufe im Gehirn!

Trotzdem bleibt es weiterhin mysteriös und magisch, dass diese Einsichten so plötzlich gleichsam vom Himmel fallen. Mythologisch betrachtet ist es so, als hätte uns eine der neun Musen geküsst. Aber Sie können sich denken, dass moderne Hirnforscher und Psychologen sich damit nicht zufriedengeben. Entsprechend fragen sie, was genau in unseren Gehirnen passiert, wenn wir eine Idee haben und Heureka! rufen. Genau dies wollten die beiden Forscher Mark Jung-Beeman und Edward Bowden von der Northwestern University in Chicago wissen. In der Tat fanden sie Belege dafür, dass die Aufgaben nicht gleichmäßig auf die beiden Großhirnhemisphären verteilt sind, wenn wir ein gedankliches Puzzle zusammensetzen müssen.

Ihre Arbeitshypothese ging davon aus, dass die linke Hemisphäre bei Rechtshändern vor allem für die bewusste Verarbeitung von Sprache zuständig ist und unser Wissensmanagement maßgeblich verwaltet, die rechte Hemisphäre dagegen eher für die unbewusste räumliche Aufmerksamkeit verantwortlich zeichnet. Diese Aufgabenteilung schien auch für die initiale Phase einer Problemlösung vorzuliegen. Die Psychologen nahmen weiter an, dass die schrittweise Lösung vertrauter Probleme vor allem in der linken Großhirnhemisphäre durch die bewusste Anwendung analytischer und logischer Regeln erfolgt. Der rechten Hirnhälfte kommt erst dann eine kritische Rolle zu, wenn wir eine neue Einsicht haben und, von einem Moment auf den nächsten, Lösungsvorschläge generieren. Dies würde auch erklären, warum uns Einsichten häufig gleichsam »überfallen«, denn die Umstrukturierung eines Problems, also der Perspektivenwechsel, findet in der sprachunbegabten rechten Hirnhälfte statt. Erst wenn das Ergebnis an die linke Seite übermittelt wird, geht uns auch subjektiv ein Licht auf. Bildgebende Verfahren bestätigen das ebenfalls: Sie zeigen im rechten Schläfenlappen eine stark erhöhte Aktivität, kurz bevor uns klar wird, wie die Lösung eines komplizierten Problems aussieht (Abbildung 18). Anders gesagt: Je nachdem, in welcher Phase der Generierung einer kreativen Idee man sich befindet, ist entweder die eine *oder* die andere Großhirnhemisphäre aktiv.

Um die unterschiedliche Bedeutung der Großhirnhälften zu erforschen, haben Bowden und Beeman einen Trick angewandt: Die jeweiligen Probleme wurde entweder nur der linken oder nur der rechten Sehfeldhälfte der Probanden präsentiert. Das heißt, die beiden Wissenschaftler nutzten in ihren Experimenten die Tatsache aus, dass das linke Sehfeld in der rechten, während das rechte in der linken Hirnhälfte des Gehirns verarbeitet wird. Dann zeigten sie den Versuchsteilnehmern ganz kurz wichtige Hinweise zu dem komplexen Problem (die Lösungen konnten so nur unbewusst von einer Hirnhälfte wahrgenommen werden). Die Ergebnisse waren frappierend: Die Lösungen wurden deutlich häufiger gefunden, wenn sie vom linken Auge in die rechte Hemisphäre gelangten – es war also die rechte Hirnhemisphäre, die die Hinweise besser nutzen konnte als die linke –, und all das geschah unbewusst.

Der Perspektivenwechsel und die richtige Zusammenführung der geistigen Puzzleteile finden also vor allem in der rechten Hirnhälfte statt. Durch die für Beeman und Kounios sichtbare Aktivierung von Teilen des rechten Schläfenlappens wussten die beobachtenden Forscher manchmal Bruchteile von Sekunden vor den Versuchsteilnehmern, dass diese die Lösung gefunden hatten. Damit verbunden war eine massive Abnahme der Aktivität im visuellen Cortex, so als würden wir beim Phantasieren und Grübeln die Außenwelt ausschließen, um zu einer Lösung zu gelangen. Mit diesem Experiment erwiesen sich die beiden Neurowissenschaftler als wahre Schatzsucher im Gehirn von Menschen, die kreative Aufgaben lösen mussten.

Die für die Lösung des Problems erforderliche Umstrukturierung, die neue Sicht der Dinge, lässt sich allerdings nicht durch logisches, bewusstes Denken herbeiführen. Sie geschieht weitgehend unbewusst. Augenfällig ist das besondere subjektive Erleben, das einen einsichtsvollen Moment begleitet. Wenn die Umstrukturierung erfolgt, ist der Problemlöser vom eigenen Denken überrascht. Dies ist oft mit einem intensiven Aha-Gefühl verbunden – daher auch der Begriff »Geistesblitz«.

Diese Betrachtungsweise und unsere subjektive Wahrnehmung hält auch einer objektiven Überprüfung stand: Die Kanadierin Janet Metcalfe, die an der Columbia University in New York forscht, ließ hierfür Probanden über kreative Probleme grübeln und bat sie, während des Nachdenkens mit den Worten »heiß« oder »kalt« anzugeben, ob sie sich der Lösung nahe fühlten oder nicht. Das Ergebnis: Noch wenige Augenblicke vor dem Aha-Erlebnis fühlten sich die Probanden genauso ratlos wie zu Beginn – ein typisches Merkmal von Einsichtsproblemen.

Nicht nur Not, auch Dopamin macht erfinderisch
Neurowissenschaftler machen selbst vor der Biochemie der Kreativität nicht halt. Sie tauchen von der Oberfläche der Großhirnhemisphären in die Welt der Neurone und ihre Verschaltungen und begegnen auf der Ebene der Neurotransmitter einem alten Bekannten aus der Lern- und Motivationsforschung: dem Dopamin. Dass Dopamin bei schöpferischen Prozessen eine Rolle spielt, hat man ausgerechnet an Menschen herausgefunden, die zu wenig von diesem Botenstoff haben: Parkinson-Patienten.

Berühmt geworden ist in diesem Zusammenhang ein Patient mit dem Namenskürzel C.S.D., der im Zuge einer medikamentösen Behandlung seiner Erkrankung mit Levodopa (einer Vorform von Dopamin, die im Gehirn in Dopamin umgewandelt wird) in kürzester Zeit Hunderte von Bildern gemalt hat. Andere

Erkrankte, die sich derselben Behandlung unterzogen, begannen prämierte Gedichte oder Romane zu schreiben. Im Jahre 2012 hat die italienische Neurologin Margherita Canesi dieses Phänomen systematisch untersucht und konnte zeigen, dass sich mit der medikamentösen Gabe von Dopamin (in welcher Form auch immer) die Kreativität von Parkinson-Patienten erhöhte. Der Effekt lässt sich zum einen dadurch erklären, dass Dopamin die Motivation der Patienten steigert; zum anderen stärkt Dopamin die neuronalen Netzwerke im Gehirn, die mentale Verknüpfungen herstellen und damit das »Um-die-Ecke-Denken« erhöhen.

Allerdings kann man gegen diesen Befund einwenden, dass die Wirkung des Dopamins nur bei Gehirnen von Parkinson-Patienten getestet wurde. Wie verhält es sich aber bei gesunden Gehirnen und welche Rolle spielt die genetische Veranlagung in Bezug auf Neugierde und Kreativität? Genau das hat Fredik Ullén vom ehrwürdigen Karolinska-Institut in Stockholm untersucht. Im Rahmen dieser Versuche konnte die Forschergruppe um Ullén zeigen, dass sich im Thalamus eine niedrige Dichte des D2-Dopamin-Rezeptorsystems (dieser Rezeptor wirkt hemmend) positiv auf die Kreativität auswirkt. Die Probanden waren besser im divergenten Denken. Da das Dopamin-D2-System eine Filterfunktion hat, führt eine Schwächung dieses Systems zu einem vermehrten Durchfluss von Signalen. Das Resultat: Man kann divergenter denken, aber Informationen auch schlechter filtern.

Eine andere Studie, die von der Gruppe von Simon Kyaga am Karolinska-Institut durchgeführt wurde, konnte in diesem Zusammenhang darlegen, dass Schizophrenie-Patienten, die sich ebenfalls durch einen veränderten Dopaminstoffwechsel auszeichnen (im Gegensatz zu Parkinson-Patienten haben sie ein zu starkes Dopaminsystem), in der Tat statistisch auffällig oft in kreativen Berufen anzutreffen waren. Ob hier nun doch wieder Genie und Wahnsinn zumindest in einen gewissen Zusammenhang gebracht werden können, sei dahingestellt. Ullén kommentierte die Ergebnisse so: »Über den Tellerrand hinauszuschauen, könnte leichter fallen, wenn der Teller einen Sprung hat.«

Während dieser Befund allerdings umstritten ist, wird ein anderes Ergebnis der Forscher um Kyaga häufig übersehen, die nämlich auch die gesunden Geschwister von schizophrenen Patienten untersucht haben. Sie fanden unter den direkten Verwandten der psychisch Erkrankten einen hochsignifikanten Anteil von Menschen in kreativen Berufen, mit einem offenen Persönlichkeitstypus und einer verminderten latenten Inhibition – die bereits weiter oben beschriebene Fähigkeit des Gehirns, irrelevante Stimuli auszublenden. Diese Menschen verfügen über ein sehr ausgeprägtes Netzwerk für exekutive Funktionen im Gehirn, also ein leistungsstarkes Arbeitsgedächtnis, und fühlen sich durch irrelevante Reize weniger gestört beim Lösen kognitiver Aufgaben als andere. Allerdings können sie neue, unerwartete Zusammenhänge beim Bewältigen kreativer Aufgaben nicht so schnell erkennen. Im Hinblick auf kreative Prozesse hatten die Geschwister von schizophrenen Patienten also die positiven Aspekte eines erhöhten Dopaminspiegels geerbt, nicht aber ihre gefährlichen Nebenwirkungen.

Natürlich enthält ein Botenstoff wie Dopamin keine Ideen, schon gar keine kreativen. Aber zusammen mit der richtigen Mixtur seiner verschiedenen Rezeptoren sorgt es dafür, dass man neugierig ist auf Neues und schnell viele Lösungen generieren kann. Der Preis für diese Art, besonders offen für Neues zu sein, ist, dass man leicht ablenkbar ist.

Kreative Menschen haben unordentliche Gehirne und komplexe Persönlichkeiten

Aber lassen sich auch Persönlichkeitsmerkmale finden, die besonders hoch mit kreativen Menschen assoziiert sind? Forschungsergebnisse des Kognitionswissenschaftlers Scott Kaufman (der an einem Institut an der University of Pennsylvania mit dem spannenden Namen »Positive Psychology Center« arbeitet) und andere Labore rund um den Globus deuten darauf hin, dass kreative Menschen komplexe und zum Teil widersprüchliche Persönlichkeitsmerkmale aufweisen. Zu den drei wichtigsten Eigenschaften gehören zum einen die mentale Flexibilität, divergentes Denken ebenso wie stark ausgeprägte Fähigkeiten im konvergenten Denken. Mentale oder kognitive Flexibilität meint vor allem eine Offenheit gegenüber neuen Ideen, neuen Umständen und Herausforderungen. Divergenz in der Persönlichkeitsstruktur geht einher mit einer non-konformistischen Lebenseinstellung, einer Unabhängigkeit des Denkens und oft auch einer hohen Impulsivität.

Und es geht widersprüchlich weiter: Besonders kreative Menschen können im entscheidenden Moment nicht nur breit assoziieren und ihre eigenen Pläne unabhängig von der Meinung anderer verfolgen, sie können auch zielgerichtet, präzise und mit hoher Persistenz eine Aufgabe zum Erfolg führen. Dies ergibt Sinn vor dem Hintergrund, dass Kreativität sowohl Neues wie auch Nützliches enthalten muss. Während also die Unabhängigkeit des Denkens, Neugierde und das Vermögen, phantasiereich zu assoziieren, die Generierung von Ideen fördern, unterstützt das konzentrierte Nachdenken die Selektion der relevanten und nützlichen Antworten.

Darüber hinaus sind schöpferisch produktive Menschen als Experten auf ihrem Gebiet imstande, zur richtigen Zeit ihre Wissenstrümpfe zu ziehen und aus dem Gedächtnis heraus Aufgabenstellungen so zu konfigurieren, dass sie lösbar werden. Auf der anderen Seite können sie sich auch immer wieder von allzu offensichtlichen Assoziationen und Routinen abkehren, um mit Denkgewohnheiten zu brechen und so Neues kreieren. Was also kreative Menschen besonders gut können, ist die Aktivierung und Deaktivierung der Gehirn-Netzwerke, die bei anderen Menschen in Konkurrenz zueinander stehen. Ihnen gelingt vor allem der Wechsel zwischen dem phantasievollen Simulations-Netzwerk und dem fokussierten Aufmerksamkeits-Netzwerk sehr gut. Dieser Wechsel wird orchestriert vom Salienz-Netzwerk, das mit der Inselrinde zu den zentralen, wenn auch häufig wenig beachteten Fähigkeiten kreativer Gehirne gehört.

Gefühle beeinflussen Kreativität
Kreativität unterliegt »Formkurven«, und die hängen nicht unerheblich von unseren Emotionen ab. Kurzum, auch unsere Gefühle haben einen Einfluss darauf, in welchem Umfang und in welcher Form wir schöpferisch tätig sein können. Das bedeutet: Was im Gehirn abläuft, wenn wir neue Ideen entwickeln, hängt auch mit Emotionen zusammen. Das zeigte kürzlich wiederum ein Versuch mit Jazzpianisten, den Wissenschaftler um Malinda McPherson von der Johns Hopkins School of Medicine in den USA durchführten. Die Musiker sollten in einer Kernspin-Röhre liegend auf einem speziellen Keyboard ein Musikstück improvisieren. Die spontan ersonnene Melodie sollte dabei zur Stimmung eines Bildes passen, das die Forscher ihren Probanden zuvor präsentiert hatten: Darauf war entweder eine glückliche oder eine betrübte Frau zu sehen. Abhängig davon, ob die Teilnehmer entsprechend ein fröhliches oder trauriges Musikstück komponierten, spielten sich auch in ihrem Gehirn unterschiedliche Dinge ab: So ging etwa die Aktivität des bereits oben erwähnten dorsolateralen präfrontalen Cortex, der unter anderem an Planung und Verhaltenskontrolle beteiligt ist, stärker zurück, wenn die Probanden zu dem positiven Porträt improvisierten. Es fiel ihnen dabei leichter, neue Ideen zu generieren. Die assoziative Kraft des Gehirns war also höher. Dies war, so die Interpretation der Forscher, damit zu begründen, dass sie ihre Stirnlappen-Energie nicht dafür aufwenden mussten, negative Gefühle abzuwehren. Das Arbeitsgedächtnis war durch das positive Emotionen hervorrufende Bild weniger stark belastet. Und es entstanden auch deutlich längere Musiksequenzen. Die Musiker tauchten also vermutlich tiefer in einen sogenannten Flow-Zustand ein, wie die Forscher schreiben.

Um aber auch in einem negativ besetzten, traurigen Kontext kreativ sein zu können, schienen die Jazzmusiker einen Trick anzuwenden: Jedenfalls regte sich auch bei trauriger Musik das Belohnungszentrum der Probanden vermehrt, was den Künstlern vielleicht dabei half, die trüben Klänge als angenehm zu empfinden und gleichzeitig die Distanz zu ihnen zu wahren. McPherson selbst sieht das als Hinweis darauf, dass der Schaffensprozess im Gehirn in Abhängigkeit von den Gefühlen auf unterschiedliche Art und Weise angekurbelt wird – und die neurobiologischen Grundlagen der Kreativität damit noch komplexer sind, als man bisher angenommen hat.

Schule und Kreativität
Ist Kreativität Begabung? Man hat sie, oder man hat sie nicht? Ebenso wie die Körpergröße über die Gene bestimmt wird und man sich noch so viel strecken kann, man wird nicht größer, als es einem genetisch vorgegeben ist. Würde das bedeuten, man könnte Kreativität durch bestimmte Umweltbedingungen verhindern, genauso wie man seine genetische mögliche Körpergröße nicht erreicht, wenn man während der Kindesentwicklung nicht optimal ernährt wird? Und würde es bedeuten, dass man Kreativität nicht fördern kann, so wie man auch seine Körpergröße nicht über die genetische Veranlagung hin ausdehnen kann? Zu einem gewissen Grad scheint diese Sichtweise zu stimmen, denn es gibt, wie bei anderen kognitiven Begabungen auch, bestimmte Persönlichkeitsmerkmale und bestimmte Kapazitäten des Gehirns, die genetisch stark beeinflusst sind. Man kann durchaus eine Veranlagung zum schnellen Assoziieren haben, sehr neugierig und damit offen für Neues sein oder eine überragende Phantasie haben.

Kreative Denkprozesse sind genetisch nicht determiniert, und schon gar nicht fallen sie einfach vom Himmel! Und entsprechend gibt es identifizierbare Katalysatoren. Kreativität braucht Menschen, die einen anregen, kreativ zu sein. Aber: Kreativität ist naturgemäß komplex und es gibt keine Patentrezepte dafür, kreative Prozesse zu generieren. Sonst hätten wir wohl kaum eine so hohe Achtung vor kreativen Persönlichkeiten wie Bach, Einstein oder Picasso. Und natürlich lässt sich Kreativität auch nicht einfach durch witzige Powerpoint-Vorträge oder durch schlaue Kreativitätsbücher erlernen. Kreativität lernt man nur durch Üben –

mit dem eigenen Gehirn, mit eigenen Erfahrungen und mit den für einen selbst richtigen Randbedingungen.

Trotzdem sollte – und kann man – versuchen, Kreativität zu fördern: in Firmen, aber auch in der Erziehung von Kindern. Sicher wird man in der Schule nicht das Fach »Kreativität« einführen wollen. Und kreatives Denken lässt sich auch nicht anerziehen. Aber man kann kreative Denkprozesse und Persönlichkeitsmerkmale fördern – oder aber man kann genau diesem komplexen Aspekt menschlicher Ausdrucksmöglichkeit einen Mühlstein in den Weg legen. So antworteten Lehrer auf die Frage, welche Schüler/-innen sie sich wünschen, dass sie gerne kreative Jugendliche in der Klasse hätten. Als aber unabhängig davon favorisierte Persönlichkeitsmerkmale und kognitive Stärken bei den Lehrern abgefragt wurden, zeigte sich: Die mit kreativen Prozessen assoziierten Merkmale (wie Offenheit, Unkonventionalität, freies Driften der Gedanken) waren die am wenigsten favorisierten.

In den Curricula der Fächer ist deutlich verankert, dass in unseren Schulen momentan vom ersten Schultag an vor allem konvergente Denkprozesse trainiert werden: klare Aufgabenstellungen mit eindeutigen Lösungen, die man fehlerfrei auf ein fest definiertes Ziel hin beantworten kann. So trainiert man allerdings keine schöpferisch-kreativen Fähigkeiten. Selbst ein origineller Geist wird dadurch mit der Zeit träge, und es fällt ihm immer schwerer, Denkblockaden zu überwinden.

Kinder sind von Natur aus neugierig und offen, wenn auch nicht per se kreativ. Aber wie kann man sich diese so zukunftsträchtigen kindlichen Fähigkeiten und für kreatives Denken unerlässliche Eigenschaften erhalten? In diesem Zusammenhang ist eine von MIT-Forschern rund um Laura Schulz durchgeführte Studie richtungsweisend: Die Psychologen entwickelten für vier- bis sechsjährige Kinder Spielzeuge, die sie in ihren Funktionen und Eigenschaften spielerisch entdecken konnten. Bevor die Kinder diese Spielzeuge aber entdecken durften, gab es verschiedene Vorlaufphasen. In einer Gruppe sagte die Betreuerin Sätze wie: »Schau auf das Spielzeug, ich zeig dir jetzt, wie es funktioniert!«

Dann präsentierte sie den Kindern eine Funktion, was sie mit Aussagen begleitete wie: »Toll. Schau, wie das funktioniert!« In einer zweiten Gruppe verhielt die Betreuerin sich etwas anders und tat unwissend, was die Funktion des Spielzeuges anbetraf. Sie sagte Sätze wie: »Wow, ich habe gerade ein Spielzeug gefunden, schau mal!« Als sie nun versuchte, das Spielzeug zu bedienen, tat sie ob der Geräusche und Reaktionen ganz überrascht. Im Anschluss hat man die Kinder hinsichtlich ihrer Spielgeräteerkundung und -benutzung beobachtet. Im ersten Moment spielten beide Gruppen munter drauflos, aber die Kinder der zweiten Gruppe mit der »naiven Betreuerin« beschäftigten sich länger mit den Gegenständen und entdeckten mehr Funktionen. Sie waren insgesamt neugieriger und experimentierfreudiger als die Kinder in der Kontrollgruppe.

> »Ich fürchte, unsere allzu sorgfältige Erziehung liefert uns Zwergobst.«
> Georg Christoph Lichtenberg

Die Erklärung des Teams um Frau Schulz lautet, dass es auch eine Frage des erwarteten Rollenverhaltens der Kinder ist, ob sie sich als Schüler fühlen, denen der »Lehrer« ja schon die Funktion des Gerätes vorgeführt hat, oder ob sie sich als Entdecker fühlen dürfen. Diese und viele weitere Experimente dieser Art mit unterschiedlichen Altersgruppen von Kindern und Jugendlichen kamen immer wieder zu demselben Ergebnis: Ist die pädagogische Instruktion detailliert und genau, versuchen die Kinder gar nicht erst, eine eigene Lösung zu finden. Ihr *mind frame* ist auf passiv gestellt, sie testen innerhalb des vorgegebenen Gedankenrahmens die Möglichkeiten, nicht aber darüber hinaus. In weniger klaren Situationen wurde der Entdeckergeist der Kinder dagegen viel stärker geweckt.

Die Quintessenz aus diesen Experimenten: Wollen wir kreative Geister ausbilden, müssen wir den Entdeckergeist der Kinder wecken – oder zumindest erhalten. Ebenso müssen wir ihnen die Chance geben, aus Fehlern zu lernen und Durchhaltevermögen zu entwickeln. Dieses »entdeckende Lernen« zu fördern sollte

Bestandteil eines jeden Unterrichts sein, auch als Vorbereitung auf eine Zukunft in der Mitte des 21. Jahrhunderts, in der heutige Kinder ihre Berufe ausüben werden. Ganz im Sinne von dem, was der Pädagoge und Kreativitätsforscher Hans-Georg Mehlhorn zur Eröffnung der ersten Kreativitätsschule in Leipzig 1997 gesagt hat: »Wir wissen nicht, welche konkreten Anforderungen auf die jetzt Heranwachsenden in zwanzig Jahren zukommen. Deshalb können wir auch nur spekulieren, welche Kenntnisse und Fähigkeiten sie in der Zukunft benötigen werden. Eins aber brauchen sie unbedingt: die Gabe, sich in ihrer Umwelt immer wieder neu zu orientieren und schnell auf veränderte Verhältnisse einzustellen. Genau diese geistige Flexibilität ist der Kern der Kreativität.«

Kinder und Jugendliche brauchen aber nicht nur instruiertes wie entdeckendes Lernen im Schulkontext, sie benötigen ebenso dringend Zeit, die sie selbst füllen dürfen. Erst hier, im Spiel, in gemeinsamen Unternehmungen mit anderen, lernen sie, ihre Impulse zu kontrollieren, Entscheidungen zu treffen, Prioritäten zu setzen, divergent zu denken (»was wäre wenn« durchspielen), emotionale Kontrolle und Empathie-Fähigkeit zu erlangen. Auch die Sprachentwicklung wird vor allem durch die gemeinsame Zeit mit Schulkameraden, mit ihren Peers, stimuliert. Für alle, die ihre Schulzeit schon lange hinter sich haben, sei hier daran erinnert, was der britische Schriftsteller Georg Bernhard Shaw einst bemerkte: »Wir hören nicht auf zu spielen, weil wir alt werden, wir werden alt, weil wir aufhören zu spielen.«

Instruiertes Lernen und entdeckendes Lernen sind kein Widerspruch, sie können sich wie oben beschrieben wunderbar ergänzen. Und es gilt ganz sicher: Wir müssen Lernenden die Chance geben, selbst eine Lösung zu finden! Wenn man will, dass Menschen gezielt mitdenken und auf ungewöhnliche Ideen kommen, ist es notwendig, die Anzahl und die Art der Hilfestellungen stark einzuschränken. Automatisierungen und digitale Experten sollten wir in der Schule und der Aus- und Weiterbildung nur eingeschränkt nutzen.

Was tun? Ihr persönliches Training, um kreativ zu werden

Der amerikanische Schriftsteller Jack Kerouac brachte es auf den Punkt: »Der beste Lehrer ist die Erfahrung.« Bei dieser Aussage geht es nicht nur darum, dass wir bewusst auf unsere Erinnerungen zugreifen. Im Zusammenhang mit Gedächtnisprozessen und Kreativität ist es wichtig zu bedenken, dass das Gehirn unsere Erfahrungen auch unbewusst nutzt. Unbewusste Prozesse, darunter die Intuition, helfen uns, relevante Informationen zu prozessieren – und irrelevante Informationen zu ignorieren. Sie unterstützen uns ebenso dabei, neue Informationen im Vergleich zu bestehenden abzugleichen und komplexe Strukturen zu verarbeiten, egal ob im Bereich der Wahrnehmung oder bei komplizierten Gedankengängen. Wenn wir mit einer neuen Situation konfrontiert sind, vergleicht das Gehirn diese mit früheren erlebten Szenarien. Es detektiert hierbei Analogien ebenso wie Abweichungen, und dieser Abgleich zu vorhandenem Wissen ist entscheidend für das Finden einer Lösung. Wissen und damit Gedächtnisprozesse spielen aber auch eine wichtige Rolle, wenn es darum geht, aus der Vielzahl neu generierter Lösungsvorschläge die relevanten, also die sinnhaften und nützlichen, herauszufiltern. Zur Durchführung dieses letzten Schritts der kreativen Lösungsfindung muss man ein Experte auf dem entsprechenden Gebiet sein – dies bedeutet, dass unser Gehirn von Erfahrungswissen geradezu durchzogen ist.

Es ist sicherlich richtig, dass sich Kreativität nur bedingt gezielt mehren lässt. Aber ungewöhnliche Erfahrungen und Erlebnisse haben einen der positivsten Effekte auf schöpferische Ideen. Ja, man kann sogar so weit gehen, dass jemand, der versucht »offen für Neues zu sein« und neugierig auf Unvorhersehbares reagiert, seine Chancen erhöht, auf ungewöhnliche Ideen zu kommen. Nicht umsonst ist das Persönlichkeitsmerkmal, das am ehesten mit Kreativität verbunden ist, Offenheit für neue Erfahrungen. Was wiederum nicht bedeutet, dass nur Menschen mit diesem Hauptpersönlichkeitsmerkmal kreativ sind, aber es fällt ihnen deutlich leichter. Wer nicht zu diesem Persönlichkeitstypus gehört, kann sich jedoch selbst auf die Sprünge helfen, etwa indem er sich vornimmt, bestimmte Tätigkeiten eines Tages umzustrukturieren, mit einem ungewöhnlichen Blickwinkel zu versehen oder zu hinterfragen. Dies stärkt nicht nur die Offenheit und Kreativität, es stärkt auch das Arbeitsgedächtnis und unsere Achtsamkeit. Wie ein Wochenplan aussehen könnte, um den Perspektivwechsel zu trainieren, sehen Sie auf Seite 222.

In meinen Augen, kann man den Stand der Forschung so zusammenfassen: Der Wunsch zu lernen und Neues zu entdecken ist wichtiger für die Kreativität als die eigentlichen intellektuellen Fähigkeiten. Kreativität ist, wie wir oben festgestellt haben, keine Frage des IQs; sie hat aber sehr wohl mit dem Drang zu tun, wissen zu wollen. Dies steht im Einklang mit einem dynamischen Selbstbild – also der Bereitschaft, aus Fehlern zu lernen und sie nicht als Niederlage, sondern als Herausforderung anzusehen.

Der Drang/der Wunsch/der Wille, Neues zu entdecken, ist also einer der wichtigsten Faktoren, um ein kreativer Mensch zu sein. Neurobiologisch hängt dies damit zusammen, wie das Gehirn auf Neues und Unbekanntes reagiert – Gehirne als regelsuchende Maschinen reagieren u. U. mit Angst und Unsicherheit/Unwohlsein, wenn etwas Neues, nicht Vorhersagbares geschieht. Auf der anderen Seite kann Neues die Gehirnschaltkreise für Neugierde auf den Plan rufen und damit die Erwartung wecken, dass etwas Aufregendes geschieht oder wir einen neuen Zusammenhang entdecken. Für diese Erwartungshaltung des Gehirns ist u. a. der Botenstoff Dopamin zuständig. Gehirne, die, sobald ihnen etwas Unbekanntes oder Neues begegnet, mit der Ausschüttung von Dopamin reagieren, öffnen sich für Neues – ja der Drang etwas Neues zu erleben, zu erfahren, zu gestalten kann zu einem starken Wunsch werden. Auf der anderen Seite meiden Menschen Unbekanntes, wenn dieses die Stress- und Angstachse des Gehirns bedient. Dopamin erhöht also den Willen zur kognitiven Flexibilität, einem der essentiellen Bestandteile kreativen Schaffens. Entsprechend bezeichnen Kognitionspsychologen wie Scott

Exemplarischer Wochenplan, um die Achtsamkeit und Konzentrationsfähigkeit des Gehirns zu steigern

Montag	Dienstag	Mittwoch	Donnerstag	Freitag	Samstag	Sonntag
Putzen Sie mit der »falschen Hand« die Zähne, auf einem Bein stehend	Benutzen Sie die Computermaus mit der »falschen Hand«	Legen Sie etwas an einen anderen, ungewohnten Platz	Denken Sie sich eine verrückte Geschichte aus zu jedem Menschen, auf dem Weg zur Arbeit haben	Versuchen Sie aufschriften der Zeitung falsch lesen	Lesen Sie die Überschriften der Zeitung falsch	Lösen Sie ein Kreuzworträtsel
Duschen Sie morgens mit geschlossenen Augen	Arbeiten Sie in Ihrem Büro für kurze Zeit an einem anderen Platz	Beschließen Sie den Tag mit einer Partie Schach oder lernen Sie ein neues Spiel	Arbeit begegnen	Lernen Sie den Einkaufszettel zu Hause auswendig		Lesen Sie abends ein Buch statt fernzusehen
Notieren Sie spontane Einfälle, auch wenn es nur ein Begriff ist, der Sie interessiert. Vielleicht legen Sie sich ein Notizheft auf den Nachttisch und notieren gleich nach dem Aufwachen, was Ihnen als Erstes in den Sinn kommt	Kehren Sie Ihr Denken um 180 Grad: Wie muss eine Zigarette aussehen, die man gar nicht rauchen kann? Wie müsste eine Zeitschrift aussehen, die ich niemals kaufen würde?	Versuchen Sie doch mal einen Reim, vielleicht eine Glückwunschkarte? Für gewöhnliche Gegenstände ungewöhnliche Benutzungen generieren: Was kann man alles mit einer Zeitung machen? Mit einer Fliegenklatsche?	Lösen Sie ein Sudoku Suchen Sie ein Fremdwort in Ihrer Tageszeitung und finden Sie die Erklärung	Mittagessen im Freien Sprechen Sie die Namen von Kollegen rückwärts	Stellen Sie lustige Assoziationsketten her: Woran erinnert mich dieser Duft? (Parfüm Tante Elsa) Was mochte ich an Tante Elsa? (die Locken) Warum sind manche Haare gelockt, andere glatt? (vererbt) Wie sieht in unserer Familie der Stamm der Haarkräuselung aus? Usw.	Gehen Sie an einem neuen Ort spazieren Nehmen Sie ein x-beliebiges Wort und erfinden Sie Sätze aus den Anfangsbuchstaben, z. B. GLAS – Glücklich lacht Anna sonntags

Kapitel 5

222

Kaufman Dopamin als »Mutter der Innovation«. Diese erhöhte Dopaminfreisetzung bewirkt darüber hinaus, dass Menschen mit einem offenen Persönlichkeitstyp häufiger tagträumen – ebenfalls eine wichtige Komponente kreativer Schöpfungskraft. Gehört man nicht zu diesem offenen Persönlichkeitstyp kann man versuchen, sich langsam neuen Situationen zu stellen, regelrecht nach diesen zu suchen und so die Stressachse zu minimieren und die Dopamin-Ausschüttung zu maximieren. Alles eben auch eine Frage der Einstellung.

Dreizehn Strategien zum kreativen Denken
Zu welcher Tageszeit sind Sie besonders kreativ? Ist der Raum für Sie entscheidend? Oder was Sie gerade tun? Fragt man Menschen, wann sie gute Ideen haben, sagen viele: beim Joggen, beim Duschen oder morgens oder abends, wenn sie ganz entspannt sind. Andere benötigen einen gewissen Stresslevel, vielleicht einen ganz bestimmten Gemütszustand. Was bei uns Kreativität auslöst, muss jeder für sich persönlich herausfinden.

Man kann sich denken, dass es, bedingt durch die Komplexität kreativer Prozesse, schwierig ist, Kreativität mit »Regeln« zu fördern. Aber man kann doch die Randbedingungen des schöpferischen Denkens eben für sich persönlich so setzen, dass man die Chance erhöht, Neues und Nützliches zu finden. Genau in diesem Sinne seien einige Aspekte genannt, die kreatives Denken fördern:

1. Achtsamkeit steigert Kreativität: Am Beginn eines kreativen Prozesses steht die Identifikation einer Fragestellung, die es zu lösen gilt. Dafür muss man sehr aufmerksam sein, eigenes Denken oder die Abläufe in seiner Umgebung beobachten. Alles, was für diese initiale Phase der Kreativität die »Achtsamkeit« schult, schult auch die ersten Schritte schöpferischen Denkens. Achtsamkeit bedeutet, dass man Abläufe oder verwendete Materialien hinterfragt, das eigene Handeln reflektiert und immer auch wieder gegen den Uhrzeigersinn (counterclockwise) zu denken versucht (siehe auch Seite 222). Denn unsere geistigen Schranken bestimmen mindestens im gleichen Maße unsere Leistungsfähigkeit, wie unsere biologischen Grenzen dies tun. Wer häufig bewusste Entscheidungen durchdenkt, Routinen hinterfragt und seinen eigenen Gewohnheiten durch ein Abwandlungen seiner Handlungen immer wieder entkommt, der ist gezwungen, seinen Stirnlappen dabei immer wieder zu aktiveren – genauer gesagt, unser Arbeitsgedächtnis im präfrontalen Stirnlappen wird trainiert und in seinem Leistungsvermögen gesteigert. Das ist von Vorteil beim konzentrierten Nachdenken. Dies ist vor allem am Anfang eines kreativen Prozesses wichtig, wenn es zu entscheiden gilt, welche Frage es zu stellen lohnt. »Eine Fragestellung überhaupt erstmal zu formulieren ist oft wichtiger als die Lösung«, schrieb Albert Einstein 1938 in seinem Werk *Die Evolution der Physik*.

2. Verschiedene Wege führen nach Rom: Akzeptieren Sie, dass es verschiedene Königswege zur Kreativität gibt! Je nach dem zu lösenden Problem und je nachdem, welcher Persönlichkeitstyp Sie sind. Manche Einfälle kommen in der Tat aus dem Nichts und wir rufen fast erschreckt »Heureka!«, andere Ideen muss man sich Schritt für Schritt mühsam erarbeiten, manche Ideen entspringen dem divergenten Denken, bei dem man ständig versucht, seine Gedanken in die unterschiedlichsten Richtungen schweifen zu lassen, indem man das Simulations-Netzwerk im Gehirn aktiviert. Andere – auch kreative Probleme – lassen sich nur mit konvergentem Denken lösen, indem man konzentriert mit Hilfe seines Aufmerksamkeits-Netzwerkes Puzzlestein für Puzzlestein aneinanderlegt, bevor das Gesamtbild erscheint.

3. Gute Laune: Insgesamt gilt für die meisten Situationen und für die meisten Menschen, dass eine fröhliche entspannte Stimmung die assoziative Kraft des Gehirns erhöht. Angst und Stress dagegen reduzieren sie – meistens. Divergentes Denken wird mit einem Stimmungshoch beflügelt. Aber: Auch Stimmungstiefs können das Denken fördern, vor allem können sie unsere Sinne schärfen und das Aufmerksamkeits-Netzwerk aktivieren. Gute Laune bewirkt, dass die latente Inhibition im Gehirn abnimmt. Es werden mehr Reize verarbeitet, es werden auch »schwache« Assoziationen erkannt. Wenn wir gut gelaunt sind, werden neuronale Netze offener für Neues.

4. Entspannung und Tagträumen: »Wer am Tag träumt, wird sich vieler Dinge bewusst, die dem entgehen, der nur nachts träumt«, schrieb Edgar Allan Poe. Im Gedächtnis bereits vorhandene assoziative Verbindungen zwischen Ideen und Vorstellungen werden in Phasen des Tagträumens abgeschwächt – und häufig können erst so neue Verknüpfungen gebildet werden! Ein wenig Entspannung und zeitlicher Abstand verändern also – ohne dass uns dieser Vorgang bewusst wird – den Blick auf das Problem, gewähren uns alternative Einsichten und schaffen so die Voraussetzungen für einen neuen Lösungsansatz. Untersuchungen von Ap Dijksterhuis bestätigen das: Wurden Probanden beim Problemlösen abgelenkt und hatten Zeit zum Nichtstun (Tagträumen), hatten sie nach dieser Unterbrechung besonders viele Ideen.

5. Druckdosierung: Wer kreativ sein will, braucht am Tag etwas unverplante Zeit und vor allem auch immer wieder Phasen, in denen er nicht unter großem Druck von außen (oder innen) steht. Dafür spricht auch, dass besonders kreative Menschen zwar oft sehr umtriebig und ehrgeizig sind, aber selten hektisch. Daher gilt: Sich neben den konzentrierten Arbeiten Zeit nehmen zum Tagträumen und Sinnieren erhöht die Chancen für ungewöhnliche Ideen. Suchen Sie nach Möglichkeiten, sich zu entspannen, und setzen Sie diese bewusst ein. Druck kann kreatives Schaffen hemmen – wer sich auf der Suche nach einem schöpferischen Einfall zu sehr das Gehirn zermartert, landet schnell in einer gedanklichen Sackgasse. Wer kluges Zeitmanagement betreibt, achtet darauf, dass nicht ein Termin den anderen jagt, sondern Zeitpuffer dazwischenliegen.

6. Routinen stehen dem kreativen Gehirn im Weg: Routine und eingefahrene Denkweisen sind ärgste Feinde der Kreativität. Innovationskiller sind zum Beispiel: »Das haben wir schon immer so gemacht«, »wo kommen wir denn da hin« oder »da kann ja jeder kommen«.

»Wo kämen wir hin, wenn alle sagten, wo kämen wir hin, und niemand ginge, um zu schauen, wohin man käme, wenn man denn ginge«, stellt der Schweizer Schriftsteller und Pfarrer Kurt Mart fest. Aus Prinzipien entwickeln sich schnell gedankliche Schranken. Aber auch Denkgewohnheiten sind eine Folge von Gedächtnisprozessen: Das Gehirn verarbeitet bestimmte Reize, so wie es gelernt hat, diese zu verarbeiten. Das bedeutet auch, dass wir bestimmte Aufgabenstellungen zunächst so betrachten, als würden sie vorherigen Aufgaben entsprechen. Wir sind fixiert darauf, nur bestimmte Funktionalitäten zu erkennen – und eben neue zu übersehen. Was kann man alles mit einem Ziegelstein machen? Nur Häuser bauen? Wer seine Denkroutinen durchbrechen will, muss auch seine Routinen durchbrechen, so wie man vor einem Sportturnier Lockerungsübungen macht, muss man auch das Gehirn in einen Zustand versetzen, der neue Assoziationen ermöglicht. Insofern bietet es sich an, im Vorfeld einer Besprechung, in der kreative Ideen gefragt sind, etwas für das »Gehirn Irritierendes« zu tun: einen neuen Weg zur Arbeit nehmen, sich völlig anders kleiden, als man das normalerweise tut, eine Kurzgeschichte von Kafka lesen, sich selbst Aufgaben stellen, z. B. die Augen schliessen und sich sechsmal drehen und dann die Augen wieder öffnen, oder sich eine Geschichte ausdenken zu dem ersten Gegenstand, der einem ins Auge fällt.

7. Keine Angst vor Fehlern: Die Harry-Potter-Schriftstellerin J. K. Rowling bemerkte einmal: »Scheitern ist im Leben bis zu einem gewissen Grad unvermeidlich. Es ist unmöglich zu leben, ohne auch mal zu scheitern – es sei denn, man lebt so vorsichtig, dass man genauso gut auch hätte nicht leben können. Dabei allerdings ist man dann allerdings schon am Anfang gescheitert.«

Wenn man weiß, dass das Harry-Potter-Manuskript von zwölf Verlagen abgelehnt wurde, bevor es einen Verleger fand (und auch das nur, weil die achtjährige Tochter eines Jugendbuchverantwortlichen darauf bestand), sieht man, dass man für Erfolg neben Glück auch Durchhaltevermögen braucht.

Kreativität verlangt eben auch den Mut, Denkverbote zu überwinden und zunächst abwegig erscheinende Ideen einmal näher zu betrachten. Schließlich soll ein Einfall nicht schon an den eigenen geistigen Mauern scheitern, bevor er überhaupt Gestalt annehmen kann. Studien von Carolin Dweck (Stanford-Universität in Kalifornien) zeigen, dass Menschen, die nur auf ihr Talent vertrauen und nur das machen, worin sie immer schon gut waren (also ein statisches Selbstbild haben), schnell aufgeben, wenn sie nicht weiterkommen und Angst vor Fehlern haben. Sie lassen sich aus Angst zu versagen nicht auf Herausforderungen ein. Ein dynamisches Selbstbild zu haben heißt dagegen, zu glauben, dass Übung den Meister macht. Diese Menschen wollen sich stetig weiterentwickeln, sie kämpfen für ihre Ziele und haben keine Angst vor dem Scheitern, weil sie wissen, dass sie aus Fehlern lernen und Herausforderungen ihre Fähigkeiten nur stärken können. Die Konsequenz: Lernbereitschaft und der Mut, eine eigenständige neue Idee zu haben, wird stärker belohnt. Lobt man nur vorhandene Kenntnisse, werden Fehler zu Niederlagen. Fehler sind aus Sicht des Gehirns entscheidende Bausteine für neues Wissen – nur so wird das mit Dopamin arbeitende Erwartungssystem unseres Gehirns immer genauer geeicht. Angst vor dem Versagen behindert die Lernleistung. Der Physik-Nobelpreisträger Nils Bohr fasste das so zusammen: »Man ist erst dann Experte auf einem Gebiet, wenn man alle nur denkbaren Fehler begangen hat.«

8. Abstand gewinnen: Manche Probleme kann man nur lösen, indem man sie Schritt für Schritt, Schicht für Schicht bearbeitet und analysiert. Manchmal steckt man aber auch einfach bei der Problemlösung fest und kommt nicht weiter. In solchen Momenten ist es wichtig, Abstand zum Problem zu gewinnen, etwa indem man Entspannungsübungen macht, schläft, spazieren geht oder sich selbst dazu zwingt, das Problem loszulassen. Der Rat lautet in solchen Momenten des gedanklichen Gegen-die-Wand-Rennens: Lassen Sie los!

Schaffen Sie eine räumliche, zeitliche und gedankliche Distanz zwischen sich und dem Problem. So wird das Gehirn zu neuen Assoziationen angeregt, statt auf die immer wieder gleichen, aber ineffektiven Lösungen zu kommen. Wie wir gesehen haben, können manche Einsichten während des Schlafes regelrecht beflügelt werden (siehe auch Kapitel 4), egal ob es sich um den nächtlichen Schlaf handelt oder ein kurzes Nickerchen. Denn selbst eine kurze Pause kann dazu führen, dass das Gehirn über Nebenstrecken bisher unverknüpfte Wissensinseln miteinander in Beziehung setzt.

Dies belegen auch Studien von Ullrich Wagner von der Universität Lübeck. Seine Probanden mussten aus komplexen Zeichenfolgen einfache Regeln ableiten, die den zunächst undurchschaubaren Zeichenfolgen zugrunde lagen. Dies gelang ihnen am besten, wenn sie zunächst eine Fülle von Aufgaben erledigten und dann eine nächtliche Schlafpause einlegten. Dies könnte etwas mit den Arbeitsprozessen in unserem Hippocampus zu tun haben: In den REM-Schlafphasen werden verstärkt neue mit alten Erfahrungen vermischt und es wird eine Neusortierung der Tageserlebnisse vorgenommen – und genau dabei scheinen auch unbewusste Muster prozessiert zu werden, die als Lösungen für komplexe Probleme dienen und tatsächlich am nächsten Tag zur Lösung undurchsichtiger Probleme beitragen können.

In einem anderen Versuch der Psychologin Lile Jia von der Indiana University in Bloomington sollten die Probanden kreative Aufgaben lösen und erhielten die Information, dass die Antworten von Wissenschaftlern in weit entfernten amerikanischen Städten oder in einem Nachbarlabor – also in geringerer räumlicher Distanz – vorgenommen werden sollten. Die Psychologin Nira Liberman der Tel-Aviv-Universität in Israel versucht es mit zeitlicher Distanz: In einer geistigen Aufwärmübung sollten die

Probanden sich vorstellen, wie sie sich wohl am nächsten Tag oder aber in einem Jahr fühlen werden. In beiden Fällen, also bei räumlicher oder zeitlicher Distanz, schnitten die Studenten doppelt so gut ab, die glaubten, die Tests würden weit entfernt ausgewertet bzw. zeitlich sehr weit in die Zukunft verlagert. Die größere räumliche und zeitliche Distanz hatte das Simulations-Netzwerk im Gehirn stärker aktiviert und dazu geführt, dass die Teilnehmer freier assoziierten und auch über abstraktere Regeln nachdachten. Andere Untersuchungen ergaben, dass auch die räumliche Abschottung kreative Prozesse stimulieren kann. Ohne Ideengeber von außen kann man besser in freier Assoziation eine größere Zahl von Lösungsvorschlägen durchdenken. Dies begünstigt eine Situation, in der man quasi ohne sozialen Druck und ohne die assoziativen Hinweise, die immer in einer Gruppe eine Rolle spielen, nachdenken kann.

Bei alledem muss man aber bedenken, was Louis Pasteur feststellte: »Der Zufall hilft nur dem vorbereiteten Geist!« Entscheidend ist der Wechsel zwischen Leerlaufzustand/Entspannung und Aufmerksamkeit. Wer vor einem Problem wegläuft oder wer Abstand sucht, ohne sich vorher an einem Problem auch immer mal wieder festgebissen zu haben, der wird auch mit Abstandhalten Probleme nicht lösen können.

9. Überhaupt ein Risiko einzugehen, muss man lernen: Wir müssen lernen mit dem Gefühl des Scheiterns umzugehen, um an einem Problem dranzubleiben, welches sich als schwierig erweist. Man vergisst immer, dass die meisten kreativen Prozesse mit dem Scheitern beginnen. Erst wenn man sich dem Problem stellt, kommt der kreative Denkprozess in Gang. Woody Allen sagte in einem mittlerweile berühmen Zitat: »Achtzig Prozent des Erfolgs liegt darin, überhaupt aufzutauchen!«

Sich einem schweren Problem zu stellen und es hartnäckig zu verfolgen ist kein Garant für Erfolg, aber eine der wichtigsten Voraussetzungen. Hierfür muss man lernen, auch Risiken einzugehen – und gegebenenfalls das Scheitern aushalten können. Kreative Menschen halten Enttäuschungen und Fehler gut aus. Sie haben eine hohe Frustrationstolerenz. Dies sieht man unter anderem an William Shakespeare, der 37 Theaterstücke produzierte, aber nur eine Handvoll davon wurden zu Meisterwerken (*Hamlet*, *Macbeth* und *König Lear*). Oder nehmen wir den Erfinder Thomas Alva Edison: Er erhielt tatsächlich 1039 Patente, aber weniger als zehn haben ihn weltberühmt gemacht.

10. Allein arbeiten und Brainstorming meiden: »Ich brauche nur das zu tun, was ich will, und nicht, was die anderen von mir erwarten. In der Gemeinschaft ist es leicht, nach fremden Vorstellungen zu leben. In der Einsamkeit ist es leicht, nach eigenen Vorstellungen zu leben – aber bewundernswert ist nur der, der sich in der Gemeinschaft die Unabhängigkeit bewahrt«, stellte der US-amerikanische Philosoph Ralph Waldo Emerson fest. Kreativität bedarf einer Interaktion mit der Umwelt, mit anderen Menschen, mit verschiedenen Medien und Meinungen – sonst kommt neben dem Neuen der Nützlichkeitsaspekt nicht ins Spiel. Aber es zeigt sich auch, dass besonders kreative Menschen zwischen Gruppenarbeit sowie der Interaktion mit der Umwelt und dem Arbeiten in Einsamkeit wechseln können. Genau dieser Wechsel führt zu einer Verschiebung in der Aktivierung der Gehirnnetze für Aufmerksamkeit (die Exekutive des Gehirns) hin zum Simulations-Netzwerk des Gehirns, welches entscheidend ist, um neue Assoziationen zu knüpfen. Hierfür scheint immer auch wieder Einsamkeit, das Arbeiten in Isolation von anderen, wichtig zu sein. Steve Wozniak, der Mitbegründer von Apple, geht in seinem Buch *iWOz* sogar so weit, als Ratschlag für Erfinder folgendes Motto auszugeben: »Arbeite allein.«

Nun steht diese These aber ganz im Gegensatz zur häufig propagierten Methode des sogenannten Brainstormings, in der eine Gruppe sich freundlich gesinnter Menschen neue Ideen zuflüstern. Allerdings: Brainstorming ist eine erstaunlich schlecht evaluierte Methode, um auf neue Ideen zu kommen. Am besten, so belegen viele Studien, lässt man erstmal Menschen aus verschiedenen Bereichen für sich allein über ein Problem nachdenken. Erst wenn diese nicht weiterkommen, lohnt es, eine Gruppe zusammenzustellen. Wenn dann ein Brainstorming stattfindet, dann sollte es eine gemischte Gruppe sein, die aus miteinander gut bekannten und weniger gut bekannten Menschen besteht. Und es muss erlaubt sein, Kritik an Vorschlägen zu üben.

Darüber hinaus zeigte es sich, dass Gruppen mit einem hohen Frauenanteil erfolgreicher waren als reine Männergruppen. Als man dies analysierte, erwiesen sich die Frauen nicht per se als klüger oder kreativer, sondern ganz schlicht als kommunikativer. Als man nun die überraschend erfolgreichen Männergruppen analysierte, stellte man fest, dass auch diese kommunikativer waren und keine Gruppenhierarchien entwickelt hatte. Damit ergibt sich auch eine Lösung, wenn ein genügend hoher Frauenanteil nicht zur Verfügung steht: Kommunikation ist alles in Menschengruppen. Wer es in Formeln ausgedrückt mag: Gruppen sind dann erfolgreich, wenn der Faktor »Q« (Bekanntheitsquotient in einer Gruppe von Menschen) und wenn der Faktor »c« (kommunikativer Intelligenzfaktor einer Gruppe) hoch sind. Der IQ-Mittelwert aller Gruppenmitglieder hatte nur einen geringen Vorhersagewert für den Erfolg des Brainstormings über ein kreatives Problem. Wenn entsprechende Gruppenzusammensetzungen nicht zu erreichen sind, gilt: Es hilft am meisten, allein zu arbeiten und nachzudenken, um auf neue Gedanken zu kommen.

11. Motivation und Kreativität: Nicht jedes Thema oder jede Tätigkeit begeistert jeden Menschen gleichermaßen! Beim kreativen Denken muss die Motivation aber stimmen, schließlich gilt es einige Mühen zu überwinden. Inspiration kommt vor allem dann, wenn uns ein Gebiet völlig fesselt, und manchmal kann es dauern, bis man seine Denk- und Arbeitsnische gefunden hat. Ergründen Sie also, was Sie wirklich machen wollen. Sobald Sie einen Funken Interesse verspüren, sollten Sie diesem auch nachgehen – zumindest ein Stück weit. Und packt Sie etwas überhaupt nicht, ist es besser, die Finger davon zu lassen.

12. Lebenslang staunen, entdecken und üben: Versuchen Sie jeden Tag etwas zu finden, das Sie verwundert (kindliche Neugier). Erstellen Sie spaßeshalber einen fiktiven Wochenplan mit ungewöhnlichen oder ungewohnten Tätigkeiten, den Sie dann nicht so abarbeiten, aber der Sie auf Ideen bringt, was man an Tagesroutinen ändern könnte und was die Aufmerksamkeit und damit die Achtsamkeit steigern könnte (siehe Seite 222). Andere Methoden sind: Notieren Sie, was Ihnen in den letzten Stunden an Ungewöhnlichem / Skurrilem passiert ist (Wahrnehmung für unsere Umwelt verfeinern), Namen mal rückwärts sagen. Alles, was uns dazu bringt, die Routinen des Denkens und Handelns zu verlassen, bringt das Gehirn in einen neuen Aktionsmodus, bei dem andere Netzwerke im Gehirn aktiv werden. Wichtig ist dabei, auch scheinbar sichere Erkenntnisse immer wieder in Frage zu stellen und damit seine Achtsamkeit zu stärken und das Denken gegen den Uhrzeigersinn (counterclockwise) zu üben.

13. Wenn wir die Dinge anders ansehen, sehen uns diese auch anders an: Eine neue Seite an einem Problem zu entdecken hilft auch, die Lösung zu finden. Wie gut diese Taktik funktionieren kann, hat 2012 der Kognitionswissenschaftler Tony McCaffrey von der University of Massachusetts gezeigt. In einem Experiment stellte er Probanden verschiedene Rätsel, die es mit kreativem Denken zu lösen galt. Zum Beispiel soll man zwei Stahlringe miteinander verbinden, wenn man als Hilfsmittel nur ein Streichholz, eine Kerze und einen scharfkantigen Stahlwürfel hat. Klar, dass hier falsche Fährten gelegt werden: Die Kerze mit dem Streichholz anzuzünden, um das Wachs als Kittmasse zu nutzen, geht nicht, die Ringe sind zu schwer. Der Clou des Experimentes bestand darin, dass zwei Versuchsgruppen ganz anders auf dieses kleine Denkexperiment vorbereitet wurden: Eine Gruppe bekam keine weiteren »Vorübungen«, die andere Gruppe hatte als Aufgabe, Gegenstände in ihre Einzelheiten zu zerlegen und aus ihren Bestandteilen heraus zu beschreiben, ohne zu wissen, wofür das gut sein soll. Diese Gruppe kam nun innerhalb der achtminütigen Eindenkzeit signifikant häufiger auf die richtige Lösung als die unvorbereitete Vergleichsgruppe. Die Lösung: mit dem Würfel das Wachs vom Docht kratzen und mit dem Docht die beiden Stahlringe aneinanderbinden.

Ein anderer genialer Versuchsaufbau stellte sich die Frage, ob man nach dem Lesen von Kafka-Texten kreativer ist. Die Geschichten von Kafka können tief verstörend sein, oft stimmen Erzählstil und die berichteten Ereignisse in keinster Weise zusammen, vieles bleibt rätselhaft, unauflösbar. Der Begriff »kafkaesk« für auf unheimliche Art unverständliche Begebenheiten und Texte ist sprichwörtlich.

Nach dem Lesen der Kurzgeschichte »Der Landarzt« von Franz Kafka mussten die Probanden kreative Aufgaben lösen. Als Vergleichsgruppe dienten andere Versuchsteilnehmer, die einen einfachen, klar aufgebauten Text gehört hatten. Die Kafka-Probanden-Gruppe schnitt nun doppelt so gut (!) bei der Aufgabe ab als die Vergleichsgruppe. Vielleicht auch aus Erleichterung darüber, eine nun lösbare Aufgabe vorgelegt bekommen zu haben, aber vor allem wohl deswegen, weil deren Gehirne bereits vorbereitet waren, »Unerwartetes zu erwarten«. Optische Illusionen könnten meiner Meinung nach vergleichbare Effekte auslösen. Entscheidend scheint aber vor allem, dass der Text von Kafka, genauso wie vergleichbare andere rätselhafte Rahmenbedingungen, die Erwartungshaltung des Gehirns täuschen. Wir machen uns unter solchen Bedingungen also eher auf den Weg, nach nicht offensichtlichen und versteckten Lösungen zu suchen. Verfällt das Gehirn in diesen »Mystery«-Suchmodus, werden die Phantasie und unser Simulations-Netzwerk im Gehirn verstärkt angeregt – und diese bereits im Vorfeld angeregten neuronalen Zentren machen sich dann auch leichter auf die Suche nach verborgenen Mustern in einer Denkaufgabe. Erst wenn diese Mustererkennungssysteme aktiviert werden, sind Regelverletzungen leichter zu detektieren. Das Gehirn wird so regelrecht »auf Trab gebracht«. Es sucht nach einer kohärenten Interpretation einer Lösung und ist eher bereit, hierbei auch ungewöhnlichere Wege zu gehen. Fazit: Das Gehirn ist leichter bereit, gewohnte Denkpfade zu verlassen, wenn wir uns vorher auf Ungewöhnliches eingelassen haben oder auf andere Art überrascht wurden. Diese Offenheit für Neues, wenn man zuvor ungewohnten Zusammenhängen begegnet ist, bestätigt sich noch auf ganz andere Art: Sie erinnern sich sicher noch an das »Kerzen-an-die-Wand-nageln-Problem« von Herrn Duncker (siehe Seite 207). Diese Art von Fragestellungen werden auch heute noch verwendet und es zeigt sich, dass dieses »Out-of-the-box-Denken« umso besser gelingt, je mehr Monate Auslandserfahrung man hat (neue Erfahrungen und Ungewohntes aus fremden Ländern beflügeln auch später noch die Phantasie). Kurzum, es besteht eine hochsignifikante Korrelation zwischen der Flexibilität unseres Denkens und dem Umfang der Auslandserfahrung.

Fundstück: Kreative Denksportaufgabe
Schauen wir dem eigenen Gehirn bei der Arbeit zu:
Die hier gezeigte Abbildung stellt ein Quadrat und ein darüber liegendes Parallelogramm dar. Die Aufgabe: Berechnen Sie die Summe der beiden Flächeninhalte. Vorgegeben sind die beiden Seitenlängen a und b. Die meisten Menschen denken zunächst, es sei leicht, die Aufgabe zu lösen, denn das Quadrat ist mit a x a schnell berechnet. Doch dann friert das Denken irgendwie ein: Denn wie soll man anhand der vorgegebenen dürftigen Angaben die Fläche des Parallelogramms berechnen? Egal was man auch versucht, ein Wert fehlt immer. Die Lösung scheint unmöglich. Was es jetzt braucht, ist eine zündende Idee: Kann man die beiden Figuren auch anders strukturieren? Womöglich besteht der Lösungsweg gar nicht

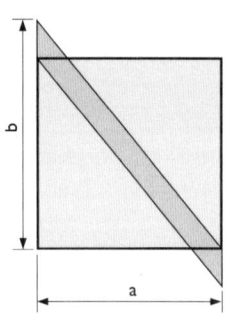

darin, die Flächen des Quadrats und des Parallelogramms einzeln zu berechnen, sondern darin, die Problemstellung umzustrukturieren, d. h., die Aufgabe anders aufzubauen. Bingo! Die Aufgabe ist zu bewältigen, wenn man die Flächen statt in Quadrate und Parallelogramme in Dreiecke aufteilt. Hat man das gemacht, ist die Lösung einfach. Sie lautet: a x b. Die Wahrnehmung der einzelnen Komponenten eines Problems kippt in dem Moment, wo ein Perspektivwechsel erfolgt: Ein Quadrat und ein Parallelogramm verwandeln sich in zwei rechtwinklige Dreiecke, die dann zusammen ein Rechteck ergeben. Aber auch für diese Lösungsfindung gilt: Eine neue Perspektive kann nur in der Kombination von Umstrukturierung bzw. Neuordnung der Aufgabenstellung und Wissen über rechtwinklige Dreiecke und ihre Flächenberechnung entstehen.

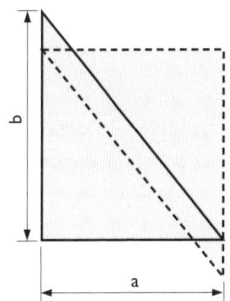
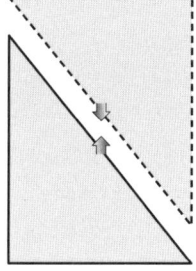

KAPITEL 6

Müssen wir noch wissen?
Von myMemory zu iMemory

*»Diskussion mit Hanna! über Technik (laut Hanna) als Kniff,
die Welt so einzurichten, daß wir sie nicht erleben müssen. Manie
des Technikers, die Schöpfung nutzbar zu machen, weil er sie
als Partner nicht aushält, nichts mit ihr anfangen kann; Technik
als Kniff, die Welt als Widerstand aus der Welt zu schaffen,
beispielsweise durch Tempo zu verdünnen, damit wir sie nicht
erleben müssen. (Was Hanna damit meint, weiß ich nicht.)«*
Max Frisch, Homo Faber

Neuronale Zerwürfnisse in digitalen Zeiten

Im Mittelpunkt dieses Buches steht die Frage nach der immensen Bedeutung unserer verschiedenen Gedächtnissysteme für unser Erleben der Welt und für die Interpretation dessen, was wir aktuell erleben, und das, was wir erwarten zu erleben. Aber Gedächtnis ist für die Spezies Mensch nicht nur etwas Individuelles, sondern auch etwas Kommunikatives: Das menschliche Gedächtnis ist ohne soziale Interaktion nicht denkbar. Entsprechend ist unser kollektives Gedächtnis die Grundlage unserer Kultur, es ist die Basis, auf der sich ein individuelles Gedächtnis entwickeln kann. Unsere Fähigkeit, zu lernen und das Gelernte weiterzugeben, ist für mich der Garant, dass kulturelle Errungenschaften von Generation zu Generation weitergereicht werden können. Diese Weitergabe von Wissen, Entdeckungen, Erfindungen, Empfindungen und Gefühlen, Erlebnissen und Ereignissen erfolgte während der viele Jahrzehntausende währenden menschlichen Evolution durch Nachahmungslernen sowie durch mündliche Tradierung. Erst vor etwa 40 000 Jahren haben unsere Vorfahren noch eine weitere Möglichkeit entwickelt, den Fortbestand unseres kulturellen Gedächtnisses zu sichern, und dabei zugleich gewissermaßen die Endlichkeit des Lebens ausgetrickst: Sie begannen ihre Gedanken, Gefühle, Wahrnehmungen und Erlebnisse an Höhlenwände zu malen oder haben aus Tierknochen oder Steinen Figuren geschnitzt. Was anfangs wie eine künstlerische Tätigkeit wirkte, wurde immer weiter verfeinert, so dass die Menschen schon vor vielen tausend Jahren in der Lage waren, externe Speicher für die Weitergabe von Wissen zu nutzen. Das erste »Tablet« bestand noch aus Lehm, der getrocknet wurde (vor 6000 Jahren); dann kamen Papyrusrollen, später Papier, der Buchdruck; in der Neuzeit dann die Fotografie und der Film. Eine Revolution in nur 300 Generationen, gleichsam ein Augenzwinkern in der Evolution des Menschen, wenn man bedenkt, dass unsere Vorfahren seit zwei Millionen Jahren Werkzeuge benutzen (das entspricht ca. 67 000 Generationen). Zu dieser sich immer weiter beschleunigenden Revolution gehören auch die ersten Schallplattenspieler ebenso wie DVDs, USB-Sticks, Festplatten bis hin zu ultrakompakten Speicherchips. All diese Geräte können Informationen jedweder Art extern speichern, also unabhängig von unseren eigenen neuronalen Gedächtnissystemen. Manchmal beschleicht mich allerdings das Gefühl, dass unsere Fähigkeit, Informationen extern festzuhalten und abzurufen, ein Niveau erreicht hat, mit dem wir und vor allem unser Gehirn nicht mehr Schritt halten können.

Haben wir in unserer technischen Genialität womöglich sogar uns selbst überholt? Denn je mehr Informationen uns theoretisch zur Verfügung stehen und je mehr an Streams, Daten, Chats und Tweets auf uns einströmt, umso eher haben wir das Gefühl, die Kontrolle zu verlieren über das, was wir wissen, gewusst haben oder wissen könnten. Im Moment stehen uns durch den Zugang zu digitalen Medien mehr Informationen zur Verfügung als jemals zuvor, aber gleichzeitig haben wir nur wenige Mittel, um die Relevanz dieser Informationen zu bemessen: »big data« sind eben noch lange nicht »smart data«. Das eine muss das andere nicht aufwiegen, digitale und gehirnbasierte Gedächtnissysteme könnten sich auch wunderbar ergänzen. Und doch ist der Mehrwert eines digitalen Gedächtnisses am Beginn des 21. Jahrhunderts nicht so offensichtlich, wie er vielen erscheinen mag.

Aber nicht nur die Quantität externer Gedächtnisspeicher hat sich verändert, sondern auch die Qualität. Während wir uns in der gesamten kulturellen Evolution der letzten 10 000 Jahre auf unsere Fähigkeit verlassen konnten, Wissen durch externe physische Objekte zu managen (egal ob Muschelschalen oder Papyrusrollen verwendet wurden), müssen wir heute virtuelle, d. h. nicht greifbare (und für viele nicht begreifbare) digitale, elektrische Welten verwalten und an nachfolgende Generationen »übergeben«: Server, Router, Suchmaschinen und Festplatten – die digitale Landschaft ist für uns nicht zu kartographieren, sie ist in Sachen »Begreifbarkeit« (im wahrsten Sinne des Wortes) Terra incognita. Wir sollten uns immer klarmachen: Wissen wird erst sichtbar und anwendbar, wenn wir die Maschinen bedienen können, die es gespeichert haben.

Man kann sogar noch weiter gehen und sich fragen: Brauchen wir in Zeiten, in denen digitale Medien mit enormen Kapazitäten externes Wissen abspeichern, überhaupt noch ein eigenes Gedächtnis? Wird es zukünftig vielleicht sogar möglich sein, das eigene Gedächtnis auf einen Server herunterzuladen und es 1:1 an eine zukünftige Robotergeneration weiterzugeben, damit es dann dort statt in unserer menschlichen Hülle weiterlebt, so wie Ray Kurzweil, Entwicklungschef bei Google, es für das Jahr 2045 vorhergesagt hat? Und welche Auswirkungen haben digitale Medien, vor allem soziale Netzwerke, auf unser Gedächtnis, auf unser Erinnerungsvermögen und auf die Qualität des Lernens? Was sich schon jetzt zeigt, ist, dass unsere eigenen Erinnerungen mit dem kollektiven Gedächtnis auf Facebook, Instagram und Twitter verschmelzen. Ein Phänomen, das Medienpsychologen als »Erinnerungskonformität« bezeichnen, eine Verschmelzung von gehörten, gelesenen und gesehenen Nachrichten im digitalen Datenstrom und dem, was wir selbst erlebt haben. Private und quasi öffentliche Erinnerungen vermischen sich zu einem vollständig ineinander verwobenen Netz und damit zu einer neuen

Qualität in Form des erlebten kollektiven menschlichen Gedächtnisses.

Es lässt sich nicht leugnen, dass mir die Zukunft unserer Gedächtniswelten in ihrer Gesamtheit nicht klar ist – und ich eine gewisse Sorge habe, dass technische Selbstverständlichkeiten sich jenseits der menschlichen Aufnahmekapazität und eines menschlichen Bezugsrahmens verselbstständigen könnten. Wobei dieser Zweifel weder als Technik- noch als Gesellschaftskritik zu verstehen ist; denn skeptisches Hinterfragen ist nicht nur ein wichtiger Motor beim Lernen oder Philosophieren, sondern auch für den naturwissenschaftlichen Fortschritt.

Aber auch in kognitiver Hinsicht scheinen Zweifel angebracht: Diese auf den ersten Blick womöglich lästig erscheinende Geistestätigkeit lässt uns nämlich langsamer altern. Wer seinen Autopiloten des Handelns und routinierten Denkens durch zu viel Grübelei deaktiviert, muss Entscheidungen bewusster treffen – eine sportliche Übung für das Gehirn, das an seinen Aufgaben wächst und nicht etwa dadurch gestärkt wird, dass man es schont. Insofern ist es also durchaus gewinnbringend, wissenschaftliche, politische und gesellschaftliche Tätigkeiten kritisch unter die Lupe zu nehmen und sich die externen Gedächtnisspeicher digitaler Medien aus neurobiologischer und psychologischer Sicht genauer anzusehen.

Was macht das World Wide Web mit dem Gehirn?

Es ist der Mensch mit seinem Gehirn, der digitale Medien nutzt. Das muss man immer wieder grundlegend betonen. Und wie bei allen menschlichen Tätigkeiten, die wir intensiv betreiben, verändert sich dabei das Gehirn – manchmal sogar dauerhaft und oft länger, als wir dies selbst wahrnehmen. Und selbst wenn wir eingeübte Tätigkeiten länger nicht mehr ausgeübt haben, behält das Gehirn eine strukturelle Erinnerung an diese Tätigkeiten bei, wie Neurowissenschaftler um Sonja Hofer, Tobias Bonhoeffer und

Mark Hübener am Max-Plank-Institut für Neurobiologie in Martinsried gezeigt haben. Die Neurowissenschaftler hatten in Experimenten mit Mäusen belegen können, dass in den Gehirnen der Tiere neue Synapsen entstehen, wenn diese eine Aufgabe übten. Diese neuronalen Verknüpfungen blieben selbst bei längeren Lernpausen bestehen und erleichterten später das »Auffrischen des Lernstoffes«.

Aber verändert die Internetnutzung womöglich weit mehr als nur unsere Gedächtnisspeicher?

Die Fragestellung, der der Neurowissenschaftler Gary Small von der UCLA in Los Angeles nachging, war erschreckend simpel: Wenn man die Aktivierungsmuster von im Internet unerfahrenen Probanden mit denen von sehr erfahrenen Internetnutzern vergleicht, würden sich hier sichtbare Unterschiede in der Gehirntätigkeit ergeben? Dies war in der Tat der Fall, sie betrafen vor allem bestimmte Stirnlappengebiete der Großhirnrinde. Aber das war noch gar nicht der Clou seines Experiments: Small und Mitarbeiter ließen die Internetnovizen das Netz fünf Tage lang nach einem vorgegebenen Arbeitsplan benutzen. Schon diese kurze Zeitspanne reichte aus, die Aktivitätsmuster der nun weniger Unerfahrenen an die Aktivitätsmuster der erfahrenen Nutzer anzugleichen. Das Gehirnareal, das dabei die meisten Anpassungsprozesse zeigt, ist der dorsolaterale präfrontale Cortex: Er liegt im hinteren seitlichen Teil des vorderen Bereiches des Stirnlappens und wird in Verbindung gebracht mit strategischem Denken, logischen Analysen und dem Treffen von Entscheidungen; damit ist er eine der Kommandozentralen im menschlichen Gehirn.

Dieser Befund ist erschreckend und faszinierend zugleich: Ersteres, weil sich das Gehirn unglaublich schnell an neue Tätigkeiten anpasst; Letzteres, weil es die Formbarkeitsfähigkeiten dieser kleinen, aber feinen Struktur in unserem Kopf zeigt. Natürlich ändern sich im Gehirn Verarbeitungswege und Aktivitätsmuster, wenn wir etwas lernen und das Gelernte abspeichern. Das eigentlich Bemerkenswerte an obigem Versuch besteht darin, dass sich bei den Probanden übergeordnete Cortexareale veränderten, die zu einem Netz von weiteren Arealen im präfrontalen Cortex gehören; sie nehmen Einfluss darauf, wie wir Probleme lösen, wie wir Emotionen kontrollieren und erkennen, wie lange wir Belohnungen aufschieben, worauf wir uns wie lange konzentrieren können und welche langfristigen Ziele wir verfolgen. So konnte in anderen Untersuchungen gezeigt werden, dass die analytische Fähigkeit ebenso wie die Geschwindigkeit der Bildverarbeitung im Gehirn und die Fähigkeit zum Multitasking verbessert werden, wenn wir geübt in der Internetnutzung sind. Die intensive Beschäftigung mit dem Netz begünstigt weiter die Fähigkeit, schnell Bildmuster zu erkennen. Und natürlich trainiert das Bewegen der Maus die Kopplung zwischen Auge und Hand. Darüber hinaus konnte gezeigt werden, dass ältere Menschen (d. h. jenseits des 65. Lebensjahres), die das Internet als neues Medium für sich entdecken, ihr Gehirn insgesamt intensiv trainieren und dadurch langsamer kognitiv altern.

Wie viel Multitasking verträgt unser Gedächtnis?
Digitale Medien werden fast immer im Multitasking-Modus verwendet. Wobei die Kapazität unseres Arbeitsgedächtnisses, parallel Probleme zu bearbeiten, eigene Gedankengänge zu protokollieren oder sich Gegenstände und Zwischensummen bei Kopfrechenaufgaben zu merken, generell begrenzt ist – entgegen der gängigen Meinung bei Frauen wie Männern übrigens gleichermaßen. Jeder kann sein Arbeitsgedächtnis kurz testen, wenn er versucht, kurz dargebotene Gegenstände eine Minute später zu rekapitulieren. Mehr als sieben erinnern wir meistens nicht. In Bezug auf Multitasking sind Frauen im Sprachbereich besser darin, mehrere Aufgaben zur selben Zeit zu erledigen, während Männer bei Aufgaben aus dem Bereich des räumlichen Vorstellungsvermögens die bessere Parallelverarbeitungskapazität haben.

Zu den Fähigkeiten dieses Arbeitsgedächtnisses, nun im Stirnlappen assoziiert, zählt die selektive Aufmerksamkeit, die es einem erlaubt, sich auf eine Aufgabe zu konzentrieren und alles andere, was an Sinnesinformationen oder ablenkenden Gedanken »einläuft«, abzublocken. Wenn wir zwei oder mehr Aufgaben parallel erledigen, nimmt die Leistungsfähigkeit der primären Aufgabe parallel zur kognitiven Last der zweiten oder dritten Aufgabe ab. Und zwar unausweichlich.

Wie die französischen Neurowissenschaftler Sylvain Charron und Etienne Koechlin mit bildgebenden Verfahren zeigen konnten, ist die Informationsverarbeitung im Gehirn wesentlich effektiver, wenn wir nur eine Aufgabe erledigen müssen. Bei zwei parallelen Fragestellungen hilft sich das Gehirn, indem es die Aufgaben auf die linke und rechte Stirnlappenseite verteilt. Und dennoch dauert es länger, beide Aufgaben zur selben Zeit zu erledigen, als sie nacheinander zu bearbeiten. Werden mehr als zwei Tätigkeiten gleichzeitig verfolgt, müssen sich mehrere Aufgaben eine Hemisphäre »teilen«. Was aber noch viel bedenklicher ist: Das Gehirn arbeitet immer nur zwei Aufgaben zielführend ab, und zwar die, deren Lösung es für am wahrscheinlichsten hält – was danach noch bearbeitet wird, ist dann mehr oder weniger Zufall. Vor allem was von dem Gelernten

»Es gibt nämlich Menschen, die nur wissen wollen, um zu wissen: das ist beschämende Neugierde.«
Bernhard von Clairvaux

abgespeichert wird, hat eine gehörige Zufallskomponente. Dies konnte auf zellulärer Ebene der Neurone ein Assistent von mir, Sreedharan Sajikumar, heute Professor an der National University of Singapur, belegen.

Neue Informationen werden im Gehirn an unterschiedlichen Orten abgespeichert: die meisten im Kurzzeitgedächtnis, wenige im Langzeitgedächtnis. Herr Sajikumar und ich wollten herausfinden, warum das so ist und welche Informationen in welches Gedächtnis wandern. Dafür haben wir Hirnschnitte vom Hippocampus eines Mäusehirns angefertigt, also von der Gehirnregion, die für das Faktenlernen entscheidend ist. Über einen Zeitraum von mehr als zehn Stunden hinweg haben wir diese künstlich stimuliert und dabei voneinander abgetrennte Gruppen von Synapsen aktiviert. Durch den langen Untersuchungszeitraum, der bislang übrigens nur wenigen Arbeitsgruppen weltweit gelungen ist, konnten wir zeigen, dass Erinnerungen vor ihrem Übergang vom Kurz- ins Langzeitgedächtnis in Konkurrenz um gedächtnisassoziierte Moleküle stehen. Dabei handelt es sich um Eiweißmoleküle (Proteine), die benötigt werden, um die Synapsen langfristig zu verstärken. Wird innerhalb einer Stunde nach dem Abspeichern einer Erinnerung ein zweiter Reiz gesetzt, der in assoziativer Verbindung zu der Erinnerung steht, werden beide Verbindungen gestärkt. Kommt ein dritter Reiz dazu (vergleichbar einer dritten zu bewältigenden Aufgabe), kann er die Eiweißmoleküle der ersten Erinnerung »kapern« und für sich selbst nutzen. Oder aber es führt dazu, dass die zunächst verstärkten Synapsen, die Gelerntes speichern sollten, leer ausgehen. Was diese Experimente auf der zellulären Ebene zeigen, ist, dass der Zufall bestimmt, welche Informationen im Langzeitspeicher landen, wenn wir drei oder mehr Fragestellungen parallel verfolgen.

Dieser Wettbewerb der Erinnerungsreize um Proteine könnte auch erklären, warum es effektiver ist, in kleineren Lerneinheiten zu lernen und sich dabei über viele Tage verteilt auf eine Aufgabe zu konzentrieren. So können sich die Synapsen gegenseitig verstärken, wohingegen das sogenannte Bulimie-Lernen, d. h. sich Wissen kurzfristig über viele Stunden hinweg »reinzustopfen«, um es dann in der Prüfung auszuspucken und anschließend zu vergessen, dazu führt, dass sich die Lerninhalte selbst Konkurrenz machen. Insofern gilt es jegliches Multitasking beim Lernen zu vermeiden, denn durch Fernsehen, Surfen im Internet oder einen anderen Lernstoff treten neue Reize in Konkurrenz zum Gelernten – und entscheiden darüber, welche Information es ins Langzeitgedächtnis schafft.

Denken dank neuronaler Melodien
Unsere Experimente belegen, warum es so schwierig ist, beim konzentrierten Lernen im Multitasking-Modus noch effektiv das abzuspeichern, was man lernen möchte. Und die Ergebnisse von

Charron und Koechlin zeigen, dass wir an kognitiver Tiefe verlieren, wenn wir nicht nur ein Problem bearbeiten, sondern mit einem Bruchteil unserer Rechenkapazität mehrere Aufgaben parallel zu bewältigen versuchen.

Eine Frage blieb aber bisher offen: Warum hat unser Arbeitsgedächtnis eine so geringe Kapazität, und warum ist echtes Multitasking unmöglich? Dem sind die am MIT forschenden Neurowissenschaftler Earl Miller und Timothy Buschmann nachgegangen. Sie legten ihren Überlegungen folgende Bedingungen zugrunde: Die Neurone in unserem Gehirn sind aktiv (sie feuern Aktionspotentiale) auf einen bestimmten Reiz hin oder auf eine bestimmte Anregung aus dem Gehirn heraus. Darüber hinaus gibt es aber noch Gehirnrhythmen, die mit einer spezifischen Frequenz durch die Gehirnareale verlaufen (sie sind uns schon in den Kapiteln über Schlaf und über die zellulären Grundlagen des Lernens begegnet). Diese wellenartige Gehirnaktivität ist im Vergleich zu der eines Computers erstaunlich langsam – meist liegt sie zwischen 60 Hertz (d. h. 60 Aktivitätsberge pro Sekunde, wenn wir hochkonzentriert sind) und 1 Hertz (d. h. ein Aktivitätsberg pro Sekunde, wenn wir tiefenentspannt sind).

Diese oszillierenden Wellen sind wichtig, um die Aktivität verschiedener Nervenzellen zu eine Gruppe zusammenzubinden: So wie eine Musikband nur dann einen bestimmen Rhythmus erzeugen kann, wenn alle zusammenspielen, können auch diese Neurone nur dann ein Objekt abbilden oder einen Gedanken formulieren, wenn sie an einer bestimmten Stelle des Berg-Tal-Verlaufes einer Welle gemeinsam feuern. So wie eine Musik-Band keinen Rhythmus finden würde, wenn jedes Instrument seine eigene Melodie spielte, müssen auch Gruppen von Neuronen (sogenannte Ensembles) zu spezifischen Zeitpunkten aktiv sein, damit kein neuronales Durcheinander entsteht. Dabei kann natürlich jedes Neuron verschiedene Rhythmen, Frequenzen und Aktivitätsmodi abbilden, aber zu einem bestimmten Zeitpunkt, genau wie ein Instrument an einer bestimmten Stelle eines Liedes, kann es nur einen Aktivitätszustand einnehmen, um mit den anderen

Neuronen eine zeitliche Bindung einzugehen. Wenn man so will, kommt die Melodie, die neuronal notwendig ist, um einen Gedanken fassen zu können, nur zustande, wenn innerhalb dieser oszillierenden Wellen jedes Neuron, welches zu diesem spezifischen Gedankengang gehört, genau an einer bestimmten Höhe eines Bergrückens einer solchen Welle aktiv ist. Und nur was neuronal zusammen kodiert ist, kann dann auch in unsere Gedächtnissysteme als eine »Gedankeneinheit« eingespeist werden.

Ändert sich die oszillierende Frequenz nur leicht, können die Neurone sich zu einem neuen Ensemble zusammenbinden, ein neuer Gedanke kann entstehen, und durch diese hohe Flexibilität vorhandener neuronaler Strukturen können wir einen zusammenhängenden »Bewusstseinsstrom« erleben, in dem ein Gedanke sich an den nächsten reiht. So kann das Gehirn schnell und flexibel verschiedenste Gedächtnisinhalte zusammenschalten – aber diese mentale Flexibilität hat den Preis, dass wir in einem gegebenen Moment nur einen Gedanken haben können. Es kann immer nur »den einen« Gegenstand/Gedanken geben, sonst müssten Neurone ihre Aktivität zeitgleich an zwei Stellen des oszillierenden Wellenverlaufs entfalten und das für einen Gedanken notwendige neuronale Aktivitätsmuster ginge verloren bzw. könnte von anderen Ensembles nicht mehr ausgelesen werden.

Welche Neurone hier zu einem Ensemble zusammengebunden sind, bestimmt wiederum die vorherige neuronale Aktivität. Das bedeutet: Wir neigen dazu, die Welt so zu sehen, wie sie unserer Erfahrung nach zu sein hat. So sehen wir in einer Szene, auf einem Bild oder in einer neuen Umgebung immer die Dinge, die wir schon kennen. Dies bedeutet auch: Je mehr wir schon erlebt, gelernt und erfahren haben, umso vielfältiger ist unsere Wahrnehmung. Und auch die Reichhaltigkeit unseres Denkens leitet sich von der Vielfalt der Ereignisse, Erlebnisse und Lerninhalte ab, die als Erinnerungen in unserem Gehirn gespeichert sind. Denn Neurone können in vielen »Bands« spielen und zu nahezu unendlich vielen Ensembles zusammengebunden werden, aber zu einem bestimmten Zeitpunkt können sie nur zum Verbund eines Merkmals, eines Objektes oder eines Gedanken gehören, und hier neigt das Gehirn zu schnellen, eindeutigen Lösungen, die sich aus der Erfahrung generieren.

Es gehört zu dem großen Wunder in der Evolution des Gehirns, dass wir Gedanken denken können, aber es ist eben immer nur einer, der sich in einen regelrechten Strom des Bewusstseins einreiht. Gedanken an Gedanke. Gleiches gilt auch für das Gedächtnis: Wir können nur eine Erinnerung nach der anderen abspeichern und abrufen.

Die Leiden des jungen Arbeitsgedächtnisses
Eine große an der Harvard-Universität durchgeführte Studie hat gezeigt: Wer an etwas arbeitet und währenddessen durch andere Gedankenprozesse abgelenkt wird, der ist in seinem Tun deutlich weniger effektiv als jemand, der seine Aufgaben nacheinander ohne jede kognitive Störung bewältigt. Zum Beispiel: Jemand wartet, während er eine Kalkulation für seine Firma erstellt, auf eine E-Mail, oder er beschäftigt sich gedanklich mit den potentiellen Eingängen in einen seiner diversen digitalen Briefkästen, oder er wird durch tatsächlich eintreffende Nachrichten jedweder Natur ständig aus dem Arbeitsprozess gerissen. Die große kognitive Herausforderung besteht dabei darin, dass wir, während wir eine Tätigkeit ausüben, ständig die Gedanken an andere – vor allem digital inszenierte – Aufgaben verdrängen müssen; diese Informationsabwehr frisst einen erheblichen Anteil unseres Arbeitsspeichers.

Allerdings häufen sich die Evidenzen, dass sogenannte *digital natives,* also Menschen, die digital sozialisiert worden sind, so auf das Multitasking konditioniert sind, dass sie sich eine Umgebung aus digitalen Geräten schaffen (Smartphone, iPad, Laptop, kommunikationsfähiger Fernseher), die es ihnen erlaubt, permanent mehrere Aufgaben parallel zu erledigen. Zu einem hohen Preis: Selbst bei Unterbrechungen von nur wenigen Sekunden ist die Fehleranfälligkeit sehr hoch (schnell ist eben noch nicht korrekt), und die Konzentrationsspannen verkürzen sich. Das hat eine große kanadische Untersuchung aus dem Jahr 2015 ergeben. Die Zeitspanne, in der Menschen ihre Konzentration auf etwas richten, beträgt gerade einmal neun Sekunden, im Jahr 2000 war sie immerhin noch zwölf Sekunden lang gewesen war. Das vermehrte Multitasking steht im Verdacht, ursächlich daran beteiligt zu sein: Wer es gewohnt ist, ständig auf mehrere Dinge gleichzeitig zu achten, dessen Gehirn wird auch durch Kleinigkeiten abgelenkt und befindet sich ständig im Alarmmodus, ja nichts aus den gerade sich nicht im Fokus befindlichen Kanälen zu verpassen.

Hinzu kommt, dass der Wunsch nach schneller Belohnung zunimmt, während die Fähigkeit, Bedürfnisse für höhere Ziele aufzugeben, sinkt. Dadurch steigt vor allem die Suchtgefahr enorm an. Sollte dieser Befund, der bisher nur an ausgewählten und vergleichsweise kleinen Probandenzahlen ermittelt wurde, sich zu einem flächendeckenden Befund einer gesamten heranwachsenden Generation ausweiten, so sieht man der Präzision zukünftiger Maschinenbauingenieure oder Brückenbauer mit einem gewissen Unwohlsein entgegen.

Machen uns digitale Medien klüger?

Aber es wäre zu einfach gedacht zu meinen, digitale Medien hätten generell einen negativen Effekt auf unser Gedächtnis. Es gibt keine Evidenz dafür, dass wir an einem kompletten digitalen Gedächtnisverlust leiden. In der Tat taugen moderne Medien dazu, in bestimmter Beziehung unsere Intelligenz zu erhöhen, unsere Mustererkennungsfähigkeit und unser analytisches Denken zu steigern. Aber wie so oft im Leben kann zu viel des Guten einen negativen Nebeneffekt hervorrufen: Zwar lässt sich eine Steigerung der Leistungsfähigkeit bis zu einem bestimmten Punkt feststellen, ab da kann es je nach Intensität der Tätigkeit zu einem Umschlagpunkt ins Negative kommen.

Dieser Effekt ist auch für die Intelligenz zu beobachten, wie der neuseeländische Psychologe James Flynn herausfand. Er untersuchte die Daten von normierten Intelligenztests aus 14 Ländern (vor allem Westeuropa, Japan, USA) über das gesamte 20. Jahrhundert hinweg. Dabei zeigte sich, dass der IQ in all diesen Ländern durchschnittlich alle zehn Jahre um drei bis fünf Punkte stieg, ein Phänomen, das als Flynn-Effekt bezeichnet wird. Aber woran liegt es, dass wir immer klüger werden? Die Gene scheiden als Antwort aus, dafür geht die Entwicklung viel zu schnell vonstatten. Also bleiben nur Umwelterfahrungen, die die dramatische Zunahme des IQ erklären: eine gute Erziehung, gesunde Ernährung und ein funktionierendes Bildungssystem. Denn in der Tat würde ein durchschnittliches Kind unserer Zeit, wenn man die Leistungsfähigkeit der Kinder von heute auf 1960 zurückrechnet, zu den besten 25 Prozent der Kinder gleichen Alters von damals zählen! Deutlicher kann man kaum zeigen, wie sehr sich diese Faktoren auszahlen – und zwar für jedes Kind.

Unsere Gehirne reagieren auf Training ähnlich wie unsere Muskulatur: Die Bereiche, die trainiert werden, steigern auch ihre Leistungsfähigkeit. Der von Flynn gezeigte Anstieg der Intelligenz, der parallel zur Entwicklung von Fernsehen und Computer verlief, wird manchmal als Argument dafür angeführt, dass moderne Medien nicht dümmer, sondern schlauer machen. Dazu passt allerdings nicht, dass der Flynn-Effekt in den letzten zehn Jahren, in denen das Internet sowie digitale Spielwelten omnipräsent verfügbar waren und die Suchmaschinen immer schneller wurden, ins Stocken geriet: Der IQ-Wert steigt nicht mehr an. Ist das Gehirn also am Ende seiner Trainierbarkeit?

Wahrscheinlicher ist, dass es einen falschen Trainer angeheuert hat: Bewegen wir uns zu viel und zu lange in digitalen Welten, scheint unser Belohnungssystem in die Irre geleitet zu werden und die Konzentrationsfähigkeit auf zu kurze Spannen einzustellen. Das macht den positiven Effekt, den die digitalen Medien auf unsere analytische und visuelle Intelligenz haben, zunichte und geht auf Kosten der Sprachkompetenz und der haptischen Fähigkeiten, da bewegte Ausführungen mehr Einfluss auf unser kognitives Vorstellungsvermögen haben, als wir wahrhaben wollen. Davon betroffen sind im Übrigen besonders die Jungen, die in ihrer Entwicklung in der Sprach- und Sozialkompetenz ebenso wie in der Feinmotorik gegenüber den Mädchen benachteiligt sind – und diesen Nachteil zementieren sie, wenn sie ihre Zeit an Computern, Spielekonsolen, Tablets und Smartphones verbringen, selbst wenn sie dort in einem gewissen Zeitabschnitt Dinge tun, die wir als sinnvoll bezeichnen würden.

Wozu (noch) wissen müssen?

Bis hierher ist viel über die Bedeutung von Wissen gesagt worden. »Wissen, nicht Intelligenz, ist der Schlüssel zum Können. Defizite in der Intelligenz können durch Vorwissen offensichtlich wettgemacht werden. Defizite im Vorwissen hingegen nicht«, so fasst die Psychologin Elsbeth Stern von der ETH Zürich es zusammen. Und natürlich geht es hier nicht nur um reine Fakten, sondern um Bildung, also das Wissen über geschichtliche Zusammenhänge, das Wissen darum, woher unser Wissen kommt, mathematisches Verständnis und den Umgang mit Sprache. Je mehr wir wissen, umso leichter können wir Assoziationen zu bestehendem Wissen in unserem Gehirn herstellen und uns Fakten und Zusammenhänge merken. Nur wer Wissen mit Intellekt paart, schöpft seine Intelligenz voll aus.

Aber muss sich dieses Wissen in unseren eigenen Köpfen befinden, oder reicht es zu wissen, wo wir es schnell finden können? Viele Daten – wenn man so will, das Wissen der Welt – werden mittlerweile zu einem großen Teil in digitalen Speichermedien abgelegt. Wer kann schon noch die Telefonnummer seines Lebenspartners auswendig? Wo wir sie in unserem Smartphone finden können, wissen wir jedoch alle.

Wie reagieren unsere eigenen Gedächtnissysteme, wenn Informationen auf externe Speichersysteme abgelegt werden können? Oder anders gefragt: Können wir es uns abgewöhnen, Wissen in unseren Gehirnen abzuspeichern, und wenn ja, wäre das wünschenswert? In einer spannenden Serie von Experimenten, die die Arbeitsgruppe um die an der Columbia University in New York arbeitende Betsy Sparrow entworfen hat, ging es um die Frage, wie digital sozialisierte junge Menschen mit Wissen umgehen. Würden sie sich noch die Mühe machen, auf einfache Fragen die Antworten in ihren eigenen Gehirnen zu suchen? Sie taten es nicht, sondern entwarfen selbst bei einfachsten Fragen mit ihrem Stirnlappen eine Suchstrategie für die Antwort (wohl um im Internet nach der Antwort zu suchen), während der Schläfenlappen, der ungeheure Faktenmengen abspeichern kann, ruhig blieb.

In weiteren Versuchen konnte Sparrows Team zeigen, dass Probanden, die gerade Fakten gelernt hatten und diese parallel auf einem Rechner abgespeichert hatten, sich nur schlecht an das neu erworbene Wissen erinnern konnten. Umgekehrt hatten sie aber deutlich mehr Detailwissen parat, wenn man ihnen sagte, dass die Fakten und Daten, die sie gerade gelernt hatten, bald auf dem Computer gelöscht würden. Insofern führt allein die Vorstellung von dem unendlichen Speicherraum des Internets bei uns Menschen zu einer Art digitalen Amnesie; wir vergessen, was wir irgendwie elektronisch gespeichert zu haben glauben. Wurde den *digital natives* gesagt, wo einfache Fakten abgespeichert wurden, so erinnerten die Probanden eher den Ort bzw. den Ordner, in dem das Wissen abgelegt worden war, als die Fakten selbst. Die Schlussfolgerung dieser Studie ist den Autoren zufolge, dass wir Menschen unsere Kulturfähigkeit mal wieder unter Beweis stellen, indem wir externe Gedächtnissysteme nutzen, um unseren eigenen Speicher freizuhalten.

Auch wenn es sicherlich richtig ist, dass menschlichen Gehirnen eine Kulturfähigkeit zu eigen ist – so greift es in meinen Augen doch zu kurz, zu meinen, wir hätten »Speicherplatz und Rechenkapazität« frei, wenn wir Wissen nicht mehr in unserem eigenen Gedächtnis ablegen müssten. Schließlich gibt es nicht die *eine* Festplatte in unserem Gehirn, um unser Wissen zu speichern; Hardware und Software lassen sich nicht voneinander trennen: Wissen durchdringt unser Gehirn mit seinen Verschaltungen von Milliarden von Nervenzellen. Treten zwei Ereignisse gleichzeitig auf oder assoziieren wir einen Begriff mit einem anderen, so werden die Synapsen zwischen Nervenzellen verändert. Ein solches Netzwerk bezeichnen Hirnforscher als assoziativ, d. h. die Verbindungen von Nervenzellen untereinander sind in ihrer Stärke (siehe Kapitel 3) verstellbar. Eine der wichtigen Eigenschaften dieser assoziativen neuronalen Netze besteht darin, dass neue Informationen immer in bestehende Netzwerke eingebaut werden. Und hierin begründet sich die Macht des Wissens: Wer viel weiß, kann leicht neues mit altem Wissen in vielfältiger Art und Weise verknüpfen. Wer umgekehrt wenig weiß und Neues lernen soll, muss jedes Mal wieder ganze Netzwerke zusammenschalten, anstatt nur neue Verstrebungen in bestehende einzuziehen.

Bildgebende Verfahren konnten bereits Ende der 1990er Jahre belegen, dass für eine bestimmte Aufgabe geübte Gehirne weniger neuronalen Rechenplatz beanspruchen als ungeübte. Und das trotz der paradoxen Situation, dass sich das Gehirn, wenn wir etwas intensiv üben, so umbaut, dass dieser Tätigkeit durch eine hirninterne Ressourcenverlagerung mehr Speicher- und Rechenplatz zugeteilt wird – manchmal sogar in Konkurrenz zu anderen Arealen im Gehirn.

Psychologie und Erziehungswissenschaften verweisen schon lange darauf, dass Wissen etwas Selbsterarbeitetes ist und deutlich von reiner Information unterschieden werden muss. Um Wissen zu erwerben und für eine gewisse Dauer abzuspeichern, müssen die Wissenselemente das Gehirn in kognitiven Schleifen durchlaufen haben. Erst dann können wir dieses Wissen auch in größere Kontexte setzen. Es ist wohl zu naiv zu glauben, dass man allein durch Knopfdruck selbst etwas weiß und mit diesem Wissen kritisch umgehen kann.

Die Bedeutung des eigenen, erworbenen Wissensschatzes zeigt sich auch daran, dass selbst ein hoher IQ und eine schnelle Auffassungsgabe allein nicht ausreichen, um in Schule und Beruf erfolgreich zu sein. Ein gutes Vorwissen zahlt sich dagegen immer aus, wie Studien gezeigt haben. Wer mehr weiß, sucht präziser und kann besser und schneller werthaltige von irrelevanten Antworten unterscheiden, wie man sie in den Weiten des Internets findet.

Und je mehr wir über unsere Umwelt und die Menschen darin wissen, desto differenzierter nehmen wir diese wahr und planen sogar unsere Zukunft genauer und besser. Wir brauchen also beide Fähigkeiten: das Wissen, wo wir etwas wie finden, sowie eigenes Wissen.

Die Sorge, dass der Speicherplatz in unserem Kopf für den enormen Wissenszuwachs in der Welt nicht gerüstet sei, ist übrigens unbegründet. Berechnungen zufolge können wir die äquivalente Speichermenge von 100 Millionen Daten-CDs in unserem Gedächtnis ablegen. Das Problem wird eher darin bestehen, aus diesen Daten die richtigen auszuwählen und dass uns zur richtigen Zeit auch das Richtige einfällt.

Festzuhalten bleibt, dass Tiere und Menschen über Jahrmillionen ein Gedächtnis entwickelt haben, das hochselektiv ist. Dies ist jedoch nicht etwa ein Fehler des Systems, sondern ein markantes Merkmal, um bedeutungsabhängig Informationen abspeichern und abrufen zu können. Denn ohne Filtermechanismus wäre das zur Verfügung stehende Wissen schon lange nicht mehr für das menschliche Gehirn zu bewältigen. Und dennoch unterliegen wir immer noch der Illusion, durch die Omnipräsenz von Informationen im Paradies des Wissens angekommen zu sein, ohne uns dessen bewusst zu werden, dass ungefilterte Information keineswegs Wissen darstellt und schon gar keine Bildung.

»**Alle Menschen streben von Natur aus nach Wissen.**«
Aristoteles

Was wir brauchen – wenn mir dieser pädagogische Zeigefinger erlaubt ist –, ist eine Lehrkultur an Schulen und Universitäten, die stärker als bislang in den Mittelpunkt rückt, wie man Informationen bündelt, vernetzt und kritisch in sein Weltbild einbaut.

Wir leben in einem westlichen Kulturland, das geradezu eine Obsession für Fakten sowie die Speicherung und Analyse von großen Datenmengen entwickelt hat. Genau genommen können wir gar nicht genug davon bekommen! Jede Festplatte und jede Bandbreite im Up- und Download aus dem Internet scheint bereits kurze Zeit nach ihrer Einrichtung schon wieder zu klein, zu schmal, zu langsam. Aus der Sicht eines Gedächtnisforschers allerdings teilt unser Gehirn selbst diese Faktenverliebtheit nicht! Ja, das Gehirn scheint mit Fakten geradezu zu spielen. Der Grund liegt meiner Meinung nach darin, dass Fakten kulturelle Artefakte sind, nicht natürliche. Was unsere Gehirne dagegen suchen, sind Bedeutungen: ein Sinn für Ordnung, Abläufe, Einordnungen, Zuordnungen, Größenverhältnisse und Sinnhaftigkeit. Das Gehirn ist mehr an Impressionen interessiert, an einem Gesamtkunstwerk über das, was uns umgibt, nicht an Details. Wir müssen Fakten ebenso wie Impressionen im Lichte des aktuellen Kontextes, in denen wir diese erleben, interpretieren, Fakten dagegen haben per se keine Bedeutung, sie ergeben erst einen Sinn im Lichte der Erlebnisse, die uns umgeben – und hier spielt die Kultur, in die wir hineinwachsen, eine entscheidende Rolle.

»Denkvorgänge sind wie Kavallerieattacken in der Schlacht – sie sind zahlenmäßig genau begrenzt, verlangen frische Pferde und dürfen nur in entscheidenden Augenblicken vorgetragen werden.«
Alfred North Whitehead

Kompetenzen an Technologien abzugeben, um Zeit- und Denkressourcen für andere Tätigkeiten zu haben, erscheint so lange wünschenswert, wie man sich diese altgedienten Kompetenzen selbst erhalten kann. Genau das erweist sich aber als schwierig, denn in dem Moment, wo wir Kompetenzen an digitale Expertensysteme abgeben, leiden unser Arbeits- und Kurzzeitgedächtnis und auch unsere Allgemeinbildung dauerhaft.

Der ehemalige Präsident des englischen Royal Institute of Navigation, Roger McKinlay, hat Studien ausgewertet, die darauf hinweisen, dass Menschen, die im Auto ein Navigationssystem verwenden, weniger über die Landschaft, die sie durchqueren, erinnern, als Menschen, die solche digitalen Hilfestellungen nicht haben. Dieser Umstand überrascht vor allem vor dem Hintergrund, dass ein Navigationsgerät einem eigentlich mehr Zeit geben sollte, neben dem Verkehr auch die Umgebung wahrzunehmen. Andere – aus meiner Sicht verstörende – Studien zeigen, dass wir einen Inhalt, den wir in einem Buch gelesen haben, sehr viel präziser und umfassender wiedergeben können, als wenn wir Texte an Bildschirmen lesen.

Die Plastizität des menschlichen Gehirns hat ebenso seine Stärken wie Schwächen: Zum einen werden neuronale Netze, die lange nicht mehr genutzt werden, schnell von anderen, benachbarten Arealen und in anderen Kontexten »eingesetzt«; zum anderen neigen wir in unserem Lernverhalten dazu, Umstände auch danach zu beurteilen, wie schnell sich eine Belohnung, z. B. eine Befriedigung unserer Sinne oder Erwartungen, einstellt. Und bei dieser Art von Belohnungen sind Computerspiele, aber auch der E-Mail-Verkehr, digitale soziale Netzwerke und kurze Informationshappen mit einem hohen Suchtfaktor versehen, so dass von der erhofften informationellen Autonomie nur noch der Hunger nach schneller Information zu jeder Zeit an jedem Ort übrig bleiben könnte. Wenn wir in der Ausbildung nicht strukturierend eingreifen, ist der Informations-Junkie als Zukunftsszenario wahrscheinlicher als der effektive Informationsjongleur.

Es deutet sich also an, dass wir Gefahr laufen, das Internet, ganz abgesehen von anderen digitalen Medien, nicht optimal zu nutzen. Weit schwerwiegender ist aber, dass unsere Internetgewohnheiten, die sich ja zu unseren anderen menschlichen Tätigkeiten hinzuaddieren, nicht nur unseren Alltag verändern, sondern möglicherweise auch unser Denken. Und zwar nicht in dem prognostizierten Sinne, dass wir durch das Netz der Internetstrukturen lernen vernetzt zu denken, sondern dass wir genau dies verlernen, da fertige Denkrezepte parat liegen. Wir brauchen uns nicht mehr lange auf ein Problem zu konzentrieren, um die Lösungsstrategien auch effizient in unseren Gehirnen abzuspeichern. Dieser Umstand bedingt, dass unser Gehirn seinen Fokus im Meer der Informationen verliert oder gar nicht erst finden kann. Hinzu kommt eine nicht zu vernachlässigende Deprivation unseres medialen Stirnlappens, der eben vor allem damit beschäftigt ist, die Gefühle, Einstellungen und Empfindungen unserer Mitmenschen im sozialen

Kontext zu erahnen – eine ungeheuer komplizierte Aufgabe, da 70 bis 80 Prozent aller kommunikativen Signale anderer Menschen nicht verbaler Natur sind, also in Mimik, Gestik, Körperhaltung oder Sprechrhythmus ausgedrückt werden. Hier gibt es für jeden neuen Erdenbürger viel zu lernen im Umgang mit Menschen; und auch Erwachsene sind auf einen realen Strom an Eingangssignalen von anderen Menschen angewiesen, um diese menschlichste aller Tätigkeiten (nämlich zu ergründen, was andere Menschen denken und fühlen) so gut wie möglich auszuführen.

»Denn Wissen selbst ist Macht.«
Francis Bacon

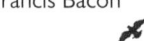

Wir benötigen vielleicht weniger einen Internetführerschein als eine Anleitung zum eigenständigen Denken, zum Zweifeln und für die Fähigkeit des Hinterfragens, damit digitale Medien keine Chance haben, uns in Abhängigkeitsverhältnisse zu stürzen, die wir so wenig gewollt haben, wie Goethes Zauberlehrling hinter Wassereimern herrennen wollte. Vielleicht bedarf es eines Trainings stirnlappenbasierter Tätigkeiten, wie der selektiven Aufmerksamkeit, die zum Bespiel bei bestimmten Meditationstechniken gefördert werden – wenn man so will, als kontrapunktisches Programm gegen eine Verwahrlosung unseres Stirnlappens.

Wissen selbst erarbeiten

Generell gilt, dass unser Gehirn Anstrengung mit tieferer Erkenntnis und einer erhöhten Langlebigkeit der neuen Informationen im Speicher belohnt. Das hat eine Vielzahl von aussagekräftigen psychologischen Lernexperimenten gezeigt, u. a. dieses: Studenten mussten sprachliche Gegensatzpaare auswendig lernen. Die eine Gruppe bekam die Gegensatzpaare genannt (heiß / kalt, groß / klein etc.), während die andere Gruppe sich die Wortpaare erst noch erarbeiten musste (heiß / k..., etc.). Beide Gruppen durften gleich viel Zeit auf ihre jeweilige Aufgabe verwenden. Damit blieb der ersten Gruppe de facto wesentlich mehr Zeit zum Auswendiglernen, da die Gegensatzpaare bereits feststanden.

In der Auswertung des Versuchs zeigte sich aber erstaunlicherweise, dass die zweite Gruppe am Ende die Wortpaare, die sie erst finden musste, präziser und länger erinnern konnte als die Kontrollgruppe. In Gedanken die Lücke zu füllen führte zu einem signifikant besseren Erinnerungsvermögen.

Wenn wir meinen, das Lernen würde uns insofern leichter fallen, als wir Wissen per Wischen oder Mausklick erwerben können, liegen wir falsch. Richtig ist sicherlich, dass Lernen in Zukunft anders werden wird, als es jetzt noch ist. Vielleicht ersetzt das iPad schon bald Kreide und Tafel in einem, aber das wird nichts daran ändern, dass Lernen immer auch wieder mit Anstrengung verbunden sein wird, ja muss! Kurzum: Man wird nur richtig gut in etwas, was man auch selbst tut. Und: Wir erinnern Dinge besser, wenn wir sie selbst herausgefunden haben oder aktiv am Wissenserwerb beteiligt waren. Wenn wir eine Aufgabe ausführen, setzen wir andere kognitive Gehirnressourcen ein, als wenn wir uns auf die Unterstützung eines Computers oder Mentors verlassen. Das belegen Studien: Studenten können einen Lernstoff besser und korrekter wiedergeben, wenn sie ihn eine Stunde lernen durften und den Lernstoff dann ohne Hilfestellung eines Mentors selbstständig rekapitulieren mussten. Sie waren hier schlicht besser als die Kontrollgruppe, die mit detaillierter Hilfestellung unterstützt wurde.

Wir lernen also am besten, wenn wir aktiv als Handelnde am Lernprozess beteiligt sind. Automatisierung macht aus Akteuren Beobachter. Doch die Automatisierung von kognitiven Aufgaben schränkt die Fähigkeit des Gehirns ein, Informationen in Wissen umzuformen und Wissen in Kompetenz. Ich warne deshalb ausdrücklich vor dem zu frühen Einsatz von Expertensystemen in der Ausbildung, sei es ein trivialer Taschenrechner oder vorgefertigte Antworten aus dem Internet. Und für selbstfahrende Autos gilt: Es ist überlegenswert, sie erst dann einzusetzen, wenn Ingenieure und Visionäre auch ein aufmerksamkeitsförderndes System als Ersatz für den Fahrer getestet haben.

Die nächste digitale Generation steht vor einigen Herausforderungen; sie braucht die Fähigkeit, klar und strukturiert gedanklich zu agieren und zu analysieren und dabei noch multiperspektivisch, kritisch und kreativ zu denken. Vor allem aber muss sie – wie frühere Generationen auch – denken lernen, und das kann man nur, wenn man selbstständiges Denken übt, Kompetenzen erwirbt und (!) eigenes Wissen hat.

Informationelle Selbstbestimmung
All das hier Ausgeführte kann aufgrund der noch geringen Anzahl von Studien zu Recht in Frage gestellt werden. Es muss deshalb weiter von wissenschaftlichen Untersuchungen begleitet werden, damit aus Indizien und Tendenzen konkrete Belege werden und Handlungsanweisungen daraus abgeleitet werden können. Aber schon jetzt scheint sich abzuzeichnen, dass es prinzipiell förderlich wäre, wenn die digitalen Welten sich stärker am menschlichen Denken, Handeln und Fühlen ausrichten würden. Digitale Räume sollen das menschliche Gedächtnis erweitern, nicht ersetzen. Deshalb scheint es auch ratsam, sich immer wieder Zeiten und Orte der Unverfügbarkeit zu verordnen – und zwar im doppelten Sinne: Man selbst ist ebenso wenig erreichbar wie digital verfügbare Informationen für einen persönlich zugänglich sind.

Botho Strauss hat in einem ganz anderen Kontext in *Allein mit Allen: Gedankenbuch* formuliert: »Alles flitzt und stiebt. Allein das menschliche Bewusstsein, wenn es wohltut, ist die Pause der Materie.« Dieses Wohltun stellt sich aber nicht mehr ein, wenn die grenzenlose Verfügbarkeit von Informationen, aber auch von uns selbst, uns jegliche Pause raubt. Es vernichtet dann die Reservate des eigenen Selbst, die so dringend wieder aufgebaut und geschützt werden müssten. Ganz konsequent sind deshalb »Achtsamkeit« und »Besinnung« als Ausdruck dieser Sehnsucht nach beruhigender Fokussierung auf uns selbst oder das Wesentliche heute in aller Munde, aber nicht in aller Kopf!

Man könnte einwenden, ob denn das oben Beschriebene nicht kleingeistig ist im Vergleich zu den Errungenschaften moderner, digitaler Medienwelten. Erhöhen die neuen Medien nicht unsere Freiheitsgrade des Wissenserwerbes, der informationellen Selbstbestimmung, ins Unermessliche? Neben der Chance auf eine selbstbestimmte Informationsbeschaffung würden sich auch Chancen zur Zeitersparnis ergeben. Das Gegenteil ist der Fall: Wir werden dazu verführt, unsere Zeit »mehrfach« zu überbuchen. Dank digitaler Welten müssten wir nicht nur über mehr Wissen, sondern auch über mehr Zeit verfügen als je zuvor. Aber irgendwie ist in der Maximierung unserer zeitlichen Ökonomisierung genau dies verloren gegangen: Zeit haben.

Das Internet hat bereits heute unsere Denkstrukturen verändert, und es verändert unser Arbeits- und Privatleben. Darüber hinaus stellt sich aber auch die Frage, wie soll man eine in digitalen Medien schwimmende junge Generation ausbilden, um sie auf die Bewältigung globaler realer und globaler digitaler Welten vorzubereiten? Es geht hier vor allem darum, einen Startpunkt zu definieren, mit dem ein junges Gehirn die Komplexität der Welt aushalten kann, in dem der Zweifel ebenso seinen Platz hat wie die Kreativität, diese so wunderbar sympathische Tätigkeit unserer Gehirne, deren Grundzug ihre Nicht-Berechenbarkeit ist. Denn was wäre eine vorhersagbare Kreativität anderes als die Vertreibung des Menschen aus dem Paradies der Gedanken?

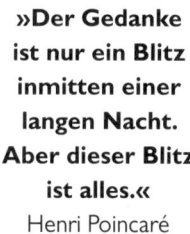

»Der Gedanke ist nur ein Blitz inmitten einer langen Nacht. Aber dieser Blitz ist alles.«
Henri Poincaré

Die Nennung von »menschlichen Gedanken« an dieser Stelle ist nicht gedacht als Gegenwurf zur Betonung der Kreativität (als Gral des Menschseins und als Gegenpol zu maschinengesteuerten Denkwelten), sondern als Versuch, eine weitere Kerze anzuzünden gegen die Nebelmaschinen der menschlichen Berechenbarkeit. Mensch sein heißt, Gedanken zu haben, diese zu erinnern, zu protokollieren und anhand von Gedankenkonstrukten aus unserem ganz individuellen Gedächtnis heraus eine Zukunft zu planen, vorherzusehen, überhaupt anzuvisieren, oder die Vergangenheit zu interpretieren und sich selbst im gedanklichen Spiegel zu sehen.

Dies ist ein nicht zu unterschätzendes Grundelement individueller menschlicher Existenz.

Berechenbarkeit heißt nicht, dass diese Welt in ihrer Komplexität auch berechenbar ist. Entscheidend ist die Frage, was die Illusion der Berechenbarkeit mit unserem Menschenbild macht – dies ist auch der Kern in der Debatte der Neurowissenschaften über die Autonomie des Menschen, denn nur weil etwas prinzipiell neuronal beschreibbar ist, heißt es noch nicht, dass es nur so beschrieben werden kann oder gar darauf reduziert werden könnte.

Als Richtschnur bei der Internetnutzung für einen selbst, aber auch für die jungen Menschen, die noch kommen und für die wir Verantwortung tragen, könnte man eine Aussage von Rainer Maria Rilke über Gedichte verwenden, quasi als eine Art User Guide für die Benutzung des Internets und aller damit in Verbindung stehender Dienste: »Dass sie mir Fenster sei in den erweiterten Weltraum des Daseins«. Übrigens erlaubt dieses Fenster nicht etwa einen Blick in die »Realität«, sondern ist ein Werkzeug, dessen effektive Benutzung, ebenso wie dessen Gefahren, man erlernen muss. Dies scheint mir im Übrigen durchaus ein politischer ebenso wie gesellschaftlicher Bildungsauftrag zu sein. Dass Fenster rein durch kommerziell ausgerichtete Firmen ausgemalt werden, erfüllt einen mindestens mit Sorge dergestalt, dass diese Realität mehr verstellt als sichtbar werden lässt.

Es bedarf auch der interdisziplinären Erforschung der in diesem Abschnitt aufgeworfenen Fragen und Probleme, damit über den Zweifel hinaus mehr aus den Tiefen der Spekulationen in den Raum überprüfbarer Daten transferiert wird, um jenseits kommerzieller Interessen über die Wünsche der Nutzergehirne nachzudenken. In der globalen Informations- und Wissensgesellschaft wird man nicht mehr mit herkömmlichen Kategorisierungen auskommen. Auch in vernetzten, digitalen Internetwelten gilt es, Dilemmata, Widersprüche und Komplexitäten auszuhalten, ja zum Gegenstand des Wissens zu machen – womit wir wieder beim Zweifeln wären.

Mindestens bedenklich ist übrigens, dass sich mit Hilfe von

EEG-Messungen gezeigt hat, dass die in Kapitel 5 erwähnten Alpha-Wellen (die im Gehirn in der Vorbereitung zur Lösung kreativer Aufgaben wichtig sind) durch ständiges »Rumdaddeln« im Netz blockiert werden. Damit ist nicht gesagt, dass man so nicht kreativ sein kann, aber möglicherweise machen wir uns das Leben unnötig schwer. Dies belegen auch Experimente mit Probanden, die nach einigen smartphonefreien Tagen in der Natur ein deutlich höheres kreatives Potential aufweisen im Vergleich zu anderen, die weiter ihre Smartphones intensiv nutzten. All das ist kein Beweis dafür, dass digitale Medien uns schaden, aber wir müssen hinsichtlich ihrer Nutzung wohl noch einiges hinzulernen.

Filterblasen und Hallräume des Wissens
Zweifel sind immer angebracht, egal ob bei der Erfindung der Eisenbahn, des Autos, der Telegraphie oder eben der flächendeckenden Nutzung von digitalen Medien. All diese Techniken, ebenso wie die Einführung des Buchdrucks, haben die Welt verändert – allerdings meist anders, als dies prophezeit wurde. Nicht anders ergeht es dem Internetzeitalter.

Hier wurde vorhergesagt, dass es passive Fernsehkonsumenten zu aktiven Teilnehmern an gesellschaftlichen und politischen Debatten macht. Dies sollte vor allem die Meinungsvielfalt erhöhen und jedem die Möglichkeit geben, sich umfassend zu informieren. In der Tat ist die Fülle an eigenen Blogs und die Nutzung digitaler Portale von Zeitungen immens – so immens, dass jeder filtern muss, was er aufnehmen will. Je mehr Angebote es gibt, desto unübersichtlicher wird die Vielfalt und je mehr muss man auswählen. Und genau dies hat nun eine gegenläufige Tendenz: Wir suchen nur, was dem eigenen Standpunkt entspricht. Konsumenten werden nicht besser informiert, son-

»*Es kommt nicht so sehr darauf an Information zur Verfügung zu haben, sondern es zählt, was man mit diesen Informationen machen kann.*«
Bill Keller, ehemaliger Herausgeber der *New York Times*

dern suchen genau die Webseiten heraus, die ihren (vorgefassten) Urteilen – oder besser Vorurteilen – entsprechen, wie Studien der Universität Oxford und der Stanford-Universität herausgefunden haben, in denen Daten von 50 000 Nutzern analysiert wurden.

Zwei Ergebnisse aus diesen Untersuchungen scheinen mir besonders erwähnenswert: Zum einen haben sie nämlich ergeben, dass Nutzer aktiv sogenannte Hallräume suchen, also Foren und Meinungsseiten, die ihren eigenen Überzeugungen entsprechen und in denen sich Nutzer in ihren eigenen Meinungen gegenseitig bestätigen – die eigene Meinung »hallt« in den Meinungen der anderen wider. Aber noch etwas anderes tritt auf – meist von den Nutzern nicht bemerkt und reflektiert: Durch die Art und Weise, mit denen Algorithmen der Software-Riesen wie Facebook und Google ihre Suchergebnisse generieren, entstehen »Filterblasen«. Der Nutzer findet personalisiert seine bereits vorhandenen Präferenzen. Besonders durch Suchmaschinen kommt es zu einer enormen Segregation der politischen Lager, wie man an US-Wählern zeigen konnte: Ihnen werden genau jene Seiten vorgeschlagen, die ihren Präferenzen entsprechen. Mit der Meinung der Andersdenkenden, vor denen man nach einem Freiheitsdiktum von Rosa Luxemburg Achtung haben sollte, wird man gar nicht mehr konfrontiert.

Und noch etwas ist bemerkenswert: Den Autoren der Studie standen nicht nur 50 000 Nutzerdaten zur Verfügung, sondern 1,2 Millionen Datensätze, es konnten aber nur 4 Prozent verwendet werden, da man nur von denjenigen Daten analysieren konnte, die auch regelmäßig Nachrichtenforen aufsuchten. Aktive Nachrichtenkonsumenten sind also in der absoluten Minderheit, wie auch Analysen von Facebook-Seiten bestätigen: Nur jeder 300. Klick führt auch zu einer Nachrichtenseite!

Es sind also ernste Zweifel angebracht, ob ein Mehr an Wissen auch zu einer differenzierteren Weltwahrnehmung führt, denn Suchmaschinen haben ein Gedächtnis für das, was wir vorher gesucht haben: Es entstehen individuelle Hallräume, die nur das bestätigen, was wir schon glauben zu wissen, und es entstehen große Filterblasen, in denen Menschen in jedem Fall nicht die Luft der Meinungsvielfalt atmen.

Und auch auf unser eigenes Selbstbild fällt zurück, was wir online über uns posten: Vieles deutet darauf hin, dass Menschen anfangen zu glauben, was sie auf Facebook über sich kundtun. Aber auch was wir erinnern, hängt davon ab, was wir sozial mit anderen teilen. Je öfter wir etwas wiederholen, desto eher merken wir uns diese Aspekte eines Tages, eines Erlebnisses oder eines Urlaubes. Allerdings zu einem gewissen Preis: Ereignisse und Details, die wir nicht im Netz posten, die sich also weniger zum Online-Teilen eignen, geraten schneller in Vergessenheit. Es gehört somit zu dieser Wiederholungspraxis, dass nicht nur bestimmte Details besser erinnert werden, sondern es gibt auch einen Verdrängungswettbewerb für das Vergessen.

Die in London forschende Rechtspsychologin Julia Shaw meint dazu: »Woher wissen Sie, ob Sie ihre erlebte Wirklichkeit in Erinnerung haben oder Ihre bearbeitete Online-Erinnerung? Wahrscheinlich können Sie den Unterschied gar nicht feststellen, da die sozialen Prozesse der Erinnerung verstärkt werden und das Potential haben, auf Wegen einzusickern, die es vorher nicht gab.«

Tatsächlich gehen Neurowissenschaftler davon aus, dass die massive Internetnutzung zu einer Schwächung der Tiefe der kognitiven Verarbeitung führt und auch zu einer Abnahme von menschlichem Einfühlungsvermögen und Empathie. Unser Gehirn funktioniert immer selektiv, und deshalb verstärkt die zunehmende Informationsflut eine vereinfachte emotionale Verarbeitung auf Basis von Stereotypen und einfachen Schwarz-Weiß-Mustern. Wir reagieren auf die Informationsflut nicht mit einer differenzierten Weltsicht, sondern mit einer groben Vereinfachung. Differenzierter sieht nur derjenige die Welt, der Wissen auch in den Verarbeitungsstrukturen seines Gedächtnisses eingewoben hat, denn wie schon mehrfach erwähnt, Hardware und Software der Gedächtnisprozesse in unseren Gehirnen lassen sich nicht voneinander trennen.

Wider die kollektive Gedächtnisverformung

Aus alldem möchte ich einige Ableitungen und Vorschläge unterbreiten. Es gilt in meinen Augen zu verhindern, dass soziale Netzwerke und/oder politische Regime unser fragiles Gedächtnis in seiner Stabilität verformen. Wenn wir Gedächtnis sind, so schließt dieses »wir« auch unsere Kultur und unsere demokratischen Gesellschaften ein. Schließlich gibt es auch ein kollektives Gedächtnis. Da mutet es verstörend an, dass die Administration des amerikanischen Präsidenten Trump öffentlich über Bowling-Green-Massaker und terroristische Attentate in Schweden und Atlanta berichtet (die es alle nie gab). Noch verstörender sind Internetforen, die sich über den Tod von Nelson Mandela in den 1980er Jahren im südafrikanischen Gefängnis austauschen (ignorierend, dass er bis 2013 lebte, südafrikanischer Präsident war und 1993 den Friedensnobelpreis zuerkannt bekam ...). Besonders bedenklich wird diese Fehleranfälligkeit im Zusammenhang sozialer Netzwerke im Internet, denn hier können leicht gezielte ebenso wie ungezielte Gerüchte in sich selbst bestärkenden und in sich selbst verstärkenden Gedächtnisblasen viral werden.

Vor allem hat sich gezeigt, dass Informationen, die in Zeiten großer Angst abgerufen werden, besonders leicht wieder vergessen werden können. Hier also in aller Bescheidenheit ein Ratschlag an Politiker: Liegt ein terroristischer, gesundheitlicher oder wettertechnischer Notfall vor, machen Sie eine kurze (!) Liste der relevanten (!) Informationen und Verhaltensratschläge und stellen Sie sicher, dass alle Verantwortlichen diese Liste haben und in der Kommunikation berücksichtigen. Wiederholen sollte man diese Liste der wichtigsten Punkte häufig und beständig, um damit dem Vergessen auf der einen Seite und den Fehlinformationen auf der anderen Seite zu begegnen.

Das kollektive Gedächtnis ebenso wie unser gesellschaftliches Zusammenleben hängen von der Vielfalt der Meinungen ab und davon, dass jeder Einzelne seine Sicht der Welt, wie sie war, wie sie ist, wie sie sein soll, frei äußern kann. Es gibt weder für einen Gedächtnisforscher noch für sonst jemanden nur eine

Sicht der Dinge, aber wer bewusste Fehlinformationen, Ignoranz und lebensgefährliches Fehlverhalten verhindern will, muss auch ein Verständnis für die Anfälligkeit unseres Gedächtnisses haben – und dafür bedarf es eben auch einer wissenschaftlichen Betrachtungsweise. Wissenschaft ist kein Luxus, den man sich leistet, wenn es einer Gesellschaft (zu) gut geht, sondern unsere Lebensgrundlage. Darüber hinaus kann wissenschaftlich gut begründetes Faktenwissen oft einiges an Panik verhindern: Zum Beispiel war im Zuge des Ausbruches der lebensgefährlichen Ebola-Epidemie in Afrika und den anschließend sporadisch auftauchenden Fällen in den USA das sich rasend schnell verbreitende Gerücht kursiert, Ebola sei auch über die Luft ansteckend und mit einem Ebola-Patienten in einem Raum zu sitzen könne schon das Todesurteil bedeuten. Die medizinischen Befunde wiesen aber eindeutig darauf hin, dass eine Übertragung nur über Körpersekrete (Speichel) und über direkten Blutkontakt möglich ist.

Am meisten werden Menschen hinsichtlich des kollektiven Gedächtnisses (ebenso wie des individuellen) in den späten Jugendjahren und den frühen Erwachsenenjahren geprägt. Es ist hierbei nicht hoffnungslos, Menschen von irrigen Meinungen abzubringen, wie ein Team aus Zürich um Micah Edelson zeigen konnte. Menschen, die in einer Umwelt aufwachsen, die andere Meinungen zulässt und eigene Ansichten in Frage stellt, sind eher bereit, *false memories* zu korrigieren und in Frage zu stellen, wenn man sie mit Fakten konfrontiert, die ihr eigenes Gedächtniserleben in Frage stellen. Und auch das gehört zur wissenschaftlichen Methodik, die vor Fallstricken der Erinnerung ebenso wie vor Vorurteilen schützen kann: das beständige Hinterfragen von bestehenden Wissenssystemen, egal ob es individuelle oder kollektive sind.

Externe Gedächtnisspeicher

Noch bis zum Ende des 20. Jahrhunderts haben wir uns vor allem auf ein externes Speichermedium unseres kulturellen Gedächtnisses verlassen, das unser Gehirn wunderbar ergänzt: Papier, egal ob als Rolle, Blattpapier, Urkunde oder in Buchform. Der simple Vorteil eines papierbasierten Gedächtnisses besteht darin, dass es sich nicht leicht ändern, überschreiben oder vernichten lässt. Damit verhält sich ein »buchbasiertes Gedächtnis« völlig anders als »gehirnbasierte Gedächtnisinhalte«, deren einzige Konstante ihre Veränderlichkeit ist. Im Unterschied dazu wird ein Teil des kollektiven Gedächtnisses durch Wörter und Zeichnungen auf Papier unverändert über Jahrhunderte (bei entsprechender Pflege) in exakt gleicher Form erhalten – egal wie oft man die darauf geschriebenen Inhalte gelesen hat. Architektonische und künstlerische Produkte sind nicht vergessen, aber werden hier nicht weiter erläutert, obwohl auch sie zu dem kollektiven Gedächtnis einer jeden Kultur gehören.

Ganz im Unterschied zu Buchmedien operieren digitale Speicher in etwa wie menschliche Gehirne. Die Inhalte sind nicht wirklich »fixiert«, sie können (und werden) konstant editiert und erneuert werden, ohne dass man dies erkennen kann. Entsprechend verliert man einen wichtigen Vorteil papierbasierter Erinnerungen als Gegenpol zu unseren Gedächtnissystemen: ihre Unveränderlichkeit, ihr fixiertes Festhalten von Informationen.

Es wird eine der Herausforderungen unseres Zeitalters sein, diese Art von komplementär zu unseren Gehirnen arbeitendem Gedächtnissystem auch in digitale Codes zu implementieren und bestimmte Inhalte für Jahrhunderte zu stabilisieren. Wie man deren technische Auslesbarkeit sicherstellen will, steht dabei auf einem ganz anderen Blatt. Sicher ist, dass es eine nur sehr schwer lösbare Aufgabe sein wird, wie jeder erahnen kann, der heute versucht zehn Jahre alte Disketten (floppy discs) auszulesen.

Ein weiteres Problem liegt darin begründet, dass digitale Dateien nicht für das Auge »auslesbar« sind, wie das bei Büchern, Graphiken und Papierrollen der Fall ist. Wir können sie nur auslesen, wenn wir auch die richtige Hard- und Software dazu haben. Es ist so ähnlich wie bei Musikaufzeichnungen: Wer kann heute noch Schallplatten oder Kassetten, geschweige denn Tonbänder abspielen? Wenn man so will, hat unsere Abhängigkeit von externen Gedächtnisspeichern im Jahr 1877 mit der Erfindung des Grammophons durch Thomas Edison begonnen.

Digitale Speichermedien geben uns eine große Flexibilität und eine hohe Effektivität jedweder Art von Informationsspeicherung – und verhältnismäßig günstig ist es auch. Dafür ist die Gefahr der Manipulierbarkeit groß, da alle Informationen schon in ihre Teile zerlegt sind und dadurch leicht herumgeschoben und verändert werden können. Mit dem Effekt, dass die Verarbeitungsgeschwindigkeit von Informationen jedweder Art stark erhöht ist und diese Informationen zunehmend binär wahrgenommen werden. Wir haben gleichzeitig erheblich mehr Informationen mit immer weniger Bedeutungsinhalt und noch weniger Werten, anhand derer wir dieses Wissen sortieren können.

Werden wir je einen Backup unseres Gedächtnisses machen können?
Wissenschaftliche Belege aus dem Jahr 2016 erhärten den Verdacht, dass unsere Lebensspanne trotz nahezu perfekter gesundheitlicher Versorgung und optimalem Lebensstil nicht viel mehr als 120 Jahre betragen kann. Mit medizinischen Methoden werden wir dem Tod wohl nicht entkommen können. Aber die zur Verfügung stehende Speicherkapazität in digitaler Form hat in den letzten Jahren unweigerlich zu der Frage geführt, ob wir den Tod nicht insofern überlisten können, als wir unser individuelles Gedächtnis, all unsere im Gehirn gespeicherten Erinnerungen und erworbenen Fähigkeiten, auf einer großen Festplatte extern speichern. Und wenn man den Gedanken weiterspinnt: Könnte man nicht auch einen genetischen Klon aus Hautzellen von uns erschaffen und ihm dieses Gedächtnis dann einspeisen?

Alternativ denken Visionäre darüber nach, ob man Gehirne nicht nach dem Tod einfrieren könnte – nicht um diese in einigen Jahrhunderten wieder aufzutauen und anderen Lebensformen einzupflanzen, sondern in der Hoffnung, dass eine detaillierte Analyse der Feinstruktur eines individuellen Gehirns offenbart, wie es funktioniert hat. Funktionieren heißt dabei: in all seinen Belangen, von den Gefühlen, dem Erleben bis eben hin zu Gedächtnisprozessen. Wenn man das bis auf die atomare Ebene analysieren könnte, könnte es möglich sein, unsere Erinnerungen und unser Denken genauso wieder zum Leben zu erwecken, als würden wir nach dem nächtlichen Schlaf wieder aufwachen? Selbst wenn man theoretische Argumente über Selbstbewusstsein und Ich-Empfindungen außen vor lässt, könnte ein solches Unterfangen an der Komplexität des menschlichen Gehirns und an der Nicht-Verortbarkeit von Gedächtnisprozessen meiner Meinung nach scheitern.

Denken wir es einmal durch: Was müssten wir denn wissen, um ein solches »Experiment« über den Backup unseres Gedächtnisses machen zu können? Gedächtnisprozesse werden im Gehirn vor allem über Synapsen realisiert, also bräuchten wir ein exaktes Abbild aller Synapsen in unserem Gehirn. Dies ist eine der Aufgaben, die sich die »Konnektom-Forschung« (connectomics, Vernetztheit des Gehirns) gesetzt hat. Allerdings muss man wissen, dass wir im Moment gerade mal in der Lage sind, 1500 Synapsen präzise in einem Netzwerk des Gehirns abzubilden – unser Gehirn hat allen Berechnungen zur Folge aber etwa 15 Trillionen Synapsen, also um den Faktor Billiarden mehr Synapsen, als wir bisher in einem bestehenden Netzwerk auslesen können.

Aber selbst wenn einem dies gelingen würde, müsste man noch ein weiteres Problem lösen: Die neuronale Verarbeitung und Speicherung hängt nicht nur vom Schaltplan, also der Struktur neuronaler Netze ab, sondern auch von den funktionellen Eigenschaften, der Stärke einer Synapse sowie der Frage, wann, wo und wie elektrische Aktionspotentiale ausgelöst werden. Neuron A und Neuron B sind hierbei nicht in einer festgelegten Stärke miteinander verbunden, sondern Synapsen zwischen diesen Neuronen verändern sich in ihrer Stärke – kurzfristig bei aktuellen Aktivitätsänderungen, langfristig bei Lernereignissen und Speicherprozessen des Gedächtnisses. Wer unser Gedächtnis auslesen möchte, braucht beides: den Strukturplan und den Aktivitätsplan und bei Letzterem nicht nur den aktuellen, sondern auch die Aktivitätszustände vorheriger Zeiten, die die Stärke der synaptischen Strukturen moduliert hatten. Reine Strukturanalysen können nur Durchschnittswerte für Synapsen entsprechend ihrer Größe angeben, aber nicht den exakten Wert einer individuellen Synapse, und gerade der macht unser Gedächtnis aus. Auch die Stärke einer Synapse zu berechnen wäre endlos kompliziert, denn an und um eine Synapse herum sind an die 1000 verschiedene Proteine gruppiert, mehr als an jeder anderen Stelle einer jeden uns bekannten Zelle. Synapsen müssen so kompliziert konstruiert sein, da sie nicht nur eine hohe Sicherheit der synaptischen Übertragung sicherstellen müssen, sondern auch noch veränderlich sind (synaptische Plastizität, siehe Kapitel 3), und darüber hinaus muss der Grad dieser Veränderlichkeit auch noch regulierbar sein!

Entsprechend schwierig wird es, die Erinnerungen, die in diesen vielen Synapsen stecken, auszulesen und zu konservieren. Das gilt für viele Milliarden synaptischer Verbindungen. Am kompliziertesten ist, dass all diese vielen Strukturelemente des Gehirns auch noch plastisch sind. Synapsen, Axone, Dendriten und auch die sie umgebenden Gliazellen ändern sich fortwährend entsprechend des einlaufenden Inputs. Man braucht also neben dem präzisen Konnektom auch die Information darüber, in welchem Ausmaß ein Neuron bereit ist, auf Veränderungen des Inputs zu reagieren und sich selbst in all seinen Elementen zu verändern.

Das Universum hat 14 Milliarden Jahre vor uns existiert und es wird auch noch viele Milliarden Jahre nach uns existieren, und soweit man das als Hirnforscher heute vorhersehen kann, wird hierbei weder unser Gedächtnis noch unser gesamten Gehirn je unsterblich werden, es wird immer ein Leben vor uns und ein Leben nach uns geben.

Fundstück: Verloren in den unendlichen Weiten unseres Gedächtnisses

Lifelogger sind Menschen, die alles über sich sammeln. Der Erste, der dies systematisch begann, war der Amerikaner Gordon Bell. Er zeichnet seit 1997 sein Leben elektronisch auf: Jede Minute ein Foto, alle Telefonate, alle E-Mails, alles, was er im Internet sucht, wird gespeichert. Bell selbst fühlt sich dadurch befreit, er meint, er kann den Augenblick besser genießen, wenn er weiß, dass alles, was er macht, festgehalten wird. Aber in den riesigen Datenmengen das Richtige zu finden, erweist sich auch für ihn als schwierig, z. B. wenn die Schreibweise eines Namens nicht sicher ist oder die Angaben nur vage sind. Digitales zu speichern erscheint hierbei als vergleichsweise leicht, es wieder abzurufen ist das Problem! Entweder man findet nichts oder zu viel. In dieser Disziplin sind unsere Gehirne wahrlich besser.

Ob es wirklich von Vorteil wäre, wenn wir alles erinnern könnten, so wie es die Lifelogger gerne hätten? Es gab immer wieder Menschen, die ein solches perfektes Gedächtnis für autobiographische Erlebnisse oder Fakten hatten, aber all diese Gedächtnis-Genies waren nicht leistungsfähiger im Denken als andere Menschen, und vor allem waren sie nicht glücklicher, vielmehr haben sie ihr Gedächtnis als Last empfunden. Vergessen können ist für unser menschliches Gedächtnis und für das Zusammenleben mit anderen ebenso wichtig wie Erinnern.

KAPITEL 7

Unzeitgemäße Betrachtungen über die Kunst des Vergessens

*Man lernt nur dann und wann etwas;
aber man vergisst, den ganzen Tag.*
Arthur Schopenhauer

Entschlüpftes Vergessen
Vergessen hat einen schlechten Ruf – falls es überhaupt weiter beachtet wird. Bewusst ärgern wir uns nur in den Situationen, wenn wir gerade die Brille oder den Autoschlüssel verlegt haben. Dabei ist Vergessen überall – es zeigt sich nicht nur als Lücke im Gedächtnis, sondern ist integraler Bestandteil unseres Gedächtnissystems. In der griechischen Mythologie hat es mit dem Fluss des Vergessens (Lethe) seinen festen Platz am Ursprung der westlichen Kulturgeschichte. Neben der Gedächtnisgöttin Mnemosyne, die dem Tag nahesteht, gibt es die der Nacht zugewandte Göttin des Vergessens, ebenfalls Lethe genannt. Die Sterblichen können beiden Göttern Opfer darbringen, je nachdem, ob sie sich eher vom Vergessen oder vom Erinnern Erleichterung versprechen.

Auch der schon eingangs des Buches zitierte Kirchenlehrer Augustinus macht sich seine Gedanken über das Vergessen. So staunt er nicht nur über die Macht des Gedächtnisses, sondern ist auch verwundert darüber, dass das Vergessen sogar seinen Platz im Gedächtnis hat, denn man kann sich ja erinnern, dass man etwas vergessen hat. Wer einen Schlüsselbund oder eine Brille verlegt, hat zwar den Ort vergessen, wo er etwas abgelegt hat, keineswegs aber, wie das Utensil aussieht, wie es sich anfühlt und welche Form es hat. Das Bild des gesuchten Gegenstandes ist durchaus noch im Gedächtnis vorhanden.

Was wir aus der Vergangenheit in die Gegenwart holen, was wir

Vergessen hält Ordnung im Zettelkasten, damit neue Notizen im Hirn genügend Platz haben.

aktuell erleben oder zukünftig planen, ist genauso geprägt durch das, was wir erinnern, wie durch das, was wir vergessen. Ähnlich einer Marmorskulptur, die nicht nur bestimmt ist durch die Steinmassen, die stehen geblieben sind, sondern auch durch das, was man entfernt hat. Mit Sigmund Freud hat das Vergessen allerdings seine Unschuld verloren: Denn wer etwas vergisst, weglässt oder aussortiert, muss sich nun die Frage nach dem Warum gefallen lassen. Jedes Vergessen muss einen Grund haben. Wer (vor sich und vor anderen) etwas vergessen hat, könnte es verdrängt haben. Das wiederum würde bedeuten, dass es den Gedächtnisinhalt selbst noch gibt und er nur zutage gefördert werden muss – so wie ein Buch in einer Bibliothek, das falsch einsortiert (oder versteckt) wurde.

Dabei ist Vergessen – und zwar ohne jeden Verdacht des Verdrängens – essentiell für unsere Gehirntätigkeit. Auf der Ebene der Wahrnehmung etwa ist es allgegenwärtig: Wir müssen das, was wir sehen, fühlen, hören, schmecken oder riechen, zwar kurz im Gedächtnis behalten, aber nur bis der nächste Sinneseindruck kommt. Weil zum Beispiel die Verarbeitung des Gesehenen in der

Retina länger dauert als die Verarbeitung von Schall im Innenohr, müssen wir jeden Input eines Sinnessystems kurz zwischenspeichern (etwa 0,25 Sekunden), sonst könnten wir eine Stimme nicht der Lippenbewegung einer bestimmten Person zuordnen. Aber sobald der nächste Sinneseindruck folgt, muss der alte gelöscht werden, sonst interferieren die Sinneseindrücke miteinander, alles würde verschwimmen. Kein Wunder bei 400 000 Sinnesreizen, die pro Sekunde auf uns einströmen. In unserem Wahrnehmungsgedächtnis sind Löschen und Vergessen also keine Fehler oder Aussetzer in der Wahrnehmung, vielmehr gehören sie fest zum installierten Programm. Speichern und Erinnern leisten wir uns nur bei einem verschwindend kleinen Teil des Erlebten.

Eine andere, ganz natürliche Form des individuellen Vergessens ist die kindliche Amnesie (siehe Kapitel 1). An die ersten drei, oft sogar vier Lebensjahre haben wir keine autobiographischen Erinnerungen. Und auch danach, bis etwa zum sechsten Lebensjahr, erinnern wir nur weniges, das ins Erwachsenenalter hinein überlebt. Dass wir, zumindest in der Rückschau, erst so spät im eigenen Leben ankommen, hängt mit der Entwicklung unseres Gehirns zusammen, vor allem mit den Verbindungen zwischen Hippocampus und Cortex, die sich erst noch etablieren müssen.

Es ist zu vermuten, dass der ständige Um- und Ausbau gerade dieser Gehirnstrukturen für das kindliche Vergessen verantwortlich ist. Das Gehirn wächst von der Geburt bis zum sechsten Lebensjahr von 350 Gramm auf über 1200 bis 1400 Gramm heran (das entspricht 90 Prozent des endgültigen Gewichts). Hinzu kommt, dass die Entwicklung eines Ich-Bewusstseins und der Sprachzentren, die maßgeblich am Aufbau eines autobiographischen Gedächtnis beteiligt sind (welches ja über Worte und Begriffe vermittelt wird), notwendige Randbedingungen für unsere eigene Lebensrückschau darstellen. Dies bedeutet nicht, dass Dinge, die wir in den ersten drei Lebensjahren gelernt und erlebt haben, nicht auch im späteren Leben weiterwirken – angefangen von den Wörtern, die wir in den ersten Lebensjahren gelernt haben, bis hin zur Kategorisierung der Welt durch die Sinnessysteme, von der Kausalität bis hin zur Objekterkennung. Das gilt auch für andere Erfahrungen, die wir als Kleinkind gemacht haben: Dinge, vor denen wir Angst haben, oder Gerüche und Geschmäcker, von denen uns übel wird. Wir können nicht darauf zugreifen – und zwar nicht, weil wir es verdrängt hätten, sondern weil sich hier kein stabiles autobiographisches Gedächtnis ausgebildet hat, es gibt kein sprachliches Korrelat dieser Erinnerung.

Aber nicht nur der Anfang unseres Lebens liegt im Dunkeln des Vergessens. Durch den Schlaf begeben wir uns jeden Tag aufs Neue in eine sechs- bis achtstündige Amnesie-Phase. Dabei fragen wir uns meist gar nicht, warum wir Träume so schnell vergessen bzw. das, was wir nachts im Traum erlebten. Vor allem vor dem Hintergrund, dass wir tagsüber Gelerntes wohl nachts konsolidieren, Schlaf und Gedächtnisbildung also ganz essentiell miteinander verwoben sind (siehe Kapitel 4), erscheint das paradox.

Im Schlaf fehlen entscheidende Voraussetzungen zur bewussten Erinnerung: Die Instanzen im Gehirn, die ein Ich-Bewusstsein vermitteln – welches notwendig ist, um etwas als autobiographisches Gedächtnis aufzeichnen zu können –, befinden sich im nächtlichen Ruhezustand. Die Neurotransmitter, die es braucht, um neu Gelerntes durch Verstärkungen an Synapsen abzuspeichern (siehe Kapitel 3), sind ebenso wenig aktiv. Vor allem die Langzeitspeicherung ist von der Proteinsynthese abhängig. Der Übergang von einer kurzfristigen in eine langfristige zelluläre Erinnerung erfolgt aber nur, wenn neben der Glutamat-Ausschüttung an der vorgeschalteten Zelle auch noch weitere Eingänge an der nachgeschalteten Zelle aktiv werden – und dies ist während des Schlafens nicht der Fall. Kurzum, die modulatorischen Neurotransmitter wie Acetycholin (Konzentration), Dopamin (Konzentration und Motivation) und Noradrenalin (Aufmerksamkeit, Stress, Angst) werden nicht in entsprechenden Mengen an den

»Die Erinnerungen verschönern das Leben, aber das Vergessen allein macht es erträglich.«
Honoré de Balzac

lernrelevanten Synapsen ausgeschüttet. Was wie ein evolutiver Unfall der Schlafphase erscheint, ist das Gegenteil: Vergessen ist eine Art Gedächtnisschutz. Um tagsüber Erlebtes besonders gut und sicher im Schlaf abspeichern zu können, soll nicht Störendes oder Neues hinzukommen.

Auch in wachen Stunden ist der selektive Umgang in Bezug auf das, was wir erleben und abspeichern, ein zentraler Prozess unseres Gedächtnisses und unseres Denkens. Denn Abstraktion und Generalisieren gelingen nur, wenn wir Unmengen an Informationen weglassen, ignorieren – und vergessen. Aber natürlich kennen Mediziner auch pathologische Zustände, die zentral auf dem Vergessen basieren: Es gibt Erkrankungen des Gehirns, die zu einem unnormalen Vergessen führen, wie dies bei Alzheimer der Fall ist oder nach Schlaganfällen oder Drogenkonsum auftreten kann. Aber auch nicht vergessen können gehört hierher: Wer ein Trauma erlebt hat, möchte vergessen, kann es aber nicht. Zwischen diesen beiden Extremen finden sich Menschen, die nahezu nichts vergessen und damit ein perfektes autobiographisches Gedächtnis aufweisen. Es sind keine pathologischen Fälle, aber auch keine Zustände, die Menschen leistungsfähiger oder glücklicher machen. Mit diesen Supergedächtnis-Menschen wollen wir beginnen.

»**Das Gedächtnis wäre uns zu nichts nütze, wenn es unnachsichtig treu wäre … Ohne Vergessen wäre man nur ein Papagei.**«
Paul Valéry

Wenn man nicht vergessen kann: Hyperthymesie

Die meisten von uns wissen abends noch ungefähr, was sie den Tag über gemacht, was sie gegessen, mit wem sie geredet haben und was in den Nachrichten Bemerkenswertes zu vernehmen war. Aber können Sie das ebenso gut rekapitulieren, wenn es um den 25. August 2004 oder den 13. Juni 2001 geht?

Es gibt Menschen, die genau das können – und zwar für nahezu jeden Tag ihres Lebens! Diese Menschen müssen sich nicht mühsam an ihre Lebensereignisse erinnern, vielmehr haben sie größte Schwierigkeiten, Ereignisse aus ihrem Leben zu vergessen. Sie leiden an einer Hyperthymesie (dieser Ausdruck vereint zwei Begriffe aus dem Griechischen, die Vorsilbe »hyper« bedeutet »über«, »thymesis« steht übersetzt für Erinnerung). Eine der Betroffenen ist Jill Price. In einer Mail an den berühmten Gedächtnisforscher James McGaugh von der University of California in Irvine berichtete sie, dass sie jeden Tag ihres Lebens seit ihrem 11. Lebensjahr erinnern könne. McGaugh konnte dies unter Laborbedingungen bestätigen: Wenn, in welchem Kontext auch immer, von einem vergangenen Datum die Rede ist, erinnert Price automatisch und in allen Details, was sie selbst an diesem Tag erlebt hat und was in der Welt geschah.

Jill Price sagt von sich, dass ihr Geist wie ein zweigeteilter Bildschirm sei, in dem sich auf der einen Seite die aktuellen Wahrnehmungen entfalten und gleichzeitig vergangene Erlebnisse abgespielt werden. Allerdings war ihr Gedächtnis nur phänomenal, was Fakten und das autobiographische Gedächtnis betraf; auf anderen Gedächtnisgebieten zeigte sie dieselben Leistungen wie jeder durchschnittliche Proband.

Mittlerweile konnten Wissenschaftler durch intensives Suchen weltweit ein Dutzend Menschen mit einem vergleichbar guten autobiographischen Gedächtnis ausfindig machen. Bei einigen dieser autobiographischen Hypermnestiker ließ sich nachweisen, dass die neuronalen Schaltkreise aus Amygdala, Hippocampus und Cortex um 20 Prozent vergrößert sind und sich wesentlich besser miteinander vernetzt haben. Bei anderen Hypermnestikern sind der untere und mittlere Schläfenlappen stark vergrößert ebenso wie der vordere Pol des Schläfenlappens (temporaler Pol) (siehe Abbildung 21). Wie man heute weiß, sind dies genau die Strukturen, die notwendig sind, um autobiographische Erinnerungen abzuspeichern und abzurufen. Vor allem der Faserstrang, der das vordere Ende des Schläfenlappens mit dem Stirnlappen verbindet (*Fasciculus uncinatus* in der Nomenklatur der Hirnanatomen, übersetzt »ein hackenförmiges Bündelchen« von Nervenfasern), erwies sich als stark vergrößert – kurzum die perfekte Datenautobahn von der Speicherexekutive im Schläfenlappen zur Exekutive der Gedächtnisorganisation im Stirnlappen. Ob diese erhöhte Rechenkapazität eine Ursache oder eine Folge der unglaublichen

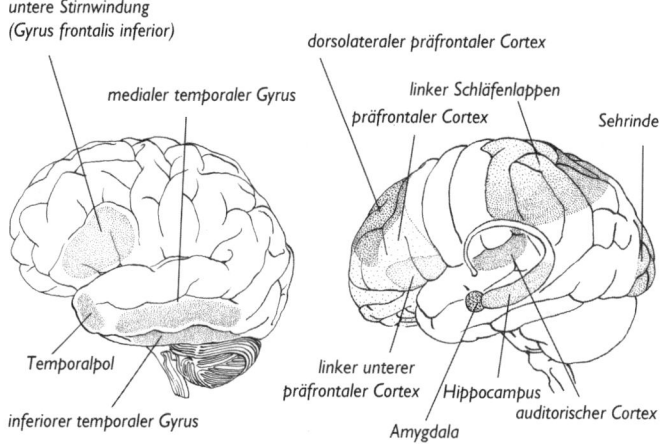

Abbildung 21: Wo war ich?
links: Bei autobiographischen Erinnerungen helfen der mediale und der inferiore temporale Gyrus sowie der inferiore Frontalcortex. Vor allem der temporale Pol an der Spitze des Schläfenlappens hat eine Schlüsselfunktion für ganz persönliche Erinnerungen.
rechts: Beim Vergessen von Erinnerungen spielt ein Flickenteppich von Gehirnarealen eine entscheidende Rolle. So kann Aktivität im präfrontalen Cortex und im dorsolateralen präfrontalen Cortex Erinnerungen unterdrücken, während der untere Teil des präfrontalen Cortex für besonders starke emotionale Erinnerungen codiert. Der Hippocampus fungiert als Knotenpunkt vieler Erinnerungen, der noch unterstützt wird durch die Amygdala als Emotionszentrum. Während des konzentrierten Versuches sich zu erinnern, werden die sensorischen Areale in ihrer Aktivität unterdrückt, deshalb schließen wir häufig die Augen, wenn wir uns angestrengt an etwas Bestimmtes zu erinnern versuchen.

Gedächtnisleistungen ist, steht allerdings nicht fest. Diese Unwissenheit liegt darin begründet, dass Gehirnareale, die besonders intensiv genutzt werden, sich durch ein Neuronen- und Synapsen-Wachstum vergrößern können – was also durch genetische Anlage oder durch intensive Nutzung begingt ist, steht offen.

Auch wir normale Gedächtnis-Menschen können sehr detailreiche Erinnerungen an bestimmte Situationen unseres Lebens haben: sogenannte Blitzlichterinnerungen *(flashbulb memories)*. Hierzu zählen etwa detailgenaue lebhafte Erinnerungen an Weltereignisse wie die Ermordung John F. Kennedys oder die Anschläge vom 11. September 2001. Meist sind es dramatische Geschehnisse, die uns emotional bewegen. Sie sind aber punktuell und selten. Erinnert werden langfristig vor allem die Umstände, die die jeweilige Person mit dem Ereignis verbindet.

So erstrebenswert ein nahezu perfektes Gedächtnis auf den ersten Blick erscheint, das Beispiel von Solomon Shereschewski, der unter dem Nicht-vergessen-Syndrom litt, zeigt, dass ein solches überbordendes Gedächtnis ungeahnte Probleme generiert: Wenn Shereschewski Neues lernte, wanderte buchstäblich *alles* in sein Gehirn, selbst redundante Informationen. Eine einmal gehörte Rede konnte er noch Jahre später Wort für Wort fehlerfrei wiedergeben. Doch das schiere Gewicht all dieser Erinnerungen macht es ihm unmöglich, die Quintessenz einer Rede, einer Geschichte oder eines Gedichtes zu erfassen. Zu jedem Wort traten zu viele Assoziationen auf. Er sagte selbst (zitiert nach Alexander Lurija): »Nein, das ist zu viel für mich. Jedes Wort ruft ein ganzes Bild hervor und die Bilder kollidieren miteinander. Das Ergebnis in meinem Kopf ist Chaos. Ich kann keinen Sinn in der Geschichte erkennen.«

»Wenn wir uns an alles erinnern würden, wären wir in den meisten Fällen so schlecht dran, als würden wir uns an nichts erinnern.«
William James

Wenn er Entscheidungen treffen sollte, konnte er irrelevante nicht von relevanten Kriterien unterscheiden. Er war nicht in der Lage, generelle Aspekte eines Erlebnisses von spezifischen zu trennen, denn durch die Fülle der gespeicherten Details war jedes Erlebnis in allen Aspekten anders. Genauso wenig war er imstande, Erinnerungen zu komprimieren oder vom Speziellen auf das Allgemeine zu schließen. Am Ende verdiente Shereschewski sein Geld als Gedächtniskünstler. Er hatte weder bedeutende Entdeckungen gemacht noch lehrreiche Bücher geschrieben, und ohne den Neuropsychologen Alexander R. Lurija wäre er nie zu einem gewissen Ruhm gekommen.

Vergessen als Spamfilter

Das deutsche Wort »vergessen« setzt sich zusammen aus »gessen« (entspricht dem englischen »get in forget«), was ursprünglich eine Bewegung in meine Richtung ausdrückt, ich »kriege/bekomme« etwas, und der Vorsilbe »ver«, die es in sein Gegenteil verwandelt, ähnlich wie bei »kaufen« und »verkaufen«. Damit ist das Vergessen von seinem Wortstamm her etwas Aktives – ganz im Gegensatz zu unserem Alltagsverständnis, in dem Vergessen etwas Passives meint, etwas, was uns passiert.

Vergessen kann man sich also wie einen gut programmierten und aktiven Spamfilter vorstellen, der von Natur aus unserem Gedächtnis innewohnt. Funktioniert dieser Filter nicht, wie bei Herrn Shereschewski oder Frau Price, wird man von der Fülle irrelevanter Informationen regelrecht erdrückt und in seinen abstrakten Denkmöglichkeiten eingeschränkt. Vergessen als gedanklicher Spamfilter erlaubt es dem Gehirn, sich auf die relevanten Informationen in einem bestimmten Kontext zu fokussieren.

So gesehen, hilft Vergessen beim Auffinden von gesuchten Fakten und Erinnerungen. Das Gehirn muss immer wieder auch konkurrierende Informationen unterdrücken (vergessen), damit nicht etwa klangverwandte Wörter abgerufen werden oder in dem Moment irrelevantes / triviales Wissen im Bewusstsein auftaucht, wenn man sich auf eine knifflige Gesprächssituation konzentriert. An den sogenannten Freud'schen Fehlleistungen kann man sehen, wie das auch mal nicht funktionieren kann. Anders als gemeinhin angenommen offenbaren sie nicht geheime Wünsche; sie kommen vielmehr zustande, weil der Spamfilter versagt und einem assoziativ verwandte Wörter in den Sinn kommen, die aber nicht an diese Stelle gehören. Sie hätten den Fluss des Vergessens, Lethe, nie überschreiten dürfen.

Diese Art des fokussierten Vergessens betreiben wir ständig, etwa wenn wir alte Passwörter quasi unbemerkt in unserem Kopf löschen, um uns nicht ständig beim Einloggen in den Computer oder dem Entsperren der SIM-Karte zu vertippen. Vergessen bewirkt, dass das informationelle »Hintergrund-Rauschen« unterdrückt werden kann. Es filtert und schärft unser Wissen, so dass markante Signale prominent hervortreten können. Dadurch wird das »Erinnern« und das Wiedereinsammeln von erinnerten Wahrnehmungen, Fakten und Vorstellungen erleichtert, die nur über verstreut liegende und lose miteinander verflochtene neuronale Netzwerke miteinander verbunden sind.

»Where ist the life we have lost in living? Where is the wisdom we have lost in knowledge? Where is the knowledge we have lost in information?«
T. S. Eliot

Wenn man so will, muss sich ein gewisser Verlust (Verfall/Vergessen) ereignen, um das Behalten zu stärken, wenn man sich mit einem neuen Wissensstoff beschäftigt. Vergessen ist damit nicht (immer) der Feind des Lernens, sondern ist sein Verbündeter.

Wenn wir etwas Neues abspeichern, können und sollen frühere Erlebnisse überschrieben werden. Wir müssen nicht wissen, wo wir vor einer Woche das Auto parkten oder wo es im statistischen Mittelwert steht; sondern wir müssen erinnern, wo wir es beim letzten Mal geparkt haben. Der letzte Parkvorgang sollte idealerweise alle anderen überschreiben – und diese damit dem Vergessen anheimfallen.

Wir vergessen also, um wieder erinnern zu können, oder anders ausgedrückt: Wir vergessen, um wichtige Informationen von (nun) irrelevanten abgrenzen zu können. Das ist nicht eine Frage des Speicherplatzes im Gehirn, vielmehr trägt es dazu bei, aus den vielen irrelevanten Informationen schnell die wenigen wesentlichen herauszufischen. Wie gut wir erinnern, hängt auch davon ab, wie gut wir vergessen. Da unsere Erlebnisse und Erfahrungen sich aber ständig erneuern und verändern, unterlaufen dem Spamfilter des Vergessens auch immer wieder Fehler, so dass uns Dinge, Fakten, Erlebnisse nicht einfallen, die wir gerne in einem bestimmten Moment parat hätten.

Über die Schrecken des Gedächtnismachens

Wenn wir uns in einer lebensbedrohlichen oder in einer emotionalen Notsituation befinden, werden nicht nur Stresshormone ausgeschüttet, um die Energiebereitstellung auf ein Maximum zu erhöhen und alle körperlichen Vorgänge, die nicht zum unmittelbaren Überleben notwendig sind, auf ein Minimum zu reduzieren, sondern auch die Gedächtniszentren in unserem Gehirn laufen auf Hochtouren. Alles, was mit dieser als bedrohlich empfundenen Gegebenheit assoziiert ist, soll, möglichst genau und möglichst nachhaltig, abgespeichert werden. Der evolutive Sinn ist schnell einsichtig: Um zukünftig eine solche Situation vermeiden zu können, versetzt uns unser Körper in die Lage, den Umständen, die damit zusammenhängen, aus dem Weg zu gehen. Auf einen einfachen Nenner gebracht: Ein Tier oder ein Mensch, der eine lebensbedrohliche Situation schnell vergisst, läuft Gefahr, ihr abermals zum Opfer zu fallen. Es ist also aus evolutiver Sicht wenig verwunderlich, dass unser Gehirn in dieser Frage nicht zu vielen Zugeständnissen bereit ist. Die Erinnerung an eine starke Bedrohung brennt sich förmlich in das Gedächtnis ein.

»Das Gedächtnis ist nicht nur widerspenstig, indem es uns im Stich lässt, wenn wir es am meisten brauchen, sondern es ist auch töricht, indem es herbeigelaufen kommt, wenn es gar nicht passt.«
Baltasar Gracián

Dieses Beispiel zeigt, wie wichtig Gedächtnisprozesse für das

»Vielleicht ist sogar nichts furchtbarer und unheimlicher an der ganzen Vorgeschichte des Menschen, als seine Mnemotechnik. Man brennt etwas ein, damit es im Gedächtnis bleibt: nur was nicht aufhört, wehzutun, bleibt im Gedächtnis.«
Friedrich Nietzsche

individuelle Überleben und das Fortbestehen der Spezies sind. Hierbei arbeiten vor allem der Hippocampus und die Amygdala eng zusammen (beide gehören zum limbischen System des Gehirns). Dabei werden sowohl bewusste, explizite Gedächtnisprozesse gefördert wie auch unbewusste, implizite und damit emotionale Vorgänge befeuert. Vor allem der Hippocampus wird sehr stark aktiviert – so stark, dass die vor und nach einer traumatischen Situation zwischengespeicherten Erlebnisse vergessen werden, sie werden quasi überstrahlt, so wie eine Fotografie mit einem hellen Gegenstand in der Mitte des Bildes die Gegenstände links und rechts vom Mittelpunkt des Bildes ins Dunkle fallen lässt.

Der Hippocampus ist uns schon mehrfach als die entscheidende Flaschenhalsstruktur für das deklarative Gedächtnis in Bezug auf Fakten und autobiographische Erinnerungen begegnet. Die Amygdala fügt dieser expliziten Gedächtniskomponente Emotionen hinzu. Sie gibt den Erinnerungen quasi eine Farbe, sie verleiht den Erlebnissen eine Qualität bzw. eine persönliche Wertigkeit. Dazu ist sie aufgrund ihrer anatomischen Lage perfekt geeignet, denn sie sitzt wie die Nabe eines Rades in der Mitte wichtiger Informationswege des Gehirns: Vom Thalamus empfängt sie alle sensorischen Informationen als Rohdaten, vom Hippocampus neuronale Signale über den Kontext der Ereignisse und vom Cortex die aufbereiteten Daten, wie diese Wahrnehmungen in unserem Langzeitgedächtnis eingeordnet worden sind. In einer lebensbedrohlichen Situation arbeitet die Amygdala auf Hochtouren, indem sie diese Informationen integriert und als Reaktionen auf eine Bedrohung alle notwendigen physiologischen Reaktionen in unserem Körper koordiniert. Die Amygdala orchestriert hierbei nicht nur die Stressreaktion des Körpers, sondern sie ist auch für das Angstgedächtnis zuständig. Alle Umstände, die mit dem Zustand der Angst assoziiert werden, werden in der Amygdala abgespeichert und bewirken, dass diese Ereignisse eine höhere Wahrscheinlichkeit haben, wieder abgerufen zu werden.

Auf zellulärer Ebene werden hierbei mit Hilfe der Langzeitpotenzierung (kurz LTP), die wir schon aus Kapitel 3 kennen, die synaptischen Verbindungen auch in der Amygdala derart verstärkt, dass regelrecht eine Narbe an synaptischem Aktivitätsmuster entsteht. Zukünftig reicht nun oft schon ein Element aus diesem neuronalen Aktivitätsnetzwerk, um das gesamte Muster wieder zu aktivieren: Allein die Farbe eines entgegenkommenden Autos vermag alle Elemente einer Unfallsituation wieder heraufzubeschwören; ein lauter Knall genügt, um Kriegserlebnisse wachzurufen – der Knopf zum Abspielen eines Filmes ist gedrückt, und sehr häufig sind wir, wenn der »Film der Erinnerung« erst einmal gestartet ist, nicht mehr in der Lage, diesen zu stoppen. Es kann zu sogenannten *flashbulb memories* kommen: Geringste Hinweisreize führen dazu, dass die gesamte Kette an Ereignissen, die zu einem traumatischen Erlebnis gehören, in Form von Blitzlichterinnerungen wieder auftauchen. Sie überrollen uns wie eine Lawine, Traumapatienten fühlen sich häufig von diesen unwillkürlichen Erinnerungen regelrecht verfolgt.

Ein lebensbedrohliches Ereignis ist also besonders nachhaltig im Hippocampus, in der Amygdala und im Cortex abgespeichert. Hierbei sorgen erregende Transmitter wie Glutamat ebenso wie sogenannte modulatorische Neurotransmitter dafür, dass Synapsen verstärkt werden. Sie werden in einem hohen Maße ausgeschüttet, wenn wir besonders aufmerksam sind – das kann auch eine Situation sein, die für einen Menschen ein traumatisches Erlebnis darstellt. Sie bewirken, dass diese synaptischen Veränderungen besonders stark und besonders lange im Langzeitgedächtnis abgespeichert werden. Acetylcholin, Noradrenalin und Dopamin erhöhen hierbei die Konzentration eines sekundären Botenstoffes (cAMP genannt, cyclisches Adenosinmonophosphat) in den Neuronen, die am Aktivitätsnetzwerk eines solchen Erlebnisses beteiligt sind. Dieser hohe cAMP-Spiegel in einer Zelle fördert die Konsolidierung, also das Einbrennen der Ereignisse in den Langzeitspeicher.

Aber warum bleiben diese verstärkten Synapsen bei einem traumatischen Erlebnis so widerstandsfähig gegen das Vergessen? Und warum wird die Amygdala zu einem späteren Zeitpunkt immer noch in gleicher Stärke aktiviert, wenn nur das traumatische Erlebnis erinnert wird oder assoziative Reize auftauchen? Neben der ganz normalen Verstärkung der Synapsen in der Amygdala, wie sie bei jedem emotional bedeutsamen Erlebnis vorkommt, werden diese Synapsen bei einem traumatischen, angsterfüllten Erlebnis wohl zusätzlich in eine Art biologischen Beton gegossen, wie das Forscherteam um Andreas Lüthi vom Friedrich Miescher Institut in Basel zeigen konnte. In tierexperimentellen Studien konnte hier gezeigt werden, dass dieser biologische Beton, perineuronale Netze (PNN) genannt, um verstärkte Synapsen herumgebaut wird und diese Synapsen besonders immun gegen eine Abschwächung bzw. jede Form der Veränderung macht.

»Nichts hält etwas intensiver in der Erinnerung fest, als der Wunsch es zu vergessen.«
Michel de Montaigne

Insgesamt bewirkt eine lebensbedrohliche Situation, der man selbst ausgesetzt ist oder die man miterlebt, dass die Gedächtnisspeicherung über die Amygdala und den Hippocampus sehr gut funktioniert, während der Gedächtnisabruf kaum möglich ist. Nichts soll das Abspeichern der Umstände einer Gefahr behindern, und manchmal klappt das zu gut, um je wieder vergessen zu werden. Dabei kann es durchaus zu einer Situation kommen, wo die Stresshormone die Oberhand über die modulatorischen Neurotransmitter behalten. Denn eine Stresssituation, etwa ein schwerer Autounfall, kann auch dazu führen, dass Neurone im Hippocampus aus Schutz vor einer metabolischen Überlastung nach einer Überschwemmung mit Stresshormonen völlig die Arbeit einstellen. Mit der Folge, dass ab diesem Moment überhaupt keine autobiographischen Erinnerungen mehr abgespeichert werden. Dies kann sich auf einige wenige Minuten nach dem Unfall beschränken, kann aber auch mehrere Stunden anhalten. Erst ab dem Moment, an dem die Nervenzellen im Hippocampus ihre Arbeit wieder aufnehmen, werden auch wieder Erinnerungen des autobiographischen Gedächtnisses gebildet. Auf der anderen Seite kann die Amygdala in solchen Situationen trotz Überflutung mit Stresshormonen weiterarbeiten, so dass Elemente einer traumatischen Situation im emotionalen Gedächtnis gespeichert werden können. Sie können immer wieder Stress- und Angstreaktionen hervorrufen, ohne dass auf diese Art traumatisierte Menschen bewusst Zugriff auf diese Traumata haben – sie haben ein emotionales Gedächtnis ausgebildet, aber die autobiographischen Inhalte fehlen. Sie erinnern sich nicht bewusst an die kritische Situation. In solchen Fällen handelt es sich nicht um ein Verdrängen im Sinne Freud'scher Theorien, sondern um das Ergebnis ganz unterschiedlicher Arbeitsprozesse der verschiedenen Gedächtnissysteme in unserem Gehirn. Was nicht aufgezeichnet wurde, kann auch nicht erinnert werden.

Ein Gedächtnisgefängnis ohne Vergessen:
Posttraumatische Belastungsstörung (PTBS)
Die oben beschriebenen evolutiven Anpassungsprozesse nehmen in Kauf, dass das Erinnern an ein Trauma mehr Probleme verursachen kann, als es Vorteile mit sich bringt. Die vielschichtigen psychischen Probleme, die Menschen nach Katastrophen ereilen können, bezeichnet man als Posttraumatische Belastungsstörung (PTBS). Menschen, die von schweren Schicksalsschlägen ereilt wurden, Kriegserfahrungen machen mussten, Zeuge eines Anschlags wurden, einen Herzinfarkt erlitten oder Opfer von Gewalt- und/oder Sexualdelikten wurden, können laut dem Max-Planck-Institut für Psychiatrie in München noch nach mehr als sechs Monaten danach folgende Symptome aufweisen:
- Albträume, verbunden mit Ein- und Durchschlafstörungen, nächtliches Aufschrecken

- Übererregungssymptome mit Schweißausbrüchen (beispielsweise erhöhte Schreckhaftigkeit und vermehrte Reizbarkeit)
- Depressionen
- unwillkürliche Erinnerungen *(flashbacks)* an das traumatische Ereignis
- Vermeidungsreaktionen, z. B. nicht über das Trauma zu sprechen oder nicht die damit verbundenen Orte und Personen aufzusuchen
- emotionale Taubheit: verminderte Fähigkeit oder gar Unfähigkeit, Gefühle zu empfinden
- Interessenverlust bis hin zum sozialen Rückzug
- traumabezogene Erinnerungslücken (partielle Amnesie, Ereignisse direkt vor oder nach dem Unglück betreffend)

Ein hohes Risiko für eine PTBS haben berufsbedingt Soldaten, Rettungssanitäter, Notärzte, Polizisten oder Feuerwehrleute. Eine chronische PTBS kann massive Einschränkungen im Sozialverhalten, eine permanente Anspannung, ein ständiges Bedrohungsgefühl oder auch emotionale Abstumpfung und Entfremdung nach sich ziehen. Man geht davon aus, dass etwa zwei Prozent der deutschen Bevölkerung eine PTBS im Laufe ihres Lebens erleiden. Das sind etwa 1,6 Millionen Menschen. Etwa jedes zweite Vergewaltigungsopfer leidet oft noch Jahre nach dem Verbrechen daran; ebenso betroffen ist fast jeder fünfte Überlebende eines schweren Verkehrsunfalls sowie knapp 15 Prozent der Menschen, die den unerwarteten Tod eines nahen Angehörigen miterleben mussten.

Einer der führenden deutschen Traumaforscher, Thomas Elbert von der Universität Konstanz, geht davon aus, dass die Dunkelziffer hier groß ist und neben einer genetischen Disposition, nach einem Trauma eine PTBS zu erleiden, sich darüber hinaus die Wahrscheinlichkeit erhöht, wenn man schon einmal ein Trauma erlitten hat. Häufig bleibt die Krankheit, und nichts anderes ist eine PTBS, unbehandelt. Während sich die Forschung sehr des Themas Gedächtnisverfall, etwa bei Demenzen, annimmt, wird das in diesem Fall zu gute Gedächtnis, nämlich eine durch ein Trauma bedingte Hypermnesie, weit weniger erforscht. Nach wie vor weiß man nicht, warum nicht alle Menschen nach einem Trauma eine PTBS erleiden, denn traumatische Erfahrungen sind keineswegs selten. Warum sind einige Menschen immun gegen eine PTBS, während andere so anfällig dafür sind? Dies ist nur eine der vielen offenen Fragen, auf die die Forschung noch keine Antwort weiß.

Hirnorganisch steht wohl auch hier die Amygdala im Mittelpunkt. Sie ist nicht nur beteiligt, wenn es darum geht, ein traumatisches Ereignis mit all seiner emotionalen Wucht abzuspeichern, sondern sie ist es auch, die bei einer PTBS auf jeden Hinweis, der mit einem Trauma assoziativ in Bezug stehen könnte, besonders stark reagiert.

Die zentrale Rolle der Amygdala bei einer PTBS untersucht unter anderem die Arbeitsgruppe um die amerikanische Traumaforscherin Katie McLaughlin. Sie erforscht die Nachwirkungen des Bombenattentats auf den Boston-Marathon im Jahr 2013. Noch vor dem Attentat hatte McLaughlin in einem anderen Forschungszusammenhang eine Gruppe von Jugendlichen hinsichtlich ihrer Reaktion auf positive oder angsteinflößende bzw. negativ behaftete Bilder beobachtet. Parallel dazu hat sie mit Hilfe der funktionellen Magnetresonanz-Tomographie (fMRI) die Reaktion der Amygdala auf diese positiven wie negativen Bilder aufgezeichnet. Nach dem Attentat hat sie ihre Untersuchungen an den gleichen Probanden wiederholt und konnte vorhersehen, wer eine PTBS erleiden und wer mit diesen schrecklichen Erlebnissen zurechtkommen würde: Die Menschen, deren Amygdala auf negativ behaftete Bilder stärker reagierte, hatten ein wesentlich höheres Risiko für eine PTBS. Diese Hyperempfindlichkeit der Amygdala, die typisch für PTBS-Patienten ist, könnte auch erklären, warum diese immer wieder von ihren Traumaerinnerungen »überfallen« werden. Denn die Amygdala ist in einer als bedrohlich empfundenen Situation nicht nur imstande, unseren Körper zu koordinieren und die Bedrohungsreaktionen des Gehirns (Blutdruck und Herzschlag steigen, man beginnt zu schwitzen, Energie wird zur Verfügung stellt, Stresshormone werden ausgeschüttet), sondern sie ist auch am Abruf angstbehafteter Erinnerungen beteiligt.

Ursache und Wirkung dürfen hier nicht miteinander verwechselt werden: Dass die Reaktionsweise der Amygdala sich verändert, ist dem traumatischen Erlebnis geschuldet, das einem Menschen zugefügt wurde. Die Amygdala-Hyperempfindlichkeit nach dem Trauma könnte lediglich erklären, warum einige Menschen, z. B. nach dem Attentat auf den Boston-Marathon, eine PTBS hatten und andere diese Ereignisse verarbeiteten, ohne zu erkranken.

Wie in Kapitel 1 gezeigt wurde, verändern sich unsere Erinnerungen bei jedem Abruf und berücksichtigen dabei die aktuellen, beim Abruf empfundenen Emotionen. Dies geschieht oft auf sehr subtile Art und Weise, aber man würde doch erwarten, dass die Erinnerung eines Notarztes an einen schlimmen Unfall, wenn es denn ein singuläres Ereignis bleibt, mit der Zeit ihren Schrecken verliert. Und tatsächlich geschieht dies auch in den meisten Fällen. Allerdings konnte man bei Menschen, die nach einer solchen Situation in eine PTBS gerieten, nachweisen, dass die Produktion eines Proteins namens SGK1 *(serum and glucocorticoid regulated kinase 1)* in Arealen des präfrontalen Cortex im Stirnlappen im Vergleich zu einer Kontrollgruppe um mehr als 80 Prozent vermindert war. Dass SGK1 vermutlich eine wichtige Funktion bei der Entstehung von Langzeiterinnerungen zukommt, konnte man bereits in früheren Untersuchungen belegen. Wird dieses kleine Eiweißmolekül vermindert gebildet, ist es unwahrscheinlicher, dass alte Erinnerungen mit neuen Erfahrungen abgeglichen werden. Oder konkreter gesagt: Es wird schwieriger, einen Knall, eine Farbe, einen Geruch neu einzuordnen, auch wenn sie zu einem späteren Zeitpunkt und in sicheren Umgebungen Hunderte von Malen auftauchen. Menschen unterscheiden sich also darin, ob ein Erlebnis quasi schreibgeschützt abgespeichert wird und deshalb nur noch sehr schwer verändert werden kann oder ob dieser nahezu absolute Schreibschutz entfällt.

Darüber hinaus hat eine Reihe von Studien weitere Hirnveränderungen zeigen können, die bei Menschen mit einer PTBS häufig auftreten. Dazu gehört auch eine relative Abnahme der neuronalen Aktivität in linken präfrontalen Anteilen des Stirnlappens. Sie ist insofern bedeutsam, als man sie auch bei depressiven Patienten gehäuft findet und sie vor allem für positive Gefühle bei Erinnerungen (und bei aktuellen Geschehnissen) zuständig ist. Fehlt der Einfluss dieses linken Stirnlappens, fällt es deutlich schwerer, schlimme Erlebnisse mit guten Erinnerungen abzufangen – es fallen einem häufig nur negativ besetzte Erinnerungen ein. All das macht die Bewältigung traumatischer Erinnerungen schwierig. Warum das Gedächtnis zu einem solchen Gefängnis werden kann, wissen wir bis heute nicht. Und noch weniger wissen wir darüber, warum manche Menschen dieser Gefangenschaft relativ unbeschadet entkommen können.

Therapien der Gedächtniskrankheit: Erinnerung, lass nach!
Eines der Markenzeichen der Filmserie *Men in Black* sind die Szenen, in denen Agent Kay (Tommy Lee Jones) seine absolut verspiegelte Sonnenbrille aufsetzt und in einer damit einhergehenden gleitenden Bewegung das »kleine Blitzdings«, wie es Agent Jay (Will Smith) nennt, aus der Tasche zieht. Dann richtet er dieses seltsame Gerät auf einen Menschen, der etwas »Außerirdisches« gesehen hat, was er besser nicht erinnern sollte, und löscht mit Hilfe eines grellen Blitzlichts jede Erinnerung an Ereignisse rund um die Aliens aus seinem Gedächtnis. Der ganze Vorgang ist natürlich pure Science-Fiction. Aber genau das wäre der Traum eines jeden Traumapatienten. In der Tat gibt es Beispiele für Methoden, mit denen man willentlich lernen kann, ein Trauma zu vergessen oder aber zumindest die damit einhergehenden Emotionen abzuschwächen.

»Lampe muss vergessen werden.«
Tagebuchnotiz des Philosophen Immanuel Kant, nachdem er seinen Hausdiener nach Jahrzehnten der Arbeit herausgeworfen hatte

Ein Beispiel hierfür liefert wieder einmal Herr Shereschewski in seinem verzweifelten Versuch, etwas absichtlich zu vergessen, indem er das, was er vergessen wollte, auf ein Blatt Papier schrieb und dieses verbrannte. Oder vor seinem geistigen Auge Zahlen an eine Tafel schrieb und diese dann wegwischte. Das Verrückte daran ist: Seine Methode hatte Erfolg!

Gibt es vergleichbare »Therapien« für Traumapatienten? Kann man sich das Vergessen »vornehmen«? Erste Evidenz dafür fand sich bereits in den 1970er Jahren, als Robert Bjork von der UCLA in Kalifornien an Probanden zeigen konnte, dass der Aufruf, bestimmte Informationen zu vergessen, dazu führte, dass andere Inhalte, die von diesem Befehl nicht betroffen waren, besonders gut erinnert werden konnten. In gewisser Hinsicht hilft hier das Vergessen, irrelevante Einträge zu ignorieren. Ob es aber bei einem Trauma funktionieren könnte, ist umstritten, auch weil man sich dann ja erst einmal wieder an das Ereignis erinnern müsste, um sich – immer wieder – vorzunehmen, es zu vergessen; allerdings würde der häufige Abruf die Erinnerung eher verstärken.

Hinzu kommt, dass das Unterdrücken der Erinnerung an ein Trauma häufig den gegenteiligen Effekt hat, wie der Harvard-Psychologe Daniel Wegner als einer der Ersten belegen konnte: Er zeigte, dass das Unterdrücken von negativen Gedanken zwar kurzfristig funktioniert, es aber gar nicht so selten zu einer Art »Nachholeffekt« kommen kann. Die Teilnehmer der Studien dachten nach einigen Wochen dann sogar häufiger an die negativen Gedanken, und sie hatten vermehrt unfreiwillige Blitzlichterinnerungen. Das Erinnern in sicherer Umgebung führte also zu einer Art Habituation, was die emotionale Stärke der Erinnerungen abschwächt. Wegner kommentiert das Ergebnis seiner Studie so: »Die Gedanken an quälende Erinnerungen zu vermeiden mag zwar wie eine vernünftige Bewältigungsstrategie erscheinen, doch der Versuch zu vergessen kann das Leid manchmal nicht nur verlängern, sondern er kann es auch verschlimmern.« Hier muss man allerdings unterscheiden zwischen Menschen mit einer PTBS und Menschen, die zwar ein Trauma erlitten haben, aber keine PTBS-Symptome ausbilden; Letztere müssen nicht aktiv erinnert werden, um den Erlebnissen einen neuen, weniger intensiven emotionalen Gehalt zu geben.

Gewolltes Vergessen durch Re-Konsolidierung?
Wir Menschen können nicht immer vergessen, was wir vergessen wollen. Verursacht wird dieser »Gedächtnisfehler« durch die schrecklichen Ereignisse, die Menschen widerfahren sind. Wenn aber PTBS ein Problem unseres Gedächtnisses ist, lässt sich dann nicht das Gedächtnis mit seinen eigenen Mitteln schlagen?

Genau in diesem Kontext sind Experimente von Karim Nader, heute an der kanadischen McGill-Universität, bedeutsam. Er konnte bei Ratten auf zellulärer Ebene zeigen, dass Erinnerungen keine eingefrorenen, neuronalen Schnappschüsse sind. Jedes Mal, wenn wir etwas erinnern, verändern wir dabei unsere Erinnerungen. Nader, damals im New Yorker Labor von Joseph LeDoux, entdeckte, dass der Gedächtnisinhalt nach dem Erinnern sogar ganz neu abgespeichert werden muss. Und wenn man diesen Prozess stört, dann verschwindet die Erinnerung. So gelang es den Wissenschaftlern, die Erinnerung an einen schmerzhaften Stromschlag völlig aus dem Gedächtnis von Ratten zu löschen, wenn sie direkt nach dem Erinnern die gesamte Eiweißproduktion im Gehirn lahmlegten. Daraus ist zu folgern: Um diese Re-Konsolidierung (siehe Kapitel 1 und 3) zu verhindern, muss man zu drastischen Mitteln greifen, etwas, was sich bei Menschen verbietet. Aber es zeigt mechanistisch, wie das Gedächtnis arbeitet. Und so haben diese Experimente zumindest einen Weg aufgezeigt, wie unliebsame Erinnerungen gelöscht werden können, der aktuell intensiv erforscht wird: Man sucht Substanzen zu identifizieren, die diesem erneuten Abspeichern nach dem Erinnern schlimmer Erlebnisse ihren emotionalen Schmerz und ihre unerbittliche Stärke nehmen.

Noch hoffnungsvoller als diese pharmakologische Suche ist der verhaltenstherapeutische Ansatz, der sich die Re-Konsolidierung zunutze macht. Denn aus obigen Experimenten kann gefolgert werden, dass das Gehirn genau in dieser Phase, wenn Gedächtnisinhalte nach dem Erinnern erneut abgespeichert werden, diese mit anderen Fakten verknüpfen kann – d. h., sie abschwächen und an neue Umstände anpassen kann. Genau das versucht die verhaltenstherapeutische Konfrontationstherapie. Im Verlaufe dieser

Therapie werden Traumapatienten in einer sicheren (!) und emotional positiv besetzten Umgebung mit Reizen konfrontiert, die als Angstauslöser fungieren. Die Therapie funktioniert allerdings nur, wenn der Patient sich auch wirklich erinnert. Wie schon weiter oben ausgeführt, sind Erinnerungen keine abgeschlossenen, unveränderbaren Räume. Der Inhalt der Erinnerung verändert sich mit jedem Abruf, da er neu abgespeichert und re-konsolidiert wird. Damit kann eine schreckliche Erinnerung in einer sicheren, freundlichen Umgebung langsam, aber sicher in abgeschwächter Form abgespeichert werden – die Therapie bewirkt nicht ein Vergessen des Erlebten, aber sie verändert die emotionale Bewertung. Das Erlebnis selbst bleibt Bestandteil der Biographie eines Menschen. Aber sein emotionaler Schrecken, die körperliche Reaktion können ihm genommen werden. Oder neurobiologisch ausgedrückt: Die starke Aktivierung der Amygdala und die damit einhergehende unkontrollierbare Stressreaktion auf die Erinnerung können abgemildert werden. Dies gelingt dem Patienten ob der oben beschriebenen hirnorganischen Veränderungen nicht allein, es bedarf schon einer Therapie, damit er mit Hilfe gezielt angewendeter Techniken und mit der Kraft des Gedächtnisses das Langzeitgedächtnis verändern kann.

Eine andere Therapiemethode scheint, wenn auch mit ganz anderen Mitteln, an den gleichen Gedächtnismechanismen anzusetzen: das EMDR-Verfahren *(Eye Movement Desensitization and Reprocessing)*. Dahinter verbirgt sich eine zunächst obskur, nahezu esoterisch anmutende, aber sehr erfolgreiche Behandlung einer PTBS, bei der der Patient mit den Augen einem Pendel folgt, während er dem Therapeuten sein Traumaerlebnis berichtet. Diese Behandlungsform geht auf eine Entdeckung der Psychologin Francine Shapiro aus dem kalifornischen Palo Alto im Jahr 1987 zurück. Sie hatte herausgefunden, dass bei Traumaopfern ein rasches horizontales Hin- und Herbewegen der Augen, während sie ihre Erlebnisse erinnerten, zu einer Verringerung von belastenden Traum-Erinnerungen führte. Wie genau das EMDR-Verfahren wirkt, ist bislang aber nicht geklärt. Fest steht nur, dass nach wiederholten EMDR-

Sitzungen die traumatischen Erinnerungen eine höhere Chance haben, zu verblassen und ihre emotionale Stärke zu verlieren.

Meine Interpretation ist, dass hier die Unschärfe unseres Gedächtnisses, das sich bei jedem Abruf unter Bedingungen der geteilten Aufmerksamkeit sukzessive verändert, einen Therapievorteil darstellt. So greift diese seit Jahren etablierte Technik meiner Meinung nach direkt an den Re-Konsolidierungsmechanismen des Gedächtnisses an – und zwar auf folgende Art und Weise: Das Arbeitsgedächtnis wird belastet, während man dem Finger des Therapeuten folgt, und dies bewirkt, dass die erneute Abspeicherung, die Re-Konsolidierung beim Erinnern des Erlebnisses weniger gut erfolgt, da die Aufmerksamkeit geteilt ist. Der mangelnde Fokus bei der Re-Konsolidierung löst also die synaptischen Fesseln an die Erinnerung, da das Gehirn durch die geteilte Aufmerksamkeit gedrängt wird, aktuelle Wahrnehmungen stärker mit in die alten Erinnerungen einfließen zu lassen.

Eine Pille gegen das Traumagedächtnis?

In der Zusammenschau haben sich manifeste, hirnorganische Veränderungen bei Menschen mit einer PTBS gezeigt. Zu diesen Veränderungen gehört, dass der Hippocampus und Teile des Stirnlappens nach einer PTBS in ihrer Aktivität abnehmen (und damit neue mit alten Erinnerungen schwieriger in Zusammenhang gebracht werden können). Auf der anderen Seite nimmt die Aktivität der Amygdala in stress- und angstbezogenen Situationen zu. Letzteres wohl dadurch bedingt, dass Synapsen in der Amygdala, die assoziativ mit dem traumatischen Erlebnis in Beziehung stehen, sich verstärkten und diese kräftigen Synapsen dann in einer Art biologischen Beton gegossen wurden. Darüber hinaus gibt es Veränderungen in der Art, wie Gene abgelesen werden können. Das bezeichnen Wissenschaftler als epigenetische Veränderungen an der DNA und an Proteinen, die die DNA aufwickeln, sogenannten Histonen. Diese epigenetischen Veränderungen können zum Teil ein Leben lang wirksam sein. Die starke Reaktion der Amygdala z. B. auf das Geräusch einer Hupe, die mit einem Unfall assoziiert ist, kann dann eine physiologische Stressreaktion auslösen, und zwar über die Ausschüttung von modulatorischen Neurotransmittern wie Noradrenalin. Letzteres wirkt dabei wie ein Funke, der Erinnerungsbruchstücke an das Trauma zum Explodieren bringt und damit eine Kettenreaktion auslöst, die bewusst nicht gestoppt werden kann.

Die amerikanischen Wissenschaftler Larry Cahill und James McGaugh begannen vor zwanzig Jahren zu untersuchen, wie es sich auswirkt, wenn man Patienten unmittelbar nach einem Trauma mit Substanzen, behandelt, die die Ausschüttung modulatorischer Neurotransmitter blockieren. Aus früheren Untersuchungen wusste man, dass Substanzen, die die Ausschüttung von Noradrenalin erhöhen, sowohl eine Stressreaktion intensivieren können als auch die Erinnerung an emotionale Situationen verstärken. Cahill und McGaugh konnten nun zeigen, dass Betablocker – das sind Substanzen, die die Wirkung von Noradrenalin im Körper eines Menschen ganz generell einschränken und deshalb bei Bluthochdruck-Patienten eingesetzt werden – emotionale Reaktionen abschwächen können. Somit konnte das Auftreten einer PTBS vermindert werden, ohne dass man Einfluss auf die Erinnerung an das Erlebnis selbst nahm. Der Betablocker, der verwendet wurde, hieß Propranolol und hemmte bei einem Teil der Probanden die gedächtnisverstärkende, emotionale Erregung. Allerdings nur wenn der Betablocker innerhalb der ersten Stunden nach einem Trauma zum Einsatz kam, also zu einem Zeitpunkt, zu dem überhaupt noch nicht feststeht, ob sich eine PTBS einstellt oder nicht.

Inzwischen gibt es weitere Untersuchungen dazu: Man testet, wie Betablocker wirken, wenn sie während einer psychologischen Therapie verabreicht werden. Die eine magische, singuläre Vergessenspille wird man angesichts der vielfältigen biochemischen, zellulären und systemischen Gehirnveränderungen ganzer Areale bei einer PTBS wohl nicht finden. Immerhin lassen sich aber pharmakologische Therapien mit klassischen Therapien der klinischen Psychologie kombinieren und so ihre Erfolgsaussichten erhöhen. Dass beides Hand in Hand geht, erscheint mir wichtig, denn der vielleicht nur kurzfristige Gewinn eines Medikamentes für das Vergessen könnte unter Umständen auch Verluste mit sich bringen – man wäre so möglicherweise nicht mehr durch das eigene Gedächtnis gezwungen, sich schlimmen Ereignissen zu stellen und diese auch zu verarbeiten und in sein Leben einzuordnen. Hier gilt es genau abzuwägen, was die spezifischen Ursachen eines Traumas sind und wie ein Mensch individuell darauf reagiert.

Vordergründig scheint eine solche »Gedächtnispille danach« für Traumapatienten eine glücksbringende Variante der Therapie. Aber möglicherweise greift dieser schnelle »Heilungsgedanke« auch zu kurz. Ganz prinzipiell ist, wie an vielen Stellen dieses Buches gezeigt, unser Gedächtnis der Kern unseres Selbst. »Wir sind Gedächtnis« ist tatsächlich wortwörtlich zu nehmen. Unser Gedächtnis ist des »Pudels Kern« unseres Erlebens und Handelns, ja es ist unsere Identität. Entsprechend muss man extrem vorsichtig sein, wenn man es pharmakologisch zu manipulieren versucht.

> »Keine Erinnerung haben, in vollem Bewusstsein, dass da aber etwas geschehen ist, etwas Schlimmes, kann mehr Schaden anrichten als die Erinnerung an wirklich Geschehenes.«
> Douwe Draaisma

Dass Neurobiologie und klinische Psychologie nicht getrennte Wege gehen müssen, belegt eindrücklich eine 2010 veröffentlichte Studie eines New Yorker Forschungsteams aus Neurowissenschaftlern und Psychologen um Daniela Schiller, Liz Phelps und Joseph LeDoux. Die Grundlagen-Experimente begannen für die Probanden zunächst äußerst unerfreulich, denn immer, wenn sie ein gelbes Quadrat sahen, bekamen sie schmerzhafte Stromschläge verabreicht (es waren bis zu 60 Volt erlaubt, eine noch erträgliche und sichere Dosis, geprüft von einer Ethik-Kommission). Es brauchte nur wenige Durchläufe, bis sich die Probanden vor dem gelben Quadrat regelrecht fürchteten und sowohl Stress- wie auch Angstreaktionen zeigten, wenn nur etwas Gelbes und Quadratisches auftauchte. Danach begann die »Therapie«, ein Extinktionstraining, bei dem die gelernte Angst wieder vergessen werden sollte. Setzte sie in sicherer Umgebung ein (gelbes Quadrat ohne Stromschlag) und zehn Minuten nach der letzten Erinnerung an den Schmerz, der mit gelb und quadratisch assoziiert war, zeigte die Therapie Erfolg, denn die zellulären Prozesse, die eine Re-Konsolidierung des gerade erinnerten Erlebnisses ermöglichen, hatten gerade erst angefangen. Der Therapie-Erfolg war sogar noch ein Jahr nach dem Experiment sichtbar. Eine andere Gruppe unterzog sich erst sechs Stunden nach der letzten schmerzhaften Erinnerung der gleichen »Therapie«. Sie blieb ohne Erfolg, die zellulären Prozesse der Re-Konsolidierung waren abgeschlossen. Daran zeigt sich, wie wichtig das Zeitfenster zwischen der Erinnerung an ein schreckliches Erlebnis und der Therapie in sicherer Umgebung ist; sie muss, wenn sie Erfolg haben soll, direkt nach der schmerzhaften oder angsterfüllten Erinnerung erfolgen.

Auch wenn es nur eine neurobiologisch motivierte Grundlagenstudie war, belegt diese Forschung, dass das Umschreiben und Verändern von Erinnerungen, welches uns an anderer Stelle (siehe Kapitel 1) fast wie ein Betrug an uns selbst vorkam, dazu genutzt werden kann, Menschen mit einer PTBS zu therapieren. Die gleichen Gedächtnismechanismen, die unsere Erinnerungen manchmal verfälschen, helfen nun, Angst zu bekämpfen. Auch dies wieder ein Beispiel dafür, wie recht Augustinus vor mehr als 1500 Jahren im Lichte heutiger Gedächtnisforschung hatte: Die Vergangenheit ist niemals vergangen, solange sie erinnert wird, kann sie auch verändert werden.

»Sein Gehirn erbrach Erinnerungen, sie überfluteten alles andere – er dachte an Menschen, Empfindungen und Ereignisse, an die er seit Jahren nicht gedacht hatte. Geschmäcker erschienen auf seiner Zunge wie durch Alchemie; er roch Dinge, die er seit Jahren nicht gerochen hatte. Sein System war gestört; er würde in seinen Erinnerungen ertrinken.«
Zitat von der als Kind misshandelten Hauptfigur Jude in dem Roman *Ein wenig Leben* von Hanya Yanagihara

Narben der Erinnerung

Erlebnisse aus der Kindheit können wir wie Narben, die sich tief in unsere Seele eingegraben haben, durch unser ganzes Leben tragen. Die belastenden Ereignisse scheinen vergessen, und wir haben als Erwachsene nicht unbedingt einen sprachlichen Zugriff darauf, aber in den Verschaltungen des Gehirns, die für das ganze Leben verändert wurden, sind sie noch wirksam. Ein Kleinkind, das durch soziale Isolation oder familiäre Gewalt Dauerstress ausgesetzt war, reagiert als Jugendlicher und Erwachsener immer noch deutlich stressempfindlicher als andere Menschen.

Wie resistent Erwachsene gegenüber Stresssituationen sind, ist zu einem wesentlichen Bestandteil die Folge des emotionalen Haushalts in der Kindheit. Stressempfinden und Gefühle liegen nah beieinander: Angstgefühle können zu Stressreaktionen führen, genau wie Trauer, während auf der anderen Seite Freude Stress mindern kann. Entsprechend stehen die Fähigkeit der Stressverarbeitung und die Entwicklung der Strukturen, die in kindlichen Gehirnen Gefühle verarbeiten, miteinander in einer engen Wechselwirkung. Auch die Reifung der Gehirnareale, die Gefühle verarbeiten und Stressreaktionen regulieren, ist ein Produkt aus Genen und Umweltbedingungen.

Lange nahmen Entwicklungsbiologen an, dass das Gehirn sich vor allem nach einem genetisch genau vorgegebenen Plan entwickelt. Neuere Forschungsergebnisse, u. a. von der Magdeburger Hirnforscherin Sabine Braun, belegen jedoch, dass auch die Umwelt einen nachhaltigen, dauerhaften und starken Einfluss auf die Entwicklung von Amygdala und Hypothalamus hat. Umwelteinflüsse bestimmen, wie sich neuronale Schaltkreise in diesen Teilen des limbischen Systems etablieren. Wenn einem Kind nie Einfühlungsvermögen, Zuwendung und Aufmerksamkeit widerfahren, werden bestimmte Komponenten unseres Gefühlslebens nur schlecht ausgebildet – und die für die Stressregulation zuständigen Gehirnareale, vor allem die Amygdala, erinnern sich ein Leben lang daran. Mit der Folge, dass sich die Regulation von Stressreaktionen des Körpers massiv und dauerhaft verändert.

Fehlende Bindung, mangelhafte Zuwendung oder erhöhter Stress beeinflusst die Synapsenselektion in den gefühls- und stressregulierenden Arealen des Gehirns: Auch nach der Geburt werden im limbischen System Synapsen auf- und wieder abgebaut. Das Janusgesicht dieses Anpassungsvorgangs an die Umwelt besteht darin, dass sich das Gehirn in seinen Verschaltungen genauso leicht an gute wie an schlechte Umweltbedingungen anpasst und diese in den Verschaltungseigenschaften der Neurone erinnert. Eine traumatische Erfahrung durch mangelnde emotionale Zuwendung prägt sich hierbei genauso dauerhaft in die Schaltkreise des Gedächtnisses ein wie Liebe und Fürsorge. So manifestieren sich im Laufe der Kindheit Verschaltungsfehler im limbischen System, die dann beim Erwachsenen zu Verhaltensstörungen, ja sogar zu psychischen Erkrankungen führen können.

Es gibt also auch für die emotionale Entwicklung eines Kindes eine kritische Phase zwischen dem 8. und 18. Monat. Auf dramatische Art und Weise hat sich dies an Waisenkindern aus Rumänien gezeigt, die in den 1970er Jahren unter dem Ceauşescu-Regime aufwuchsen. Diese Kinder lebten jahrelang in extremer sozialer und gefühlsmäßiger Isolation, ohne jede Zuwendung, Wärme und Bindung zu anderen Menschen. Selbst nach intensiver Therapie haben sie als Erwachsene noch Schwierigkeiten, die Gefühle anderer Menschen durch deren Mimik oder Tonfall richtig einzuschätzen. Dies führt zu einer massiven Beeinträchtigung der interpersonalen Intelligenz und zu einem schlecht angepassten Stressnetz im Körper. Auch zu ihren neuen Pflegeeltern konnten sie nur eine schwache emotionale Bindung aufbauen, während sie auf Wildfremde angstfrei zugehen. Diese Kinder zeigten massive Aktivitätsveränderungen in der Amygdala und in weiteren Arealen, die für die Bewertung von Gefühlen wichtig sind, z. B. bestimmten Regionen des Scheitellappens. Aus Tierexperimenten konnte man schlussfolgern, dass das »Ausjäten« von Synapsen in der frühen Kindheit unter sozialem Stress, Isolation und mangelnder emotionaler Zuwendung bzw. Bindung an Bezugspersonen nicht funktioniert. Das Gleichgewicht zwischen erregenden und hemmenden Synapsen gerät durcheinander, und das betrifft auch manche Rezeptorsysteme, z. B. die für die modulatorischen Neurotransmitter Dopamin und Serotonin.

Es bleibt festzuhalten, dass die unsichtbaren, aber dauerhaften Narben der Kindheit im Gehirn liegen und weder verdrängt noch vergessen sind; trotzdem sind sie für die betroffenen Menschen oft nicht bewusst zugänglich. Aber es gilt auch der Umkehrschluss: Wer in seiner Kindheit und Jugend erlebt hat, wie nicht nur die Eltern, sondern auch Freunde oder Verwandte einem dem Rücken gestärkt haben, ist widerstandsfähiger gegen eine PTBS nach einem Trauma. Man könnte sagen, wer eine derart positiv besetzte, schützende Jugend hatte, dessen Resilienz ist erhöht. Stichhaltige Belege dafür fanden sich in einer Studie, die die Psychologin Anke Ehlers (Universität Oxford) durchführte und in denen sie Belege dafür fand, das auch unsere Denkmuster bestimmen, wie hoch das Risiko für eine PTBS ist. Sie begleitete fast 400 Notfallsanitäter/-innen während ihrer Ausbildung, in der es unweigerlich für fast alle zu sehr belastenden Situationen kam. Allerdings entwickelten nur knapp 10 Prozent von ihnen eine PTBS. Das Forscherteam identifizierte eine Reihe von Faktoren, welche die Entwicklung einer PTBS wahrscheinlicher machten. So war für diejenigen, die häufig über belastende Situationen nachdachten, nach zwei Jahren das Risiko, eine PTBS zu entwickeln, größer geworden. Einer der entscheidenden Faktoren für das Auftreten einer PTBS war der Grad an Selbstvertrauen in die eigene Fähigkeit, mit Belastungen fertigzuwerden (Resilienz). Es sind also weniger die belastenden Ereignisse an sich, die eine psychische Störung vorhersagen, sondern mehr die eigenen Denkmuster und der individuelle Umgang mit diesen Erfahrungen.

Fundstück: Nichts ist je vergessen

In dem Kriminalroman *Dark memories – Nichts ist je vergessen* von Wendy Walkers geht es um einen Psychiater, der einem Vergewaltigungsopfer zu seinen Erinnerungen verhelfen will. Der Roman spielt mit der Möglichkeit einer »Gedächtnispille danach«, aber auch damit, wie veränderlich und anfällig unser Gedächtnis für Manipulationen ist. Immer wieder heißt es: »Du musst dich erinnern, Jenny. Du musst dich erinnern, was in jener Nacht im Wald geschehen ist.«

Jenny wurde Opfer einer brutalen Vergewaltigung und kommt schwer traumatisiert ins Krankenhaus. Dort wird ihr ein Medikament verabreicht, das die Erinnerungen an die Attacke tilgen soll. Was jedoch bleibt, sind undefinierte körperliche Reaktionen, die sich auf das traumatische Ereignis beziehen, aber von Jenny nicht mehr zugeordnet werden können. Dieses »Nicht-erinnern-Können« wird für Jenny mehr und mehr zu einem Albtraum. Der Psychiater Alan Forrester versucht nun, Stück für Stück Licht in das Dunkel jener Nacht zu bringen. Zugleich ist er der vielschichtige Erzähler dieser subtilen Kriminalgeschichte. Die Frage ist, ob Jenny denen, die sie unterstützen wollen, vertrauen kann und ob nicht auch eine große Gefahr in der Manipulation von Erinnerungen steckt, die wieder erweckt (oder erschaffen?) werden sollen. Mehr soll an dieser Stelle nicht verraten werden. Der Roman spielt auf vielschichtige Weise mit der Zuverlässigkeit von Erinnerungen und der Gefahr der Manipulierbarkeit im Zuge von Traumatherapien. Aber er stellt auch die Frage nach der ethischen Anwendbarkeit einer »Gedächtnispille danach«, die es zwar so noch nicht gibt, die aber – wie wir gesehen haben – auch nicht völlig undenkbar ist.

 KAPITEL 8

Gedächtnisdiebe

»Das Gehirn ist ein verzauberter Webstuhl, auf dem Millionen hin und her huschender Webschiffchen ein sich auflösendes Muster weben.«
Charles Sherrington

Wie von Motten zerfressen

Unser Gedächtnis sitzt – so wie Charles Sherrington, einer der Gründerväter der modernen Neurowissenschaften, dies oben ausgedrückt hat – gleichsam an einem imaginären Webstuhl und stellt Gedächtnisinhalte her, bessert sie aus, stutzt sie zurecht oder verstärkt sie und macht dadurch die Erlebnismuster unserer aktuellen Erfahrungen überhaupt erst verstehbar. Es kann dabei Assoziationen nutzen, um Erinnerungen in großen Mengen in den kontinuierlichen Bewusstseinsstrom einzuweben.

Wie wirkmächtig dieser Meisterweber in unserem Kopf ist, zeigt sich auf dramatische Weise, wenn das Gedächtnistuch in unserem Kopf quasi von Motten zerfressen wird und es sich langsam in Einzelteile auflöst, bis es ganz und gar zerschlissen ist. Zuerst entfallen ihm Fakten der Lebensgeschichte, wodurch die Inseln der Erinnerung immer kleiner werden, bis am Ende oft der Sinn für Kausalität ebenso zerfällt wie das Erleben der Kontinuität des Selbst. Die Zukunft zu planen wird unmöglich. Wenn Menschen unter einem Gedächtnisverlust leiden – sei es eine Amnesie nach einer Operation wie bei dem berühmten Patienten Henry M. (dem beidseitig der Hippocamus herausoperiert wurde), ein Verlust des autobiographischen Gedächtnisses aufgrund einer Alkoholabhängigkeit (Korsakow-Syndrom) oder eine Alzheimer-Demenz (AD) –, ist der Verlust der autobiographischen Vergangenheit das, was sowohl die Betroffenen als auch die Angehörigen am meisten schmerzt.

Im Herbst des Lebens können unsere Erinnerungen wie Blätter vom Baum geweht werden.

Dies ist aber nur ein Teil der schrecklichen Wahrheit, denn es wird den Patienten auch unmöglich, die Gegenwart zu interpretieren und sich die Zukunft vorzustellen. In dem Sinne sind wir voll und ganz durchdrungen vom Webtuch des Gedächtnisses: Unsere Gedächtnisprozesse erlauben Zeitreisen in die Vergangenheit, in die Zukunft, und selbst für Reisen an imaginäre Orte greifen wir auf sie zurück, wie der Harvard-Psychologe Daniel Schacter uns an einem Beispiel eindrücklich vor Augen führt. Patient »K« hatte durch eine Amnesie nicht nur sein komplettes autobiographisches Gedächtnis verloren, er war auch nicht mehr imstande, einen einzigen Aspekt zu nennen, der ihm in der Zukunft begegnen könnte. »K« waren also nicht nur die Gedächtniswerkzeuge abhandengekommen, um Episoden aus seinem Gedächtnis abzurufen, sondern auch die Denk-Werkzeuge, um die Zukunft zu antizipieren. Denn erst die Erfahrungen der Vergangenheit versetzen uns in die Lage, die Gegenwart vorwegzunehmen und die Zukunft zu imaginieren. Ohne Vergangenheit, ohne Gedächtnis leben wir auch keine Zukunft, und die Gegenwart erscheint ohne Sinn, während die Vergangenheit untergeht wie einst Pompeji. Und diese Dramatik ist allgegenwärtig: Alle drei Sekunden bekommt ein Mensch irgendwo auf der Welt die Diagnose Demenz gestellt (und die allermeisten sind hier vom Typ Alzheimer-Demenz). Aktuell sind es 47 Millionen Betroffene (siehe auch Abbildung 22). Das ist eine unvorstellbar große Zahl, die in jedem einzelnen Fall ein gravierendes persönliches Schicksal bedeutet, wie wir an Clive Wearing gesehen haben, dem wir bereits im ersten Kapitel begegnet sind. Wearing konnte immer nur wenige zurückliegende Sekunden erinnern und hatte permanent das Gefühl, gerade aus seinem Koma erwacht zu sein. Er lebte komplett in der Jetztzeit – ohne Vergangenheit, aber auch ohne die Fähigkeit, die Zukunft zu antizipieren.

> **»Das Gedächtnis ist der Schatzmeister und Hüter aller Dinge.«**
> Cicero

Diebstahl am kollektiven Gedächtnis

Unser Erinnerungsvermögen ist nicht nur individuell von existentieller Bedeutung, sondern in Form des kollektiven Gedächtnisses auch essentiell für jede Gemeinschaft oder Gesellschaft. Entsprechend ist der Verlust des kollektiven Gedächtnisses einer Kultur, indem man etwa Gebäude, Kunstwerke oder Bücher zerstört, von fundamentaler Bedeutung. Solche Artefakte stellen die direkteste

Form eines kollektiven Gedächtnisspeichers dar; sie zu vernichten wurde im Laufe von mehreren Bürger- und Weltkriegen zur strategischen Methode, um Bevölkerungsgruppen oder ganze Länder zu unterwerfen. Bis in unsere Tage ist es auch eine Form der versuchten Unterdrückung durch totalitäre Regime. So hat man in Russland im Zuge der bolschewistischen Revolution 1917 systematisch Bibliotheken, Archive, Kirchen und Museen zerstört, von denen man glaubte, dass sie politische Ziele untergraben, oder die man als stumme Zeugnisse vergangener Zeiten und vergangener Überzeugungen verabscheute.

Diese Politik des Angriffes auf das kollektive Gedächtnis ganzer Bevölkerungsgruppen wurde unter der Herrschaft von Josef Stalin fortgesetzt, und vor diesem politischen Hintergrund ist das Buch des russischen Neuropsychologen Alexander Luria über Salomon Schereschewski umso bemerkenswerter. Es ist zwar nirgendwo dokumentiert, aber das nahezu perfekte Gedächtnis von Schereschewski, welches Luria, vielleicht als stummen Protest gegen den staatlichen Angriff auf das kulturelle Gedächtnis ganzer Bevölkerungsgruppen, so minutiös protokollierte, scheint fast wie ein Gegenentwurf zur staatlichen Diktatur dessen, was erinnert werden darf und was nicht.

Luria lebte von 1902 bis 1977, Schereschewski von 1886 bis 1958, damit lebten beide viele Jahrzehnte genau in dieser Phase einer staatlich gesteuerten Erinnerungskultur, und beide arbeiteten fast dreißig Jahre gemeinsam daran, das perfekte Gedächtnis von Schereschewski zu ergründen. Die regierende kommunistische Partei versuchte dabei eine Vergangenheit zu erschaffen, die Evidenz dafür bot, dass das Ziel der kulturellen Evolution nur in einem Sieg des Kommunismus über den Rest der Welt münden konnte. Dafür mussten unliebsame Erinnerungen aus dem kollektiven Gedächtnis gelöscht werden, damit historische »Fakten« immer in Richtung der gängigen Parteidoktrin fließen konnten. Es scheint vor diesem Hintergrund wenig verwunderlich, dass Folgendes zu den überlieferten russischen Kalauern gehörte: »Die Zukunft ist immer sicher (Sieg des Kommunismus/Diktatur des Proletariats), es ist die Vergangenheit, die sich immer wieder ändert ...« Und genau wie Schereschewski immer wieder das Gefühl hatte, am Leben vorbeizuleben ob seines ungeheuer guten Gedächtnisses, so hatten Schriftsteller wie der unter der kommunistischen Herrschaft leidende tschechische Autor Milan Kundera den Eindruck, durch den kulturellen Gedächtnisverlust an der Zeit vorbeizuleben: »Ich hatte immer das Gefühl, Leben findet woanders statt.«

Gleiches versuchte systematisch und grausam der Nationalsozialismus in Deutschland mit der jüdischen Kultur oder Mao Zedong in China in den 1950er und 1960er Jahren. Die Roten Khmer in Kambodscha gingen sogar so weit, ganze Städte zu zerstören in dem Versuch, das kulturelle Gedächtnis einer gesamten Kulturregion auszulöschen. Der Angriff auf das kulturelle Gedächtnis kann hier nicht nachhaltiger sein.

»Ich denke, es wäre fair zu urteilen, dass das wichtigste Merkmal unseres Geistes unser Gedächtnis ist.«
Bertrand Russell

Geschichten als Gedächtnisspeicher
Es geht mir hier nicht darum, Schuldige auszumachen oder anzuklagen. Der für mich entscheidende Fakt ist der, dass nicht nur wir als Individuen Gedächtnis sind, sondern auch unsere Gesellschaft, die Kulturen dieses Planeten, sind Gedächtnis. Ohne sind wir nichts, wie Luis Buñuel feststellte. Zumindest sind wir, wenn wir unserer kollektiven Erinnerungen beraubt werden, nicht nur abgetrennt von unserer Vergangenheit; wir sind auch nicht mehr imstande, gesellschaftliche Zukunftsutopien zu entwickeln oder Werte zu verteidigen. Denn vom Gedächtnis losgelöste Räume sind eindimensional und entziehen sich der kritischen Reflexion der Geschichte.

Aus Sicht eines Zoologen, der zu beschreiben versucht, wie eine Tierspezies aufgebaut ist, wie sie lebt und was das Charakteristische an ihr ist, stellt sich die Frage, was denn den Menschen (Homo sapiens) ausmacht. Lange wurde behauptet, ihn definiere vor allem der Umstand, dass ihn nichts ausmache: Der Mensch kann nichts Besonderes, ist aber offen für alles und kann sich daher besonders gut anpassen an neue, ihm unbekannte Umweltbedingungen.

Nun, so einfach ist es nicht. Zum einen bestimmt unser genetisches Gedächtnis den Menschen: Neben dem charakteristischen Körperbau, der weitgehenden Haarlosigkeit ist auch ein großes Gehirn im Bauplan der Gene angelegt. Darüber hinaus kann man fragen, welches Tier schon genetisch so gut ausgestattet ist, lange Strecken zu rennen, zu schwimmen und auf einen Baum zu klettern? Und noch etwas überrascht. Wir sind genetisch vorherbestimmt, Kultur zu entwickeln, und dazu gehören drei herausragende Merkmale des menschlichen Gehirns: ein überragendes autobiographisches Gedächtnis gepaart mit einem enormen Faktengedächtnis, Sprache und die stark ausgeprägte Fähigkeit, sich in die Köpfe anderer Menschen hineindenken zu können, also menschliche Empathie. In dieser Kombination ist dieses Dreigestirn menschlicher Fähigkeiten bei keinem Tier zu finden. Und genau das macht auch den größten Unterschied zu unseren nächsten Verwandten, den Schimpansen, aus: Der Teil des Stirnlappens, der abbildet, was andere Menschen denken und fühlen, ist deutlich vergrößert, genau wie der Schläfenlappen mit seinem gigantischen Speichervermögen und die Sprachareale (vor allem das Broca- und Wernicke-Areal), die nur der Menschen hat.

Aber was macht Kultur, was macht unseren Kulturraum aus? In Zeiten großer Wanderbewegungen ganzer Bevölkerungsgruppen ist dies eine wichtige Frage jenseits der Probleme von Verfolgung und Aufnahme in anderen Regionen. Und sie trifft den Punkt, wo man vom Verständnis über unser Gedächtnis, als Voraussetzung und als Gegenstand von Kultur, zur Basis menschlicher Gesellschaften vordringt. Betrachtet man Kultur als etwas Abstraktes, entzieht sie sich einem. Wie sollen wir zum Beispiel einen Japaner verstehen, der uns versucht zu erklären, dass nicht alle Buddha-Figuren wirklich Buddha darstellen oder die japanische Göttin Kanon in Indien noch ein männlicher Gott war? Wir kommen in ähnliche Schwierigkeiten, wenn wir die christliche Religion anhand eines an ein Kreuz geschlagenen Mannes erläutern sollen, der für unsere Sünden gestorben ist. Das wurde mir klar bei einem meiner heroischen Versuche, das gegenüber japanischen Forschungskollegen zu tun, die sofort fragten, was denn »Sünde« sei, und ich dies erst anhand einiger konkreter Bespiele und Erzählungen aus der Bibel verdeutlichen konnte.

Aber meine Flucht in Geschichten ist bezeichnend: Kultur wird für andere und auch für uns immer nur erlebbar, wenn man eine Geschichte erzählen kann – und jede Kultur hat ihren eigenen Erinnerungsschatz an Geschichten. Spannend in diesem Kontext ist die Tatsache, dass unsere Gehirne sogar ganz besonders stark auf Erzählungen ansprechen: Kulturunabhängig werden beim Zuhören nicht nur Sprachareale der linken Großhirnhemisphäre aktiviert, sondern auch große Teile der rechten Großhirnhälfte – man kann sagen, dass kaum eine menschliche Tätigkeit das Gehirn ähnlich stark aktiviert, wie dies Geschichten vermögen. Wie ein großer Resonanzraum saugt unser Gehirn Geschichten und sprachbildliche Beispiele auf, so als wäre Sprache vor allem dazu erfunden worden, um zu erzählen oder Geschichten zu verstehen . Das verbindet alle Menschen – gänzlich unabhängig vom kulturellen Hintergrund.

Aber kennen wir noch unsere Geschichten, die wir Neuankömmlingen jenseits aller Sprachbarrieren erzählen könnten? Vielleicht neigt ein Zoologe zu sehr zum Klassifizieren und nach den Ursprüngen zu fragen, aber wo fängt heute unsere Kultur an und wo hört sie auf? Gehört *Game of Thrones* oder *Germany's Next Topmodel* dazu? Und wie steht es mit Chatrooms auf dem Smartphone? Oder ist es doch eher ein Streichquartett oder das, was in Museen aufbewahrt wird, was unsere Kultur ausmacht? Ist nur Vergangenes Kultur? Cees Notebook, ein vielgereister holländischer Schriftsteller, schrieb einmal:»Zur selben Zeit als wir unsere eigenen Bilder verlieren, weil wir die Geschichten, aus denen sie hervorgegangen sind, nicht mehr kennen, werden wir durch die Globalisierung mit dem überschwemmt, was der Kommerz für uns ausgedacht hat, und gleichzeitig, um die Verwirrung komplett zu machen, mit den Symbolen der anderen ... Wir haben in den letzten fünfzig Jahren eine ganze Reihe anderer Welten hinzubekommen, während wir gleichzeitig im Begriff sind, unsere eigene Welt langsam zu verlieren.« Diese eigene Welt ist der Geschichtenschatz als Gedächtniswährung einer Kultur.

Noch heute läuten in Süddeutschland, aber auch in vielen Orten in Spanien und Italien um 12 Uhr mittags und um 18 Uhr abends die Kirchenglocken. Wer weiß noch, dass dann der Angelus geläutet wird – die Erinnerung an den Moment, in dem der Engel Maria die Botschaft überbrachte, sie werde Gottes Sohn gebären. Natürlich kann man ganz gut ohne diese Information leben – haben wir bisher ja auch –, aber dann weiß man eben nicht, warum die Glocken läuten, und auch nicht, für wen. Wer anderen seine Kultur erklären will, muss sich seiner eigenen Geschichten versichern, sich diese erzählen und sich fragen, welche Geschichten uns charakterisieren. Ist dieser Schritt getan, gehört es zu einer wunderbaren und phantasievollen Willkommenskultur, diese Geschichten Fremden zu erzählen.

Phantasie und Gedächtnis –
ein ineinander verflochtenes Band

Dieses Plädoyer für eine eigene Geschichte, die man selbst möglichst gut verstehen sollte und weitergeben kann, ist plausibel vor dem Hintergrund, dass wir nicht nur für unseren Zusammenhalt (im Kopf ebenso wie als Gesellschaft) ein Gedächtnis brauchen, sondern auch, um die Zukunft zu planen. Auf der anderen Seite kann ein zu starkes Verhaften an Erinnerungen – ein kollektives Gedächtnis, welches alles Neue nur mit den Augen des historisch Erfahrenen betrachtet – im Hinblick auf alternde Gesellschaften auch problematisch sein. Denn ohne Imagination der Zukunft sind wir, um einem Gedankengang der Historikerin Abby Smith Rumsey zu folgen, wie ein Klub alter Männer, der glaubt, durch nichts mehr überrascht werden zu können, aber auch keine neuen Informationen in bestehendes Wissen einsortieren, keine Empathie für andere Menschen entwickeln kann, die nicht die gleichen Erfahrungen gemacht haben, und Menschen, die mit Optimismus in einer sich ständig ändernden Welt nach neuen Lösungen suchen, um zu überleben, nicht offen gegenübersteht. In einer immer älter werdenden Gesellschaft ist es jedoch immens wichtig, sich neben dem Geschichtenschatz Weltoffenheit zu bewahren. Denn wir haben auch ein Gedächtnis, um uns weiterzuentwickeln, die Zukunft zu gestalten und mit Hilfe unseres Erfahrungsschatzes auf Neues zu reagieren. Wir sollten uns davor hüten, Neues verhindern zu wollen, nur weil es das bisher noch nicht gab.

Insofern – und damit komme ich noch mal auf Kapitel 5 zurück – brauchen wir Kreativität *und* Gedächtnis. Oder anders ausgedrückt: Wir brauchen Neugier und Imagination ebenso wie Achtung vor dem Erhalt des Bestehenden. Nur in der Balance können wir in einer sich schnell ändernden Zeit das gesellschaftliche Gleichgewicht wahren. Dabei müssen wir nicht nur unsere Software-Programme und unsere Hardware erneuern, sondern auch unsere Gewohnheiten und Routinen. In Schule und Ausbildung muss darauf geachtet werden, Freiräume für unstrukturiertes Spielen, für Musik und Kunst zu belassen. So wichtig Wissen ist, die Akkumulation von Wissen allein macht diese Welt nicht zu einem besseren Lebensort. Nur Wissen gepaart mit Empathie, emotionaler Intelligenz und vor allem unserer Phantasie macht uns zukunftsfähig. Wenn wir aber ständig auf der Suche nach neuer Information abgelenkt werden, bilden wir keine dauerhaften Gedächtnisinhalte. Erst Werte geben den Gedächtnisinhalten einen sicheren Platz, und wenn wir unser kollektives Gedächtnis verlieren, weil alles Kulturelle nur noch privat ist, werden wir nicht nur Schwierigkeiten haben, die Gegenwart zu verstehen, sondern vor allem die Zukunft zu imaginieren. Imagination und Phantasie ermöglichen es uns aber, der Beschleunigung zu entkommen, denn sie kennen keine Zeit, nehmen einen quasi aus der Zeit und lassen uns innehalten. Ähnlich wie es wohl Goethe vor fast 200 Jahren gefordert hat, als er die enorme Beschleunigung seiner Zeit beklagte: »Alles aber, mein Teuerster, ist jetzt ultra, alles transzendiert unaufhaltsam, im Denken wie im Tun. Niemand kennt sich mehr, niemand begreift das Element worin er schwebt und wirkt, niemand den Stoff den er bearbeitet. [...] Junge Leute werden viel zu früh aufgeregt und dann im Zeitstrudel fortgerissen; Reichtum und Schnelligkeit ist was die Welt bewundert und wonach jeder strebt; Eisenbahnen, Schnellposten, Dampfschiffe und alle möglichen Fazilitäten der Kommunikation sind es, worauf die gebildete Welt ausgeht, sich zu überbieten, zu überbilden und dadurch in der Mittelmäßigkeit verharrt.«

Aber nicht nur die Beschleunigung unserer Erlebnismöglichkeiten verändert unser Leben, sondern auch das selbstinduzierte Vergessen ist bemerkenswert. Denn auch in dieser Hinsicht gehen die digitalen Medien mit Computer, Laptop, Tablets und Smartphones nicht an uns vorbei. So konnte eine im Jahre 2011 von Betsy Sparrow und Kollegen veröffentlichte Studie in einem der führenden Wissenschaftsmagazine, *Science,* Folgendes belegen: Probanden, die wussten, dass Fakten und Wissenselemente digital gespeichert wurden, speicherten diese Informationen nicht mehr selbst ab. Fakten wurden also schneller vergessen, wenn die Versuchsteilnehmer wussten, dass sie ohnehin digital gesichert sind, während Probanden, die die gleiche Information erhielten, sich aber im Klaren darüber waren, dass sie diese später selbst ohne digitale Hilfestellung würden abrufen müssen, diese besser erinnerten. Die Probanden, die digital induziert schneller vergaßen, waren allerdings schneller darin, zu finden, wo das Wissen abgelegt worden war.

Es bleibt die Frage, was externe Speichermedien mit unserer Fähigkeit, die Gegenwart zu interpretieren und die Zukunft zu planen, machen. Wie viel »outsourcing« verträgt unser Gehirn? Man muss nicht gleich das kollektive Gedächtnis am geschichtlichen Abgrund sehen, aber es ist doch bemerkenswert, wie sehr Menschen sich darauf verlassen, dass ihr Leben und ihr Wissen auf Festplatten jedweder Art gespeichert werden. Phantasie wächst auf dem Boden eines reichen Wissensschatzes in unseren eigenen Köpfen, aber wohin wird sie sich entwickeln, wenn unser eigener neuronal codierter Wissensschatz immer kleiner wird?

Alzheimer-Erkrankung

Allein die Vorstellung, sein Gedächtnis zu verlieren, kann einen krank machen. Leider ist sie aber keine Phantasie, sondern in Form der Alzheimer-Erkrankung mitten unter uns, millionenfach. Den Betroffenen kommt langsam, aber sicher ihr gesamtes Gedächtnis abhanden: alles, was sie je erlebt und an Wissen erworben haben. Menschen, die an Alzheimer leiden, büßen im Krankheitsverlauf noch weitere kognitive Fähigkeiten ein (dazu gehören der Umgang mit Geld, die räumliche Orientierung und oft auch das Sprachvermögen), aber es ist der Gedächtnisverlust, der die Patienten – und auch ihre Angehörigen – am meisten trifft. Denn mit dem Verlust des Gedächtnisses geht der Verlust vieler gemeinsamer Bande mit der Welt, den Menschen aus dem Umfeld und mit sich selbst einher.

Es gibt fünfzig verschiedene Formen der Demenz. Alzheimer ist die berühmteste und auch häufigste Form und mittlerweile im allgemeinen Sprachgebrauch namensgebend für jede Form des Gedächtnisverlustes im erkrankten alternden Gehirn. Man schätzt, dass 70 Prozent aller Demenz-Patienten an Alzheimer leiden. Im Zuge der Auswirkungen auf unser Gedächtnis sei diese Erkrankung hier exemplarisch beleuchtet als der gesellschaftlich relevanteste Gedächtnisdieb unserer Zeit. Wenn wir keine wirksamen Gegenmaßnahmen entwickeln, wird sich die Zahl der Demenz-Kranken dramatisch erhöhen. Ein paar Fakten (siehe auch Abbildung 22):

»Das Gedächtnis verbindet die zahllosen Einzelphänomene zu einem Ganzen, und wie unser Leib in unzählige Atome zerstieben müsste, wenn nicht die Attraktion der Materie ihn zusammenhielte, so zerfiele ohne die bindende Macht des Gedächtnisses unser Bewusstsein in so viele Splitter, als es Augenblicke zählt.«
Ewald Hering

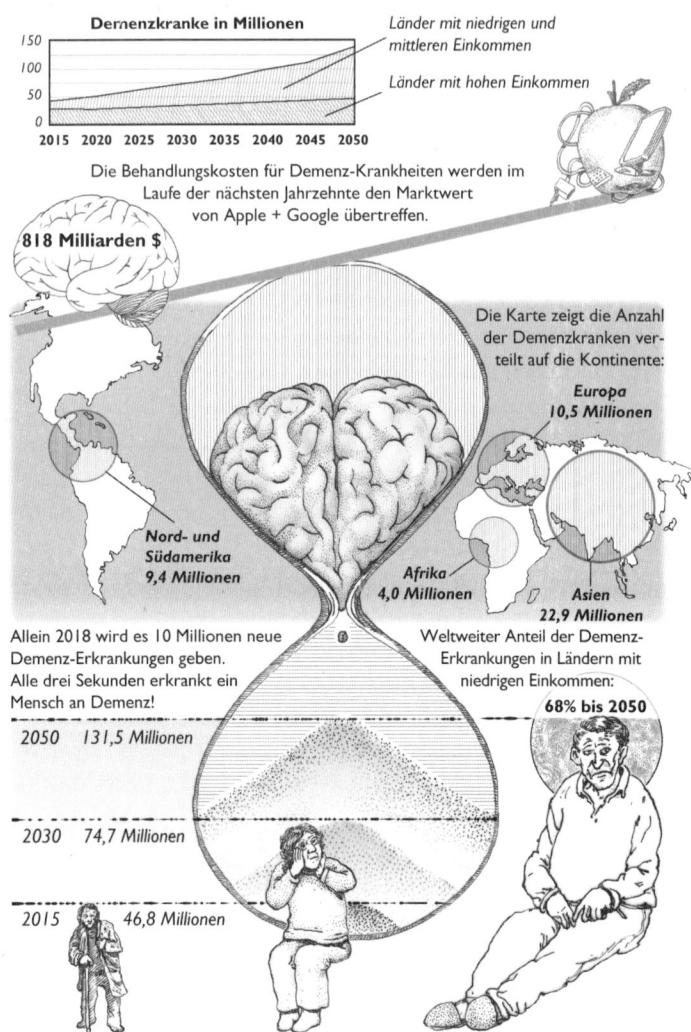

Abbildung 22: Globale Bedeutung der Demenz-Erkrankungen
Über 47 Millionen Menschen weltweit leben 2018 mit einer Demenz. Diese Zahl verdoppelt sich momentan alle 20 Jahre.

- 2001 litten 24,4 Millionen Menschen weltweit an einer Alzheimer-Demenz, die Zuwachsrate wurde auf 4,6 Millionen neuerkrankte Menschen pro Jahr geschätzt.
- 2010 waren es bereits 36 Millionen Erkrankte.
- 2017 schätzt man, dass circa. 47 Millionen Menschen weltweit an ihr leiden (die Zahlen stammen aus dem Dachverband aller Alzheimer-Organisationen, dem Alzheimer's Disease International, kurz ADI), und alles deutet darauf hin, dass die Anzahl der Menschen mit AD sich alle zwanzig Jahre verdoppeln wird.
- 2030 rechnet man mit 75 Millionen erkrankten Menschen
- und im Jahr 2050 mit über 130 Millionen.
- Jedes Jahr diagnostizieren Ärzte mittlerweile fast zehn Millionen Neuerkrankungen (mehr als das Zweifache im Vergleich zum Jahr 2001).

Ein Großteil dieses starken Anstiegs kann auf Neuerkrankungen in Entwicklungsländern zurückgeführt werden: Während 2015 etwas mehr als die Hälfte (57 Prozent) aller Menschen mit Demenz in Ländern mit niedrigem und mittlerem Einkommen lebten, prognostiziert die ADI bis 2030 einen Anstieg auf 63 Prozent und bis 2050 auf 68 Prozent in diesen Regionen. Man schätzt, dass die Anzahl der Menschen mit einer Alzheimer-Demenz in den nächsten zwanzig Jahren
- in Europa um ca. 40 Prozent,
- in Nordamerika um 63 Prozent,
- im südlichen Lateinamerika um 77 Prozent
- und in Industrieländern im asiatischen Pazifik um 89 Prozent ansteigen wird.
- Im Vergleich dazu erwartet die ADI, dass der prozentuale Anstieg in Ostasien 117 Prozent, in Südasien 107 Prozent, im restlichen Lateinamerika 134 bis 146 Prozent und in Nordafrika und dem Mittleren Osten 125 Prozent betragen wird.

Allein in Deutschland leben wahrscheinlich 1,6 Millionen Demenzpatienten (von denen zwei Drittel an Alzheimer erkrankt sind) und auch deren Anzahl wird sich in Anlehnung an den weltweiten Trend mit der zunehmenden Alterung der Gesellschaft in den nächsten zwanzig Jahre verdoppeln, wenn nicht ein Gegenmittel gefunden sowie Präventionsmöglichkeiten erforscht und genutzt werden. Die Zahlen aus den USA sind ebenfalls beeindruckend: Dort leben über sechs Millionen Erkrankte (2007 waren es »nur« 3,5 Millionen). Um die Zahlen einordnen zu können: Allein in den USA sind 2016 viermal mehr Menschen an Alzheimer erkrankt, als Menschen weltweit bei Verkehrsunfällen umkommen! Anders ausgedrückt: In Europa und in den USA werden von 1000 Menschen 150 von AD betroffen sein. Zum Vergleich: Zwei Menschen von 1000 erleiden einen Schlaganfall, einer von 1000 ein Gehirntrauma durch einen Unfall, 10 von 1000 erkranken an Parkinson.

Erdrückende Zahlen, die belegen wie wichtig es ist, AD zu bekämpfen. Die Wahrscheinlichkeit, zu erkranken, steigt mit dem Alter; deshalb wird die Krankheit mit der Zunahme des Durchschnittsalters weiter derart galoppierend voranschreiten. Die weltweit durch die Alzheimer-Krankheit verursachten Kosten belaufen sich nach Schätzungen des renommierten World Alzheimer Report auf 800 Milliarden Euro (wenn dies die Ausgaben allein für Alzheimer in einem Land wären, so entspräche die Summe dem Bruttosozialprodukt des 18.-reichsten Landes der Erde). Bereits im Jahre 2020 werden die Ausgaben die Billionengrenze überschreiten. Im Kontext von »Gedächtnisdieben« sei der Vergleich mit Gefängnisinsassen erlaubt: Die Pflege eines Alzheimer-Patienten in Deutschland kostet im Jahr über 30 000 Euro – das ist genauso viel, wie der Staat für einen Kriminellen hinter Gittern aufwenden muss.

»Nächst der Wahrnehmung ist das Gedächtnis für ein denkendes Wesen das notwendigste. Seine Bedeutung ist so groß, dass, wo es fehlt, alle unsere übrigen Fähigkeiten großenteils nutzlos sind, in unseren Gedanken, Schlussfolgerungen und Erkenntnissen könnten wir nicht über die gegenwärtigen Objekte hinauskommen, ohne den Beistand unseres Gedächtnisses.«
John Locke

Die Alzheimer-Erkrankung kann über viele Jahre voranschreiten, oft brauchen die Betroffenen mehr als ein Jahrzehnt lang Pflege. Dabei belaufen sich die Kosten pro Jahr allein für Deutschland auf 45 Milliarden Euro für die medizinische Versorgung von Alzheimer-Patienten. Wenn die Prognosen tatsächlich stimmen, wird ein erheblicher Teil des Gesundheitsbudgets der Bundesrepublik Deutschland allein für die Versorgung von Alzheimer-Patienten verschlungen werden! Da erstaunlicherweise keine verlässlichen Daten vorliegen, weil viele Patienten zu Hause unter großem Einsatz naher Angehöriger gepflegt werden, sind dies nur Schätzungen.

Diese nackten Zahlen lassen die Schicksale, die sich hinter der Diagnose Alzheimer verbergen, nur erahnen. Die Erkrankung trifft dabei nicht nur den Patienten selbst, sondern immer die gesamte Familie, vor allem diejenigen, die es übernehmen, die Patienten zu pflegen. Ich meine: Alzheimer und auch jede andere Form der Demenz sind ein gesellschaftliches Phänomen von höchster Brisanz.

Täterprofil: Wer sind auf molekularer Ebene die Gedächtnisdiebe?

Konzentrieren wir uns auf die Alzheimer-Demenz: Sie hat ihre Ursachen im Verlust von Synapsen und Nervenzellen. Der Untergang beginnt in den Gehirnarealen, die mit wichtigen Gedächtnisaufgaben betraut sind.

Neurowissenschaftler suchen intensiv nach Möglichkeiten, den schleichenden Gedächtnisverlust zu stoppen oder gar rückgängig zu machen. Dafür müssen sie aber zunächst die Vorgänge im Gehirn der Betroffenen verstehen und AD eindeutig diagnostizieren. Neben den psychologischen Methoden der Befragung und den Tests, die Aufschluss über die Wahrnehmungs-, Denk- und Gedächtnisleistung der Patienten geben, kommt mittlerweile auch die Magnetresonanztomographie, kurz MRT oder Kernspin genannt, zum Einsatz. Mit ihrer Hilfe lassen sich Gehirnstrukturen im Detail sichtbar machen und Gehirnveränderungen erkennen, die typisch für eine Alzheimer-Erkrankung sind.

Die Frage, die sich viele Angehörige, aber auch Wissenschaftler stellen, ist, warum gerade unser autobiographisches und unser Faktengedächtnis so stark durch die Alzheimer-Erkrankung beeinträchtigt werden. Warum gelingt es AD-Patienten nicht, Informationen aus dem Kurzzeit- in das Langzeitgedächtnis zu überführen? So mysteriös die Krankheit bisher in ihren Ursachen, ihrem Beginn und ihrem Verlauf ist, dank intensiver Forschung wissen wir immerhin, warum gerade Gedächtnisprozesse betroffen sind.

Erstens kann man anführen, dass die Fähigkeit der Synapsen, sich plastisch zu verändern, schon sehr früh im Krankheitsverlauf eingeschränkt ist – und damit die Fähigkeit, Neues zu lernen. Dies betrifft vor allem den Hippocampus und die daran angrenzenden Strukturen, was in der Konsequenz bedeutet, dass sowohl das Abspeichern als auch der Abruf von Informationen aus dem deklarativen Gedächtnis erschwert ist. Anfang 2017 konnte nachgewiesen werden, dass auch die in Kapitel 3 erwähnten zellulären Prozesse der Gedächtnisbildung wie die synaptische Verstärkung (Langzeit-Potenzierung, LTP) bei AD-Patienten beeinträchtigt ist und daraus resultierend das Abspeichern neuer Informationen nahezu unmöglich wird.

Zweitens sind auch die modulatorischen Neurotransmitter-Systeme im Gehirn von AD-Patienten schon zu Beginn der Erkrankung nur noch eingeschränkt funktionsfähig. Diese durch die ausgeschütteten Botenstoffe definierten Subsysteme sind besonders wichtig für den Übergang vom Kurz- zum Langzeitgedächtnis. Hier sind vor allem die Acetylcholin- und Noradrenalin-haltigen Nervenzellen zu nennen, die frühzeitig beginnen abzusterben. Cholinerge Neurone (sie produzieren Acetylcholin und schütten es aus) liegen vor allem im Nucleus basalis, einem Gehirnareal, das im vorderen, unteren Teil des menschlichen Gehirns liegt. Durch seine Verbindungen in den Hippocampus und den Stirnlappen hinein hat es eine große Bedeutung für die Aufmerksamkeit sowie für Lern- und Gedächtnisvorgänge und darüber hinaus für die Stabilität von Emotionen – bei Alzheimer-Patienten geraten neben dem Kurzzeitgedächtnis auch die Emotionen aus dem Gleichgewicht. Aber warum sind gerade Nervenzellen, die Acetylcholin produzieren, betroffen? Ein Grund könnte sein, dass das Gehirn bereits in der Frühphase der Erkrankung aus noch unbekannten Gründen immer schlechter mit Energie versorgt wird. Darauf reagieren die verschiedenen Subtypen von Neuronen unterschiedlich, einige empfindlicher als andere. So entsteht als Folge dieser anfänglich nur leichten Unterversorgung weniger Pyruvat, ein Abbauprodukt des Traubenzuckers (Glukose), das vor allem in Neuronen zur Energiegewinnung verwendet wird. Aus Pyruvat wird nun Acetyl-CoA gebaut, welches eine entscheidende Vorstufe zum Acetylcholin darstellt.

Neben den cholinergen Neuronen sind noradrenerge Nervenzellen, die als Botenstoff Noradrenalin ausschütten, vom neuronalen Kahlschlag betroffen. Das Neurotransmittersystem, das Noradrenalin benutzt, ist ebenso wie Acetylcholin entscheidend an der Stimmungsregulation beteiligt, der generellen Aufmerksamkeit (Wachheit/*arousal*) und an der Modulation unseres Lernvermögens, vor allem wenn es um den Übergang vom Kurz- zum Langzeitgedächtnis geht. Zu allem Überfluss wird im Hippocampus und im Stirnlappen die Aufnahme und Freisetzung von Glutamat nicht mehr korrekt reguliert. Anders als beim Acetylcholin, das bei Alzheimer-Erkrankten vermindert produziert wird, schütten hier Neurone zu viel Glutamat aus. Ein anderer Mechanismus bedingt, dass zu wenig Glutamat durch die Wiederaufnahme in Zellen inaktiviert ist und deshalb zu viel davon das fein austarierte Gleichgewicht der chemischen Synapsen durcheinanderbringt. So wird das Abspeichern neuer Informationen komplett verhindert – und auch der Abruf vorhandenen Wissens wird immer schwieriger. Zudem führt Glutamat in zu hoher Konzentration zu einem großen, todbringenden Einstrom von Calcium in die Zellen.

Drittens findet das Absterben von Synapsen und später von Nervenzellen nicht gleichmäßig im Gehirn statt, sondern ereilt im Anfangsstadium der Erkrankung vor allem Gehirnareale, die das Arbeitsgedächtnis, das autobiographische/episodische und das

Faktengedächtnis betreffen. Die Hirnstrukturen, die hier besonders empfindlich auf die pathologischen Prozesse reagieren, sind der Hippocampus mit dem angrenzenden entorhinalen Cortex und dem Schläfenlappen. All dies sind essentielle Strukturen für das reibungslose Funktionieren des expliziten Gedächtnisses. Entsprechend der Krankheitsbrandherde in diesen Gehirnregionen sind das räumliche Gedächtnis und die räumliche Orientierung ebenso wie das räumliche Vorstellungsvermögen bei vielen Alzheimer-Patienten frühzeitig eingeschränkt, was aber nur mit standardisierten Tests erkannt werden kann. Erst in einem fortgeschrittenen Stadium der Erkrankung greifen die Ablagerungen in den Neuronen (Neurofibrillen-Bündel) und die im Zwischenraum um die Neurone sich befindenden Eiweiß-Ausfällungen (Plaques) auf die gesamte Großhirnrinde über. Es kommt zum Massensterben von Nervenzellen und wohl auch von Gliazellen, die Neurone versorgen, die Axone elektrisch isolieren und das Immunsystem des Gehirns darstellen.

Im weiteren Verlauf der Erkrankung sind nun immer mehr spezielle Gedächtnissysteme betroffen. Durch das Absterben von Neuronen und in einem noch größeren Maße durch den milliardenschweren Verlust von Synapsen gehört zu den AD-Symptomen auch der Verlust kognitiver, sozialer und emotionaler Fähigkeiten: Das Geschirr steht plötzlich im Kühlschrank und nicht auf dem Tisch. Die Betroffenen können nicht mehr schreiben, nicht etwa, weil sie motorisch nicht in der Lage wären, ein Schreibgerät zu halten, sondern weil sie nicht mehr wissen, wie es geht und was man dazu braucht; oder sie haben vergessen, wo in ihrem Haus, in dem sie seit Jahrzehnten leben, die Toiletten sind.

Insbesondere zwei Eiweißmoleküle stehen im Verdacht, zum Untergang so vieler Nervenzellen zu führen und dadurch die Alzheimer-Erkrankung auszulösen (Abbildung 23); sie tragen die prosaischen Namen Aβ und Tau. Aβ ist ein 40 bis 42 Aminosäuren langes Eiweißmolekül (Peptid), Aβ oder β-Amyloid genannt, das von bestimmten Enzymen aus einem wesentlich längeren Eiweißmolekül, dem Amyloid-Vorläuferprotein (Amyloid Pre-

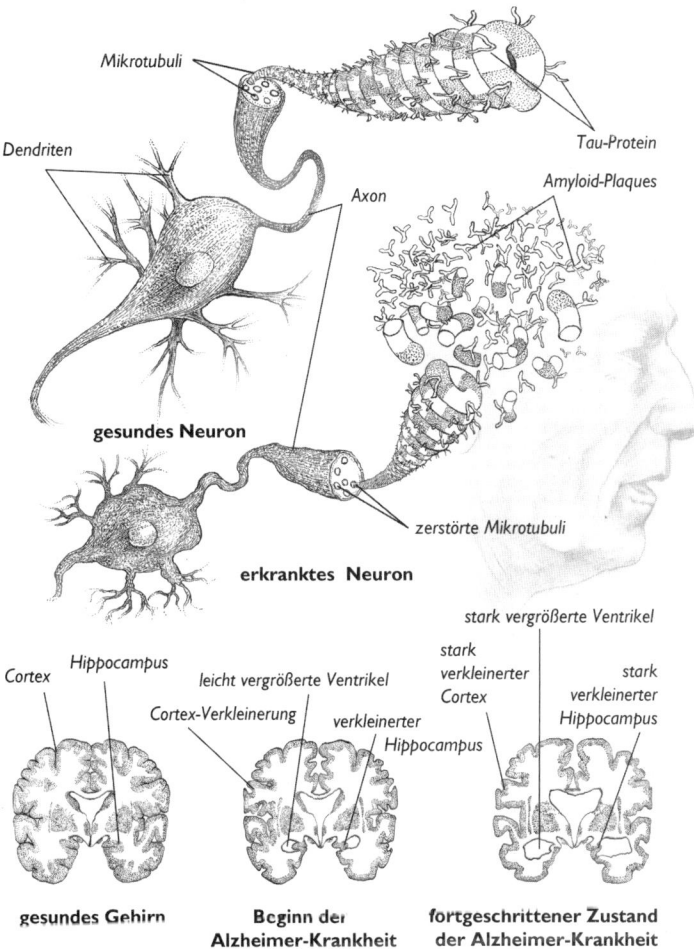

Abbildung 23: Alzheimer Erkrankung
Während des Verlaufs einer Alzheimer-Erkrankung verliert das Gehirn massiv Nervenzellen (Abb. unten) und es bilden sich extrazelluläre Ablagerungen (Amyloid-Plaques) und intrazelluläre Ablagerungen (neurofibrilläre Bündel, oberer Teil der Abb.).

cursor Protein, APP), herausgeschnitten wird. APP liegt übrigens auf dem Chromosom 21, das bei der Trisomie 21 (Down-Syndrom) in einer überzähligen Form vorliegt; in der Tat haben Menschen mit einer Trisomie neben anderen gesundheitlichen Problemen ein sehr hohes Risiko, an Alzheimer zu erkranken. Das Amyloid-Vorläuferprotein sitzt in der Zellmembran – der äußeren Hülle der Nervenzelle – und kann an drei verschiedenen Stellen von molekularen Scheren (Sekretasen) zerschnitten werden. Wird APP vom Enzym α-Sekretase gespalten, entstehen harmlose Fragmente, die möglicherweise sogar eine positive Wirkung für die Stabilität von Synapsen und den daran stattfindenden plastischen Vorgängen haben. Schlagen Beta- und γ-Sekretase jedoch gleichzeitig zu, bildet sich β-Amyloid, das außerhalb der Nervenzellen zu großen Proteinknäueln, sogenannten Amyloid-Plaques, verklumpen kann.

Zu den mysteriösen Dingen der Alzheimer-Erkrankung gehört, dass diese Plaques seit Alois Alzheimers erstmaliger Beschreibung des Krankheitsbildes im Jahr 1906 als charakteristisch für diese Form der Demenz gelten, ohne dass ihre genaue Rolle im Krankheitsverlauf klar ist. So wird Aβ auch im gesunden Gehirn gebildet, und es gibt Studien, die belegen, dass auch neunzig Jahre alte Menschen erhebliche Mengen dieser Ablagerungen aufweisen, ohne in ihren Gedächtnisfunktionen eingeschränkt zu sein. Insofern kann die Frage, warum Aβ im alternden Gehirn auf einmal Plaques bildet, das noch dazu toxisch wirkt, nicht eindeutig beantwortet werden. Eine Theorie geht davon, dass die Plaques vor allem durch entzündliche Reaktionen, die durch ihre extrazelluläre Anwesenheit ausgelöst werden, umliegende Nervenzellen massiv schädigen. Nicht die Plaques an sich sind also schädlich, erst zusammen mit dem Immunsystem des Gehirns lösen sie die Krankheit aus. Damit rücken entzündliche Prozesse im Gehirn, aber auch in unserem Körper insgesamt, stärker in den Mittelpunkt der Forschung.

Das zweite Molekül, das möglicherweise die Alzheimer-Demenz auslöst, ist Tau. Es ist ein Eiweiß, das in den langen Fortsätzen (Axone) der Nervenzellen vorkommt. Bereits Alois Alzheimer hat beschrieben, dass in den Nervenzellen von Alzheimer-Patienten neben den Plaques Neurofibrillenbündel zu finden sind. Hierbei handelt es sich – im Unterschied zu den Plaques, die sich außerhalb der Nervenzellen befinden – um Eiweißablagerungen innerhalb der Zellen, die aus bestimmten Skelettkomponenten der Zellen entstanden sind. Wie man heute weiß, bestehen sie zu einem erheblichen Teil aus Tau. Dieses Eiweiß stabilisiert in den Axonen wiederum andere Strukturelemente, die Mikrotubuli, eine Art Skelett in den Zellen, das anders als das Körperskelett des Menschen aus beweglichen Eiweißmolekülen besteht. Zusammen mit anderen Zellskelettelementen sorgen diese Mikrotubuli nicht nur für eine gewisse Stabilität der Zellen, sie sind auch die »Eisenbahnschienen«, auf denen innerhalb der Zellen »Güter« transportiert werden, etwa die Mitochondrien, die Energiekraftwerke der Zellen. Axonale Fortsätze können bis zu einem Meter lang sein. Wenn der Transport kollabiert, stirbt die Zelle ab. Bei der Alzheimer-Erkrankung konnte nun beobachtet werden, dass die neurofibrillären Bündel vor allem durch ein verändertes Tau verursacht werden, dem zu viele stark negativ geladene kleine Molekülgruppen angehängt werden. Dadurch löst Tau sich von den Mikrotubuli ab, und diese fallen mangels Stabilisierung in sich zusammen. Die dadurch entstehenden neurofibrillären Bündel stören nun das Gleichgewicht der Zellen, wesentliche Transportprozesse in den Nervenzellen finden nicht mehr statt.

Wie es dazu kommt, dass sich mit zunehmendem Alter dieses veränderte Tau ansammelt, ist bislang nicht geklärt. Eine Theorie besagt, dass über die Plaques aus Aβ eine Calcium-Signalkaskade in den umliegenden Zellen ausgelöst wird, die dazu führt, dass viele Phosphatgruppen an das Tau angebunden werden. Nach dieser Theorie, wären die Aβ-Ablagerungen die Ursache der Alzheimer-Erkrankungen, wohingegen die von Aβ ausgelösten Veränderungen am Tau-Molekül die Ursache des Absterbens von Neuronen wären, was dann bewirkt, dass das innere Skelett von Neuronen zusammenbricht.

Die Statistiken am Anfang dieses Alzheimer-Kapitels suggerieren, Alzheimer breite sich aus wie eine Epidemie. Dieser Umstand wurde noch dadurch befeuert, dass Neurologen tatsächlich berichteten, dass die Krankheit übertragen werden könne. Aber AD ist keine Infektion, und es ist kein einziger Fall bekannt, in dem sich ein Angehöriger, der einen Alzheimer-Patienten pflegte, »angesteckt« hat. Die Zunahme der Alzheimer-Patienten ist allein in der Alterspyramide begründet: Je älter Menschen werden, umso größer ist das Risiko, an Alzheimer zu erkranken.

Man sieht, die Symptomatik und der Verlauf einer Alzheimer-Erkrankung können bis in die biochemischen Details hinein aufgeklärt werden. Die alles entscheidende wissenschaftliche Einsicht über Ursache und Auslöser, vor allem darüber, welche Maßnahmen das Auftreten verhindern können und wo eine effektive Therapie ansetzen sollte, fehlt aber noch immer. Alles, was die jahrelange Forschung bisher herausgefunden hat, beschränkt sich darauf, Symptome zu erklären, dagegen wissen wir noch nicht einmal, wann genau die Erkrankung beginnt und was die oben beschriebenen Veränderungen am Aβ und am Tau auslöst.

Meine Sicht auf eine persönlichkeitsraubende Erkrankung

Die vorherrschende Meinung über den Gedächtnisdieb Alzheimer-Erkrankung ist, dass Aβ und Tau in irgendeiner Form beteiligt sind (Abbildungen 23 und 24). Aber es gibt eben nur Indizien für das Ende des Tatherganges, während Motive und die Vorgeschichte wie »Planung« des Raubes, um im Bild zu bleiben, weiter unklar sind. Es mangelt weder an Theorien, warum Alzheimer entsteht, noch an therapeutischen Substanzen, die in klinischen Untersuchungen getestet wurden, allerdings ohne Erfolg. Selbst Antikörper gegen Aβ, die man Patienten im Endstadium der Erkrankung gegeben hat, konnten den Krankheitsverlauf nicht eindämmen, wie klinische Studien im Jahr 2016 belegten.

Hier eine mögliche Rekonstruktion eines denkbaren »Tathergangs« aus meiner persönlichen Sicht. Meiner Meinung nach müs-

Amyloid als eine von vielen Ursachen für das Absterben von Neuronen

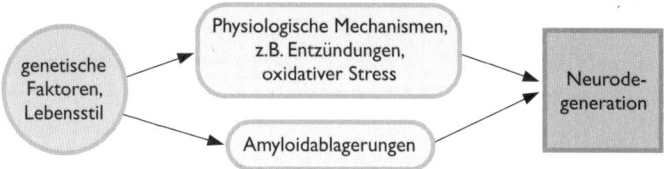

Amyloid als eine Reaktion auf das Absterben von Neuronen und ihren Ursachen

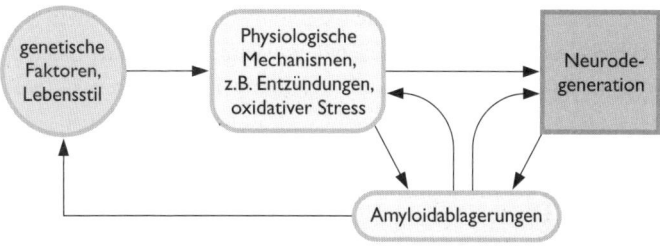

Abbildung 24: Verschiedene Szenarien, wie Amyloid-Plaques (Aβ-Ablagerungen) und die Entstehung der Alzheimer-Krankheit kausal miteinander zusammenhängen können.

sen wir Abschied nehmen von einer linearen Betrachtungsweise des Krankheitsverlaufes, die mit Aβ beginnt und in einer geraden Linie mit dem Zelltod aufhört. Viel wahrscheinlicher ist, dass ein Dutzend Faktoren gemeinsam dazu führen, dass ältere Gehirne von der Alzheimer-Erkrankung befallen werden. Am Ende dieser Kaskade stehen vermutlich Veränderungen hinsichtlich des Aβ zu einer Form, die es toxisch macht und zu einer massiven Zellschädigung durch ebenfalls verändertes Tau führt.

Darüber hinaus gibt es eine ganze Reihe Faktoren, die die Entstehung von AD und die Geschwindigkeit des Krankheitsverlaufs beeinflussen (siehe auch Abbildung 24):

- Hier sind zum einen genetische Risikofaktoren, wie ApoE4, zu nennen. ApoE4 beeinträchtigt die Energieversorgung des Gehirns, den Cholesterintransport und die Bluthirnschranke.
- Entzündliche Prozesse in unserem Körper machen wiederum neuroinflammatorische Prozesse in unseren Gehirnen wahrscheinlicher. Da alle Zweige des angeborenen Immunsystems im Alter verstärkt aktiv sind, erklärt dies womöglich, warum AD gerade im Alter seine zerstörerische Kraft wirksam werden lässt. Übergewicht, spezifisch im viszeralen Bauchbereich, erhöht hierbei das Risiko solch entzündlicher Prozesse (Bauchfett ist eben neben einem Energiespeicher auch das größte immunologische Organ in unserem Körper und produziert große Mengen an entzündungsfördernden Signalmolekülen). Auch bestimmte Infektionskrankheiten können das AD-Risiko erhöhen, insbesondere eine schwere Sepsis, bei der sich der Patient auf die Intensivstation begeben muss.
- Eine energetische Unterversorgung des Gehirns ist ein weiterer Risikofaktor. Sie kann durch einen Diabetes bedingt sein oder indem durch eine stark kohlenhydratlastige Ernährung die Dichte der Insulinrezeptoren auf Neuronen reduziert wird (was auf Dauer die Versorgung dieser Zellen mit Glukose verschlechtert). Auch die Kraftwerke der Zellen, die Mitochondrien, können Abnormitäten aufweisen, die wohl bedingt ist durch die Alterung der Neurone und Gliazellen (Seneszenz). Dies hat nicht nur eine Unterversorgung mit Energie zur Folge, sondern kann auch den oxidativen Stress in Form von Sauerstoffradikalen für die Zelle erhöhen.
- Es gibt zudem eine Reihe von Wechselwirkungen mit dem Abbau von Aβ. Kann dieses nicht wirksam von Zellen geschluckt oder aus dem Gehirn abtransportiert werden, lagert es sich im Gehirn ab, wie Müll auf der Straße, der von der Müllabfuhr nicht abgeholt wird.
- Darüber hinaus wird diskutiert, dass eine Beeinträchtigung der Blut-Hirn-Schranke und der Zellmembran-Integrität von Neuronen sowie die Protein-Abfallentsorgung und Protein-

Neusynthese ebenso wie Veränderungen im Gleichgewicht des Calciumspiegels der Neurone zum Beginn und zum Verlauf der Alzheimer-Krankheit beitragen könnten.

Kurzum, im Krimi um unser Gedächtnis gibt es nicht nur *einen* Verdächtigen, sondern ganze »Banden« an Gedächtnisdieben. All diese Faktoren (und sicher auch noch weitere, die erst noch entdeckt werden wollen) könnten beeinflussen, welche Form von Aβ generiert, wie viel Aβ abgelagert wird und in welchen Mengen dadurch verändertes Tau entsteht.

Wie kann es aber zu verschiedenen Aβ-Varianten kommen? Aβ wird aus einem Vorläufer-Protein (dem APP) abgespalten, aber dieser Weg ist nicht zwangsläufig. Aus dem Vorläufer können auch andere Fragmente gebildet werden, die sogar Vorteile für die Speicherfähigkeit und für das Überleben von Neuronen mit sich bringen, wie Untersuchungen von Ulrike Müller in Heidelberg zusammen u. a. mit meiner Arbeitsgruppe in Braunschweig zeigen konnten. Unter den oben genannten Bedingungen wird aus dem langen Vorläufer-Protein von Aβ, statt APPsα (welches eine schützende Funktion hat), stark vermehrt Aβ gebildet. Die physiologische Funktion dieser veränderten Aufspaltung von APP ist unbekannt. Vermutet wird, dass Aβ unter Bedingungen von zellulärem Stress vermehrt gebildet wird und entweder eine ursprüngliche Funktion im Immunsystem hat oder aber dass es an die Umgebung von Neuronen, vor allem an Mikrogliazellen, signalisieren soll, dass Neurone unter Stress stehen. Zusammengefasst bedeutet das vermutlich: Alles, was Zellen in ihrem Gleichgewicht (Homöostase) gefährdet, erhöht das Risiko, an AD zu erkranken.

Risikofaktoren

Daraus kann man ableiten, dass eine Alzheimer-Erkrankung durch verschiedene Risikofaktoren erhöht wird. Genauso wie man versucht, einen Diebstahl zu verhindern, indem man sein Haus einbruchsicher macht, kann man auch selbst dazu beitragen, die Risiken von AD zu verringern. Aber es gibt eine Reihe von Faktoren, die man nicht beeinflussen kann: Geschlecht, genetische Veranlagung und natürlich das Alter selbst. Dazu ein paar Stichworte:

Frauen erkranken häufiger an AD als Männer: So kommen mit achtzig Lebensjahren statistisch auf zwei Männer drei Frauen, die an AD erkrankt sind. Die Gründe hierfür sind nicht vollständig verstanden. Früher ging man davon aus, dass das hormonelle Ursachen hat, diese Annahme hat sich aber nicht bestätigt. Vielleicht, so mein Verdacht, werden im statistischen Mittel einfach weniger Männer so alt wie Frauen – die Männer allerdings, die so alt werden, sind innerhalb der Männerpopulation die gesünderen hinsichtlich der Herz-Kreislauf-Funktionen, und das schützt wohl auch vor einer Demenz.

Genetik: APOE4 ist ein Allel (eine bestimmte Variante eines Gens, das an der gleichen Stelle auf einem Chromosom bei verschiedenen Menschen liegt), das wichtig ist für den Cholesterintransport und beteiligt am Aufbau der Blut-Hirn-Schranke und am Energietransport ins Gehirn hinein. APOE4 scheint all dies schlechter zu machen als seine verwandten Allele: Es bindet besser an LDL als HDL (beides Cholesterintransporter, nur mit dem Unterschied, das LDL an der Bildung von Ablagerungen in Blutgefäßen beteiligt ist), APOE4 baut eine ineffektivere Blut-Hirn-Schranke und führt zu einem verminderten Cholesterinstoffwechsel. Insgesamt führt APOE4 dazu, dass die Energieversorgung des Gehirns schlechter wird. Aber zu APOE4 gehört noch mehr: APOE4 wird von Gliazellen freigesetzt (zusammen mit Cholesterin), wenn Neurone verletzt werden. Experimente belegen, dass beides Neurone dazu anregt, zu wachsen und neue Synapsen zu bilden. APOE4 bindet schlechtes Cholesterin, verstärkt den Transport von Aβ in das Gehirn und vermindert den Abtransport. Eine Kopie des APOE4-Gens verdoppelt das AD-Risiko, zwei Kopien führen zu einem 4- bis 8-fach höheren Risiko. APOE4-Gehirne sind insgesamt weniger effizient darin, Glukose als Energielieferanten aufzunehmen.

Alter: Jeder will alt werden, aber keiner will alt sein. Die Wahrscheinlichkeit, an Alzheimer oder einer anderen Demenz zu erkranken, steigt mit dem Alter (siehe Tabelle S. 328). Nur in einer seltenen Ausprägung der familiären Alzheimer-Erkrankung, die vererbt wird und über deren Risikofaktoren man inzwischen einiges weiß, erkranken auch vergleichsweise junge Menschen (manchmal sogar unter fünfzig Jahre alt) an AD. Von dieser familiären Form von AD sind aber nur wenige Prozent der Erkrankten betroffen. Die Frage, die sich hier seit vielen Jahren stellt, ist, ob die sporadische Form von AD nicht eine notwendige und unausweichliche Folge der Alterung unserer Gehirne ist und wir entsprechend nichts dagegen tun können – es sei denn, wir stoppen den Alterungsprozess des Körpers insgesamt.

Gegen diese Theorie spricht, dass es tatsächlich neben dem Alter noch andere Risikofaktoren gibt, die in jedem Fall bestimmen, wann die Krankheit ausbricht – und ob überhaupt, denn immerhin sind zwei von drei 85-jährigen Menschen nicht betroffen – und wie schnell sie verläuft. Zu diesen Risikofaktoren gehören Rauchen und Fettstoffwechselstörungen, die jeweils die Wahrscheinlichkeit, an AD zu erkranken, um den Faktor 2 erhöhen. Neben dem Rauchen erhöht Übergewicht das Alzheimer-Risiko, vor allem wenn der Body-Mass-Index (BMI) schon vor dem 50. Lebensjahr über 30 lag. Der BMI errechnet sich aus dem Körpergewicht in Kilogramm dividiert durch die Körpergröße multipliziert mit der Körpergröße (in Meter). Wer also 1,80 Meter groß ist und 100 Kilogramm wiegt, hat einen BMI von über 30. Dass sowohl Rauchen als auch Übergewicht nicht gesund sind, weiß man zu Genüge – warum aber sollte es das Alzheimer-Risiko erhöhen? Weil sowohl Rauchen als auch Fettpolster zu ständigen kleinen Entzündungen im Körper führen, die die Immunreaktion auf Proteinausfällungen im Gehirn (Plaques) verstärken und damit die Sterberate von Nervenzellen erhöhen. Vor allem Bauchfett scheint Entzündungsreaktionen im Körper zu fördern und die schädlichen Effekte von Plaques im Gehirn noch zu potenzieren. Mit anderen Worten: Ein Mensch, der regelmäßig raucht und/oder stark übergewichtig ist, geht ein doppelt so hohes Risiko ein, an Alzheimer zu erkranken. Weiter erhöht wird

Tabelle der geschätzten Risiken für eine Alzheimer-Demenz. Eine Zahl größer als 1 bedeutet eine Zunahme des Risikos, eine Zahl kleiner als 1 eine schützende Funktion.

Risikofaktor	Durchschnittliches Risiko einer Erkrankung an AD
Erhöhtes Risiko	
BMI über 30 (Fettleibigkeit)	1,69
APOE4-Allel (genetisches Risiko)	6,50
Wenig körperliche Betätigung	2,84
Bluthochdruck	1,81
Niedriger Bildungsstandard	4,08
Niedrigeres Risiko	
Kaffee trinken (2–3 Tassen am Tag)	0,76
Alkohol (0,1 l/Tag Wein oder Bier)	0,77
Gesunde Ernährung (wenig Kohlehydrate, wenig Fleisch, viel Obst, Gemüse, Fisch)	0,74
Hoher Bildungsstandard	0,51
Regelmäßige körperliche Betätigung	0,53
Quelle: K. Taylor, The fragile brain, Oxford University Press, 2016	

Geschätztes Alzheimer-Risiko, Anzahl der erwarteten AD-Fälle pro 1000 Personen

Risikofaktor	65–69 Jahre		85–89 Jahre	
	Männer	Frauen	Männer	Frauen
A+B: Geschätztes Risikoprofil (gesamt)	15	18	151	202
A) Kein APOE4-Allel	1	2	13	18
B) APOE4-Allel vorhanden	14	16	138	184
A) Diabetes	10	11	96	128
B) Kein Diabetes	5	7	55	74
A) Niedriger Bildungsstandard	13	16	135	180
B) Hoher Bildungsstandard	2	2	16	22
A) Niedrige körperliche Fitness	13	15	127	170
B) Hohe körperliche Fitness	2	3	24	32
A) Normalgewicht	5	7	70	90
B) Starkes Übergewicht	12	15	109	115
Quelle: K. Taylor, The fragile brain, Oxford University Press, 2016				

das Risiko bei chronischem Alkoholmissbrauch, Diabetes (2- bis 3-fach erhöhtes Risiko), koronarer Herzerkrankung (2- bis 4-fach erhöht), Bluthochdruck (5-fach höheres Risiko) oder Herzrhythmusstörungen (6- bis 18-fach erhöht).

Die Zahlen zeigen eindrücklich, welchen Unterschied es machen kann, z. B. körperlich aktiv zu sein und Sport zu treiben: So haben Männer, die körperlich wenig aktiv sind, ein 13-prozentiges Risiko, im Alter von achtzig Jahren an AD zu erkranken, treiben sie dagegen regelmäßig Sport oder sind körperlich aktiv, so sinkt das Risiko auf 2,4 Prozent. Für Frauen sinkt das Risiko von 17 Prozent (sportlich inaktiv) auf 3 Prozent (körperlich aktiv). Dramatisch auch der Effekt des Bildungsstandards: Bezogen auf 1000 Menschen erhöht sich die Anzahl der Alzheimer-Erkrankung um 148 Personen, wenn man hierbei von einem niedrigen Bildungsstand ausgeht! Der Begriff der Bildungsgerechtigkeit und der Bildungschancen bekommt hier eine ganz neue Dimension – eine wesentliche Prävention von Alzheimer könnte darin bestehen, den durchschnittlichen Bildungsstandard in einem Land zu steigern (davon hätte jede Gesellschaft in jeglicher Hinsicht etwas).

Nachdem fast 30 Prozent der über 85-Jährigen an Alzheimer erkranken, liegt es nahe zu glauben, dass der Krankheitsbeginn in diese Lebensspanne fällt. Allerdings haben Studien gezeigt, dass der Beginn der Krankheit häufig schon vor dem 50. Geburtstag liegt, wobei die ersten Symptome oft erst zwischen zehn und dreißig Jahren nach dem unbemerkten Auslösen der Erkrankung sichtbar werden. Anders gesagt: Die Erkrankung kann bis zu dreißig Jahre lang »unsichtbar« sein. Was aber auch heißt, dass es möglich ist, ihren Ausbruch deutlich nach hinten zu schieben, vorausgesetzt, man kennt und beachtet die Risikofaktoren. Insofern ist es sinnvoll, sich bereits frühzeitig und weit vor dem Renteneintritt mit dem Altern und den damit einhergehenden Krankheiten zu beschäftigen und danach zu leben, wie ich in meinem Buch »Jung im Kopf« ausgeführt habe.

Existiert eine Gedächtnis-Diebstahlversicherung?
Gibt es wirklich einen Lebenswandel, eine Art Versicherung, die uns vor dem Verlust des Gedächtnisses durch einen Schlaganfall oder die Alzheimer-Erkrankung schützt? Wie immer bei Verträgen, stehen die wichtigen Dinge auch hier im Kleingedruckten, aber in der Tat konnten eine Reihe von Studien belegen, dass es Faktoren gibt, die das Risiko des Gedächtnisverlustes erhöhen, und es konnten Lebensstile identifiziert werden, die es minimieren.

Noch wissen Ärzte nicht, wie Alzheimer zu heilen wäre. Wenn man der Krankheit durch Medikamente beikommen will, so geht man davon aus, dass sie präventiv verabreicht werden müssen (d. h. vor der Diagnosestellung, denn zu diesem Zeitpunkt könnte die Krankheit schon zu weit fortgeschritten sein). Es ist so ähnlich wie mit der Einnahme von blutdrucksenkenden Mitteln: Man nimmt sie, um Erkrankungen wie einen Herzinfarkt oder einen Schlaganfall zu verhindern – und zwar schon Jahrzehnte bevor diese Ereignisse statistisch auftreten.

Die ernüchternde Einsicht lautet: Es sind bislang keine Faktoren bekannt, die vollständig vor Alzheimer schützen. Aber – und das sollte man nicht unterschätzen – es gibt durchaus Dinge, die man tun kann, um den symptomatischen Beginn der Krankheit nach hinten zu schieben, so dass man statt mit achtzig vielleicht erst mit neunzig Jahren erkrankt oder – je nachdem, wie alt man wird – auch gar nicht. Wie Studien an eineiigen und damit genetisch identischen Zwillingen gezeigt haben, kann das Auftreten der Alzheimer-Erkrankung je nach Lebenswandel um bis zu sieben Jahren voneinander abweichen. Im Umkehrschluss bedeutet dies, dass es viele Menschen gibt, die den Beginn einer Alzheimer-Erkrankung in sich tragen, ohne es überhaupt oder nur in sehr geringem Ausmaß symptomatisch zu merken. So wie Schwester Bernadette aus der »Minnesota Nun Study«, die bis zum Alter von 85 Jahren in allen kognitiven Tests sehr gut abschnitt, ehe sie an einer Herzattacke verstarb. Sie hatte sich bereit erklärt, ihr Gehirn für wissenschaftliche Zwecke zur Verfügung zu stellen. Man ging davon aus, dass es ob des vorbildlichen Lebenswandels (gesundes Leben mit wenig Stress und hohen kognitiven Anforderungen bis ins hohe Alter) in einem deutlich besseren Zustand sein müsste, als es das Lebensalter der Nonne erwarten ließ. Umso überraschter waren die Wissenschaftler, als sie feststellten, dass es voller Plaques war und der höchsten Demenzstufe entsprach. Da die Schwester aber im Laufe ihres Lebens große kognitive Reserven angesammelt hatte, konnte sich ihr Gehirn vor dem negativen Effekt des Nervenzelltodes in gewissem Sinne schützen und bis zum Schluss herausragende Leistungen erbringen.

In diesem und auch in einigen anderen belegten Fällen sagt die Anzahl an Plaques und neurofibrillären Bündeln nichts über die geistige Verfassung der Menschen aus; die kognitiven Reserven, die sie durch ihren Lebensstil bedingt vor allem in den Gehirnarealen gebildet hatten, die mit dem deklarativen Gedächtnis befasst sind, sorgten dafür, dass die Symptome der Demenzerkrankung nicht offensichtlich wurden.

Ein weiterer Beleg für diese Kompensationsthese ist das Ergebnis einer großen kanadischen Studie: Menschen, die zweisprachig aufgewachsen sind, erkranken statistisch erst fünf Jahre später an Alzheimer als Menschen, die nur eine Muttersprache haben (bei ansonsten identischen Lebensbedingungen). Diese spannende Beobachtung könnte sich in meinen Augen folgendermaßen erklären lassen: Wer zwei Sprachen spricht, muss ständig in seinem Arbeitsgedächtnis sortieren, in welchen Sprachenkontext die Wörter, die er aufnimmt, gehören. Er trainiert also permanent (!) seine Exekutivfunktion im präfrontalen Cortex – was zu zusätzlichen kognitiven Ressourcen führt, die den symptomatischen Beginn der Alzheimer-Krankheit für viele Jahre kompensieren können. Ob dies auch bei Sprachen funktioniert, die man erst im Alter lernt, ist eine interessante Frage zukünftiger Forschung. Eventuell gelten diese Erkenntnisse sogar auch für Menschen mit nur einer Muttersprache, wenn man darin ein relativ hohes Niveau erreicht. So konnte die kalifornische Nonnenstudie, an der immerhin fast 700 Probandinnen teilnahmen, zeigen: Je elaborierter die Sätze waren, die die Schwestern im Alter von zwanzig Jahren von sich gaben, desto stärker war das Auftreten einer Demenz nach hinten verschoben.

Generell zeigen sich bei Menschen mit höherer Bildung die Alzheimer-Symptome später, auch wenn die Krankheit bei ihnen genauso fortschreitet wie bei anderen auch. Menschen mit einem niedrigen Bildungsstandard haben ein zweimal höheres Risiko, an Alzheimer zu erkranken, als Menschen mit einem hohen Bildungsstandard. Gehirne, die ein Leben lang gelernt haben, sind die effektiveren; sie benötigen weniger Gehirnressourcen, um eine Aufgabe zu lösen, was womöglich ebenfalls zu höheren kognitiven Reserven beiträgt – vielleicht liegt der Schutz dieser hochtrainierten Gehirne also eher in der Quantität (viele Synapsen) als in der Qualität. Dafür spricht auch, dass Menschen mit hoher Bildung auch einen anderen Verlauf von AD aufweisen: Die Auswirkung auf das Gedächtnis trifft diese Menschen erst später im Leben, aber der Krankheitsverlauf kann dann beschleunigt sein – ein Beleg dafür, dass die Krankheit im Gehirn schon weit fortgeschritten war und erst spät zum Durchbruch kam. Bildung schützt also nicht im engeren Sinne vor Alzheimer, sie maskiert aber die Symptome für einige Jahre – eine gleichermaßen persönliche wie bildungs- und gesundheitspolitisch weitreichende Erkenntnis!

»Wenn wir das sind, was Gedächtnis aus uns macht, was sind dann die Menschen, die kein Gedächtnis haben, wie wir eines besitzen?«
Tony Harrison

Bemerkenswert ist, dass das Risiko, an Alzheimer zu erkranken, um 38 Prozent sinkt, wenn man sportlich aktiv ist; es sinkt um weitere 12 Prozent, wenn man sozial aktiv ist. Soziale Aktivität kann karitative Tätigkeiten umfassen, aber auch Reisen und das enge Miteinander in einem Freundeskreis oder Verein. All das trainiert das Gehirn, weil es uns zwingt, uns mit der komplexen Gedanken- und Gefühlswelt anderer auseinanderzusetzen.

Allerdings sollte man sich hüten, das Vermeiden von Umwelt-Risikofaktoren zu trivialisieren: Lifestyle ist nicht vollständig und einfach frei entscheidbar. Wo man geboren wurde, wie man aufwuchs und der sozioökonomische Status der Eltern beeinflussen die Lebensmöglichkeiten ebenso stark, wie unsere Gene dies tun! Vorsicht also, Lifestyle-Faktoren als moralische Keule zu verwenden, da Menschen sich ja beliebig ändern können. So einfach ist es nicht. Aber jeder Einzelne kann sicher versuchen, seine Chancen auf ein gesundes Seniorenalter zu erhöhen.

Bislang hat die Medizin noch keinen Weg gefunden, wie der AD medikamentös beizukommen wäre. Wenn es denn ein Medikament gäbe – im besten Fall ein Präparat aus mehreren Wirksubstanzen –, so ist davon auszugehen, dass es präventiv verabreicht werden müsste, also Jahre oder gar Jahrzehnte vor der Diagnosestellung. Vor allem wäre es seitens der Wissenschaft wichtig, frühe Biomarker der Erkrankung zu identifizieren.

Die Politik müsste die Aufklärung über die Erkrankung fördern. Und sie könnte darauf hinwirken, dass Nahrungsmittel deutlich markiert sind hinsichtlich ihres Risikoprofils in Bezug auf Übergewicht; das würde es uns allen erleichtern, uns gesund zu ernähren.

Was aber wäre die generelle Empfehlung? Da kann ich nur sagen: »Just get started«, denn es gibt für jeden Einzelnen viele Möglichkeiten, Risiken zu minimieren, auch wenn wir derzeit noch keine endgültige Gewissheit über Ursache und zeitlichen Ursprung der Erkrankung haben. Fangen wir also schon mal an!

Hat selbst die Alzheimer-Demenz ein romantisches Herz?

Vielleicht sind wir doch mehr als unser Gedächtnis, denn wir sind auch das Gedächtnis der anderen über uns und andere sind auch in unserem Gedächtnis – dies könnte im Übrigen eine wichtige Botschaft an Menschen sein, die mit Alzheimer-Patienten leben, diese pflegen oder in ihren Familien und ihrem Bekanntenkreis erleben. Ihnen ist der letzte Abschnitt dieses Kapitels gewidmet. Auch wenn es nur eine Randnotiz im großen Wissenschaftsszenario über Demenzen ist, die im Folgenden geschilderten Erkenntnisse haben etwas Überraschendes und Hoffnungsspendendes.

Als ein Forscher, der versucht zu verstehen, wie die Alzheimer-Krankheit zellulär und molekular beginnt, war ich vor Kurzem eigentümlich berührt, als Kollegen um Jörn-Henrik Jacobsen am Max-Planck-Institut für Kognitions- und Neurowissenschaften in Leipzig zeigen konnten, dass bei der Alzheimer-Erkrankung nicht unser gesamtes Gedächtnis zerstört wird, sondern dass Inseln der Erinnerungen bestehen bleiben. Erstaunlicherweise verschont die Alzheimer-Erkrankung häufig gerade unser Musikgedächtnis. Um dem Geheimnis näher zu kommen, haben die Forscher mit Hilfe von bildgebenden Verfahren zunächst die Hirnareale für das Langzeit-Musikgedächtnis im Gehirn geortet. Während der Kernspin-Messungen hörten die Probanden Musik-Dreiergruppen, die aus einem ihnen lange bekannten Musikstück, aus einem kurz zuvor schon einmal gehörten Lied und einer ihnen völlig unbekannten Melodie bestanden. Für die Langzeit-Musikerinnerung konnten die Forscher so ein Gebiet im hinteren Teil des Stirnlappens identifizieren – ein Bereich, der bei Bewegungen eine Rolle spielt. Dies allein war schon überraschend, denn bis dahin hatte man vermutet, dass der für das Hören zuständige Schläfenlappen für die Musikerinnerung wichtig ist. Stattdessen war der Speicherort für Ohrwürmer und Lieblingslieder ein Bereich im Gehirn, der komplexe motorische Abläufe speichert. So als spielten wir wirklich Luftgitarre, wenn wir ein Lied wiedererkennen.

In einem zweiten Schritt verglichen die Wissenschaftler die für die musikalische Erinnerung relevanten Regionen aus der gesunden Gruppe mit anatomischen Befunden aus einer Studie mit Alzheimer-Patienten. Sie untersuchten dabei drei wichtige Merkmale für diese Erkrankung: den Verlust von Nervenzellen, den verminderten Stoffwechsel und Ablagerungen in betroffenen Gehirnregionen, die für Alzheimer-Gehirne typisch sind.

Tatsächlich verliert bei den Alzheimer-Patienten das Gehirnareal, das zuvor als Langzeit-Musikgedächtnis-Gebiet lokalisiert worden war, weniger Nervenzellen als das übrige Gehirn. Auch der Stoffwechsel sinkt nicht so stark ab. Das Ausmaß der Ablagerungen ähnelt dem in anderen Gehirngebieten, führt aber nicht zu den sonst üblichen Schäden, so als schütze die magische Wirkung der Musik diese Gehirnareale vor dem Untergang. Die Gehirnregionen des Langzeit-Musikgedächtnisses gehören damit zu den Arealen, welche bei Alzheimer-Patienten häufig am geringsten vom Nervenzellverlust und den typischen Stoffwechselstörungen betroffen sind.

Die Ergebnisse der Untersuchungen deuten also darauf hin, dass das Langzeit-Musikgedächtnis bei Alzheimer-Patienten im Vergleich zum Kurzzeitgedächtnis, dem autobiographischen Gedächtnis oder der Sprache besser erhalten bleibt. Deshalb funktioniert es möglicherweise selbst in späteren Stadien der Krankheit noch weitestgehend. Darüber hinaus haben Musikgedächtnis-Areale eine erhöhte Netzwerkverbindung zu anderen Knotenpunkten des Gehirns und können so den Verlust von Verbindungen ausgleichen.

Die Wissenschaftler aus Leipzig selbst waren der Meinung, dass erst ein Verständnis der komplexen Zusammenhänge zukünftig eine wirkliche therapeutische Nutzung von Musik bei der Patientenbetreuung ermöglichen könnte. Hier hinken die Wissenschaftler allerdings der Praxis hinterher, denn auch meine Schwiegermutter konnte ihren erkrankten Mann bis zuletzt über alte gemeinsame Musikstücke erreichen, seine innersten Gefühle wecken und so sichtbar machen. Mit Hilfe von Musik gelingt es, an Gedächtnisinhalte anzuknüpfen: So können die Patienten manchmal Liedzeilen mitsingen, obwohl ihnen das Sprechen sonst nahezu unmöglich geworden ist. Hier zeigt die Magie der Musik ihre Wirkung.

So sehr bei Alzheimer-Patienten der Gedächtnisabruf gestört ist, ihr emotionales Gedächtnis kann durchaus noch funktionieren – Gefühle sind so tief in die neuronalen Fundamente unserer Existenz verwebt, dass sie selbst dann noch fortbestehen, wenn autobiographische Erinnerungen lange verloren sind! Dies konnten Justin Feinstein und sein Team von der University of Iowa demonstrieren. Er und seine Kollegen untersuchten Patienten nach einer Verletzung des Hippocampus, was eine starke Beeinträchtigung des deklarativen Gedächtnisses nach sich zog, genau wie dies auch bei Alzheimer-Patienten der Fall ist. Die Neurowissenschaftler zeigten den Probanden jeweils eine lustige oder alternativ eine traurige Filmsequenz. Nur zehn Minuten später wurden die Probanden nach Details der Szenen befragt. Während die Probanden der gesunden Kontrollgruppe im Schnitt dreißig Einzelheiten erinnerten, konnten die Patienten mit einem geschädigten Hippocampus nur bis zu fünf Details nennen, oft sogar gar keine mehr. So weit verlief die Studie wie erwartet. Überraschend war aber, dass die Probanden auch längere Zeit nach Ende der Filmsequenzen noch Gefühle der Freude oder der Traurigkeit verspürten, und zwar genau entsprechend den Filmausschnitten, die sie gesehen hatten. Während also die Inhalte der Erinnerungen gelöscht waren, konnten die mit der Erinnerung verknüpften Gefühle noch abgerufen werden. Diese Ergebnisse sind ein weiteres Argument dafür, mit Menschen, die an Alzheimer erkrankt sind, emotional positiv umzugehen, denn tatsächlich erinnern diese, ob man liebevoll mit ihnen geredet hat oder nicht. In der oben erwähnten Studie taten dies zwei Patienten sogar deutlich länger als gesunde Probanden. Gefühle haben also auch in Gehirnen von dementen Patienten einen langen Nachklang.

Es scheint angesichts dieser Experimente keine allzu romantisch-verklärende Schlussfolgerung, dass ein Besuch oder Anruf bei Menschen, die an Alzheimer erkrankt sind, anhaltende Freude und andere positive Gefühle auslösen kann – und zwar auch dann, wenn sie den Anruf oder den Besuch schnell wieder vergessen. In dem Roman *Still Alice – Mein Leben ohne gestern* der amerikanischen Neurologin und Schriftstellerin Lisa Genova zeigt diese literarisch auf, was es im Kontext der Alzheimer-Erkrankung ausmacht, eine Persönlichkeit zu haben. Der Roman ist vor allem ein wissenschaftlich gut unterfüttertes Beispiel dafür, wie wichtig die Liebe und der Zusammenhalt einer Familie sind, auch wenn die Erinnerung an sie schwindet. In gewisser Weise belehrt einen das Buch über die Tatsache, dass Gefühle bleiben – im Menschen mit einer Demenz und in den Gefühlen, die ihm entgegengebracht werden.

Ein anderes eindrückliches Beispiel ist Lonni Sue Johnson, die zwar nicht an AD litt, aber durch eine Virusinfektion sowohl ihr Fakten- als auch ihr autobiografisches Gedächtnis verloren hatte. Sie konnte keine neuen Erinnerungen formen und keine autobiographischen Ereignisse mehr abrufen. Sie war Musikerin und Künstlerin, die auch Graphiken für die berühmte US-Wochenzeitschrift *The New Yorker* anfertigte. Nach Ausbruch der Virusinfektion, die ihr autobiographisches und Faktengedächtnis auslöschte, konnte sie noch sprechen, Violine spielen und vor allem zeichnen. Sie erinnerte sich zwar nicht mehr, selbst die berühmtesten Bilder unserer Zeit gesehen zu haben, aber sie wusste noch genau, wie man mit Wasserfarbe malt und wie man eine malerische Technik beschreiben kann. Vor allem kann sie ihren Gefühlen in Form von Bildern noch immer Ausdruck verleihen. Musik, künstlerische Begabung und Emotionen hat diese schlimme Erkrankung also nicht auslöschen können.

Auch wenn Musik und Gefühle keine rechtlich verbindliche Versicherung gegen die Alzheimer-Erkrankung mit sich bringen, so sind sie doch von positiven Effekten begleitet, die man nicht ignorieren sollte. Die Verarbeitungsmechanismen für Musik und für Gefühle bleiben in den Gehirnen von Alzheimer-Patienten fast bis zum Ende aktiv. Dies ist zum einen wichtig für den Umgang mit Alzheimer-Patienten, aber vielleicht auch eine Anregung zur Prävention: Womöglich lohnt es, nicht nur über Aβ-Antikörper nachzudenken, über Vermeidung von Übergewicht und mehr Bewegung, sondern auch die Vorteile einer musikalischen Früherziehung und von Bildung einzubeziehen. Denn es ist mindestens bedenkenswert, dass einer der wirkmächtigsten Faktoren, die das Risiko, an Alzheimer zu erkranken, mindern, ein hoher Bildungsstandard ist.

Fundstück: Ohne Gedächtnis sind wir nichts!
Der berühmte spanische Regisseur Luis Buñuel (1900–1983) hat in seiner Autobiographie *Mein letzter Seufzer. Erinnerungen* über die Macht des Gedächtnisses für eine Kultur, für die Kunst, aber auch für einen individuellen Menschen reflektiert. Er hatte bei der folgenden Schilderung sowohl sich selbst als auch seine demente Mutter als auch kollektive Gedächtnisinhalte vor Augen:
»Mit den Jahren, wenn unser Leben dahingeht, gewinnt das früher verachtete Gedächtnis an Wert. Ohne dass man es merkt, häufen die Erinnerungen sich an, bis man eines Tages, unversehens, vergeblich nach dem Namen eines Freundes, eines Verwandten sucht. Man hat ihn vergessen. Es kommt vor, dass man wütend nach einem Wort sucht, das einem vertraut ist, man hat es auf der Zunge, aber es weigert sich hartnäckig herauszukommen. Mit dieser ersten Gedächtnislücke und weiteren, die nicht auf sich warten lassen, beginnt man die Wichtigkeit des Gedächtnisses zu begreifen und sich einzugestehen. Die Amnesie – die sich bei mir mit etwa siebzig einstellte – beginnt bei Eigennamen und Vorgängen, die sich erst kürzlich ereigneten: Wo habe ich nur gerade mein Feuerzeug hingelegt? Was habe ich sagen wollen, als ich diesen Satz anfing? Das nennt man anterograde Amnesie. Danach kommt die retrograde Amnesie, die sich auf die Ereignisse der letzten Monate und Jahre bezieht: Wie hieß noch das Hotel in Madrid, in dem ich im Mai 1980 gewohnt habe? Und das Buch, das ich vor einem halben Jahr mit so viel Interesse gelesen habe? Ich weiß es nicht mehr, ich suche lange und vergeblich. Schließlich kommt die retrograde Amnesie, die ein ganzes Leben auslöschen kann, wie bei meiner Mutter. Ich für mein Teil habe noch

keine Anzeichen dieser dritten Form von Gedächtnisschwund gespürt. An meine ferne Vergangenheit, an meine Kindheit, meine Jugend, habe ich vielfältige und genaue Erinnerungen, auch an eine Unmenge von Gesichtern und Namen. Wenn mir da etwas entfällt, beunruhigt es mich nicht über Gebühr. Ich weiß, es taucht plötzlich wieder auf, durch die Willkür des Unbewussten, das im Dunkeln unablässig an der Arbeit ist. Dagegen verspüre ich manchmal heftige Unruhe, ja sogar Angst, wenn ich mich eines Vorfalls der jüngsten Vergangenheit nicht mehr entsinnen kann oder mir der Name eines Menschen nicht einfällt, den ich erst vor ein paar Monaten kennengelernt habe, oder der eines Gegenstandes. Plötzlich zerbröckelt mein Ich, es fällt auseinander. Ich kann an nichts anderes mehr denken. Und dennoch ist all meine Mühe, all meine Wut vergeblich. Ist das der Beginn der totalen Auflösung? Ein entsetzliches Gefühl, wenn man für das Wort ›Tisch‹ eine Umschreibung benutzen muss. Und weiter dann die schlimmste aller Ängste: dass man lebt und sich selbst nicht mehr kennt, nicht mehr weiß, wer man ist. Man muss erst beginnen, sein Gedächtnis zu verlieren, und sei's nur stückweise, um sich darüber klar zu werden, dass das Gedächtnis unser ganzes Leben ist. Ein Leben ohne Gedächtnis wäre kein Leben, wie eine Intelligenz ohne Ausdrucksmöglichkeit keine Intelligenz wäre. Unser Gedächtnis ist unser Zusammenhalt, unser Grund, unser Handeln, unser Gefühl. Ohne Gedächtnis sind wir nichts.«

KAPITEL 9

Training, Tricks, Techniken: So bleibt das Gedächtnis agil

»Ein Kopf ohne Gedächtnis ist eine Festung ohne Besatzung.«
Napoleon Bonaparte

Der Beginn der Gedächtniskunst

Das Gedächtnis als Ganzes, das – wie wir in den vorangegangenen Kapiteln gesehen haben – von den verschiedensten Gedächtnissystemen durchdrungen ist, zu trainieren erweist sich als schwierig. Die meisten Übungen haben lediglich einen Effekt auf einzelne Areale des Gehirns. Dies gilt für Sudokus ebenso wie für Kreuzworträtsel und auch für das Gros der Spielekonsolen, die den Begriff »Gehirnjogging« im Untertitel führen. Sie trainieren nur Spezialfähigkeiten, in denen man, je häufiger man die Aufgaben ausführt, besser wird: Wer Zahlenreihen auswendig lernt, kann nach einer Übungsphase besser Zahlen memorieren. Wer Wortlisten auswendig lernt, wird besser darin, Wörter zu erinnern – aber auf andere kognitive Tätigkeiten wirken sie sich nicht aus, und schon gar nicht lässt sich dadurch generell das Gehirn verjüngen oder gar das Gedächtnis insgesamt verbessern.

Man muss also schon einiges für sein Erinnerungsvermögen tun, wenn man dessen Leistungskraft generell erhöhen möchte. Und man muss wissen, welche Fähigkeiten genau man üben will. Denn unser Gehirn im Allgemeinen und unser Gedächtnis im Besonderen noch weiter zu stimulieren, ist gar nicht so einfach angesichts unserer extrem vielgestaltigen und gehirnstimulierenden Welt. Um dem Gedächtnis auf die Sprünge zu helfen, bedienen wir uns verschiedener Methoden: Memozettel, Aufgabenlisten oder der berühmte Knoten im Taschentuch. Jeder Mensch lernt anders, merkt und erinnert sich auf andere Weise, jeder speichert Informationen in seinem Gedächtnis anders ab und benötigt entsprechend auch unterschiedliche Merkhilfen.

Kein Wunder, dass es äußerst komplex ist, generelle Regeln zu formulieren, die unsere Gedächtnis- und Lernfähigkeit verbessern könnten. Eine der in der jahrtausendelangen Lerngeschichte der Menschheit wirkungsvollsten Methoden, sein Gedächtnis zu verbessern, ist die Loci-Technik (lat. *locus* = Ort): Bei dieser Methode wird jeder Gegenstand, Lehrsatz, jedes Argument mit einem bestimmten Ort/Platz im Haus, im eigenen Zimmer oder auf dem eigenen Körper in Verbindung gebracht und visuell simuliert. Beispiel: Sie wollen sich Ihre 6-stellige PIN-Zahl merken. 5 – das sind Ihre fünf Zehen am Fuß; 2 – das ist das Schien- und Wadenbein Ihres Unterschenkels; 2 – das sind Ihre beiden Knie; 8 – das ist ein in Schleifen gelegter Darm; 6 – das ist von der Form her betrachtet Ihre Speiseröhre mit der Magen-Aussackung; 0 – das ist Ihr Mund, der die runde Null formen kann. 522 860 – Zehen, Unterschenkel, Knie, Darm, Magen, Mund. Sie können natürlich gänzlich andere Bilder und Erinnerungsstützen bei Ihrer PIN-Gedächtnisroute verwenden. Gehen Sie virtuell durch Ihr Badezimmer: Zahnbürste (1), Kalt-warm-Wasserhahn (2) usw. So nutzen Sie die Stärken des menschlichen Gedächtnisses in Form des visuellen und des Ortsgedächtnisses. Das bedeutet auch, dass die wohl wirkmächtigste Idee, wie man sein Gedächtnis verbessern kann, auch eine der ältesten Methoden dafür ist.

In einem Buch, das als eine seiner Thesen formuliert hat, dass »unsere Kultur unser Gedächtnis ist« und unsere »Kultur-Geschichten das Gefäß dieses Gedächtnisses« sind, muss die entscheidende Methode, unser Gedächtnis zu trainieren, natürlich auch einer Geschichte entstammen. Sie hat sich im antiken Griechenland abgespielt – und an ihrem Beginn hätte es nicht schlimmer kommen können: Das Dach einer Festhalle war eingestürzt. Es gab nur einen einzigen Überlebenden. Wir schreiben das Jahr 500 v. Ch. Wie konnte es dazu kommen – und was hat das mit dem Beginn des menschlichen Versuchs, unser Gedächtnis verbessern zu wollen, zu tun?

Der Dichter Simonides von Keos war bei dem Adeligen Scopas eingeladen und sollte ihm zu Ehren ein Gedicht aufsagen. Aber sein Vortrag entsprach nicht den Erwartungen seines Gastgebers. Scopas war davon ausgegangen, dass das gesamte Gedicht ihm huldigen würde, aber Simonides besaß die Frechheit, die Hälfte der Vortragszeit auf die Zwillingsgötter Pollux und Castor zu verwenden und diese zu loben, woraufhin Scopas ihm das Honorar um die Hälfte kürzte und sich abfällig und beleidigend über die Götter äußerte. Kurz darauf, als das Festessen schon in vollem Gange war, wurde Simonides herausgerufen, mit der Begründung, dass draußen zwei Jünglinge auf ihn warteten. Simonides trat vor die Tür, und in dem Moment brach das Dach des Hauses über dem Gastgeber und allen Gästen zusammen und erschlug sie, nur Simonides blieb unverletzt. Die Leichen waren so entstellt, dass sie nur dadurch identifiziert werden konnten, dass Simonides sich an die genaue Sitzreihenfolge der Gäste erinnerte. Über sein Ortsgedächtnis memorierte er die Namen der Personen.

Die Simonides-Geschichte war die Geburtsstunde der antiken Gedächtniskunst, der *Ars memoriae*. Man bediente sich dieser Technik vor allem, um Reden auswendig zu lernen (man muss bedenken, dass die Reden frei gehalten wurden, denn Papier in Form von Papyrus war teuer und umständlich). Jeder einzelne Teil wurde an einem bestimmten Ort abgelegt. Indem der Vortragende gedanklich den sich daraus ergebenden Weg abging, konnte er jeden Abschnitt der Rede genau erinnern (man muss bedenken, dass die Reden frei gehalten wurden, denn Papier in Form von Papyrus war teuer und umständlich).

Diese Methodik der Gedächtnisschulung macht sich zwei überragende Eigenschaften unseres deklarativen Gedächtnisses zunutze: zum einen den evolutiven Ursprung unseres räumlichen Gedächtnisses im Hippocampus und zum anderen der assoziativen Kraft, mit der Synapsen Informationen abspeichern und diese auch wieder auslesen können. Rauminformationen werden mit Fakten assoziiert und können dadurch mit höherer Wahrscheinlichkeit wieder abgerufen werden. Sind die Fakten nicht miteinander assoziiert, schafft man sich diese Verknüpfungen über räumliche Informationen selbst. Der Raumbezug hat den großen Vorteil, dass er sich gut visualisieren lässt.

Allerdings muss jeder, der diese antike Gedächtniskunst anwenden möchte, dafür ordentlich trainieren. Damit man tatsächlich beliebige Dinge entlang eines solchen räumlichen Gebildes ablegen kann (und dann auch zuverlässig erinnert, was wo liegt), muss man sich Wege, Metaphern und Assoziationen zurechtlegen und diese Wege mit ihren Assoziationen immer wieder in Gedanken abgehen. Nur so verfestigen sich die neuronalen Muster. Wer diesen Trainingsaufwand scheut, muss weiter zu Zettel und Stift greifen, was für Einkaufslisten eine echte Alternative ist. Für PIN-Nummern, Geheimzahlen und Passwörter sind sie keine gute Wahl.

Wie man Gedächtnis-Weltmeister wird
In einer bemerkenswerten Studie, die 2017 im Fachmagazin *Neuron* veröffentlicht wurde, haben Wissenschaftler um Martin Dresler in einer Kooperation des Münchener Max-Planck-Institutes für Psychiatrie und der Radbound Universität in Nijmegen untersucht, ob es stimmt, was Gedächtnis-Weltmeister immer behaupten: nämlich, dass sie keine genetische Veranlagung zum Gedächtnis-Champion haben, sondern hart gearbeitet hätten, um mit Hilfe der Loci-Technik große Datenmengen zu memorieren. Bei Gedächtnis-Wettbewerben müssen die Teilnehmer innerhalb von zwanzig Sekunden ein komplettes Skatspiel erinnern oder in wenigen Minuten 200 Namen auswendig lernen.

Dresler und seine Koautoren wollten herausfinden, ob diese enormen Leistungen wirklich trainierbar sind. Und sie wollten verstehen, wie Gedächtnistraining unser Gehirn verändert. Dafür hat das Forscherteam bei 23 Gedächtnis-Champions von Weltrang die Gehirnaktivität beim Memorieren von Wortlisten vermessen. Der Clou der Versuchsanordnung bestand darin, dass die Forscher zusätzlich 51 untrainierte Probanden einluden, an der Studie teilzunehmen, um ihre Gehirnaktivität vor und nach dem Training mit der Loci-Methode zu untersuchen. Beide Gruppen, die »Gedächtnis-Laien« ebenso wie die Champions, mussten sich mit Hilfe der besagten Technik 72 Wörter einprägen. Sie trainierten sechs Wochen lang. Das Forscherteam zeichnete die neuronale Aktivität im Gehirn vor und nach dem Training auf und kam zu dem Ergebnis, dass sich die Gehirntätigkeit der Gedächtniskunstnovizen in ihrem Aktivierungsmuster der der Gedächtniskünstler annäherte. Der Trainingseffekt ließ sich regelrecht im Gehirn ablesen – vor allem in Bereichen des visuellen Vorstellungsvermögens, in mit dem Hippocampus assoziierten Strukturen und im mittleren Schläfenlappen. Entscheidend war hierbei nicht ein einzelnes Gehirnareal, sondern die Vernetzung zwischen den Gehirnarealen – so als hätten die Assoziationen zwischen Ort und neuem Objekt auch zu verstärkten Assoziationen zwischen Gehirnarealen geführt, die visuelle, semantische und räumliche Informationen miteinander verbinden. Das Webmuster des Gedächtnisses hatte sich verändert!

Konnten sich die Versuchsteilnehmer, die die Technik erst noch erlernen mussten, zu Beginn nur knapp 20 von 72 immer wieder neuen Wörtern merken, waren es sechs Wochen später im Durchschnitt 62 neue Wörter. Sogar vier Monate nach Ende des Trainings zeigten die Teilnehmer noch ähnlich gute Leistungen. In den Kontrollgruppen, die sich den Übungen mit der Loci-Technik nicht unterzogen hatten, änderte sich dagegen weder etwas in der Gedächtnisleistung noch in der Gehirnaktivierung. Sie wurden nicht besser darin, sich neue Wörter zu merken.

Allerdings muss man sich klarmachen, dass diese Art des Trainings nicht automatisch verhindert, dass man vergisst, wo man den Wagen geparkt hat, ob man den Herd ausgestellt hat oder dass man

»*Der Ausspruch ›wir wissen nur so viel, als wir im Gedächtnis haben‹ hat freilich seine Richtigkeit, und daher ist die Kultur des Gedächtnisses sehr notwendig. ... Man muss aber das Gedächtnis nur mit solchen Dingen beschäftigen, an denen uns gelegen ist, dass wir sie behalten und die auf das wirkliche Leben Beziehung haben.*«
Immanuel Kant

auf dem Heimweg noch Milch kaufen wollte. Aber es zeigt, in welch herausragender Weise unser Gedächtnis trainierbar ist. Wir müssen nur bereit sein, Zeit in geniale Methoden des Lernens zu investieren. Einige sollen auf den folgenden Seiten genauer erklärt werden.

Neues aus Lerntopia: Büffeln geht anders!

Die Leistungsfähigkeit mit Hilfe der Loci-Methode ist ungeheuerlich und verblüffend. Denn wie die oben erwähnte Studie von Dresler und Mitarbeitern gezeigt hat, ist es ein Mythos, dass die Leistungsstärke des Gedächtnisses durch genetisch vorgegebene Merkmale begrenzt wird. Heute geht man davon aus, dass unser Talent, Neues zu lernen und Wissen zu erwerben, etwa zu 20 Prozent angeboren ist. Übersetzt bedeutet dies, dass es hinsichtlich des Speichervermögens (wie bei anderen kognitiven Fähigkeiten auch) angeborene Unterschiede gibt. Aber diese erklären nur einen kleinen Teil der Leistungsunterschiede, die man zwischen Menschen findet. Ein weitaus größerer Anteil wird bestimmt durch die Intensität und die Art, wie wir lernen und unser Gedächtnis beanspruchen. Wie wir gesehen haben, lassen sich nicht alle Gedächtnissysteme gleichzeitig trainieren, sondern immer nur spezifische Fähigkeiten, genauso wie man sich durch gezieltes Training nicht in allen Sportarten verbessern kann. Trotzdem gilt: Wer seine generelle Fitness im Sport erhöht, indem er seine die Herz-Kreislauf-Leistung steigert, hat natürlich generalisierbare Effekte auf verschiedene Sportarten – genau wie jemand, der Methoden übt, mit denen man den Wissenserwerb trainiert, diese auf die verschiedensten Wissensbereiche anwenden kann.

Dabei ist es – wie im Sport auch – falsch zu meinen, dass man zwangsläufig besser wird, wenn man etwas nur lange genug macht,

»Erinnerungen können sich nur bilden, wenn man sich entscheidet auch achtzugeben und aufmerksam zu sein.«
Joshua Foer, Journalist, amerikanischer Gedächtnismeister und Buchautor

genauso wie der Glaube, dass man sich nur genügend anstrengen muss, damit Gedächtnissysteme besser werden, falsch ist. Effektives Lernen braucht Methodik und Geduld, Einsatz und Frustrationstoleranz, vor allem aber braucht es Fokussierung und bewusstes Üben, ebenso wie ein klar definiertes Ziel und Zeit. Es gibt nichts umsonst, das gilt auch fürs Lernen.

Im Folgenden möchte ich Ihnen im Schnelldurchlauf die Rahmenbedingungen des Gedächtnisses, die aus meiner Sicht gutes Lernen ausmachen, erklären. Manches ist lange bekannt, manche Erkenntnisse beziehen sich aber auch auf die aktuelle Lernforschung der letzten Jahre, die so manchen Mythos über unser Lernverhalten widerlegen konnte.

Wechselspiel zwischen Anspannung und Entspannung

Anders Ericsson, einer der weltweit führenden Lernforscher, der in Florida lehrt und forscht, empfiehlt gezieltes Üben durch bewusstes Lernen. Seiner Ansicht nach kann man seine Kompetenz nur mit voller Konzentration auf die zu lernende Aufgabe erhöhen. Eine andere These ist, dass so gut wie jedes »Genie« auf einem Gebiet sein »Genietum« (Expertentum) durch Üben, Üben und nochmals Üben erlangen kann. Allerdings nicht durch stumpfes Wiederholen, sondern indem es gezielt trainiert und immer auch auf den eigenen Lernfortschritt geachtet hat. Egal ob in Sport, Wissenschaft, Musik, Kunst oder Beruf, immer wieder wurde die Leistungsfähigkeit überprüft, geübt und vor allem konzentriert und fokussiert gelernt.

Zerstreuung kann den Lernerfolg steigern, allerdings erst nach und vor Phasen der vollen Aufmerksamkeit, Konzentration und Fokussierung. Unsere ständige Defokussierung auf alles und jedes, unser vieldimensionales Leben in digitalen Medien bedroht diese notwendige Fähigkeit zur Fokussierung jedoch.

Schauen wir zurück: 1924 hat Chevrolet als erster Autobauer Radios in seine Modelle gebaut, übrigens gegen einen stolzen Aufpreis von 25 Prozent des Autokaufpreises! Von da an war es möglich, wie Roger Willemsen in seiner letzten öffentlichen Rede bemerkt hat, in zwei simultanen Erlebniswelten zu leben: »Zwei Geschwindigkeiten begegnen sich, Fahrgeschwindigkeit stößt auf musikalisches Tempo. Plötzlich wird es möglich, Hochgeschwindigkeit zu fahren und einen Trauermarsch dabei zu hören. Der Kopf übertraf sich schon in diesem Fall in neuen Höchstleistungen der Synchronisierung. Machen wir einen Sprung von nur fünfzig Jahren, dann können wir sagen: Die Erfindung des Mobiltelefons hat das Bewusstsein neu formatiert, andere Simultanitäten ausgebildet.« Vielleicht entspricht der damalige enorme Preisaufschlag aber dem Preis, den wir hinsichtlich unserer Achtsamkeit und Fokussierung immer noch zahlen müssen.

Ein weiterer Aspekt ist bedenkenswert: Wie oft beschweren wir uns als Erwachsene darüber, dass wir nicht mehr so gut lernen können, wie wir es noch als Kinder und Jugendliche konnten. Gegenfrage: Wie oft unternehmen wir den Versuch, ununterbrochen am Stück konzentriert so zu lernen, wie wir es als Kinder vermochten? Wer heute einen schwierigen Stoff lernen will, ist dabei oft parallel an mindestens zwei anderen Orten. Wer aber nur einen Bruchteil seiner Speicherkapazitäten für das Lernen zur Verfügung stellt, weil ein Teil des Gedächtnisvolumens an anderen Orten ist, kann nur suboptimal lernen. Wer wirklich messen möchte, wie gut er noch lernen kann, sollte versuchen, sich beim Lernen zu fokussieren, und mit Achtsamkeit das studieren, was er an Kompetenzen erwerben möchte, und dabei der Unterbrechung und dem Abschweifen der Gedanken widerstehen.

In unseren Gedächtnissystemen kann nur das abgespeichert werden, was auch wenigstens einmal kodiert wurde. Diese Kodierung kann man sich vorstellen wie eine besondere Form der Aufmerksamkeit, die den gerade stattfindenden Ereignissen gilt und sich auf spätere Ereignisse auswirkt. So hängt es von unserem Arbeitsgedächtnis ab, ob wir uns Zahlen merken können. Und das kann man trainieren. Bei der sogenannten elaborierten Kodierung werden neue Informationen in ein vorhandenes Wissenssystem integriert, und dies fördert die Fähigkeit des Gehirns, sich an solche Fakten und Begebenheiten gut zu erinnern. Im normalen Lebensalltag ist Lernen ein automatisches Nebenprodukt der Gedanken, die wir uns über ein erlebtes Ereignis machen. Gedächtnisinhalte sind umso besser, je eingehender wir uns Gedanken über neue Informationen machen und sie mit schon vorhandenem Wissen verknüpfen, und zwar schon beim Abspeichern der Information. Die bloße Absicht, sich an etwas zu erinnern, reicht keinesfalls aus. Will man sich etwa eine bestimmte Automarke merken, so genügt es nicht, sich zu sagen: »Das Wort muss ich mir merken.« Man muss schon eine elaborierte Kodierung vornehmen, indem man sich Fragen wie diesen widmet: Zu welchem Autokonzern gehört das Fahrzeug? Welche Farbe hat es? Welcher Treibstoff wird benutzt? Cabrio oder SUV?

In unserem Lebensalltag kodieren wir Dinge nicht auf eine solch explizite Art, vielmehr findet eine natürliche Auslese statt. Was wir bereits wissen, determiniert, was wir auswählen und kodieren. Wenn Dinge Bedeutung für uns haben, lösen sie jene Prozesse aus, die die spätere Erinnerung erleichtern – und genau diesen Prozess kann man durch eine elaborierte Kodierung verbessern. Wenn wir also den Autopiloten im Gehirn eingeschaltet haben und nicht im Detail auf unsere Umgebung achten, bezahlen wir das in der Regel damit, dass wir nur skizzenhafte Erinnerungen hervorholen können. Ein gutes Beispiel sind hier die Bilder auf der Vorder- und Rückseite von Münzen und Geldscheinen. Obwohl wir täglich mit ihnen umgehen, können wir uns nur sehr schlecht erinnern, welche Personen oder Gegenstände sie darstellen. Hier reicht eine sehr oberflächliche Kodierung aus, weil wir nur Größe und Farbe erkennen müssen, um sie in unserem Alltag richtig zu verwenden.

Neurobiologisch stärkt die elaborierte Kodierung vor allem den linken präfrontalen Cortex als Teil des Stirnlappens der Großhirnrinde, der genau diese elaborierte Kodierung vornimmt. Hippocampus und präfrontaler Cortex arbeiten hier eng zusammen. So lenkt der Hippocampus während eines neuartigen Ereignisses unsere Aufmerksamkeit auf die neuen Reize und stellt ein Netzwerk von semantischen Assoziationen und Kenntnissen zur Verfügung, um sie einzuordnen und assoziativ abzuspeichern.

Wir erinnern uns also nur an das, was wir kodiert haben. Und was wir kodieren, hängt davon ab, was wir an Erfahrungen gesammelt haben, welche Kenntnisse wir haben und welche Bedürfnisse. Je mehr Erfahrungen und Wissen wir abgespeichert haben, umso leichter fällt es uns, sich Neues zu merken.

Dabei kann es durchaus hilfreich sein, zwischen den Lernblöcken für Entspannung, De-Fokussierung und das Abschweifen der Gedanken zu sorgen. Denn der Perspektivwechsel ist wichtig, um neuartige Problem zu lösen. Das Gehirn wertet solche Unterbrechungen als unerledigte Aufgaben, sie bleiben länger in Erinnerung als abgeschlossene Aufgaben! Das bedeutet auch, dass Unterbrechungen das Gedächtnis aktivieren, da unterbrochene Projekte an der Spitze unserer mentalen Prioritätenliste stehen – man sucht dann unbewusst überall nach Hinweisreizen, um das Projekt endlich zu beenden, und erhöht damit die assoziative Einbettung.

»**Das Gedächtnis ist die Phantasie mit Bewusstsein.**«
Immanuel Kant

Ein Experte ist jemand, der selbst unter Umständen, unter denen andere keine Lösung mehr finden, noch einen guten Lösungsvorschlag parat hat. Und dazu benötigt er Wissen, Übung und eben auch neue Ideen, also Kreativität. Kreativ denken heißt, immer wieder loszulassen, Abstand zu gewinnen oder auch zu de-fokussieren, damit wir uns nicht selbst beim Denken im Wege stehen. Allerdings sollte diese Zerstreuungszeit oder innere Re-Organisation des Denkens auf fünf bis zwanzig Minuten beschränkt bleiben. Dann sollte man zu seiner Aufgabe zurückkehren und wieder ein ganzes Stück konzentriert bei der Sache bleiben.

Schlaf und Lern-Pausen-Nickerchen
Aber auch Momente völliger Bewusstlosigkeit können bei der Gedächtnisbildung hilfreich sein: Ein kleines Schläfchen, nennen wir es mal »Lern-Pausen-Nickerchen« (LPN), im Lern-und Arbeitsprozess steigert die anschließende Konzentrations- und

Assoziationsfähigkeit des Gehirns. Guter und ausreichender nächtlicher Schlaf erhöht zudem die Leistungsfähigkeit des Langzeitgedächtnisses. Wer ein gutes Gedächtnis haben will, muss sich also auch immer wieder lange genug vertrauensvoll in Morpheus' Arme begeben, denn im Schlaf bekommen wir mehr an Gedächtnis geschenkt, als uns bewusst wird. Nicht nur wird nachts das tagsüber Erlebte und Gelernte konsolidiert, also im Langzeitspeicher des Gehirns abgelegt, sondern es wird auch vorherbestimmt, wie gut das Konzentrationsvermögen am darauffolgenden Tag ist, um wiederum Neues lernen zu können.

Alarmierend sind in diesem Zusammenhang Umfrageergebnisse des Robert Koch-Instituts aus dem Jahre 2016: Ein Drittel der Befragten berichtete von klinisch relevanten Schlafstörungen, so viel wie nie zuvor in einer deutschen Umfrage. Es ist schon eigentümlich, dass wir in Deutschland eine lange Tradition der weltbesten Schlafforscher pflegen, aktuell Jan Born und sein Team an der Universität Tübingen, aber was Schlafstörungen angeht bedauerlicherweise ebenfalls an der Spitze stehen. Dabei ist Schlafen die entspannteste Form des nachhaltigen Lernens (siehe Kapitel 4).

Lernroutinen auch immer wieder ändern
Während wir bisher in allen Lernratgebern gelesen haben, man solle immer am gleichen Ort, am besten zur gleichen Zeit lernen, wissen wir heute, dass das den Abruf der Informationen an diesen Orten zwar verbessert (das Gehirn speichert Lernstoff und Kontext, und der Kontext hilft beim Abruf), aber das Lernen in verschiedenen Kontexten (Orte, Zeiten, Stimmungen) die assoziative Erinnerungsleistung erhöht: Je öfter wir Lernzeiten und -orte verändern, desto mehr steigt die Wahrscheinlichkeit, sich an einem Ort an etwas zu erinnern, der nicht der Lernort ist. Und genau das ist ja meist der Fall, da wir den Kontext, in dem wir eine Leistung erbringen müssen, nicht vorhersagen können. Aber man muss nicht zwingend einen anderen Ort, eine andere Zeit und einen anderen Kontext wählen, um den Lernerfolg zu erhöhen. Einiges

kann auch in unserem Kopf selbst ablaufen, etwa indem wir den Lernstoff beim Wiederholen anhand der eigenen Aufzeichnungen neu strukturieren – so zwingt man sich dazu, den Lernstoff noch einmal und in einer anderen Weise zu durchdenken, neu anzuordnen, und erhöht dadurch die Assoziationswege zum Lerninhalt.

John Locke, ein britischer Philosoph und Vordenker der Aufklärung, beschrieb einmal den Fall eines Mannes, der das Tanzen gelernt hatte, indem er nach einem strengen Ritual übte: immer im selben Zimmer, in dem ein alter Schrank stand. In dieser Geschichte führt Locke eindringlich vor Augen, warum man sich beim Lernen besser nicht zu stark auf einbetonierte Rituale verlässt: »Leider hatte sich die Vorstellung von diesem alten Möbel so mit den Wendungen und Bewegungen des Tanzens verknüpft, dass er zwar in diesem Zimmer vortrefflich tanzen konnte, aber nur so lange der Schrank darin stand; ebenso wenig vermochte er es in einem anderen Zimmer zu tanzen, ehe nicht ein ähnlicher Schrank hineingestellt worden war.«

»Gemischtes Üben fördert nicht nur unsere Geschicklichkeit insgesamt und unser Unterscheidungsvermögen. Es wappnet uns auch für die Bälle, die uns das Leben im wörtlichen und übertragenen Sinne zuwirft.«
Benedict Carey

Jede Veränderung der Lerngewohnheiten bereichert die Fähigkeit, die wir erwerben wollen, und macht sie in verschiedenen (unvorhersehbaren) Kontexten zugänglich und nachhaltiger. Das Experimentieren mit dem Kontext des Lernens selbst fördert übrigens schon das Lernen und macht den Wissenserwerb – vor allem den Abruf – von der Umgebung des Lernens unabhängig. Es ist also, ganz im Gegensatz zu alten Lernratschlägen, eher die Abwechslung, die Mischung der Lernmethoden sowie Lernorte, die den Unterschied in der Abrufstärke machen. Das gilt selbst für den Tennisaufschlag: In umfangreichen Vergleichsstudien konnte gezeigt werden, dass Probanden, die drei Aufschlagvarianten gemixt trainierten, besser abschnitten, als wenn sie jede Variante für sich und hintereinander trainierten. Auch die Gemälde von

Künstlern können wir besser erinnern, wenn die Bilder verschiedener Künstler nicht einfach nach Künstlern geordnet, sondern durcheinander und in unvorhersehbarer Reihenfolge gehängt werden. Das Mischen von Fertigkeiten, Konzepten oder Lerninhalten während einer Lernphase hilft dabei, die Unterschiede zwischen den Lernelementen deutlicher werden zu lassen und jedes einzelne für sich besser zu verstehen. Mechanisches Wiederholen dient dagegen nur dem Kurzzeitgedächtnis: Die direkte Abfrage nach dem Lernen ist besser, sonst nichts!

Das, was ich hier beschrieben habe, wird als »verschränktes Lernen« bezeichnet. Durch das Mischen der Lernelemente wird unser Gehirn auf Unerwartetes vorbereitet. Darüber hinaus ist man gezwungen, aufmerksamer zu lernen, denn wir verarbeiten Informationen gründlicher, wenn eine gewisse Unordnung (gemischte Abfolge der Lernelemente) herrscht, wie detaillierte Untersuchungen von Michael Inzlicht von der Universität in Toronto nachdrücklich belegen konnten.

Lernen mit Unterbrechungen

Wer nachhaltig lernen möchte, der tut es in kürzeren Lernphasen und mit größeren Abständen zwischen den Wiederholungen. Eine Methode, die man als »verteiltes Lernen« bezeichnet: Menschen behalten mehr, wenn sie die Lerninhalte in kleine Portionen aufteilen und in kürzeren Intervallen lernen. Auf diesem Wege kann man die Menge, an die wir uns erinnern, verdoppeln – und das auch noch langfristiger im Unterschied zum reinen Prüfungslernen. Das sogenannte Bulimie-Lernen kennen wir fast alle, aber es ist wenig beständig – das haben die meisten von uns auch schon erfahren müssen. Schnell lernen, schnell reproduzieren ist nicht nachhaltig und dauert auch noch länger als das verteilte Lernen.

Verteiltes Lernen ist dann besonders wirksam, wenn wir uns etwas komplett Neues beibringen müssen. Ideal sind immer länger werdende Pausen von mehreren Tagen zwischen den Einheiten, dann erinnert man sich besonders nachhaltig. Der Rhythmus der Wiederholungen könnte so aussehen: 1. Wiederholung: 1 bis

2 Tage nach dem ersten Lerndurchgang; 2. Wiederholung dann etwa eine Woche später; den 3. Lerndurchgang nach einem Monat. Es ist also effektiver, den Lernstoff in größeren Abständen zu wiederholen als direkt jeden Tag hintereinander. Also nicht 10 Wiederholungen an 10 aufeinander folgenden Tagen, sondern besser mal Pausen zwischen den Lerneinheiten einlegen.

Hier noch ein weiteres ganz konkretes Beispiel: Das Lernfenster soll 15 Tage Vorbereitungszeit beinhalten. Optimalerweise würde man bei 9 Stunden geplanter Lernzeit diese wie folgt aufteilen: 3 Stunden am ersten Tag, 3 Stunden am 8. Tag und 3 Stunden am 14. Tag (dieser 14. Tag sollte 2 Tage vor der Prüfung liegen). Auf diese Art und Weise kann man den gleichen Lerneffekt erzielen wie jemand, der 12 Stunden lang an 2 Tagen gelernt hat. Immerhin braucht man mit dieser Methode des Intervalllernens drei Stunden weniger Lernzeit, und das Wissen hält sich länger im aktiven Gedächtnisspeicher. Was man also für ein effektives Lernen braucht, ist vor allem eines: Planung, Planung, Planung!

Ein Trick der Methode besteht darin, dass die Wiederholungen die Chance erhöhen, kontextuelle Hinweisreize in die Assoziationsketten des Abrufes einzubauen – je mehr solcher Hinweise es gibt, je besser kann man erinnern (Assoziationen). Wiederholt man den Lernstoff an verschiedenen Tagen, wechselt der Kontext des Lernens stärker (Stimmung, Situation, Licht, Wetter, Gerüche), und dies wiederum erhöht die Wahrscheinlichkeit, den Lernstoff auch assoziativ erinnern zu können (man baut sich einfach mehr assoziative Zugangsstraßen zum erlernten Stoff). Je weiter die Prüfung entfernt ist, umso größer sollten die Lernintervalle sein! Allerdings sollte man die Lernpausen auch nicht zu lang werden lassen, sonst muss man wieder von vorne anfangen.

Man kann nur, was man auch tut
Manche Mythen über das Lernen halten sich hartnäckig. Hierzu gehört auch die Bedeutung der »Lerntypen«, d. h. die Vorliebe, die Menschen für auf bestimmte Weise präsentierte Informationen haben: Ob sie lieber hören, lesen oder etwas anfassen, um etwas zu

lernen. Nicht zu vergessen die vielen Menschen, die Fakten, Daten und Zusammenhänge am liebsten in Bildern und Graphiken ansehen, also sogenannte visuelle Lerntypen sind. Diese Sinnesmodalitäten der Lerntypen können in über siebzig verschiedenen Testversionen und Dutzenden von Büchern überprüft werden, so dass jeder seinen individuellen Lerntyp sicher bestimmen kann.

Aber ganz im Kontrast zu diesem populären Konzept zeigen umfassende Studien, dass der Lerntyp keinen Einfluss auf den Lernerfolg hat. Im Gegenteil: Unterrichtet man einzelne Lerner in ihrem präferierten Lerntyp, lernen sie sogar weniger. Effektives Lernen beruht auf zwei fundamentalen Säulen: Unabhängig vom Lerntyp sollten möglichst viele sensorische Systeme angesprochen werden (die Mixtur bestimmt den Erfolg); viel entscheidender ist, dass der Lernende am Lernprozess als Akteur und nicht nur als Beobachter beteiligt ist. Auch wenn jemand das Gelernte für andere formuliert (oder auch für sich selbst), erhöht er damit den Lernerfolg. Kurzum, man wird nur gut in etwas, was man auch tut, und dieses Tun bedarf eben auch eines gewissen Einsatzes. Die Erinnerung ist umso besser, je mehr man sich beim Lernen anstrengen musste. Das Gegenteil tritt ein, wenn die Informationen nur über den bevorzugten Sinneskanal präsentiert wurden!

Es gibt noch einen spannenden Befund der modernen Lernforschung: Eine Prüfung über ein Thema zu absolvieren, bevor man mit dem Lernen angefangen hat, erhöht die anschließende Lernleistung, so anti-intuitiv das auch klingt. Testeinheiten vor dem Lernen (selbst wenn man hier viele Antworten raten muss) führen dazu, dass die Erinnerungsleistung später besser wird. Kurzum, je stärker sich das Gehirn anstrengen muss, um sich zu erinnern, umso größer ist der Lerneffekt, da sowohl die Abruf- als auch die Speicherstärke zunehmen. Der Abruf von Fakten, direkt nachdem man etwas gelernt hat, zeigt dagegen keinen großen Lerneffekt, weil sich das Gehirn nicht anstrengen muss beim Abruf von Informationen, die man gerade erst abgespeichert hat; die generelle Abrufflüssigkeit wird nicht verbessert.

Vor allem Untersuchungen des amerikanischen Lernforschers

Herbert F. Spitzer belegen, dass man Prüfungssituationen schon am Beginn des Lernens suchen sollte (frühe Selbstprüfungen und das Erklären des Lernstoffes für andere erhöhen die Gedächtnisleistung um 30 Prozent!). Demnach müssten Prüfungen und Tests viel stärker als Lernmethoden und nicht nur zur Leistungsbewertung am Ende des Lernens eingesetzt werden. Denn wenn Lernen mit einem Test kombiniert wird, ist die langfristige Erinnerungsleistung besser. Der Rhythmus aus Testen/Lernen/Testen ist besser als Lernen/Lernen/Testen! Wenn wir Gedächtnisinhalte in einer Testsituation abrufen, speichern wir diese Inhalte im Gedächtnis erneut – aber mit anderen verwandten Fakten. Damit werden auch die Inhalte neu vernetzt. Das neuronale Netz, in dem die Erinnerung abgelegt ist, hat sich durch den Abruf verändert, die Anzahl der möglichen Assoziationen, um auf diese Daten zuzugreifen, hat sich erhöht. Der Clou der Selbstprüfung besteht auch darin, dass man vorgibt, am Anfang ein Experte zu sein, und versucht, mit seinem Anfängerwissen schon möglichst weit zu kommen. Das Wissen, das man schon hat, wiederholt man so, als würde man es einem anderen erklären. Es gilt die alte Weisheit: Man hat nur verstanden, was man auch anderen in einfachen Worten erklären kann.

Im Übrigen macht das Lernen mit Hilfe der Abrufpraxis (Testen/Lernen/Testen) das Gelernte sogar resistenter gegen Stresssituationen, wie eine Studie von Amy Smith, Victoria Floerke und Ayanna Thomas 2016 gezeigt hat. Sie belegt auch, dass Stress, den man glaubt meistern zu können, die Lernleistung sogar fördern kann. Je tiefer das Wissen kodiert ist, umso stressresistenter ist der Abruf!

Wichtig zu wissen ist in diesem Kontext, dass jeder Gedächtnisinhalt eine Speicherstärke und eine Abrufstärke hat, und beides wollen wir nochmal näher betrachten. Die *Speicherstärke* beschreibt, wie gut etwas gelernt wurde (z. B. das Einmaleins). Die Speicherkapazität unseres Gedächtnisses ist riesig, Berechnungen gehen davon aus, dass wir das Äquivalent von drei Millionen Fernsehsendungen abspeichern könnten! Anders sieht es mit der *Abrufstärke* aus. Sie beschreibt, wie leicht uns eine kleine Informationseinheit einfällt, also wie sicher wir das Gelernte auch sinnhaft/sinnvoll abrufen können. Erst diese Fähigkeit macht unsere intellektuelle Kompetenz aus. Die Abrufstärke nimmt mit Lernintensität und Gebrauch zu. Die Kapazität ist jedoch klein – vor allem können wir in Verbindung zu einer konkreten Situation nur eine sehr begrenzte Zahl an Informationen abrufen. Die Abrufstärke ist darüber hinaus unbeständig und hängt stark von Hinweisreizen (also dem Kontext der Situation) ab, mit denen wir die notwendigen Informationen abrufen wollen. Die Speicherstärke beschreibt also z. B., wie vertraut uns eine Person ist, während die Abrufstärke bestimmt, ob uns auch der Name der Person, die wir sehen, einfällt. Unsere Eltern – Mama, Papa – haben eine hohe Abruf- und Speicherstärke zugleich. Die Grundschullehrerin hat dagegen eine geringe Abrufstärke, was ihren Namen angeht, aber trotzdem eine hohe Speicherstärke; der Fahrschullehrer hat unter normalen Umständen eine schwache Speicher- und eine geringe Abrufstärke. Der Akt des Wiedererkennens verstärkt hierbei sowohl die Speicher- als auch die Abrufstärke, was Testsituationen als Lernform ebenso attraktiv macht wie Lerngruppen, in denen man das Gelernte mit eigenen Worten anderen erklären muss. Dabei gilt: Je mehr wir uns anstrengen müssen, um eine Erinnerung abzurufen, desto besser ist die Abrufstärke! Wichtig ist also der wünschenswerte Schwierigkeitsgrad, und der hängt damit zusammen, dass das Gehirn in der Lage sein muss, seine Datenlage schnell zu aktualisieren. Konzepte, die die Speicherstärke verbessern, sind diejenigen, die sich an der Zukunft orientieren und nicht am kurzfristigen Erfolg.

Ein gutes Gedächtnis muss auch selektiv sein
Erinnern ist ein Wiedereinsammeln von Wahrnehmungen, Fakten und Vorstellungen, die verstreut über lose verflochtene Netzwerke miteinander verbunden sind. Vergessen bewirkt dabei, dass das Hintergrundrauschen unterdrückt werden kann. Es filtert Erinnerungen, so dass markante Signale prominent hervortreten. Ein gewisser Verlust (Verfall) muss sich hierbei quasi ereignen, um das Behalten zu stärken, wenn man sich erneut mit dem Stoff

beschäftigt. Vergessen ist ein Verbündeter des Lernens, nicht dessen Feind. Wir lernen eben auch durch Selektivität und Vergessen. Vergessen ist hierbei nicht nur passiver Verfall, sondern auch ein aktiver Filterprozess.

Der Nachteil liegt auf der Hand: Der Filter ist nie gleich, die Geschichten unseres Lebens ändern sich und entsprechend müssten auch die Vergessensfilter verändert werden, was nicht immer optimal gelingt. Gedächtnis ist eben doch mehr als ein Stapel von Fakten und Katalogen, das Abrufen eines Gedächtnisinhaltes verändert dessen Zugänglichkeit und auch dessen Inhalt.

Vergessen und Lernen sind also Geschwister des Gedächtnis-Imperiums. Das sieht man auch am Phänomen des Reminiszenz-Effekts. Dabei handelt es sich um eine Art Erweiterung des Gedächtnisses: ein Auftauchen von Fakten, Begebenheiten oder Wörtern, von denen wir nicht mal ahnten, dass wir sie ursprünglich gelernt haben; Dinge, die einem spontan nicht in den Sinn kommen, sondern erst beim intensiven Nachdenken/Nachfragen erinnert werden. Reminiszenzen sind begründet in der aktiven Filterwirkung von Vergessen.

»Kein Mensch hat für alles ein Gedächtnis, weil keiner für alles ein Interesse hat.«
Jean Paul

Ob Abgespeichertes abgerufen werden kann, hängt nicht nur vom Kontext ab, sondern auch davon, ob es »freigegeben« wird, und diese kontrollierte Freigabe kann durchaus sinnvoll sein, wie das folgende Beispiel zeigt: In Südafrika oder Indien herrscht – im Gegensatz zu Deutschland – Linksverkehr. Um sich den neuen Straßenverhältnissen anzupassen, muss altes Wissen blockiert sein. Wer in Südafrika sicher fahren will, darf sich nicht immer daran erinnern, wie er es in Deutschland gemacht hätte. Bei der Rückkehr nach Deutschland muss das »alte Wissen« aber wieder schnell freigegeben und das neu gelernte Linksfahren unterdrückt werden. Oder wie der Lernforscher Robert Bjork es ausdrückt: »Im Vergleich zu einem System, in dem veraltete Erinnerungen überschrieben oder gelöscht werden, hat es bedeutende

Vorteile, wenn zwar der Zugriff auf diese Erinnerungen blockiert wird, sie aber abgespeichert bleiben. Weil diese Erinnerungen unzugänglich sind, stören sie die aktuellen Informationen und Abläufe nicht. Da sie jedoch im Gedächtnis bleiben, können sie – zumindest unter bestimmten Umständen – erneut abgerufen werden.«

»*Don't ask yourself what the world needs, ask yourself what makes you come alive. And then go and do that. Because what the world needs is people who come alive.*«
Howard Thurman

Vergessen ist wichtig für das Erlernen neuer Fähigkeiten, denn Vergessen ermöglicht und vertieft Lernprozesse, indem ablenkende Informationen herausgefiltert werden und Gedächtnisinhalte verfallen, die nicht mehr relevant sind (wie das Aussehen des Lebenspartners vor einem Jahr). Durch diese Filterfunktion des Vergessens erhöht sich die Abruf- und Speicherungsstärke nach der erneuten Beanspruchung des Gedächtnisses über das ursprüngliche Niveau hinaus.

Motivation

Allerdings gibt es über die verschiedenen Gedächtnisvarianten hinweg etwas, was die Lern- und Speicherfähigkeit ganz generell enorm steigert: Lernen funktioniert am besten über Motivation – erst so stellt sich die richtige Konzentration und Wachheit ein. Wem das Lernen schwerfällt, der sollte nicht nur Bücher von Psychologen, Neurowissenschaftlern und Gedächtnisweltmeistern konsultieren, sondern sich fragen, wie es um die eigene Motivation bestellt ist.

Wer sein Lernverhalten also langfristig positiv verändern will – egal ob in Schule, Studium, Ausbildung, in der beruflichen Weiterbildung oder um als Senior/-in geistig fit zu bleiben –, muss sich feste Lerngewohnheiten zulegen. Anders Ericsson geht als Lernexperte davon aus, dass man jeden Tag eine Stunde konzentriert lernen und üben muss, um es auf einem Gebiet zu großer Meisterschaft (Stichwort: »Experte werden«) zu bringen. Um hierbei die eigene Motivation hochzuhalten, sollte man sich immer wieder vor Augen halten, welche positiven Gründe dafür sprechen, weiterzumachen, und gleichzeitig versuchen, die Gründe, doch aufzugeben, abschwächen. Eine der effektivsten Methoden, die Lernmotivation nicht abebben zu lassen, besteht darin, im Vorhinein Zeiten für das Üben zu reservieren – die dann frei von anderen Ablenkungen (Smartphone wegpacken und ausstellen!) und Verpflichtungen sind. Kurzum, durch gut strukturierte Tagesabläufe kann man sein Lernverhalten positiv beeinflussen – auch hier »sehnt« sich das Gehirn nach Regelmäßigkeit, und man profitiert von den Effekten der Gewohnheit.

Auf der anderen Seite kann man auch selbst etwas für die eigene Motivation tun. So hat eine Schweizer Kollegin aus den Erziehungswissenschaften, Helga Knigge-Illner, ihren Studenten, die Motivationsschwierigkeiten hatten, Neues zu lernen, empfohlen: »Halten Sie doch einfach einmal eine flammende Lobrede auf eine Theorie, die Sie gerade lernen müssen.« Und in der Tat, der Rat hatte Erfolg. Knigge-Illner hat das Phänomen des Perspektivenwechsels (Warum könnte etwas für mich wichtig sein, das andere Menschen mir als Aufgabe gegeben haben?) systematisch untersucht. Sie konnte statistisch belegen, dass jemand, der von außen auf sich schaut und sich beim Lernen beobachtet, der Gründe nennt und formuliert, warum ein Lernstoff erinnerungswürdig ist, mehr motiviert ist und Erlerntes besser erinnern kann.

Neuro-Enhancement: Doping fürs Gedächtnis

Natürlich wären wir alle gerne klüger und hätten gerne ein besseres Gedächtnis. Das kann man sich, wie oben erläutert, antrainieren, aber all diese Methoden sind eben auch mühsam und zum Teil sehr zeitaufwendig. Daher ergibt sich die Frage, ob aus der Forschung über die zellulären Grundlagen unseres Gedächtnisses (siehe Kapitel 3) und aus der Forschung der Therapie von Gedächtnisstörungen nicht Mittel und Wirkstoffe erwachsen, die einem das Lernen, Merken und Erinnern zwar vielleicht nicht abnehmen, aber doch deutlich erleichtern. Und in der Tat suchen

Forschergruppen weltweit nach pharmakologischen Wirkstoffen oder elektrischen Stimulationsmethoden, die das Gedächtnis verbessern. Bereits 2004 hat der Nobelpreisträger Eric Kandel, der das Gedächtnis der Nacktschnecke erforschte, die Firma »Memory« gegründet, mit dem Ziel, einen Wirkstoff zu finden, der ganz normalen Gehirnen hilft, schneller zu lernen und unsere Gedächtnisfähigkeit zu verbessern. Ein käufliches Produkt gibt es aber auch mehr als ein Jahrzehnt später noch nicht. Andere Firmen glauben mit sogenannten Ampakinen auf dem richtigen Weg zu sein. Dies sind Wirkstoffe, die an synaptischen Neurotransmitter-Rezeptoren, den AMPA-Rezeptoren, die Antwort auf die Ausschüttung des Botenstoffes Glutamat verstärken. So wird die synaptische Plastizität, als zelluläre Grundform des Lernens, verbessert. Andere Substanzen sollen den Abbau des zyklischen Adenosinmonophosphats (cAMP) hemmen, denn bleibt cAMP länger wirksam erhalten, so bleibt auch das Eiweiß CREB-1 (siehe Kapitel 3) länger aktiv – und Erinnerungen können möglicherweise längerfristig über eine veränderte Genexpression gespeichert werden.

Die Wirksamkeit vieler Medikamente lässt sich klinisch nicht eindeutig nachweisen, und langfristige gesundheitliche Schäden sind kaum abzuschätzen. Man kann im Moment also nur zur Vorsicht raten. Anders verhält es sich bei Demenz-Patienten, die ein Medikament zur Gedächtnisförderung verschrieben bekommen: Dieses kann in der Tat in der Lage sein, zeitweilig positive Wirkung zu zeigen. Nur der Umkehrschluss funktioniert nicht: Denn was in einem kranken Gehirn die Gedächtnisleistung verbessert, muss noch lange nicht einen positiven Effekt auf die Leistungsfähigkeit gesunder Gehirne haben.

Dessen ungeachtet finden sich weltweit mindestens vierzig Kandidaten für Gedächtnispillen in der Entwicklung, wofür etwa ein Dutzend Pharmafirmen jährlich insgesamt 1,5 Milliarden Euro investieren. Die Umsatzerwartung der Firmen liegt bei 10 Milliarden Euro pro Jahr, und zwar durch den Absatz von Tabletten an gesunde Menschen! Denn, so die Annahme, was würde man nicht bezahlen, wenn eine morgendliche Tablette das Vergessen vergessen sein lässt und die Konzentrationsfähigkeit ebenso wie die Multitasking-Fähigkeit erhöhen würde.

Schon heute liegt der jährliche Umsatz für Ginkgo-biloba-Präparate allein in den USA bei etwa 1 Milliarde Dollar, und dies nur ob der Tatsache, dass es die Durchblutung des Gehirns fördert (wobei umstritten ist, ob die Wirkung stärker ist als die von Koffein in Kaffee und Tee, das ebenfalls eine kurzfristig durchblutungsfördernde Wirkung auf das Gehirn hat). Auch in Deutschland wird mit Ginkgo-Präparaten mehr umgesetzt als mit Alzheimer-Medikamenten.

Neben pharmakologisch aktiven Substanzen wird auch die Aktivierung von Hirnarealen mittels transkranieller Magnetstimulation (TMS) getestet. Hierbei werden Spulen, die ein Magnetfeld erzeugen, an die Schädeldecke gehalten; das Magnetfeld erhöht die Wahrscheinlichkeit, dass Neurone ihre Aktivität steigern, ein Effekt, der bis zu einer Stunde nach einer TMS-Behandlung anhalten kann (Neurone werden hierbei nicht, wie die Anbieter solcher Methoden behaupten, direkt stimuliert). In der Grundlagenforschung ist es mit Hilfe der TMS gelungen, bestimmte Hirnareale gezielt zu aktivieren oder zu hemmen. Allerdings waren dies alles Studien, die einen therapeutischen Hintergrund hatten: Sie sollten testen, ob sich damit Depressionen bekämpfen oder die Gedächtnisprobleme von Alzheimer-Patienten minimieren lassen. Doch als Heilsbringer zur Optimierung eines gesunden Gedächtnisses hat die TMS längst auch den Weg auf die Köpfe gesunder Menschen geschafft. TMS-Geräte sind für wenig Geld käuflich zu erwerben. Aber man kann sie auch relativ leicht selbst basteln: Eine Neun-Volt-Batterie, elektrische Kabel und Elektroden, eine Bauanleitung aus dem Internet oder preiswerte, fertige Stimulations-Headsets reichen aus. Die Hoffnung ist, dass über die Stimulation von Neuronen auch das Gedächtnis stimuliert werden kann. Erste Studien konnten die Wirksamkeit der Methode allerdings nicht eindeutig bestätigen, denn eine erhöhte Erregbarkeit bedeutet nicht zwangsläufig eine bessere Gedächtnisleistung. Einige Studien zum motorischen Lernen konnten minimal positive Effekte berichten, andere konnten die Wirksamkeit jedoch nicht bestätigen, und einige fanden sogar eine negative Korrelation, also eine Abnahme der Gedächtnisleistung durch Stimulation.

Die Methodik ist alles andere als einfach, denn sie funktioniert nur, wenn alle Parameter genau eingestellt sind. Auch der Zeitpunkt ist wichtig: Je nachdem, ob man gerade ein Buch liest, meditiert oder etwas Motorisches lernt, können die Magnetimpulse ganz unterschiedliche Wirkung haben. Meiner Meinung nach hat TMS also in den Händen von Laien nichts zu suchen. Nicht nur weil es vielleicht keinen Erfolg zeigt, sondern auch wegen möglicher Risiken und Nebenwirkungen wie Hautverbrennungen oder Krampfanfällen.

Noch etwas gilt es zu bedenken: Man darf nicht vergessen, wie unsere Gedächtnissysteme normalbiologisch funktionieren. Neuronale Netze speichern Informationen anders als digitale Geräte. Sie betten neue Informationen in bestehende Netzwerke aus Wahrnehmungen, Fakten, Vorstellungen und Erfahrungen ein. Es tauchen in diesem Kontext immer wieder geringfügig andersartige Kombinationen von Erinnerungen auf. Abgerufene Erinnerungen verbinden sich mit vorhergehenden Erinnerungen und vernetzen sich mit diesen. Die Gedächtnisspur wird dauerhaft und ständig modifiziert. Wenn man so will, kann man sagen, der reine Gebrauch unserer Erinnerungen verändert auch unsere Erinnerungen.

Aus heutiger Sicht bin ich versucht zu sagen, dass bei einem gesunden Gehirn ein Neuro-Enhancement das Gedächtnis nur mäßig fördern wird. Unsere Zukunft planen wir weiterhin aus unserem Gedächtnis heraus, nämlich durch das, was wir bisher an Wissen gespeichert haben. Das kann aber auch spektakulär schiefgehen. Vielleicht befinde ich mich in zehn Jahren auch in bester Gesellschaft mit folgenden berühmten Persönlichkeiten: Bereits 1904 wusste Kaiser Wilhelm II.: »Das Auto hat keine Zukunft. Ich setze auf das Pferd.« Dass selbst Autoexperten irren können, beweist Gottlieb Daimler, der 1901 meinte: »Die weltweite Nachfrage nach Kraftfahrzeugen wird eine Million nicht überschreiten – allein schon aus Mangel an verfügbaren Chauffeuren.« Auch die Vordenker der Computerwelt sind keine Hellseher, wo doch Thomas Watson, CEO von IBM, 1943 glaubte: »Ich denke, dass es einen Weltmarkt für vielleicht fünf Computer gibt.« Oder Ken Olsen, Gründer von Digital Equipment Corp., 1977: »Es gibt keinen Grund, warum jeder einen Computer haben sollte.« Oder noch besser Robert Metcalfe, immerhin der Erfinder des Ethernet-Standards zur Datenübertragung in digitalen Netzwerken: »Das Internet wird 1996 in einem katastrophalen Kollaps untergehen.«

Essen statt Büffeln: Warum gesundes Essen allein nicht schlau macht – aber hilft

Ein gutes Gedächtnis kann man sich nicht »anessen«, selbst wenn man sich noch so gesund ernährt! Wer sein Gedächtnis mit Inhalten füllen und diese Inhalte möglichst präzise und umfänglich abrufen möchte, dem helfen nur die oben erwähnten Lern-, Speicher- und Abruftricks. Aber unser Gedächtnis ist in sämtliche Strukturen unseres Gehirns eingebettet und mit der Gesamtleistungsfähigkeit unseres Gehirns verwoben. Und für die Instandhaltung unseres Denk- und Erinnerungsorgans spielt Ernährung sehr wohl eine Rolle.

Generell gilt dabei: Es ist wichtiger, ein Auge darauf zu haben, was wir nicht zu uns nehmen sollten, als auf das zu achten, was wir essen. Denn der größte ernährungstechnische Feind für den Erhalt des Gedächtnisses ist das Übergewicht. Hier sind vor allem Fettdepots im Bauchbereich zu nennen, die Entzündungsreaktionen im Körper forcieren und auch im Gehirn über die Jahrzehnte hinweg Schaden anrichten können. Unsere Essgewohnheiten (die wir erlernt haben, siehe Kapitel 2) bestimmen zu einem großen Teil, ob wir übergewichtig werden. Natürlich spielen bei der Verwertung des Essens im Körper (wie effektiv werden Nahrungsmittel aufgenommen und verwertet) auch genetische Faktoren eine Rolle, und die hormonelle Kontrolle des Appetits ist ebenfalls genetisch veranlagt.

Alles in allem kann man sagen, dass unser genetisches Profil zu 40 Prozent mit dafür verantwortlich ist, ob wir ein Risiko haben, übergewichtig zu sein oder nicht. Das bedeutet im Umkehrschluss aber auch, dass nicht-genetische Faktoren, hier vor allem was man isst, wie häufig man isst und welchen Nahrungsgewohnheiten man sich fügt, zu einem größeren Teil unser Übergewicht bestimmen. Dies wird nicht zuletzt dadurch belegt, dass sich unser genetischer Pool in den letzten Jahrtausenden nicht verändert hat, Adipositas sich aber ausbreitet wie eine Epidemie: Nach Schätzungen des Robert Koch-Institutes aus dem Jahre 2016 sind aktuell 25 Prozent aller Deutschen stark übergewichtig (haben also einen Body-Mass-Index von über 30!, s. S. 327), Tendenz leider steigend.

Dabei kann man auch hier mit kleinem Aufwand viel für seine Gesundheit tun: Wer jeden Tag 3 km zügig wandert (ein Verbrauch von 210 kcal), verbrennt aufs Jahr gesehen 76 000 kcal mehr. Das sind umgerechnet 10 kg Fett. Wer allerdings nach der strammen Wanderung 200 g Fruchtjoghurt isst, hat mehr als die verbrauchte Kalorienzahl wieder zu sich genommen und zerstört in zwei Minuten, was er zuvor in 30 Minuten an Gesundheit gewonnen hat!

Allerdings zeigt eine sportliche Betätigung noch weitere Vorteile: Moderates Ausdauertraining führt dazu, dass man den Muskelanteil am Körpergewebe im Vergleich zum Fettgewebe erhöht, die Durchblutung des Gehirns verbessert, damit das Konzentrationsvermögen steigert und die Anzahl der neuen Nervenzellen im Hippocampus vermehrt. All das hat darüber hinaus nicht nur Vorteile für das Gehirn, sondern trägt auch dazu bei, das Gewicht konstant zu halten, da Muskelgewebe mehr Energie verbraucht als Fettgewebe.

Aus alldem ergibt sich natürlich die Frage, was wir essen und trinken sollten. Um gesund zu bleiben und lange zu leben, ist eine ausgewogene Ernährung, neben einer vernünftigen Lebensweise, entscheidender, als die meisten von uns wahrscheinlich vermuten. Aber nicht nur die Nahrungsbestandteile selbst sind wichtig, sondern auch die Mahlzeiten: Je regelmäßiger wir essen, umso bewusster essen wir.

Die zu erlernenden Essregeln sind relativ einfach: Essen Sie Lebensmittel, die bunt sind (Gemüse, Obst), mehr Fisch, weniger Fleisch, mehr Eiweiß, weniger Kohlenhydrate. Essen Sie zu festen Zeiten und meiden Sie Fruchtsäfte mit hohem Zuckeranteil (beides, um versteckten Kalorien zu entgehen). Die WHO rät schlicht: weniger Zucker, weniger Salz, weniger gesättigte Fettsäuren, dafür aber mehr Ballaststoffe, Obst und Gemüse.

Was Trinkgewohnheiten angeht, sollte man wenig Kaffee (2 bis 3 Tassen am Tag) und wenig Alkohol zu sich nehmen (nicht mehr als ein Glas Wein an fünf Tagen in der Woche). Allerdings sind hier geringe Mengen besser als völlige Abstinenz. Beide Substanzen – Kaffee und Alkohol – haben nämlich eine durchblutungsfördernde Wirkung, die dazu beiträgt, kognitive Ressourcen im Gehirn möglichst lange zu erhalten.

»Wir sind, wer wir sind, und zwar aufgrund dessen, was wir lernen und erinnern.«
Eric Kandel

Natürlich darf man sich ob des hier Beschriebenen nicht der Illusion hingeben, dass eine Hand voll Blaubeeren, eine leckere Forelle oder eine Schale Nüsse das Lernen selbst ersetzen, einen verjüngenden Effekt auf unsere grauen Zellen haben oder das Gedächtnis bis in das hohe Alter hinein erhalten bliebe. Aber das Erlernen richtiger Nahrungsgewohnheiten – vor allem wenn sie nicht nur sporadisch, sondern regelmäßig eingehalten werden – spielt für die Gesundheit des Körpers im Allgemeinen und für die Leistungsfähigkeit des Gedächtnisses im Besonderen eine wichtige Rolle.

Kurzum, wer versucht sich gesund zu ernähren und sich viel bewegt, tut schon eine ganze Menge für den Erhalt der essentiellen organischen Grundlage unseres Gedächtnisses.

Fundstück: Die 10 Gebote des Gedächtniserhalts

Wie stärkt man einen Muskel? Wohl am besten, indem man ihn trainiert mit einem klugen Trainingsplan, Verletzungen meidet und sich richtig ernährt. Wie stärkt man sein Gedächtnis? Vor allem wohl, indem man es mit neuesten Methoden trainiert, Risikofaktoren für das Gehirn meidet und auch hier hilft Ernährung, aber wie beim Muskeltraining kann man sich weder Muskeln »anessen« noch ersetzt gesundes Essen das Gedächtnistraining.

Beim Sport sowie beim Lernen hilft vor allem der Glaube an die eigene Leistungsfähigkeit. Und wo wir schon beim Thema »glauben« sind, hier meine 10 Gebote der optimalen Gedächtnisförderung:

1. Hinterfrage deine Motivation und motiviere dich für das, was du auch lernen willst!
2. Lerne fokussiert und konzentriert!
3. Lerne in kurzen Einheiten mit häufigen Wiederholungen!
4. Erzähle anderen, was du weißt, um es besser zu begreifen und zu behalten!
5. Beweg dich!
6. Iss Lebensmittel und tu dies in Maßen!
7. Schlafe nachts genügend und manchmal auch 15 Minuten zwischendurch!
8. Mache dir das Brechen mit Gewohnheiten zur Gewohnheit!
9. Übe und trainiere mit dem Ziel im Blick, nutze dabei Assoziationen und sortiere das Wissen nach deinem Vorwissen!
10. Überprüfe regelmäßig, was du glaubst an Kompetenzen erworben zu haben!

Literaturhinweise

Einleitung: Im Kopf die ganze Welt
Foer, Joshua: *Alles im Kopf behalten. Mit lockerem Hirnjogging zur Gedächtnismeisterschaft,* München 2012.
Liebermann, David: *Human Learning and Memory,* Cambridge 2012.
Monyer, Hannah, und Martin Gessmann: *Das geniale Gedächtnis,* München 2015.
Nabokov, Valdimir: *Erinnerung, sprich. Wiedersehen mit einer Autobiographie,* Reinbek 1991.
Rumsey, Abby Smith: *When We Are No More. How Digital Memory Is Shaping Our Future,* New York 2016.

Kapitel 1: Wie wir werden, wer wir glauben zu sein – über das autobiographische Gedächtnis
Byatt, Antonia S. (Hg.): *Memory. An anthology,* London 2008.
Fernyhough, Charles: *Pieces of Light. The New Science of Memory,* London 2012.
»Gedächtnis – wie wir uns erinnern, warum wir vergessen«, in: *Spektrum der Wissenschaft Kompakt,* 11.06.2015: http://www.spektrum.de/pdf/spektrum-kompakt-gedaechtnis-wie-wir-uns-erinnern-warum-wir-vergessen/1347745
Kandel, Eric: *Auf der Suche nach dem Gedächtnis. Die Entstehung einer neuen Wissenschaft des Geistes,* München 2014.
Markowitsch, Hans J., und Harald Welzer: *Das autobiographische Gedächtnis. Hirnorganische Grundlagen und biosoziale Entwicklung,* Stuttgart 2005.
Rettig, Daniel: *Die guten alten Zeiten. Warum Nostalgie uns glücklich macht,* München 2013.
Shaw, Julia: *Das trügerische Gedächtnis. Wie unser Gehirn Erinnerungen fälscht,* München, 2016.

Squire, Larry, und Eric Kandel: *Gedächtnis. Die Natur des Erinnerns*, Heidelberg 2009.

Wearing, Deborah: *Forever today. A true story of lost memory and never-ending love*. London 2005.

Welzer, Harald: *Das kommunikative Gedächtnis. Eine Theorie der Erinnerung*, München 2011.

Zeibig, Daniel: »Ein fast perfektes Gedächtnis«, in: *Gehirn und Geist*, 4/2013, S.26–31.

Weblinks:
https://www.dasgehirn.info (Stichwort »Gedächtnis«)

Kapitel 2: Gewohnheiten, Routinen und Süchte

Amodio, David M.: »The neuroscience of prejudice and stereotyping«, in: *Nature Reviews Neuroscience*, 2014 (15), S. 670–682.

Banaji, M.R., und A.G. Greenwald: *Vor-Urteile. Wie unser Verhalten unbewusst gesteuert wird und was wir dagegen tun können*, München 2015.

Duhigg, Charles: *Die Macht der Gewohnheit. Warum wir tun, was wir tun*, München, 2013.

Gigerenzer, Gerd: *Bauchentscheidungen. Die Intelligenz des Unbewussten und die Macht der Intuition*, München 2008.

Gigerenzer, Gerd: *Risiko. Wie man die richtigen Entscheidungen trifft*, München 2014.

Heath, Chip, und Dan Heath: *Switch. Veränderungen wagen und dadurch gewinnen!*, Frankfurt/Main 2013.

Kahneman, Daniel: *Schnelles Denken, langsames Denken*, München, 2014.

Liebermann, David: *Human Learning and Memory*, Cambridge 2012.

Rumsey, Abby Smith: *When We Are No More. How Digital Memory Is Shaping Our Future*, New York 2016.

Solis, Michele: »Rettungsring für Süchtige«, in: *Gehirn und Geist*, 11/2014, S. 60–65.

Kapitel 3: Neuronale Paläste der Erinnerung

Bonhoeffer, Tobias, und Peter Gruss (Hg.): *Zukunft Gehirn. Neue Erkenntnisse, neue Herausforderungen,* München 2011.

Doerr, Anthony: *Memory Wall,* München 2016.

Hübener, Mark: »Synapsen im Dornröschenschlaf«, in: *Gehirn und Geist,* 1–2/2010, S. 20–23.

Kandel, Eric: *Auf der Suche nach dem Gedächtnis. Die Entstehung einer neuen Wissenschaft des Geistes,* München 2014.

Kempermann, Gerd: *Die Revolution im Kopf. Wie neue Nervenzellen unser Gehirn ein Leben lang jung halten,* München 2016.

Monyer, Hannah, und Martin Gessmann: *Das geniale Gedächtnis. Wie das Gehirn aus der Vergangenheit unsere Zukunft macht,* München 2015.

Shaw, Julia: *Das trügerische Gedächtnis. Wie unser Gehirn Erinnerungen fälscht,* München 2016.

Semon, Richard: *Die Mneme als erhaltendes Prinzip im Wechsel des organischen Geschehens,* Boston 2001.

Spitzer, Manfred: *Lernen. Gehirnforschung und die Schule des Lebens,* Heidelberg u. a. 2007.

Squire, Larry, und Eric Kandel: *Gedächtnis. Die Natur des Erinnerns,* Heidelberg 2009.

Kapitel 4: Ein Traum wird wahr: Lernen im Schlaf

Ackermann, S., und B. Rasch: »Differential effects of Non-REM and REM sleep on Memory Consolidation?«, in: *Current neurology and neuroscience reports,* 14. Februar 2014, S. 430.

Klein, Stefan: *Träume. Eine Reise in unsere innere Wirklichkeit,* Frankfurt/Main 2014.

Klösch, Gerhard, und Ulrich Kraft: »Der Stoff, aus dem die Träume sind«, in: *Gehirn und Geist,* 02/2014, S. 54–60.

LaBerge, Stephen, und Howard Rheingold: *Träume, was du träumen willst: Die Kunst des luziden Träumens,* München 2014.

Monyer, Hannah, und Martin Gessmann: *Das geniale Gedächtnis. Wie das Gehirn aus der Vergangenheit unsere Zukunft macht,* München 2015.

Müller, Tilmann, und Beate Paterok: *Schlaf erfolgreich trainieren. Ein Ratgeber zur Selbsthilfe,* Göttingen 2014.

Rasch, Björn, und Jan Born: »About Sleep's Role in Memory«, in: *Physiological Reviews,* April 2013, S. 681–766.

Rasch, Björn et al.: »Odor cues during slow-wave sleep prompt declarative memory consolidation«, in: *Science,* 315/2007, S. 1426–1429.

Walker, Matthew P.: »The role of sleep in Cognition and Emotion«, in: *Annals of the New York Academy of Sciences,* Band 1156/2009, S. 168–197.

Walker, Matthew P., et al.: »Cognitive flexibility across sleep-wake cycle: REM-Sleep enhancement of anagram problem solving«, in: *Cognitive Brain Research,* Band 14/2002, S. 317–324.

Kapitel 5: Kreativität und Wissen:
Geschwister, nicht Feinde!

Ansari, Salman: *Rettet die Neugier! Gegen die Akademisierung der Kindheit,* Frankfurt/Main 2013.

Chrysikou, E. G., und S. L. Thompson-Schill: »Dissociable Brain States Linked to Common and Creative Object Use«, in: *Human Brain Mapping,* Band 32, Nr. 4, April 2011, S. 665–675.

Chrysikou, E. G.: »When Shoes Become Hammers. Goal-Derived Categorization Training Enhances Problem-Solving Performance«, in: *Journal of Experimental Psychology: Learning, Memory, and Cognition,* Band 32, Nr. 4, Juli 2006, S. 935–942.

Kast, Bas: *Und plötzlich macht es KLICK! Das Handwerk der Kreativität oder wie die guten Ideen in den Kopf kommen,* Frankfurt/Main 2015.

Kaufman, Scott Barry, und Carolyn Gregoire: *Wired to Create. Unraveling the Mysteries of the Creative Mind,* New York 2015.

Lehrer, Jonah: *Imagine! Wie das kreative Gehirn funktioniert,* München 2014.

Mueller, J. S., S. Melwani und J. A. Goncalo: »The Bias against Creativity. Why People Desire but Reject Creative Ideas«, in: *Psychological Science,* Band 23, Nr. 1, 2012, S. 13–17.

Thompson-Schill, S. L., M. Ramscar und E. G. Chrysikou: »Cognition without Control. When a Little Frontal Lobe Goes a Long Way«, in: *Current Directions in Psychological Science*, Band 18, Nr. 5, 2009, S. 259–263.
Vartanian, Oshin, Adam S. Bristol und James C. Kaufman (Hg.): *Neuroscience of Creativity*, Boston 2015.
Zhong, C.-B., A. Dijksterhuis und A. D. Galinsky: »The Merits of Unconscious Thought in Creativity«, in: *Psychological Science*, Band 19, Nr. 9, 2008, S. 912–918.

Kapitel 6: Müssen wir noch wissen?
Von myMemory zu iMemory
Assmann, Jan: *Das kulturelle Gedächtnis: Schrift, Erinnerung und politische Identität in den frühen Hochkulturen*, München 2013.
Carr, Nicholas G.: *Abgehängt. Wo bleibt der Mensch, wenn Computer entscheiden?*, München 2014.
Flaxman, Seth, Sharad Goel und Justin M. Rao: »*Filter bubbles, echo chambers, and online news consumption*«, in: *Public Opinion Quaterly*, 80 (1), 2016, S. 298–320.
Greenfield, Susan: *Mind change. How digital technologies are leaving their mark on our brains.* London 2014.
Jabr, Ferris: »Why the Brain prefers Paper«, in: *Scientific American*, 11/2013, S. 48–53.
Levitin, Daniel J.: *The Organized Mind. Thinking Straight in the Age of Information Overload*, New York 2014.
McKinlay, Robert: »Technology. Use or lose our Navigation Skills«, in: *Nature*, 531, 31. März 2016, S. 573–575
Miller, Earl, und Timothy Buschman: »Neurosciences and the Human Person. New Perspectives on Human Activities«, in: *Pontifical Academy of Sciences*, abrufbar unter: www.casinapioiv.va/content/dam/accademia/pdf/sv121/sv121-miller.pdf
O'Neil, Cathy: *Weapons of Math Destruction. How Big Data Increases Inequality and Threatens Democracy*, London 2016.
Quiroga, Rodrigo Q.: *Borges and Memory. Encounters with a Human Brain*, Cambridge 2012.

Rumsey, Abby Smith: *When we are no more. How digital memory is shaping our future,* New York 2016.

Sajikumar, S., R. G. Morris und M. Korte M.: »Competition between recently potentiated synaptic inputs reveals a winner-take-all phase of synaptic tagging and capture«, in: *Proceedings of the National Academy of Sciences* 111(33), S. 12217–12221.

Selke, Stefan: *Lifelogging. Wie die digitale Selbstvermessung unsere Gesellschaft verändert,* Berlin 2014.

Spitzer, Manfred: *Digitale Demenz. Wie wir uns und unsere Kinder um den Verstand bringen,* München 2014.

Thompson, Clive: *Smarter than you think. How technology is changing our minds for the better,* London 2014.

Kapitel 7: Unzeitgemäße Betrachtungen über die Kunst des Vergessens

Draaisma, Douwe: *Das Buch des Vergessens. Warum Träume so schnell verloren gehen und Erinnerungen sich ständig verändern,* Berlin 2012.

Draaisma, Douwe: *Halbe Wahrheiten. Vom seltsamen Eigenleben unserer Erinnerungen,* Berlin 2016.

LeDoux, Joseph: *Anxious – Using the brain to Understand Fear and Anxiety,* New York 2015.

Lehrer, Jonah: »The Forgetting Pill Erases Painful Memories Forever«, in: *Wired.com,* 17. Februar 2012: https://www.wired.com/2012/02/ff_forgettingpill/

Levine, Peter A.: *Trauma und Gedächtnis. Die Spuren unserer Erinnerung in Körper und Gehirn – Wie wir traumatische Erfahrungen verstehen und verarbeiten,* München 2016.

Maercker, Andreas (Hg.): *Posttraumatische Belastungsstörungen,* Berlin/Heidelberg 2013.

Weinrich, Harald: *Lethe. Kunst und Kritik des Vergessens,* München 2005.

Willemsen, Roger: *Wer wir waren,* Frankfurt/Main 2016.

Zeibig, Daniel: »Ein fast perfektes Gedächtnis«, in: *Gehirn und Geist,* 4/2013, S.26-31.

Kapitel 8: Gedächtnisdiebe
»Alzheimer – Die Krankheit des Vergessens«, in: *Spektrum der Wissenschaft Kompakt*, Heidelberg, 2014.
Taylor, Kathleen: *The fragile brain. The strange, Hopeful Science of Dementia*, Oxford, 2016.
Buñuel, Luis: *Mein letzter Seufzer. Erinnerungen*, Berlin 2004.
Doerr, Anthony: *Memory Wall*, München 2016.
Geiger, Arno: *Der alte König in seinem Exil*, München 2012.
Genova, Lisa: *Mein Leben ohne Gestern*, Köln 2014.
Korte, Martin: *Jung im Kopf*, München 2014.
Lemonick, Michael D.: *The Perpetual Now. A Story of Amnesia, Memory, and Love.* New York 2017
Markowitsch, Hans J., und Harald Welzer: *Das autobiographische Gedächtnis. Hirnorganische Grundlagen und biosoziale Entwicklung*, Stuttgart 2005.
Rumsey, Abby Smith: *When We Are No More. How Digital Memory Is Shaping Our Future*, New York 2016.
Tejera, Dario, und Michael T. Heneka: »Microglia in Alzheimer's Disease: The Good, the Bad and the Ugly«, in: *Current Alzheimer Research*, 2016 (13), S. 370–380.

Weblinks:
https://www.dasgehirn.info (Stichwort »Alzheimer«)
https://www.alz.co.uk/research/world-report-2016
http://www.alz.org/de/
https://www.breuerstiftung.de/alzheimer-info/links-und-literatur/: Homepage der Hans und Ilse Breuer Stiftung, die eine Übersicht über weiterführende Literatur, aber auch Erfahrungsberichte und Anregungen für Betroffene und Angehörige enthält.

Kapitel 9: Training, Tricks, Techniken: So bleibt das Gedächtnis agil

Birkenbihl, Vera F.: *Trotzdem lernen. Lernen lernen,* München 2013.

Carey, Benedict: *Neues Lernen. Warum Faulheit und Ablenkung dabei helfen,* Reinbek, 2014.

Dresler, Martin, et al: »Mnemonic Training Reshapes Brain Networks to Support Superior Memory«, in: *Neuron* 93 (5), S. 1227–1235.e1226.

Ericsson, K. Anders, und Robert Pool: *TOP Die neue Wissenschaft vom bewussten Lernen,* München 2016.

Foer, Joshua: *Alles im Kopf behalten. Mit lockerem Hirnjogging zur Gedächtnismeisterschaft,* München 2012.

Karsten, Gunther: *Lernen wie ein Weltmeister. Zahlen, Fakten, Vokabeln schneller und effektiver lernen,* München 2016.

Krengel, Martin: *Golden Rules: Erfolgreich Lernen und Arbeiten. Alles was du brauchst: Selbstvertrauen. Motivation. Zeitmanagement. Konzentration. Organisation,* Berlin 2013.

Scherer, Hermann: *Fokus! Provokative Ideen für Menschen, die was erreichen wollen,* Frankfurt/Main 2016.

Stenger, Christiane: *Wer lernen will, muss fühlen. Wie unsere Sinne dem Gedächtnis helfen,* Reinbek 2016.

Ein ausführliches Literaturverzeichnis finden Sie unter
www.dva.de/gedaechtnis

Rechtenachweis

Den Auszug aus Luis Buñuel, *Mein letzter Seufzer. Erinnerungen* drucken wir mit freundlicher Genehmigung des Alexander Verlag, Berlin.

Bildnachweis:
Bernd Wiedemann: S. 29, 35, 39, 56, 74, 94, 127, 131, 143, 151, 154, 155, 193, 195, 200, 272, 277, 302, 312, 319

Peter Palm, Berlin: S. 32, 76, 80, 88, 128, 152, 153, 234, 235, 323

Besser als Sie denken: Wie unser Gehirn wirklich altert

Altern, so der renommierte Hirnforscher und Lernexperte Martin Korte, ist keineswegs gleichbedeutend mit körperlichem und geistigem Verfall. Das mittlere und das höhere Alter sind vielmehr menschliche Entwicklungsphasen mit bestimmten Eigenheiten, Schwächen, aber auch besonderen Fähigkeiten und Stärken, die wir erkennen und nutzen sollten. Korte räumt mit dem Mythos auf, dass Denk- und Gedächtnisvermögen im Alter vor allem schwinden, und zeigt, wie wir den Alterungsprozess unseres Gehirns beeinflussen können.

www.pantheon-verlag.de

Unterhaltend und fundiert:
Ein Pageturner über die Hirnforschung

Wie treffen wir unsere Entscheidungen? Wie nehmen wir die Wirklichkeit wahr? Wer sind wir? Wie lenken wir unser Leben? Warum brauchen wir andere Menschen? Und wohin ist unsere Spezies unterwegs?
Der renommierte Hirnforscher David Eagleman nimmt uns mit auf eine Reise durch unseren inneren Kosmos. Schnallen wir uns also an und folgen wir ihm durch das unendlich dichte Gewirr aus Milliarden von Hirnzellen und Billionen von Synapsen zu uns selbst.

»Der Rockstar unter den Neurowissenschaftlern.«
The Telegraph

www.pantheon-verlag.de

Der Bestseller des Nobelpreisträgers – jetzt im Paperback

Mit seinem neuen Buch entführt uns der Nobelpreisträger Eric Kandel in das Wien Sigmund Freuds, Gustav Klimts und Arthur Schnitzlers. Dort setzten um 1900 die angesehensten Köpfe der Wissenschaft, Medizin und Kunst eine Revolution in Gang, die den Blick auf den menschlichen Geist und die menschliche Wahrnehmung für immer verändern sollte. Die Wahrheit liegt unterhalb der Oberfläche – diese Überzeugung verband die Pioniere der Psychologie und Hirnforschung mit den führenden Künstlern und Literaten ihrer Zeit.

Kandel, selbst einer der weltweit führenden Wissenschaftler auf dem Gebiet der Hirn- und Gedächtnisforschung, lässt diese Atmosphäre wiederauferstehen und zeigt, wie die Entdeckung des Unbewussten entscheidende Anstöße zu neuen Erkenntnissen in der Neurowissenschaft gab.

www.pantheon-verlag.de